目录

CONTENTS

U0865371

高等院校经典教材同步辅导及考研复习系列

线性代数习题集

文旗课堂　编

教·学
资　源

航 空 工 业 出 版 社

北　京

内 容 提 要

本书是同济大学数学科学学院编写的《工程数学 线性代数》（第七版）教材的配套习题集，旨在帮助学生巩固所学知识，提升解题能力.

全书包括行列式、矩阵及其运算、矩阵的初等变换与线性方程组、向量组的线性相关性、相似矩阵及二次型五章内容，题型丰富多样，题目难度适中，适用于学生进行课后练习. 此外，本书还对习题进行了深度解析，以帮助学生夯实基础知识、掌握解题方法.

本书可作为高等学校学生学习线性代数课程的同步习题集，也可作为准备参加全国硕士研究生招生考试的学生的备考用书.

图书在版编目（CIP）数据

线性代数习题集 / 文旌课堂编. -- 北京 : 航空工业出版社，2024.1（2025.6 重印）
ISBN 978-7-5165-3614-8

Ⅰ. ①线… Ⅱ. ①文… Ⅲ. ①线性代数－高等学校－习题集 Ⅳ. ①O151.2-44

中国国家版本馆 CIP 数据核字(2023)第 248747 号

线性代数习题集
Xianxing Daishu Xitiji

航空工业出版社出版发行
（北京市朝阳区京顺路 5 号曙光大厦 C 座四层 100028）

发行部电话：010-85672666 010-85672683 读者服务热线：010-85672635

北京鑫益晖印刷有限公司印刷 全国各地新华书店经售

2024 年 1 月第 1 版 2025 年 6 月第 4 次印刷

开本：787×1092 1/16 字数：202 千字

印张：8.5 定价：38.00 元

前言

PREFACE

线性代数是高等学校很多专业的重要基础课程，也是全国硕士研究生招生考试（以下简称“研究生考试”）数学科目的重要考查内容．为了帮助学生巩固和加深对线性代数基础知识的理解，培养数学思维、提升解题能力，解决课后练习不足的问题，我们编写了这本与同济大学数学科学学院（以下简称“同济”）编写的《工程数学 线性代数》（第七版）教材配套的习题集．同时，本书也可以帮助准备参加研究生考试的学生快速回顾线性代数的基础知识和基本题型，提升应试能力．

具体来说，本书具有以下特色．

1．内容合理，适用广泛

本书按照同济《工程数学 线性代数》（第七版）教材的章节顺序编排，覆盖了教材中的重要知识点和研究生考试的重要考点，适合大部分理工科学生和准备参加研究生考试的学生使用．

2．题型全面，题量丰富

本书的习题包括单项选择题、填空题、解答题三大基本题型，题目叙述准确、难度适中，题量丰富，帮助学生巩固基础知识，强化对知识的理解与掌握．学生可以随学随练，及时检测学习效果．

3．解答详尽，思路明晰

本书提供了详细的答案解析，帮助学生理清解题思路，掌握解题方法和技巧，并逐步搭建完整的知识框架，提高独立分析和解决问题的能力．

4．平台支撑，资源丰富

本书配有丰富的数字资源，学生可以借助手机或其他移动设备扫描书中二维码查看答案解析和考点精讲课，也可以登录文旌综合教育平台“文旌课堂”查看和下载其他配套资源．学生在学习过程中有任何疑问，都可以登录该平台寻求帮助．此外，本书可与《线性代数同步辅导及教材习题精解》（同济第七版配套）搭配使用．

本书由文旌课堂主编．在编写本书的过程中，编者参考了大量的文献资料．在此，我们对这些资料的作者和编者表示衷心的感谢．此外，由于部分资料来自网络，我们未能确认出处，也暂时无法联系到原作者．对此，我们深表歉意，并欢迎原作者随时与我们联系，我们将按相关规定支付酬劳．由于编者水平有限，书中难免存在疏漏或不当之处，敬请广大读者批评指正，并将意见及时反馈给我们，以臻完善．

本书配套资源下载网址和联系方式

网址：https://www.wenjingketang.com

电话：400-117-9835

邮箱：book@wenjingketang.com

第一章　行列式

第一节　二阶与三阶行列式

考点精讲课

第一章　行列式

一、单项选择题

1．在多项式 $f(x)=\begin{vmatrix} 2x & 2 & -1 \\ 4x & -x & -x \\ 1 & 3 & x \end{vmatrix}$ 中，x^3 的系数为（　　）．

A．-4　　B．2　　C．-2　　D．3

2．二阶行列式 $\begin{vmatrix} \sin x & \sin x-\cos x \\ \cos x & \sin x+\cos x \end{vmatrix}$ 的值为（　　）．

A．0　　B．$2\sin x\cos x$　　C．-1　　D．1

3．行列式 $\begin{vmatrix} 0 & 1 & 2 \\ 2 & 1 & 1 \\ -1 & 3 & 1 \end{vmatrix}=$（　　）．

A．-11　　B．11　　C．12　　D．13

4．行列式 $\begin{vmatrix} 1 & 2 & 5 \\ 1 & 3 & -2 \\ 2 & 5 & x \end{vmatrix}=0$，则 $x=$（　　）．

A．-3　　B．-2　　C．2　　D．3

5．设 a 与 b 为实数，$\begin{vmatrix} a & b & 0 \\ -b & a & 0 \\ -1 & 0 & -1 \end{vmatrix}=0$，则（　　）．

A．$a=0$，$b=1$　　B．$a=-1$，$b=1$　　C．$a=0$，$b=0$　　D．$a=-1$，$b=0$

二、填空题

1．二阶行列式 $\begin{vmatrix} a+bi & b \\ 2a & a-bi \end{vmatrix}=$__________．

2．三阶行列式的每一项均为不同行、不同列的三个元素的乘积再冠以正负号，其中冠以负号的有__________项．

3．二阶行列式$\begin{vmatrix} 3 & \log_a b \\ \log_b a & 2 \end{vmatrix}=$__________.

4．三阶行列式$\begin{vmatrix} -ab & a & a \\ bd & -d & d \\ bf & f & f \end{vmatrix}=$__________.

5．方程$\begin{vmatrix} 3 & 1 & 1 \\ x & 1 & 0 \\ x^2 & 3 & 1 \end{vmatrix}=0$的根为__________.

三、解答题

1．计算下列行列式：

（1）$\begin{vmatrix} a^2 & ab \\ ab & b^2 \end{vmatrix}$；

（2）$\begin{vmatrix} \sin x & -\cos x \\ \cos x & \sin x \end{vmatrix}$；

（3）$\begin{vmatrix} \cos x & \sin x \\ \sin x & \cos x \end{vmatrix}$；

（4）$\begin{vmatrix} 10 & -3 & 2 \\ 1 & 5 & -1 \\ 4 & 7 & 8 \end{vmatrix}$；

（5）$\begin{vmatrix} 1 & 1 & 1 \\ a & b & c \\ a^2 & b^2 & c^2 \end{vmatrix}$；

（6）$\begin{vmatrix} 2 & -1 & 3 \\ -1 & 2 & 1 \\ 4 & 1 & -2 \end{vmatrix}$；

（7）$\begin{vmatrix} 1 & x & x \\ x & 2 & x \\ x & x & 3 \end{vmatrix}$；

（8）$\begin{vmatrix} 1 & x & y \\ -x & 1 & z \\ -y & -z & 1 \end{vmatrix}$.

2．解下列方程组：

（1）$\begin{cases} 2x_1 - 3x_2 = 6, \\ 3x_1 - 4x_2 = 10; \end{cases}$

（2）$\begin{cases} x_1 - x_2 + x_3 = -2, \\ x_1 + 2x_3 = 1, \\ x_1 - 2x_2 + x_3 = 0. \end{cases}$

3．证明：$\begin{vmatrix} a_1 & b_1 & c_1 \\ a_2 & b_2 & c_2 \\ a_3 & b_3 & c_3 \end{vmatrix} = a_1\begin{vmatrix} b_2 & c_2 \\ b_3 & c_3 \end{vmatrix} - b_1\begin{vmatrix} a_2 & c_2 \\ a_3 & c_3 \end{vmatrix} + c_1\begin{vmatrix} a_2 & b_2 \\ a_3 & b_3 \end{vmatrix}$.

4．证明：$\begin{vmatrix} a^2 & ab & b^2 \\ 2a & a+b & 2b \\ 1 & 1 & 1 \end{vmatrix} = (a-b)^3$.

5．求解行列式方程：$\begin{vmatrix} 1 & 1 & 1 \\ 2 & 3 & x \\ 4 & 9 & x^2 \end{vmatrix} = 0$.

第二节 全排列和对换

一、单项选择题

1．下列排列是偶排列的是（　　）．

A．14325　　B．41523　　C．24351　　D．24315

2．下列排列是奇排列的是（　　）．

A．12345　　B．32145　　C．32154　　D．35214

3．若以自然数从小到大的顺序为标准次序，则排列$13\cdots(2n-1)(2n)(2n-2)\cdots 2$的逆序数是（　　）．

A．n　　B．$n(n-1)$　　C．$n-1$　　D．$\frac{n(n-1)}{2}$

4．若n阶排列$j_1 j_2\cdots j_n$的逆序数是k，则排列$j_n\cdots j_2 j_1$的逆序数是（　　）．

A．k　　B．$n-k$　　C．$\frac{n(n-1)}{2}-k$　　D．$\frac{n!}{2}-k$

5．关于由$1,2,\cdots,9$构成的排列$1274n56m9$，下列说法正确的是（　　）．

A．$n=8$，$m=3$，此排列为偶排列　　B．$n=3$，$m=8$，此排列为偶排列

C．$n=8$，$m=3$，此排列为奇排列　　D．$n=3$，$m=7$，此排列为奇排列

二、填空题

1．奇排列对换成标准排列的对换次数为__________次．（选填“奇数”“偶数”）

2．排列 4321576 的逆序数为__________．

3．$2n$阶排列$24\cdots(2n)13\cdots(2n-1)$的逆序数是__________．

4．在排列 12345 中，将元素 2 和 4 对换，得到的新排列 14325 可以经过__________次相邻对换得到．

5．若由$1,2,\cdots,6$构成的排列$25i4j1$为偶排列，则$i=$__________，$j=$__________．

三、解答题

1．计算下列排列的逆序数，并确定其奇偶性．

（1）134782695；　　（2）987654321；

（3）217986354；　　（4）185674239．

2．若由$1,2,\cdots,9$构成的排列$1245i6j97$为奇排列，求i，j的值．

3．若由$1,2,\cdots,9$构成的排列$3972i15j4$为偶排列，求i，j的值．

4．排列$n(n-1)(n-2)\cdots321$经过多少次相邻对换可以变成标准排列？

5．计算排列$n(n-1)(n-2)\cdots321$的逆序数，并讨论其奇偶性．

6．计算排列$(2k)1(2k-1)2(2k-2)3(2k-3)\cdots(k+1)k$的逆序数，并讨论其奇偶性．

7．试确定排列$135\cdots(2n-1)246\cdots(2n)$的奇偶性．

8．证明：在全部n阶排列中$(n \geqslant 2)$，奇偶排列各占一半．

第三节 n阶行列式的定义

一、单项选择题

1．在多项式$f(x)=\begin{vmatrix} x & 1 & 1 & 2 \\ 1 & x & 1 & -1 \\ 3 & 2 & x & 1 \\ 1 & 1 & 2x & 1 \end{vmatrix}$中，$x^3$的系数为（　　）．

A．3　　B．-1　　C．1　　D．-2

2．在五阶行列式$D_5=|a_{ij}|$的展开式中，包含a_{13}和a_{25}且带有负号的项为（　　）．

A．$a_{13}a_{25}a_{34}a_{42}a_{51}$　　B．$a_{13}a_{25}a_{32}a_{41}a_{54}$

C．$a_{13}a_{25}a_{31}a_{42}a_{54}$　　D．$a_{13}a_{25}a_{31}a_{44}a_{52}$

3．已知行列式$D_1=\begin{vmatrix} 3 & 1 & 1 \\ 5 & 0 & 0 \\ 1 & a & 0 \end{vmatrix}$，$D_2=\begin{vmatrix} 1 & 0 & 0 & 0 \\ 1 & 2 & 0 & 0 \\ 1 & 2 & b & 0 \\ 1 & 1 & 0 & 5 \end{vmatrix}$，且$D_1=D_2$，则$a$，$b$应满足（　　）．

A．$a+b=10$　　B．$a=-2b$

C．$5a=b$　　D．$a=2b$

4．行列式$\begin{vmatrix} a_{11} & a_{12} & a_{13} & a_{14} & a_{15} \\ a_{21} & a_{22} & a_{23} & a_{24} & a_{25} \\ 0 & 0 & 0 & a_{34} & a_{35} \\ 0 & 0 & 0 & a_{44} & a_{45} \\ 0 & 0 & 0 & a_{54} & a_{55} \end{vmatrix}$的值为（　　）．

A．0　　B．-1　　C．1　　D．2

5．下列四个选项为六阶行列式不同行、不同列的6个元素的乘积，取正号的是（　　）．

A．$a_{15}a_{23}a_{34}a_{42}a_{51}a_{66}$　　B．$a_{21}a_{53}a_{16}a_{42}a_{64}a_{35}$

C．$a_{51}a_{32}a_{13}a_{44}a_{25}a_{66}$　　D．$a_{11}a_{26}a_{32}a_{44}a_{53}a_{65}$

6. 若行列式 $D=\begin{vmatrix} x & 2x & -x & 1 \\ 2 & 1 & 0 & 2 \\ 1 & 0 & -1 & 0 \\ -2 & x & 0 & 1 \end{vmatrix}$ 是关于 x 的多项式，则该多项式的常数项是（　　）.

A. -3　　B. -2　　C. 1　　D. 2

二、填空题

1. 四阶行列式共有__________项.

2. 若 $a_{12}a_{23}a_{5i}a_{41}a_{3j}$ 是五阶行列式中带有正号的一项，则 $i=$__________，$j=$__________.

3. 利用行列式的定义计算：$\begin{vmatrix} 0 & 0 & a_{13} & 0 \\ 0 & a_{22} & 0 & 0 \\ a_{31} & 0 & 0 & 0 \\ 0 & 0 & 0 & a_{44} \end{vmatrix}=$__________.

4. 写出四阶行列式中含有 $a_{12}a_{41}$ 的项__________.

5. 已知行列式 $D=\begin{vmatrix} 0 & 0 & 3 & 0 \\ 1 & 0 & 0 & 0 \\ 0 & -2 & 0 & 0 \\ 2 & 0 & 0 & a \end{vmatrix}=24$，则实数 a 的值为__________.

6. 计算行列式：$\begin{vmatrix} 0 & 1 & 0 & 0 & \cdots & 0 \\ 0 & 0 & 2 & 0 & \cdots & 0 \\ 0 & 0 & 0 & 3 & \cdots & 0 \\ \vdots & \vdots & \vdots & \vdots & & \vdots \\ 0 & 0 & 0 & 0 & \cdots & n-1 \\ n & 0 & 0 & 0 & \cdots & 0 \end{vmatrix}=$__________.

三、解答题

1. 利用定义计算下列四阶行列式：

（1）$\begin{vmatrix} 1 & 1 & 0 & 0 \\ 0 & 1 & 1 & 1 \\ 0 & 1 & 1 & 0 \\ 0 & 0 & 0 & 1 \end{vmatrix}$；　　（2）$\begin{vmatrix} a & b & 0 & 0 \\ 0 & c & d & 0 \\ 0 & 0 & e & f \\ g & h & 0 & 0 \end{vmatrix}$；

(3) $\begin{vmatrix} 1 & 0 & 0 & 0 \\ 0 & 2 & 1 & 0 \\ 0 & 0 & 3 & 1 \\ 1 & 0 & 0 & 4 \end{vmatrix}$；　　(4) $\begin{vmatrix} 1 & 0 & 0 & 0 \\ 0 & 2 & 0 & 0 \\ 0 & 1 & 3 & 1 \\ 1 & 0 & 2 & 5 \end{vmatrix}$.

2．利用定义计算下列 n 阶行列式：

(1) $\begin{vmatrix} 0 & 0 & \cdots & 0 & \lambda_1 & 0 \\ 0 & 0 & \cdots & \lambda_2 & 0 & 0 \\ \vdots & \vdots & & \vdots & \vdots & \vdots \\ 0 & \lambda_{n-2} & \cdots & 0 & 0 & 0 \\ \lambda_{n-1} & 0 & \cdots & 0 & 0 & 0 \\ 0 & 0 & \cdots & 0 & 0 & \lambda_n \end{vmatrix}$；　　(2) $\begin{vmatrix} 0 & 0 & \cdots & 0 & 1 \\ 0 & 0 & \cdots & 2 & 0 \\ \vdots & \vdots & & \vdots & \vdots \\ 0 & n-1 & \cdots & 0 & 0 \\ n & 0 & \cdots & 0 & 0 \end{vmatrix}$.

3．已知行列式 $D_1 = \begin{vmatrix} 0 & 0 & 0 & \lambda_1 \\ 0 & 0 & \lambda_2 & 0 \\ 0 & \lambda_3 & 0 & 0 \\ \lambda_4 & 0 & 0 & 0 \end{vmatrix}$，$D_2 = \begin{vmatrix} 0 & \lambda_1 & 0 & 0 \\ 0 & 0 & \lambda_2 & 0 \\ 0 & 0 & 0 & \lambda_3 \\ \lambda_4 & 0 & 0 & 0 \end{vmatrix}$，其中 $\lambda_1\lambda_2\lambda_3\lambda_4 \neq 0$，证明：$D_1 = -D_2$.

4．利用定义求三角行列式：

（1）$\begin{vmatrix} 0 & 0 & 0 & \lambda_1 \\ 0 & 0 & \lambda_2 & a_{24} \\ 0 & \lambda_3 & a_{33} & a_{34} \\ \lambda_4 & a_{42} & a_{43} & a_{44} \end{vmatrix}$；（2）$\begin{vmatrix} a_1 & a_2 & \cdots & a_{n-1} & \lambda_1 \\ b_1 & b_2 & \cdots & \lambda_2 & 0 \\ \vdots & \vdots & & \vdots & \vdots \\ c_1 & \lambda_{n-1} & \cdots & 0 & 0 \\ \lambda_n & 0 & \cdots & 0 & 0 \end{vmatrix}$.

5．已知六阶行列式$|a_{ij}|$含有正项$a_{31}a_{m5}a_{23}a_{n2}a_{64}a_{56}$，求$m$和$n$的值.

6．已知在七阶行列式中，$a_{47}a_{63}a_{1i}a_{55}a_{7j}a_{22}a_{31}$取负号，求$i$和$j$的值.

7．已知$f(x)=\begin{vmatrix} 4x & x & 1 & 0 \\ 1 & x & 2 & 3 \\ 2 & 3 & x & 2 \\ 1 & 1 & 2 & x \end{vmatrix}$，求$f(x)$中$x^4$与$x^3$的系数.

8．计算行列式 $D=\begin{vmatrix} 0 & \cdots & 0 & 1 & 0 \\ 0 & \cdots & 2 & 0 & 0 \\ \vdots & & \vdots & \vdots & \vdots \\ n-1 & \cdots & 0 & 0 & 0 \\ 0 & \cdots & 0 & 0 & n \end{vmatrix}$.

第四节　行列式的性质

一、单项选择题

1．若行列式 $\begin{vmatrix} a_{11} & a_{12} & a_{13} \\ a_{21} & a_{22} & a_{23} \\ a_{31} & a_{32} & a_{33} \end{vmatrix}=1$，则 $\begin{vmatrix} a_{13} & 4a_{11}-a_{12} & 5a_{11} \\ a_{23} & 4a_{21}-a_{22} & 5a_{21} \\ a_{33} & 4a_{31}-a_{32} & 5a_{31} \end{vmatrix}=$（　　）.

A．20　　B．5　　C．–20　　D．–5

2．若行列式 $\begin{vmatrix} 1 & 1 & 1 & 1 \\ 0 & 2 & 1 & 0 \\ 0 & 1 & 2 & 0 \\ 1 & -1 & -1 & -2 \end{vmatrix}=$（　　）.

A．8　　B．–8　　C．9　　D．–9

3．若行列式 $\begin{vmatrix} 1 & 2 & 3 \\ 4 & 5 & 6 \\ 2 & 3 & a \end{vmatrix}=0$，则 $a=$（　　）.

A．4　　B．3　　C．2　　D．1

4．若行列式 $\begin{vmatrix} a_1 & a_2 & a_3 \\ b_1 & b_2 & b_3 \\ c_1 & c_2 & c_3 \end{vmatrix}=k$，则 $\begin{vmatrix} 2b_1 & 5b_3 & 2b_2 \\ 2c_1 & 5c_3 & 2c_2 \\ 2a_1 & 5a_3 & 2a_2 \end{vmatrix}=$（　　）.

A．$-10k$　　B．$-20k$　　C．$10k$　　D．$20k$

5．若行列式 $\begin{vmatrix} a_1 & a_2 & a_3 \\ b_1 & b_2 & b_3 \\ c_1 & c_2 & c_3 \end{vmatrix}=n$，则 $\begin{vmatrix} a_2 & b_2 & c_2 \\ 3a_1 & 3b_1 & 3c_1 \\ a_3-2a_1 & b_3-2b_1 & c_3-2c_1 \end{vmatrix}=$（　　）.

A．$-2n$　　B．$6n$　　C．$-3n$　　D．n

二、填空题

1. 若行列式 $\begin{vmatrix} a_{11} & a_{12} & a_{13} \\ a_{21} & a_{22} & a_{23} \\ a_{31} & a_{32} & a_{33} \end{vmatrix}=3$，则 $\begin{vmatrix} 2a_{11} & 2a_{12} & 2a_{13} \\ 2a_{21} & 2a_{22} & 2a_{23} \\ 2a_{31} & 2a_{32} & 2a_{33} \end{vmatrix}=$__________.

2. 行列式 $\begin{vmatrix} 2 & 0 & 0 & 1 \\ 0 & 2 & 1 & 0 \\ 0 & 1 & 2 & 0 \\ 1 & 0 & 0 & 2 \end{vmatrix}=$__________.

3. 若行列式 $\begin{vmatrix} x & 3 & 1 \\ y & 0 & 1 \\ z & 2 & 1 \end{vmatrix}=1$，则 $\begin{vmatrix} 1-x & 1-y & 1-z \\ 4 & 1 & 3 \\ 1 & 1 & 1 \end{vmatrix}=$__________.

4. 若行列式 $D=\begin{vmatrix} a_1 & a_2 & a_3 \\ b_1 & b_2 & b_3 \\ c_1 & c_2 & c_3 \end{vmatrix}=2$，则 $D_1=\begin{vmatrix} a_1 & a_2 & a_3 \\ 3a_1-b_1 & 3a_2-b_2 & 3a_3-b_3 \\ c_1 & c_2 & c_3 \end{vmatrix}=$__________.

5. 若行列式 $D=\begin{vmatrix} 0 & 0 & 0 & 1 \\ 0 & 0 & a & 0 \\ 0 & 2 & 0 & 0 \\ 3 & 0 & 0 & a \end{vmatrix}=1$，则实数 a 的值为__________.

三、解答题

1. 计算下列行列式：

（1）$\begin{vmatrix} 34\,215 & 35\,215 \\ 28\,092 & 29\,092 \end{vmatrix}$；

（2）$\begin{vmatrix} -2 & 1 & -3 \\ 98 & 101 & 97 \\ 1 & -3 & 4 \end{vmatrix}$；

（3）$\begin{vmatrix} 3 & 2 & 1 & 5 \\ 2 & 4 & 5 & -2 \\ 6 & 3 & 6 & 2 \\ 5 & 6 & 8 & -7 \end{vmatrix}$；

（4）$\begin{vmatrix} 1 & 2 & -5 & 1 \\ -3 & 1 & 0 & -6 \\ 2 & 0 & -1 & 2 \\ 4 & 1 & -7 & 6 \end{vmatrix}$；

（5）$\begin{vmatrix} 2 & 1 & 1 & 1 \\ 4 & 0 & 1 & 1 \\ 6 & 2 & 0 & 2 \\ 8 & 3 & 3 & 0 \end{vmatrix}$；

（6）$\begin{vmatrix} 0 & 0 & 2 & 3 \\ 1 & 2 & 1 & -1 \\ 3 & 1 & 2 & 2 \\ 4 & 5 & 1 & 2 \end{vmatrix}$；

(7) $\begin{vmatrix} a & b & c & d \\ a & a+b & a+b+c & a+b+c+d \\ 0 & a & a+b & a+b+c \\ 0 & 0 & a & a+b \end{vmatrix}$;

(8) $\begin{vmatrix} a_1+x_1 & a_2 & a_3 & a_4 \\ a_1 & a_2+x_2 & a_3 & a_4 \\ a_1 & a_2 & a_3+x_3 & a_4 \\ a_1 & a_2 & a_3 & a_4+x_4 \end{vmatrix}$;

(9) $\begin{vmatrix} x & x+1 & x+2 & x+3 \\ x & 2x+1 & 3x+3 & 4x+6 \\ x & 3x+1 & 6x+4 & 10x+10 \\ x & 4x+1 & 10x+5 & 20x+15 \end{vmatrix}$;

(10) $\begin{vmatrix} 1+a_1 & 1 & 1 & \cdots & 1 \\ 1 & a_2 & 0 & \cdots & 0 \\ 1 & 0 & a_3 & \cdots & 0 \\ \vdots & \vdots & \vdots & & \vdots \\ 1 & 0 & 0 & \cdots & a_n \end{vmatrix}$.

2．已知行列式$|a_{ij}|=m,(i,j=1,2,\cdots,5)$，依次对$|a_{ij}|$进行下列变换，求其结果：交换第1行与第5行，再转置，用2乘以所有元素，再用(−3)乘以第2列加到第5列，最后用4除第1行各元素．

3．已知255，459，527都能被17整除，不求行列式的值，证明：行列式$\begin{vmatrix}2&4&5\\5&5&2\\5&9&7\end{vmatrix}$能被17整除．

4．利用行列式的性质，证明：$\begin{vmatrix}1+a_1&a_2&\cdots&a_n\\a_1&1+a_2&\cdots&a_n\\\vdots&\vdots&&\vdots\\a_1&a_2&\cdots&1+a_n\end{vmatrix}=1+a_1+a_2+\cdots+a_n$．

5．证明：$f(x)=\begin{vmatrix}x-1&x-2&x-1&x\\x-2&x-4&x-2&x\\x-3&x-6&x-4&x-1\\x-4&x-8&2x-5&x-2\end{vmatrix}=0$的根为−1，0．

第五节　行列式按行（列）展开

一、单项选择题

1．已知四阶行列式D中第3列的元素为1，−2，4，0，它们的余子式分别为2，3，−1，5，则$D=$（　　）.

A．0　　B．4　　C．−4　　D．2

2．设行列式$D=\begin{vmatrix}1&5&-1&3\\2&2&3&3\\3&0&-8&7\\4&4&5&5\end{vmatrix}$，则$A_{11}+A_{12}$和$A_{13}+A_{14}$分别等于（　　）.

A．0，1　　B．1，0　　C．0，0　　D．1，1

3．行列式$D=\begin{vmatrix}-1&3&2\\-5&2&0\\1&0&-3\end{vmatrix}$中，元素$a_{32}$的代数余子式为（　　）.

A．0　　B．10　　C．−10　　D．3

4．四阶行列式$\begin{vmatrix}1&a&0&0\\-1&2-a&a&0\\0&-2&3-a&a\\0&0&-3&4-a\end{vmatrix}=$（　　）.

A．21　　B．22　　C．23　　D．24

5．下列n阶行列式中，取值必为−1的是（　　）.

A．$\begin{vmatrix}0&&&&1\\&&&1&\\&&\iddots&&\\&1&&&\\1&&&&0\end{vmatrix}$　　B．$\begin{vmatrix}1&1&&&\\&1&1&&\\&&\ddots&\ddots&\\&&&1&1\\1&&&&1\end{vmatrix}$

C．$\begin{vmatrix}0&&&&1\\1&0&&&\\&1&\ddots&&\\&&\ddots&0&\\&&&1&0\end{vmatrix}$　　D．$\begin{vmatrix}0&0&\cdots&0&1\\0&1&\cdots&0&0\\\vdots&\vdots&\ddots&\vdots&\vdots\\0&0&\cdots&1&0\\1&0&\cdots&0&0\end{vmatrix}$

二、填空题

1．已知四阶行列式D中第4行的元素依次为1，−1，2，3，这些元素的余子式依次为−5，4，2，−6，则行列式$D=$__________.

2．若 A_{ij} 是 n 阶行列式中 a_{ij} 的代数余子式，且 $a_{i1}A_{s1}+a_{i2}A_{s2}+\cdots+a_{in}A_{sn}\neq 0$，则 i 与 s 的关系为__________.

3．四阶行列式 $\begin{vmatrix} 0 & 1 & 1 & 1 \\ 1 & 0 & x & x \\ 1 & x & 0 & x \\ 1 & x & x & 0 \end{vmatrix}=$__________.

4．设 $f(x)=\begin{vmatrix} x+1 & -4 & 2 \\ 3 & x-4 & 0 \\ 3 & -1 & x-3 \end{vmatrix}$，则方程 $f(x)=0$ 的根为__________.

5．已知 $D=\begin{vmatrix} a_1 & a_2 & a_3 & a_4 \\ a_2 & a_2 & a_4 & a_5 \\ a_3 & a_2 & a_5 & a_6 \\ a_4 & a_2 & a_6 & a_7 \end{vmatrix}$，则 $A_{13}+A_{23}+A_{33}+A_{43}=$__________.

6．多项式 $f(x)=\begin{vmatrix} x & -1 & 0 & x \\ 2 & 2 & 3 & x \\ -7 & 10 & 4 & 3 \\ 1 & -7 & 1 & x \end{vmatrix}$ 的常数项为__________.

三、解答题

1．计算下列行列式：

（1）$\begin{vmatrix} 1 & 3 & 2 & 4 \\ 2 & 1 & 3 & 1 \\ 3 & 2 & 1 & 4 \\ 2 & 1 & 0 & 1 \end{vmatrix}$；

（2）$\begin{vmatrix} 1 & 1 & 1 & 1 \\ 1 & -1 & 1 & -1 \\ 1 & 3 & 9 & 27 \\ 1 & -2 & 4 & -8 \end{vmatrix}$；

（3）$\begin{vmatrix} 1 & 3 & 0 & 1 & 2 \\ -1 & 4 & 2 & 7 & 2 \\ 2 & 2 & 0 & 4 & -1 \\ 0 & 1 & 0 & 2 & 0 \\ -3 & 1 & 0 & 5 & -4 \end{vmatrix}$；

（4）$\begin{vmatrix} x & y & 0 & \cdots & 0 & 0 \\ 0 & x & y & \cdots & 0 & 0 \\ 0 & 0 & x & \cdots & 0 & 0 \\ \vdots & \vdots & \vdots & & \vdots & \vdots \\ 0 & 0 & 0 & \cdots & x & y \\ y & 0 & 0 & \cdots & 0 & x \end{vmatrix}$.

2．求方程$\begin{vmatrix} x-1 & 1 & 1 \\ 0 & x-2 & 0 \\ 8 & 3 & x-3 \end{vmatrix}=0$的解.

3．按第 3 列展开行列式$\begin{vmatrix} 1 & 0 & a & 1 \\ 0 & -1 & b & -1 \\ -1 & -1 & c & -1 \\ -1 & 1 & d & 0 \end{vmatrix}$，并计算该行列式.

4．设行列式$D=\begin{vmatrix}3 & 0 & 4 & 0\\ 2 & 2 & 2 & 2\\ 0 & -7 & 0 & 0\\ 5 & 3 & -2 & 2\end{vmatrix}$，求第 4 行各元素的代数余子式之和及余子式之和.

5．已知行列式D的第 2 行元素依次为-1，2，0，1，其余子式依次为5，3，-5，4，求D的值；若第 3 行元素依次为1，2，k，1，求k的值.

6．设$D=\begin{vmatrix}1 & 1 & 1 & 1\\ 2 & 3 & 4 & 5\\ 4 & 9 & 16 & 25\\ 8 & 27 & 64 & 125\end{vmatrix}$，试求：

（1）D；

（2）$A_{31}+A_{32}+A_{33}+A_{34}$；

（3）$M_{11}+M_{21}+M_{31}+M_{41}$.

7．设 $D=\begin{vmatrix} 3 & 1 & -1 & 2 \\ -5 & 1 & 3 & -4 \\ 2 & 0 & 1 & -1 \\ 1 & -5 & 3 & -3 \end{vmatrix}$，$D$ 的元素 a_{ij} 的代数余子式记为 A_{ij}，求 $A_{31}+3A_{32}-2A_{33}+2A_{34}$.

8．证明：$D_4=\begin{vmatrix} 1 & 1 & 1 & 1 \\ x_1 & x_2 & x_3 & x_4 \\ x_1^2 & x_2^2 & x_3^2 & x_4^2 \\ x_1^4 & x_2^4 & x_3^4 & x_4^4 \end{vmatrix}=(x_1+x_2+x_3+x_4)\prod\limits_{1\leqslant j<i\leqslant 4}(x_i-x_j)$.

9．证明：$D_n=\begin{vmatrix} \cos\alpha & 1 & & & & \\ 1 & 2\cos\alpha & \ddots & & & \\ & 1 & \ddots & 1 & & \\ & & \ddots & 2\cos\alpha & 1 & \\ & & & 1 & 2\cos\alpha & 1 \\ & & & & 1 & 2\cos\alpha \end{vmatrix}=\cos n\alpha$．（未写出的元素均为0）

第二章　矩阵及其运算

第一节　线性方程组与矩阵

考点精讲课

第二章　矩阵及其运算

一、单项选择题

1．设矩阵 $\boldsymbol{A}=\begin{pmatrix}1 & x^2+4 & 2\\ 3 & -2 & 0\end{pmatrix}$，$\boldsymbol{B}=\begin{pmatrix}1 & 4 & 2\\ 3 & -2 & 0\end{pmatrix}$，若 $\boldsymbol{A}=\boldsymbol{B}$，则 $x=$（　　）．

A．2　　B．1　　C．0　　D．-1

2．下列矩阵属于同型矩阵的是（　　）．

A．$\begin{pmatrix}1 & 0 & 3\\ 0 & 2 & -1\end{pmatrix}$，$\begin{pmatrix}1 & 0\\ 0 & 2\\ 3 & -1\end{pmatrix}$

B．$\begin{pmatrix}1 & 0 & 0\\ 0 & 1 & 0\\ 0 & 0 & 1\end{pmatrix}$，$\begin{pmatrix}0 & 0 & 2\\ 1 & 3 & 4\\ -2 & 0 & 0\end{pmatrix}$

C．$\begin{pmatrix}1\\ 0\\ 2\end{pmatrix}$，$(1,2,3)$

D．$\begin{pmatrix}0 & 0\\ 0 & 0\\ 0 & 0\end{pmatrix}$，$\begin{pmatrix}0 & 0 & 0\\ 0 & 0 & 0\\ 0 & 0 & 0\end{pmatrix}$

3．下列矩阵属于对角矩阵的是（　　）．

A．$\begin{pmatrix}1 & 0 & 3\\ 0 & 2 & -1\end{pmatrix}$　　B．$\begin{pmatrix}1 & 0 & 2\\ 0 & 1 & 0\\ 2 & 0 & 1\end{pmatrix}$　　C．$\begin{pmatrix}1 & -2\\ -2 & 1\end{pmatrix}$　　D．$\begin{pmatrix}1 & 0 & 0\\ 0 & 2 & 0\\ 0 & 0 & 3\end{pmatrix}$

4．下列矩阵属于三阶方阵的是（　　）．

A．$\begin{pmatrix}1 & 1 & 3\\ 1 & 0 & -1\end{pmatrix}$　　B．$\begin{pmatrix}1 & 0 & 0\\ 0 & 1 & 0\\ 2 & 0 & 1\end{pmatrix}$　　C．$\begin{pmatrix}1 & -2\\ -2 & 1\end{pmatrix}$　　D．$\begin{pmatrix}1 & 0 & -1 & 0\\ 2 & -2 & 1 & 3\\ 4 & 1 & 3 & 5\end{pmatrix}$

5．矩阵 $\boldsymbol{A}=\begin{pmatrix}1 & 2 & 3\\ 6 & 0 & -2\\ 6 & 1 & -1\\ 0 & 0 & 7\end{pmatrix}$ 中有（　　）个元素．

A．9　　B．14　　C．12　　D．16

6. 下列矩阵属于下三角矩阵的是（　　）.

A. $\begin{pmatrix} 1 & 1 & 3 \\ 1 & 0 & -1 \end{pmatrix}$　　B. $\begin{pmatrix} 1 & 0 & 0 \\ 0 & 1 & 0 \\ 2 & 0 & 1 \end{pmatrix}$

C. $\begin{pmatrix} 1 & -2 \\ -2 & 1 \end{pmatrix}$　　D. $\begin{pmatrix} 1 & 0 & -1 & 0 \\ 2 & -2 & 1 & 3 \\ 4 & 1 & 3 & 5 \end{pmatrix}$

7. 下列属于齐次线性方程组的是（　　）.

A. $\begin{cases} x_1 - 3x_2 + 3x_3 - x_4 = 0, \\ 2x_1 - x_2 + x_3 - 2x_4 = 0, \\ 2x_1 - x_2 + 3x_3 - 3x_4 = 0 \end{cases}$　　B. $\begin{cases} x_1 - x_2 + x_3 = 0, \\ x_1 - x_2 + 2x_3 = 0, \\ x_1 - 2x_2 + 3x_3 = 3 \end{cases}$

C. $\begin{cases} 2x + y - z + w = 1, \\ 4x + 2y - 2z + w = 2, \\ 2x + y - z - w = 1 \end{cases}$　　D. $\begin{cases} x_1 + x_2 - 2x_3 = -3, \\ 5x_1 - 2x_2 + 7x_3 = 22, \\ 2x_1 - 5x_2 + 4x_3 = 4 \end{cases}$

二、判断题

1. 对角矩阵一定是方阵.　（　　）
2. 不同型的零矩阵是相同的.　（　　）
3. 齐次线性方程组一定有零解.　（　　）
4. 线性变换与矩阵之间存在一一对应的关系.　（　　）

三、解答题

1. 写出一个四阶对角矩阵和一个四阶单位矩阵.

2. 写出下列线性方程组的系数矩阵和增广矩阵.

（1）$\begin{cases} x_1 - 2x_2 + 3x_3 - x_4 = 1, \\ 3x_1 - x_2 + 5x_3 - 3x_4 = 2, \\ 2x_1 + x_2 + 2x_3 - 2x_4 = 3; \end{cases}$　　（2）$\begin{cases} 2x + y - z + w = 1, \\ 4x + 2y - 2z + w = 2, \\ 2x + y - z - w = 1; \end{cases}$

（3）$\begin{cases} x_1+2x_2+3x_3=-1, \\ 2x_1+2x_2+5x_3=2, \\ 3x_1+5x_2+x_3=3; \end{cases}$　　（4）$\begin{cases} 2x-y+z=1, \\ -4x+2y+2z=-2, \\ 2x-y-z=-3. \end{cases}$

3．写出下列线性变换对应的矩阵.

（1）$\begin{cases} y_1=3x_2-x_3, \\ y_2=3x_1-3x_4, \\ y_3=2x_1+x_2+2x_3; \end{cases}$　　（2）$\begin{cases} x_1=x\cos\theta-y\sin\phi, \\ y_1=x\sin\theta+y\cos\phi. \end{cases}$

第二节　矩阵的运算

一、单项选择题

1．若矩阵 $\boldsymbol{A}=\begin{pmatrix} 1 & 1 \\ 0 & -1 \end{pmatrix}$，$\boldsymbol{B}=\begin{pmatrix} 1 & 0 \\ 1 & 1 \end{pmatrix}$，则 $\boldsymbol{AB}-\boldsymbol{BA}=$（　　）.

A．$\begin{pmatrix} 1 & 0 \\ -2 & -1 \end{pmatrix}$　　B．$\begin{pmatrix} 1 & 1 \\ 0 & -1 \end{pmatrix}$　　C．$\begin{pmatrix} 1 & 0 \\ 0 & 1 \end{pmatrix}$　　D．$\begin{pmatrix} 0 & 0 \\ 0 & 0 \end{pmatrix}$

2．设 $\boldsymbol{A}$ 是二阶方阵，且 $|3\boldsymbol{A}|=3$，则 $|2\boldsymbol{A}|=$（　　）.

A．$\dfrac{1}{2}$　　B．1　　C．$\dfrac{4}{3}$　　D．2

3．已知矩阵 $\boldsymbol{A}=\begin{pmatrix} 1 \\ 2 \end{pmatrix}$，$\boldsymbol{B}=\begin{pmatrix} 2 \\ 1 \end{pmatrix}$，$\boldsymbol{C}=\boldsymbol{AB}^{\mathrm{T}}$，则 $\boldsymbol{C}^{100}=$（　　）.

A．4^{100}　　B．$4^{99}\begin{pmatrix} 2 & 1 \\ 4 & 2 \end{pmatrix}$　　C．$4^{99}\begin{pmatrix} 1 & 2 \\ 2 & 4 \end{pmatrix}$　　D．$\begin{pmatrix} 1 & 2 \\ 2 & 4 \end{pmatrix}^{99}$

4．若矩阵 $\boldsymbol{A}$，$\boldsymbol{B}$ 满足 $\boldsymbol{AB}=\boldsymbol{O}$，则必有（　　）.

A．$\boldsymbol{A}=\boldsymbol{B}=\boldsymbol{O}$　　B．$\boldsymbol{A}+\boldsymbol{B}=\boldsymbol{O}$

C．$|\boldsymbol{A}|=0$ 或 $|\boldsymbol{B}|=0$　　D．$|\boldsymbol{A}|+|\boldsymbol{B}|=0$

5．若 $\boldsymbol{A}$，$\boldsymbol{B}$，$\boldsymbol{C}$ 均为 n 阶方阵，$\boldsymbol{AB}=\boldsymbol{BA}$，$\boldsymbol{AC}=\boldsymbol{CA}$，则 $\boldsymbol{ABC}=$（　　）.

A．$\boldsymbol{ACB}$　　B．$\boldsymbol{CAB}$　　C．$\boldsymbol{CBA}$　　D．$\boldsymbol{BCA}$

6．若矩阵 $\boldsymbol{A}$，$\boldsymbol{B}$ 满足 $\boldsymbol{AB}=\boldsymbol{O}$，则必有（　　）.

A．$\boldsymbol{A}=\boldsymbol{O}$　　B．$\boldsymbol{B}=\boldsymbol{O}$

C．$\boldsymbol{A}=\boldsymbol{O}$ 或 $\boldsymbol{B}=\boldsymbol{O}$　　D．$\boldsymbol{A}$，$\boldsymbol{B}$ 可能都不等于零

7．已知 $\boldsymbol{A}$ 为四阶方阵，$\boldsymbol{B}$ 为五阶方阵，$|\boldsymbol{A}|=2$，$|\boldsymbol{B}|=-2$，则 $\big|-|\boldsymbol{B}|\boldsymbol{A}\big|=$（　　）.

A．18　　B．24　　C．32　　D．48

8．已知矩阵 $\boldsymbol{A}=\begin{pmatrix} a & b \\ c & d \end{pmatrix}$，则 $\boldsymbol{A}^*=$（　　）.

A．$\begin{pmatrix} d & -b \\ -c & a \end{pmatrix}$　　B．$\begin{pmatrix} -d & b \\ c & -a \end{pmatrix}$　　C．$\begin{pmatrix} d & b \\ c & a \end{pmatrix}$　　D．$\begin{pmatrix} d & -c \\ -b & a \end{pmatrix}$

9．已知 $\boldsymbol{A}$ 是任意一个 n 阶方阵，则下列矩阵属于对称矩阵的有（　　）.

① $\boldsymbol{A}+\boldsymbol{A}^{\mathrm{T}}$；　② $\boldsymbol{A}-\boldsymbol{A}^{\mathrm{T}}$；　③ $\boldsymbol{AA}^{\mathrm{T}}$；　④ $\boldsymbol{AA}^*$；　⑤ $\boldsymbol{A}^{\mathrm{T}}\boldsymbol{A}$.

A．2 个　　B．3 个　　C．4 个　　D．5 个

10．已知 $\boldsymbol{A}$ 和 $\boldsymbol{B}$ 为 n 阶方阵，则 $(\boldsymbol{A}+\boldsymbol{B})(\boldsymbol{A}-\boldsymbol{B})=\boldsymbol{A}^2-\boldsymbol{B}^2$ 成立的充分必要条件是（　　）.

A．$\boldsymbol{A}=\boldsymbol{E}$　　B．$\boldsymbol{B}=\boldsymbol{O}$　　C．$\boldsymbol{AB}=\boldsymbol{O}$　　D．$\boldsymbol{AB}=\boldsymbol{BA}$

11．已知 $\boldsymbol{A}$，$\boldsymbol{B}$，$\boldsymbol{C}$ 均为 n 阶方阵，则下列式子错误的是（　　）.

A．$(\boldsymbol{A}+\boldsymbol{B})+\boldsymbol{C}=(\boldsymbol{C}+\boldsymbol{B})+\boldsymbol{A}$　　B．$(\boldsymbol{AB})\boldsymbol{C}=\boldsymbol{A}(\boldsymbol{BC})$

C．$(\boldsymbol{A}+\boldsymbol{B})\boldsymbol{C}=\boldsymbol{AC}+\boldsymbol{BC}$　　D．$\boldsymbol{A}(\boldsymbol{B}+\boldsymbol{C})=\boldsymbol{BA}+\boldsymbol{CA}$

12．已知 $\boldsymbol{A}$，$\boldsymbol{B}$ 均为 n 阶方阵，则下列式子正确的是（　　）.

A．$\boldsymbol{AB}=\boldsymbol{BA}$　　B．$|\boldsymbol{AB}|=|\boldsymbol{BA}|$

C．$|\boldsymbol{A}+\boldsymbol{B}|=|\boldsymbol{A}|+|\boldsymbol{B}|$　　D．$|\boldsymbol{A}^*|=|\boldsymbol{A}|^n$

二、填空题

1．设矩阵 $\boldsymbol{A}=\begin{pmatrix} 1 & 0 & -2 \\ 2 & 2 & 1 \\ 3 & 7 & 2 \end{pmatrix}$，则 $\boldsymbol{A}^{\mathrm{T}}=$__________.

2．设 $\boldsymbol{A}$ 是一个三阶方阵，且 $|\boldsymbol{A}|=2$，则 $|3\boldsymbol{A}|=$__________.

3．设矩阵 $\boldsymbol{A}=\begin{pmatrix} a & a \\ -a & -a \end{pmatrix}$，$\boldsymbol{B}=\begin{pmatrix} b & -b \\ -b & b \end{pmatrix}$，则 $\boldsymbol{AB}=$__________.

4．设矩阵 $\boldsymbol{A}=\begin{pmatrix}1 & -1 & 3\\ 2 & 0 & 1\end{pmatrix}$，$\boldsymbol{B}=\begin{pmatrix}2 & 0\\ 0 & 1\end{pmatrix}$，则 $\boldsymbol{A}^{\mathrm{T}}\boldsymbol{B}=$__________.

5．设矩阵 $\boldsymbol{A}=\begin{pmatrix}1 & 1\\ 0 & 1\end{pmatrix}$，$\boldsymbol{B}=\begin{pmatrix}-1 & 2\\ 1 & 1\end{pmatrix}$，则 $(\boldsymbol{AB})^{\mathrm{T}}=$__________.

6．设矩阵 $\boldsymbol{A}=\begin{pmatrix}1 & 2\\ -1 & 0\end{pmatrix}$，$\boldsymbol{B}=\begin{pmatrix}1 & -1\\ 1 & 2\end{pmatrix}$，则 $|\boldsymbol{AB}|=$__________.

7．设矩阵 $\boldsymbol{A}=\begin{pmatrix}1 & 0\\ 1 & 1\end{pmatrix}$，$m$ 为正整数，则 $\boldsymbol{A}^m=$__________.

8．设 $\boldsymbol{A}$ 为 n 阶方阵，且 $|\boldsymbol{A}|=2$，则 $\left||\boldsymbol{A}|\boldsymbol{A}^{\mathrm{T}}\right|=$__________.

9．设 $\boldsymbol{A}$ 为 n 阶方阵，且 $\boldsymbol{AA}^{\mathrm{T}}=\boldsymbol{E}$，则 $|\boldsymbol{A}|=$__________.

10．设矩阵 $\boldsymbol{A}=\begin{pmatrix}1 & 2\\ 1 & 3\end{pmatrix}$，$\boldsymbol{B}=\begin{pmatrix}1 & 0\\ 1 & 2\end{pmatrix}$，则 $(\boldsymbol{A}+\boldsymbol{B})(\boldsymbol{A}-\boldsymbol{B})=$__________.

11．设矩阵 $\boldsymbol{\alpha}=(1,3,-2)^{\mathrm{T}}$，$\boldsymbol{\beta}=(2,0,0)^{\mathrm{T}}$，$\boldsymbol{A}=\boldsymbol{\alpha\beta}^{\mathrm{T}}$，则 $\boldsymbol{A}^3=$__________.

12．若矩阵 $\boldsymbol{A}=\begin{pmatrix}1 & 2 & 0\\ 3 & 4 & 0\\ 0 & 0 & 5\end{pmatrix}$，则 $\boldsymbol{A}$ 的伴随矩阵 $\boldsymbol{A}^*=$__________.

三、解答题

1．计算下列矩阵：

（1）$\begin{pmatrix}1 & 2 & 3\\ -1 & 1 & 2\end{pmatrix}\begin{pmatrix}1 & 2 & 0\\ 0 & 1 & 1\\ 3 & 0 & -1\end{pmatrix}$；

（2）$(1,-1,2)\begin{pmatrix}-1 & 2 & 0\\ 0 & 1 & 1\\ 3 & 0 & -1\end{pmatrix}\begin{pmatrix}2\\ -1\\ -2\end{pmatrix}$；

（3）$\begin{pmatrix}a_1 & a_2 & a_3\\ b_1 & b_2 & b_3\end{pmatrix}\begin{pmatrix}0 & 2 & 3\\ 4 & 0 & -1\\ 5 & -2 & 0\end{pmatrix}$；

（4）$\begin{pmatrix}0 & 1 & 2\\ 2 & 1 & 3\\ 1 & -1 & 0\end{pmatrix}\begin{pmatrix}0 & 1\\ 1 & 0\\ 0 & 1\end{pmatrix}$.

2. 设矩阵 $\boldsymbol{A}=\begin{pmatrix}0&1&1\\2&1&0\end{pmatrix}$，$\boldsymbol{B}=\begin{pmatrix}1&-1\\2&0\\1&1\end{pmatrix}$，求：

（1）$\boldsymbol{AB}$ 和 $\boldsymbol{BA}$；（2）$\boldsymbol{A}^{\mathrm{T}}\boldsymbol{B}^{\mathrm{T}}$.

3. 设矩阵 $\boldsymbol{A}=\begin{pmatrix}a&b&c\\c&b&a\\1&1&1\end{pmatrix}$，$\boldsymbol{B}=\begin{pmatrix}1&a&c\\1&b&b\\1&c&a\end{pmatrix}$，求 $\boldsymbol{AB}-\boldsymbol{BA}$.

4. 设矩阵 $\boldsymbol{A}=\begin{pmatrix}2&0&1\\-1&1&-3\end{pmatrix}$，$\boldsymbol{B}=\begin{pmatrix}0&4&2\\3&5&7\end{pmatrix}$，求 $\boldsymbol{A}^{\mathrm{T}}\boldsymbol{B}$.

5. 设矩阵 $\boldsymbol{A}=\begin{pmatrix}1&0&3\\0&2&1\\0&0&1\end{pmatrix}$，$\boldsymbol{B}=\begin{pmatrix}1&0&0\\0&2&1\\3&0&1\end{pmatrix}$，求：

（1）$(\boldsymbol{A}+\boldsymbol{B})(\boldsymbol{A}-\boldsymbol{B})$；

（2）$\boldsymbol{A}^2-\boldsymbol{B}^2$；

（3）比较（1）与（2）的结果，可以得出什么结论？

6．已知矩阵 $\boldsymbol{A}=\begin{pmatrix} 0 & 3 & 3 \\ 1 & 1 & 0 \\ -1 & 2 & 3 \end{pmatrix}$，求 $\boldsymbol{A}$ 的伴随矩阵 $\boldsymbol{A}^*$.

7．设矩阵 $\boldsymbol{A}=\begin{pmatrix} 1 & 2 & 3 \\ 2 & 2 & 1 \\ 3 & 4 & 3 \end{pmatrix}$，求 $|\boldsymbol{A}|$，$\boldsymbol{A}^*$，$\boldsymbol{A}\boldsymbol{A}^*$，$\boldsymbol{A}^*\boldsymbol{A}$.

8．设矩阵 $\boldsymbol{A}=\begin{pmatrix} 1 & 1 \\ 2 & 2 \end{pmatrix}$，求 $\boldsymbol{A}^n$.

9．设矩阵 $\boldsymbol{A}=\begin{pmatrix} 1 & 1 \\ 1 & -1 \end{pmatrix}$，求 $\boldsymbol{A}^{20}$.

10．关于矩阵 $\boldsymbol{A}$，$\boldsymbol{B}$，试举例说明 $(\boldsymbol{A}\boldsymbol{B})^k=\boldsymbol{A}^k\boldsymbol{B}^k$ 一般情况下不成立.

11．对于任意 $m\times n$ 矩阵 $\boldsymbol{A}$，证明：$\boldsymbol{A}\boldsymbol{A}^{\mathrm{T}}$ 和 $\boldsymbol{A}^{\mathrm{T}}\boldsymbol{A}$ 都是对称矩阵.

12．设 $\boldsymbol{A}$，$\boldsymbol{B}$ 均为 n 阶对称矩阵，证明：$\boldsymbol{AB}$ 是对称阵的充分必要条件是 $\boldsymbol{AB}=\boldsymbol{BA}$.

第三节　逆　矩　阵

一、单项选择题

1．设 $\boldsymbol{A}$ 是三阶方阵，且 $|\boldsymbol{A}|=-2$，则 $|3\boldsymbol{A}^{-1}|=$（　　）.

A．$-\dfrac{3}{2}$　　B．$-\dfrac{27}{2}$　　C．-6　　D．$\dfrac{3}{2}$

2．若 n 阶方阵 $\boldsymbol{A}$ 可逆，且 $\boldsymbol{A}^*$ 可逆，则 $(\boldsymbol{A}^*)^{-1}=$（　　）.

A．$\boldsymbol{A}$　　B．$\dfrac{\boldsymbol{A}}{|\boldsymbol{A}|}$　　C．$|\boldsymbol{A}|\boldsymbol{A}$　　D．$\dfrac{\boldsymbol{A}}{|\boldsymbol{A}|^{n-1}}$

3．设 $\boldsymbol{A}$，$\boldsymbol{B}$ 为 n 阶可逆方阵，则下列式子错误的是（　　）.

A．$(\boldsymbol{A}^2)^{-1}=(\boldsymbol{A}^{-1})^2$　　B．$|(\boldsymbol{AB})^{-1}|=|\boldsymbol{A}^{-1}||\boldsymbol{B}^{-1}|$

C．$(\boldsymbol{A}+\boldsymbol{B})^{-1}=\boldsymbol{A}^{-1}+\boldsymbol{B}^{-1}$　　D．$|\boldsymbol{A}^{-1}|=|\boldsymbol{A}|^{-1}$

4．设 $\boldsymbol{A}$，$\boldsymbol{B}$，$\boldsymbol{C}$ 为 n 阶可逆方阵，则 $(\boldsymbol{ABC})^{-1}=$（　　）.

A．$\boldsymbol{A}^{-1}\boldsymbol{B}^{-1}\boldsymbol{C}^{-1}$　　B．$\boldsymbol{C}^{-1}\boldsymbol{B}^{-1}\boldsymbol{A}^{-1}$　　C．$\boldsymbol{C}^{-1}\boldsymbol{A}^{-1}\boldsymbol{B}^{-1}$　　D．$\boldsymbol{A}^{-1}\boldsymbol{C}^{-1}\boldsymbol{B}^{-1}$

5．设 $\boldsymbol{A}$ 是三阶方阵，且 $|\boldsymbol{A}|=3$，则 $|2\boldsymbol{A}^*|=$（　　）.

A．4　　B．8　　C．16　　D．72

6．设 $\boldsymbol{A}$ 是 n 阶方阵，且 $|\boldsymbol{A}|\neq 0$，$\boldsymbol{A}^*$ 是 $\boldsymbol{A}$ 的伴随矩阵，则（　　）.

A．$|\boldsymbol{A}^*|=|\boldsymbol{A}|^{n-1}$　　B．$|\boldsymbol{A}^*|=|\boldsymbol{A}|$　　C．$|\boldsymbol{A}^*|=|\boldsymbol{A}|^n$　　D．$|\boldsymbol{A}^*|=|\boldsymbol{A}^{-1}|$

7．设 $\boldsymbol{A}$ 是 n 阶方阵，则 $|\boldsymbol{A}^*\boldsymbol{A}^{-1}|=$（　　）.

A．$|\boldsymbol{A}|^n$　　B．$|\boldsymbol{A}|^{n-1}$　　C．$|\boldsymbol{A}|^{n-2}$　　D．$|\boldsymbol{A}|^{n-3}$

8．设n阶可逆方阵$\boldsymbol{A}$，$\boldsymbol{B}$，$\boldsymbol{C}$满足$\boldsymbol{ABC}=\boldsymbol{E}$，则$\boldsymbol{C}^{-1}=$（　　）.

A．$\boldsymbol{AB}$　　B．$\boldsymbol{BA}$　　C．$\boldsymbol{A}^{-1}\boldsymbol{B}^{-1}$　　D．$\boldsymbol{B}^{-1}\boldsymbol{A}^{-1}$

9．设二阶可逆方阵$\boldsymbol{A}$的逆矩阵$\boldsymbol{A}^{-1}=\begin{pmatrix}1 & 2\\ 3 & 4\end{pmatrix}$，则$\boldsymbol{A}=$（　　）.

A．$\begin{pmatrix}2 & 1\\ \frac{3}{2} & \frac{1}{2}\end{pmatrix}$　　B．$\begin{pmatrix}-2 & \frac{3}{2}\\ 1 & -\frac{1}{2}\end{pmatrix}$　　C．$\begin{pmatrix}-2 & 1\\ \frac{3}{2} & -\frac{1}{2}\end{pmatrix}$　　D．$\begin{pmatrix}2 & -1\\ -\frac{3}{2} & \frac{1}{2}\end{pmatrix}$

10．设$\boldsymbol{A}$是n阶方阵，且$|\boldsymbol{A}|\neq 0$，则下列式子错误的是（　　）.

A．$(2\boldsymbol{A})^{\mathrm{T}}=2\boldsymbol{A}^{\mathrm{T}}$　　B．$(k\boldsymbol{A})^{-1}=k^{-1}\boldsymbol{A}^{-1}\ (k\neq 0)$

C．$(2\boldsymbol{A})^{*}=2\boldsymbol{A}^{*}$　　D．$(\boldsymbol{A}^{2})^{*}=(\boldsymbol{A}^{*})^{2}$

11．设$\boldsymbol{A}$，$\boldsymbol{B}$为n阶可逆方阵，则下列命题正确的是（　　）.

A．$(\boldsymbol{AB})^{k}=\boldsymbol{A}^{k}\boldsymbol{B}^{k}$　　B．$|-\boldsymbol{A}|=-|\boldsymbol{A}|$

C．$(\boldsymbol{A}+\boldsymbol{B})^{2}=\boldsymbol{A}^{2}+2\boldsymbol{AB}+\boldsymbol{B}^{2}$　　D．若$\boldsymbol{A}$可逆，则$\boldsymbol{A}^{*}$可逆

12．已知$(\boldsymbol{A}+\boldsymbol{E})^{3}=(\boldsymbol{A}-2\boldsymbol{E})^{3}$，则$\boldsymbol{A}^{-1}=$（　　）.

A．$\boldsymbol{A}+\boldsymbol{E}$　　B．$\boldsymbol{A}-\boldsymbol{E}$　　C．$2\boldsymbol{E}-\boldsymbol{A}$　　D．$\boldsymbol{E}-\boldsymbol{A}$

13．设$\boldsymbol{A}$，$\boldsymbol{B}$都是三阶方阵，且$|\boldsymbol{A}|=3$，$|\boldsymbol{B}|=2$，$|\boldsymbol{A}^{-1}+\boldsymbol{B}|=2$，则$|\boldsymbol{A}+\boldsymbol{B}^{-1}|=$（　　）.

A．3　　B．2　　C．4　　D．12

二、填空题

1．设矩阵$\boldsymbol{A}=\begin{pmatrix}1 & 3\\ 2 & 7\end{pmatrix}$，则$\boldsymbol{A}^{-1}=$__________.

2．设$\boldsymbol{A}$为三阶方阵，且$|\boldsymbol{A}|=3$，则$|2\boldsymbol{A}|=$__________，$|\boldsymbol{A}^{2}|=$__________.

3．设$\boldsymbol{A}$，$\boldsymbol{B}$均为n阶方阵，且$|\boldsymbol{A}|=2$，$|\boldsymbol{B}|=-3$，则$|-\boldsymbol{A}^{\mathrm{T}}\boldsymbol{B}^{-1}|=$__________.

4．设n阶方阵$\boldsymbol{A}$满足$\boldsymbol{A}^{2}+3\boldsymbol{A}-2\boldsymbol{E}=\boldsymbol{O}$，则$(\boldsymbol{A}+\boldsymbol{E})^{-1}=$__________.

5．当k__________时，矩阵$\boldsymbol{A}=\begin{pmatrix}1 & 0 & 0\\ 0 & k & 0\\ 1 & -1 & 1\end{pmatrix}$可逆.

6．设矩阵$\boldsymbol{A}=\begin{pmatrix}1 & 0 & 0\\ 2 & 2 & 0\\ 3 & 3 & 3\end{pmatrix}$，则$\left(\frac{\boldsymbol{A}}{2}\right)^{-1}=$__________.

7．设二阶方阵$\boldsymbol{A}=\begin{pmatrix}a & b\\ c & d\end{pmatrix}$，且$|\boldsymbol{A}|=-1$，则$(\boldsymbol{A}^{*})^{-1}=$__________.

8．设$\boldsymbol{A}$，$\boldsymbol{B}$均为n阶可逆方阵，则$(\boldsymbol{AB})^{k}=\boldsymbol{A}^{k}\boldsymbol{B}^{k}$的充分必要条件是__________.

9．已知矩阵方程 $\boldsymbol{AX}=\boldsymbol{B}$，其中 $\boldsymbol{A}=\begin{pmatrix}1 & 0\\ 2 & 1\end{pmatrix}$，$\boldsymbol{B}=\begin{pmatrix}1 & 1\\ -1 & 0\end{pmatrix}$，则 $\boldsymbol{X}=$__________.

10．设 $\boldsymbol{A}$，$\boldsymbol{B}$ 为三阶方阵，且 $|\boldsymbol{A}|=2$，$\boldsymbol{B}=-2\boldsymbol{E}$，则 $|\boldsymbol{A}^{-1}\boldsymbol{B}|=$__________.

11．设 $\boldsymbol{A}$ 为 n 阶方阵，k 为常数，若 $|\boldsymbol{A}|=a$，则 $|k\boldsymbol{A}^{\mathrm{T}}\boldsymbol{A}^{-1}|=$__________.

12．设 $\boldsymbol{A}$ 为 n 阶方阵，且 $\boldsymbol{AA}^{\mathrm{T}}=\boldsymbol{E}$，$|\boldsymbol{A}|<0$，则 $|\boldsymbol{A}+\boldsymbol{E}|=$__________.

三、解答题

1．设 $\boldsymbol{A}$ 为四阶方阵，$\boldsymbol{B}$ 为五阶方阵，且 $|\boldsymbol{A}|=2$，$|\boldsymbol{B}|=-2$，求 $\left|-|\boldsymbol{A}^{-1}|\boldsymbol{B}^{-1}\right|$.

2．判断下列矩阵是否可逆，若可逆，求出其逆矩阵.

（1）$\begin{pmatrix}0 & 2 & 1\\ 1 & -1 & 1\\ 3 & -1 & 2\end{pmatrix}$；

（2）$\begin{pmatrix}0 & -1 & 0\\ 1 & 0 & 1\\ 1 & 0 & 2\end{pmatrix}$.

3．设矩阵 $\boldsymbol{A}=\begin{pmatrix}2 & -3 & 1\\ 4 & -5 & 2\\ 5 & -7 & 3\end{pmatrix}$，判断 $\boldsymbol{A}$ 是否可逆，若可逆，求其逆矩阵 $\boldsymbol{A}^{-1}$．

4．解下列矩阵方程：

（1）$\begin{pmatrix}1 & 0\\ 2 & 2\end{pmatrix}\boldsymbol{X}=\begin{pmatrix}0 & 1 & 2\\ 1 & 0 & 1\end{pmatrix}$；

（2）$\begin{pmatrix}1 & 2 & 0\\ 4 & -2 & -1\\ -3 & 1 & 2\end{pmatrix}\boldsymbol{X}=\begin{pmatrix}0 & 4\\ 6 & 5\\ 1 & -3\end{pmatrix}$．

5．已知矩阵 $\boldsymbol{A}$，$\boldsymbol{X}$ 满足 $\boldsymbol{AX}=\boldsymbol{A}+2\boldsymbol{X}$，其中 $\boldsymbol{A}=\begin{pmatrix}3 & 0 & 1\\ 1 & 1 & 0\\ 0 & 1 & 4\end{pmatrix}$，求 $\boldsymbol{X}$．

6．设矩阵 $\boldsymbol{A}=\begin{pmatrix}1&2&3\\2&2&1\\3&4&3\end{pmatrix}$，$\boldsymbol{B}=\begin{pmatrix}2&1\\5&3\end{pmatrix}$，$\boldsymbol{C}=\begin{pmatrix}1&3\\2&0\\3&1\end{pmatrix}$，求矩阵 $\boldsymbol{X}$，使其满足 $\boldsymbol{AXB}=\boldsymbol{C}$．

7．设方阵 $\boldsymbol{A}$ 满足 $\boldsymbol{A}^3-2\boldsymbol{A}+\boldsymbol{E}=\boldsymbol{O}$，求 $(\boldsymbol{A}^2-2\boldsymbol{E})^{-1}$．

8．设矩阵 $\boldsymbol{A}=\begin{pmatrix}2&2&3\\0&2&2\\0&0&2\end{pmatrix}$，$\boldsymbol{A}+\boldsymbol{B}=\boldsymbol{BA}$，求 $\boldsymbol{A}+\boldsymbol{B}$．

9．k 取何值时，矩阵 $\boldsymbol{A}=\begin{pmatrix}1&-1&1\\0&k&0\\0&0&2\end{pmatrix}$ 可逆？并求 $\boldsymbol{A}$ 的逆矩阵．

10．设$\boldsymbol{A}$为三阶方阵，且$|\boldsymbol{A}|=2$，求$|3\boldsymbol{A}^{-1}-2\boldsymbol{A}^{*}|$.

11．利用求逆矩阵的方法解线性方程组：$\begin{cases}x_1+2x_2+x_3=1,\\2x_1+5x_2+4x_3=0,\\x_1+x_2=1.\end{cases}$

12．设三阶方阵$\boldsymbol{A}$，$\boldsymbol{B}$满足$\boldsymbol{AB}-2\boldsymbol{B}=4\boldsymbol{A}$.

（1）证明：$\boldsymbol{A}-2\boldsymbol{E}$可逆；

（2）若$\boldsymbol{B}=\begin{pmatrix}4&0&1\\0&6&0\\-1&0&4\end{pmatrix}$，求$\boldsymbol{A}$.

13．已知矩阵 $\boldsymbol{A}=\begin{pmatrix}1 & 1 & 1 & 1\\ 1 & 1 & -1 & -1\\ 1 & -1 & 1 & -1\\ 1 & -1 & -1 & 1\end{pmatrix}$.

（1）求 $\boldsymbol{A}^2$，$\boldsymbol{A}^{-1}$；

（2）若方阵 $\boldsymbol{X}$ 满足 $\boldsymbol{A}^2+\boldsymbol{AX}-\boldsymbol{A}=\boldsymbol{E}$，求 $\boldsymbol{X}$.

14．设 $\boldsymbol{A}$，$\boldsymbol{B}$ 均为 n 阶方阵，且 $\boldsymbol{AB}=2\boldsymbol{A}+\boldsymbol{B}$，证明 $\boldsymbol{A}-\boldsymbol{E}$ 可逆，并求其逆矩阵.

第四节　克拉默法则

一、单项选择题

1．若线性方程组 $\begin{cases}kx-y=a,\\ -x+ky=b\end{cases}$ 有唯一解，则（　　）.

A．k 可取任何实数　B．$k=\pm1$　C．$k\neq\pm1$　D．$k\neq0$

2．若齐次线性方程组有非零解，则其系数行列式（　　）.

A．等于 0　B．不等于 0　C．等于 1　D．为任意实数

3．若齐次线性方程组只有零解，则其系数行列式（　　）.

A．等于 0　B．不等于 0　C．等于 1　D．为任意实数

4．若线性方程组$\begin{cases} ax_1+bx_2+bx_3=0, \\ bx_1+ax_2+bx_3=0, \\ bx_1+bx_2+ax_3=0 \end{cases}$有非零解，则必有（　　）.

A．$a=b$ 或 $a+b=0$

B．$a=b$ 或 $a+2b=0$

C．$a+2b=0$

D．$a+b=0$

二、填空题

1．若线性方程组$\begin{cases} x_1+2x_2=0, \\ 2x_1+kx_2=0 \end{cases}$有非零解，则 $k=$__________.

2．若线性方程组$\begin{cases} x-y-z=2, \\ 2x-y-3z=1, \\ 3x+\lambda y-5z=0 \end{cases}$有唯一解，则 λ 的取值范围是__________.

3．若齐次线性方程组$\begin{cases} (\lambda+3)x_1+x_2+2x_3=0, \\ \lambda x_1+x_3=0, \\ 2\lambda x_2+(\lambda+3)x_3=0 \end{cases}$有非零解，则 $\lambda=$__________.

三、简答题

1．利用克拉默法则解下列线性方程组：

（1）$\begin{cases} x_1+x_2-2x_3=-3, \\ 5x_1-2x_2+7x_3=22, \\ 2x_1-5x_2+4x_3=4; \end{cases}$

（2）$\begin{cases} x_1+2x_2+3x_3=1, \\ 2x_1+2x_2+5x_3=2, \\ 3x_1+5x_2+x_3=3; \end{cases}$

（3）$\begin{cases}2x_1+x_2-5x_3+x_4=8,\\x_1-3x_2-6x_4=9,\\2x_2-x_3+2x_4=-5,\\x_1+4x_2-7x_3+6x_4=0;\end{cases}$

（4）$\begin{cases}x+y+z=1,\\ax+by+cz=d,\\a^2x+b^2y+c^2z=d^2.\end{cases}$ （a，b，c 为互不相等的实数）

2．针对 λ 与 μ，讨论齐次线性方程组$\begin{cases}\lambda x_1+x_2+x_3=0,\\x_1+\mu x_2+x_3=0,\\x_1+2\mu x_2+x_3=0\end{cases}$的解.

3．解线性方程组 $\begin{cases} ax_1 + bx_4 = 1, \\ ax_2 + bx_3 = 1, \\ bx_2 + ax_3 = 1, \\ bx_1 + ax_4 = 1. \end{cases}$（$a$，$b$ 为互不相等的实数）

4．已知齐次线性方程组 $\begin{cases} (3-\lambda)x_1 + x_2 + x_3 = 0, \\ (2-\lambda)x_2 - x_3 = 0, \\ 4x_1 - 2x_2 + (1-\lambda)x_3 = 0 \end{cases}$ 有非零解，求 λ 的值．

5．试问 λ 取何值时，齐次线性方程组 $\begin{cases} (5-\lambda)x + 2y + 2z = 0, \\ 2x + (6-\lambda)y = 0, \\ 2x + (4-\lambda)z = 0 \end{cases}$ 有非零解？

6．试问 k 取何值时，齐次线性方程组 $\begin{cases} x + y + kz = 0, \\ -x + ky + z = 0, \\ x - y + 2z = 0 \end{cases}$ 只有零解？

7．已知a，b，c不全为0，证明：齐次线性方程组$\begin{cases}ax_2+bx_3+cx_4=0,\\ax_1+x_2=0,\\bx_1+x_3=0,\\cx_1+x_4=0\end{cases}$只有零解.

第五节　矩阵分块法

一、单项选择题

1．设矩阵$A=\begin{pmatrix}3&2&0&0\\2&1&0&0\\0&0&2&5\\0&0&1&3\end{pmatrix}$，则$A^{-1}=$（　　）.

A．$\begin{pmatrix}1&2&0&0\\2&3&0&0\\0&0&3&5\\0&0&1&2\end{pmatrix}$　　B．$\begin{pmatrix}0&0&-1&2\\0&0&2&-3\\3&-5&0&0\\-1&2&0&0\end{pmatrix}$

C．$\begin{pmatrix}-1&2&0&0\\2&-3&0&0\\0&0&3&-5\\0&0&-1&2\end{pmatrix}$　　D．$\begin{pmatrix}1&-2&0&0\\-2&3&0&0\\0&0&-3&5\\0&0&1&-2\end{pmatrix}$

2．设矩阵$A=\begin{pmatrix}0&0&5&2\\0&0&2&1\\1&3&0&0\\1&2&0&0\end{pmatrix}$，则$A^{-1}=$（　　）.

A．$\begin{pmatrix}0&0&1&-2\\0&0&-2&5\\2&-3&0&0\\-1&1&0&0\end{pmatrix}$　　B．$\begin{pmatrix}0&0&-2&3\\0&0&1&-1\\1&-2&0&0\\-2&5&0&0\end{pmatrix}$

C. $\begin{pmatrix} 0 & 0 & 1 & -3 \\ 0 & 0 & -1 & 2 \\ 1 & -2 & 0 & 0 \\ -2 & 5 & 0 & 0 \end{pmatrix}$　　D. $\begin{pmatrix} 0 & 0 & -1 & 3 \\ 0 & 0 & 1 & -2 \\ -1 & 2 & 0 & 0 \\ 2 & -5 & 0 & 0 \end{pmatrix}$

3．设 $\boldsymbol{A}$，$\boldsymbol{B}$ 均是 n 阶可逆方阵，则下列式子错误的是（　　）.

A. $\begin{pmatrix} \boldsymbol{A} & \boldsymbol{O} \\ \boldsymbol{O} & \boldsymbol{B} \end{pmatrix}^{-1} = \begin{pmatrix} \boldsymbol{A}^{-1} & \boldsymbol{O} \\ \boldsymbol{O} & \boldsymbol{B}^{-1} \end{pmatrix}$　　B. $\begin{pmatrix} \boldsymbol{O} & \boldsymbol{A} \\ \boldsymbol{B} & \boldsymbol{O} \end{pmatrix}^{-1} = \begin{pmatrix} \boldsymbol{O} & \boldsymbol{B}^{-1} \\ \boldsymbol{A}^{-1} & \boldsymbol{O} \end{pmatrix}$

C. $\begin{pmatrix} \boldsymbol{A} & \boldsymbol{O} \\ \boldsymbol{O} & \boldsymbol{B} \end{pmatrix}^{m} = \begin{pmatrix} \boldsymbol{A}^{m} & \boldsymbol{O} \\ \boldsymbol{O} & \boldsymbol{B}^{m} \end{pmatrix}$　　D. $\begin{pmatrix} \boldsymbol{O} & \boldsymbol{A} \\ \boldsymbol{B} & \boldsymbol{O} \end{pmatrix}^{m} = \begin{pmatrix} \boldsymbol{O} & \boldsymbol{A}^{m} \\ \boldsymbol{B}^{m} & \boldsymbol{O} \end{pmatrix}$

4．设 $\boldsymbol{A}$，$\boldsymbol{B}$ 是同阶可逆方阵，且 $\boldsymbol{C} = \begin{pmatrix} \boldsymbol{A} & \boldsymbol{O} \\ \boldsymbol{O} & \boldsymbol{B} \end{pmatrix}$，则 $\boldsymbol{C}^* =$（　　）.

A. $\begin{pmatrix} |\boldsymbol{A}|\boldsymbol{A}^* & \boldsymbol{O} \\ \boldsymbol{O} & |\boldsymbol{B}|\boldsymbol{B}^* \end{pmatrix}$　　B. $\begin{pmatrix} |\boldsymbol{B}|\boldsymbol{B}^* & \boldsymbol{O} \\ \boldsymbol{O} & |\boldsymbol{A}|\boldsymbol{A}^* \end{pmatrix}$

C. $\begin{pmatrix} |\boldsymbol{A}|\boldsymbol{B}^* & \boldsymbol{O} \\ \boldsymbol{O} & |\boldsymbol{B}|\boldsymbol{A}^* \end{pmatrix}$　　D. $\begin{pmatrix} |\boldsymbol{B}|\boldsymbol{A}^* & \boldsymbol{O} \\ \boldsymbol{O} & |\boldsymbol{A}|\boldsymbol{B}^* \end{pmatrix}$

5．设 $\boldsymbol{A}$，$\boldsymbol{B}$ 均为二阶方阵，$\boldsymbol{A}^*$，$\boldsymbol{B}^*$ 分别是 $\boldsymbol{A}$，$\boldsymbol{B}$ 的伴随矩阵，若 $|\boldsymbol{A}|=2$，$|\boldsymbol{B}|=3$，则分块矩阵 $\begin{pmatrix} \boldsymbol{O} & \boldsymbol{A} \\ \boldsymbol{B} & \boldsymbol{O} \end{pmatrix}$ 的伴随矩阵为（　　）.

A. $\begin{pmatrix} \boldsymbol{O} & 3\boldsymbol{B}^* \\ 2\boldsymbol{A}^* & \boldsymbol{O} \end{pmatrix}$　　B. $\begin{pmatrix} \boldsymbol{O} & 2\boldsymbol{B}^* \\ 3\boldsymbol{A}^* & \boldsymbol{O} \end{pmatrix}$

C. $\begin{pmatrix} \boldsymbol{O} & 3\boldsymbol{A}^* \\ 2\boldsymbol{B}^* & \boldsymbol{O} \end{pmatrix}$　　D. $\begin{pmatrix} \boldsymbol{O} & 2\boldsymbol{A}^* \\ 3\boldsymbol{B}^* & \boldsymbol{O} \end{pmatrix}$

6．设矩阵 $\boldsymbol{A} = \begin{pmatrix} 0 & 0 & 1 & -1 & 0 \\ 0 & 0 & 0 & 1 & -1 \\ 0 & 0 & 0 & 0 & 1 \\ 1 & 3 & 0 & 0 & 0 \\ -1 & 2 & 0 & 0 & 0 \end{pmatrix}$，则 $\boldsymbol{A}^{-1} =$（　　）.

A. $\begin{pmatrix} 0 & 0 & 0 & \frac{2}{5} & -\frac{3}{5} \\ 0 & 0 & 0 & \frac{1}{5} & \frac{1}{5} \\ 1 & 1 & 1 & 0 & 0 \\ 0 & 1 & 1 & 0 & 0 \\ 0 & 0 & 1 & 0 & 0 \end{pmatrix}$　　B. $\begin{pmatrix} 0 & 0 & 0 & \frac{2}{5} & \frac{3}{5} \\ 0 & 0 & 0 & -\frac{1}{5} & \frac{1}{5} \\ 1 & 1 & 1 & 0 & 0 \\ 0 & 1 & 1 & 0 & 0 \\ 0 & 0 & 1 & 0 & 0 \end{pmatrix}$

C. $\begin{pmatrix} 0 & 0 & 1 & 1 & 1 \\ 0 & 0 & 0 & 1 & 1 \\ 0 & 0 & 0 & 0 & 1 \\ \frac{2}{5} & -\frac{3}{5} & 0 & 0 & 0 \\ \frac{1}{5} & \frac{1}{5} & 0 & 0 & 0 \end{pmatrix}$　　D. $\begin{pmatrix} 0 & 0 & 1 & 1 & 1 \\ 0 & 0 & 0 & 1 & 1 \\ 0 & 0 & 0 & 0 & 1 \\ \frac{2}{5} & \frac{3}{5} & 0 & 0 & 0 \\ -\frac{1}{5} & \frac{1}{5} & 0 & 0 & 0 \end{pmatrix}$

二、填空题

1. 若矩阵 $\boldsymbol{A}=\begin{pmatrix} 1 & 2 & 0 & 0 \\ 0 & 1 & 0 & 0 \\ 0 & 0 & 3 & 3 \\ 0 & 0 & 2 & 1 \end{pmatrix}$，则 $\boldsymbol{A}^{-1}=$________，$|\boldsymbol{A}^*|=$________.

2. 若矩阵 $\boldsymbol{A}$ 的伴随矩阵 $\boldsymbol{A}^*=\begin{pmatrix} 4 & -2 & 0 & 0 \\ -3 & 1 & 0 & 0 \\ 0 & 0 & -4 & 0 \\ 0 & 0 & 0 & -1 \end{pmatrix}$，则 $\boldsymbol{A}=$________.

3. 若矩阵 $\boldsymbol{A}=\begin{pmatrix} 0 & 1 & 0 & 0 \\ 1 & 0 & 0 & 0 \\ 0 & 0 & 1 & -1 \\ 0 & 0 & -1 & 1 \end{pmatrix}$，则 $\boldsymbol{A}^5=$________.

三、解答题

1. 已知矩阵 $\boldsymbol{A}=\begin{pmatrix} 1 & 4 & 0 & 0 \\ 3 & 2 & 0 & 0 \\ 0 & 0 & 1 & 0 \\ 0 & 0 & 0 & 1 \end{pmatrix}$，求 $\boldsymbol{A}^{-1}$.

2．已知矩阵 $A=\begin{pmatrix}3&8&0&0&0\\2&5&0&0&0\\0&0&1&2&3\\0&0&4&5&8\\0&0&3&4&6\end{pmatrix}$，求 A^{-1}．

3．已知矩阵 $A=\begin{pmatrix}1&2&1&0\\0&1&0&1\\0&0&2&1\\0&0&0&3\end{pmatrix}$，$B=\begin{pmatrix}1&0&3&1\\0&1&2&-1\\0&0&-2&3\\0&0&0&-3\end{pmatrix}$，求 AB．

4．已知矩阵 $A=\begin{pmatrix}5&2&0&0\\2&1&0&0\\0&0&8&3\\0&0&5&2\end{pmatrix}$，$B=\begin{pmatrix}3&2&0&0\\4&5&0&0\\0&0&4&1\\0&0&6&2\end{pmatrix}$，求 $AB-BA$，A^{-1}．

5. 已知矩阵 $\boldsymbol{A}=\begin{pmatrix}2 & 3 & 0 & 0\\ 3 & -2 & 0 & 0\\ 0 & 0 & 1 & 0\\ 0 & 0 & 1 & 1\end{pmatrix}$，求 $|\boldsymbol{A}^8|$， $\boldsymbol{A}^4$.

6. 已知矩阵 $\boldsymbol{A}=\begin{pmatrix}3 & 0 & 0 & 0 & 0\\ 0 & 5 & 3 & 0 & 0\\ 0 & 2 & 1 & 0 & 0\\ 0 & 0 & 0 & 2 & 5\\ 0 & 0 & 0 & 1 & 2\end{pmatrix}$，求 $|\boldsymbol{A}^3|$， $\boldsymbol{A}^{-1}$.

7. 已知矩阵 $\boldsymbol{A}=\begin{pmatrix}a & 2 & 0 & 0\\ 0 & a & 0 & 0\\ 0 & 0 & b & 0\\ 0 & 0 & -2 & b\end{pmatrix}$， $\boldsymbol{B}=\begin{pmatrix}a & -2 & 0 & 0\\ 0 & a & 0 & 0\\ 0 & 0 & b & 0\\ 0 & 0 & 2 & b\end{pmatrix}$，求 $\boldsymbol{ABA}$.

8．设$\boldsymbol{A}$为m阶方阵，$\boldsymbol{B}$为n阶方阵，且$|\boldsymbol{A}|=a$，$|\boldsymbol{B}|=b$，若$\boldsymbol{C}=\begin{pmatrix}\boldsymbol{O} & 3\boldsymbol{A}\\ -\boldsymbol{B} & \boldsymbol{O}\end{pmatrix}$，求$|\boldsymbol{C}|$．

9．已知矩阵$\boldsymbol{A}=\begin{pmatrix}\boldsymbol{B} & \boldsymbol{O}\\ \boldsymbol{D} & \boldsymbol{C}\end{pmatrix}$，其中$\boldsymbol{B}$是$r\times r$可逆矩阵，$\boldsymbol{C}$是$s\times s$可逆矩阵，证明矩阵$\boldsymbol{A}$可逆，并求$\boldsymbol{A}^{-1}$．

第三章　矩阵的初等变换与线性方程组

第一节　矩阵的初等变换

考点精讲课

第三章　矩阵的初等变换与线性方程组

一、单项选择题

1．若矩阵 $\boldsymbol{A}$ 与 $\boldsymbol{B}$ 等价，则下列说法正确的是（　　）.

A．$|\boldsymbol{A}|=|\boldsymbol{B}|$　　　　B．$|\boldsymbol{A}|\neq|\boldsymbol{B}|$

C．若 $|\boldsymbol{A}|=0$，则 $|\boldsymbol{B}|=0$　　　　D．若 $|\boldsymbol{A}|>0$，则 $|\boldsymbol{B}|>0$

2．若 $\boldsymbol{A}$ 和 $\boldsymbol{B}$ 是同阶可逆方阵，则（　　）.

A．$\boldsymbol{AB}=\boldsymbol{BA}$

B．存在可逆矩阵 $\boldsymbol{P}$，使得 $\boldsymbol{B}=\boldsymbol{P}^{-1}\boldsymbol{AP}$

C．存在可逆矩阵 $\boldsymbol{Q}$，使得 $\boldsymbol{B}=\boldsymbol{Q}^{T}\boldsymbol{AQ}$

D．存在可逆矩阵 $\boldsymbol{P},\boldsymbol{Q}$，使得 $\boldsymbol{B}=\boldsymbol{PAQ}$

3．下列矩阵中，不是初等矩阵的是（　　）.

A．$\begin{pmatrix}1&0&0\\0&1&0\\1&0&1\end{pmatrix}$　　B．$\begin{pmatrix}1&0&0\\0&1&0\\-1&0&1\end{pmatrix}$　　C．$\begin{pmatrix}1&0&0\\0&2&0\\0&0&1\end{pmatrix}$　　D．$\begin{pmatrix}1&0&0\\1&1&0\\1&0&1\end{pmatrix}$

4．设矩阵 $\boldsymbol{A}=\begin{pmatrix}a_{11}&a_{12}&a_{13}\\a_{21}&a_{22}&a_{23}\\a_{31}&a_{32}&a_{33}\end{pmatrix}$，$\boldsymbol{B}=\begin{pmatrix}a_{21}&a_{22}&a_{23}\\a_{11}&a_{12}&a_{13}\\a_{31}+a_{11}&a_{32}+a_{12}&a_{33}+a_{13}\end{pmatrix}$，$\boldsymbol{P}_1=\begin{pmatrix}0&1&0\\1&0&0\\0&0&1\end{pmatrix}$，

$\boldsymbol{P}_2=\begin{pmatrix}1&0&0\\0&1&0\\1&0&1\end{pmatrix}$，则必有（　　）.

A．$\boldsymbol{AP}_1\boldsymbol{P}_2=\boldsymbol{B}$　　　　B．$\boldsymbol{P}_1\boldsymbol{P}_2\boldsymbol{A}=\boldsymbol{B}$

C．$\boldsymbol{AP}_2\boldsymbol{P}_1=\boldsymbol{B}$　　　　D．$\boldsymbol{P}_2\boldsymbol{P}_1\boldsymbol{A}=\boldsymbol{B}$

5. 下列说法不正确的是（　　）.

A. 任何可逆矩阵通过有限次初等行变换总可以化为单位矩阵 E

B. 若一矩阵能表示为有限个初等矩阵的乘积，则该矩阵一定可逆

C. 若可逆矩阵 A 与同阶矩阵 E 满足 $(A,E)\xrightarrow{\text{初等行变换}}(E,B)$，则 $B=A^{-1}$

D. 若可逆矩阵 A 与同阶矩阵 E 满足 $\begin{pmatrix} A \\ E \end{pmatrix}\xrightarrow{\text{初等行变换}}\begin{pmatrix} E \\ B \end{pmatrix}$，则 $B=A^{-1}$

6. 已知矩阵 $P=\begin{pmatrix} 0 & 0 & 1 \\ 0 & 1 & 0 \\ 1 & 0 & 0 \end{pmatrix}$，$A=\begin{pmatrix} a_{11} & a_{12} & a_{13} \\ a_{21} & a_{22} & a_{23} \\ a_{31} & a_{32} & a_{33} \end{pmatrix}$，且 $P^m AP^n=A$，则正整数 m，n 可为（　　）.

A. $m=4$，$n=4$　　B. $m=5$，$n=5$

C. $m=4$，$n=5$　　D. $m=5$，$n=4$

7. 设矩阵 $A=\begin{pmatrix} a_{11} & a_{12} & a_{13} & a_{14} \\ a_{21} & a_{22} & a_{23} & a_{24} \\ a_{31} & a_{32} & a_{33} & a_{34} \\ a_{41} & a_{42} & a_{43} & a_{44} \end{pmatrix}$，$B=\begin{pmatrix} a_{14} & a_{13} & a_{12} & a_{11} \\ a_{24} & a_{23} & a_{22} & a_{21} \\ a_{34} & a_{33} & a_{32} & a_{31} \\ a_{44} & a_{43} & a_{42} & a_{41} \end{pmatrix}$，$P_1=\begin{pmatrix} 0 & 0 & 0 & 1 \\ 0 & 1 & 0 & 0 \\ 0 & 0 & 1 & 0 \\ 1 & 0 & 0 & 0 \end{pmatrix}$，$P_2=\begin{pmatrix} 1 & 0 & 0 & 0 \\ 0 & 0 & 1 & 0 \\ 0 & 1 & 0 & 0 \\ 0 & 0 & 0 & 1 \end{pmatrix}$，其中 A 可逆，则 B^{-1} 等于（　　）.

A. $A^{-1}P_1P_2$　　B. $P_1A^{-1}P_2$　　C. $P_1P_2A^{-1}$　　D. $P_2A^{-1}P_1$

二、填空题

1. 对矩阵 A 进行一次初等列变换相当于在矩阵 A 的__________边乘相应的初等矩阵.

2. $\begin{pmatrix} 0 & 0 & 1 \\ 0 & 1 & 0 \\ 1 & 0 & 0 \end{pmatrix}^{2000}\begin{pmatrix} 1 & 2 & 3 \\ 4 & 5 & 6 \\ 7 & 8 & 9 \end{pmatrix}\begin{pmatrix} 1 & 0 & 0 \\ 0 & 0 & 1 \\ 0 & 1 & 0 \end{pmatrix}^{2001}=$__________.

3. 已知 A 是三阶可逆方阵，将 A 的第1行与第2行互换后得到矩阵 B，且 $A^{-1}=\begin{pmatrix} a_{11} & a_{12} & a_{13} \\ a_{21} & a_{22} & a_{23} \\ a_{31} & a_{32} & a_{33} \end{pmatrix}$，矩阵 B 可逆，则 $B^{-1}=$__________.

4. 已知 A 与 B 均为三阶方阵，将 A 中第3行的 -2 倍加到第2行得到矩阵 A_1，将 B 中第1列与第2列互换得到 B_1，且 $A_1B_1=\begin{pmatrix} 1 & 1 & 1 \\ 1 & 0 & 2 \\ 2 & 1 & 3 \end{pmatrix}$，则 $AB=$__________.

5．已知$\begin{pmatrix}0&1&0\\1&0&0\\0&0&1\end{pmatrix}\boldsymbol{A}\begin{pmatrix}1&0&1\\0&1&0\\0&0&1\end{pmatrix}=\begin{pmatrix}1&2&3\\4&5&6\\7&8&9\end{pmatrix}$，则$\boldsymbol{A}=$__________.

三、解答题

1．利用初等行变换将矩阵$\boldsymbol{A}=\begin{pmatrix}0&-2&1\\3&8&-2\\1&3&0\end{pmatrix}$化成单位矩阵.

2．将下列矩阵化为行阶梯形及行最简形：

（1）$\begin{pmatrix}1&-1&2\\3&2&1\\1&-2&0\end{pmatrix}$；

（2）$\begin{pmatrix}2&-1&3&1\\4&2&5&4\\2&0&2&6\end{pmatrix}$；

（3）$\begin{pmatrix}1&0&2&-1\\2&0&3&1\\3&0&4&-3\end{pmatrix}$；

（4）$\begin{pmatrix}2&1&-1&-2&3\\0&2&1&1&-2\\1&2&3&-1&2\\3&5&3&-2&3\end{pmatrix}$.

3．将下列矩阵化为行最简形及标准形：

（1）$\begin{pmatrix} 1 & 2 & 3 \\ 2 & 2 & 1 \\ 3 & 4 & 3 \end{pmatrix}$；

（2）$\begin{pmatrix} 1 & 3 & 1 & 4 \\ 2 & -3 & 8 & 2 \\ 2 & 12 & -2 & 12 \end{pmatrix}$；

（3）$\begin{pmatrix} 2 & 1 & 2 & 3 \\ 4 & 1 & 3 & 5 \\ 2 & 0 & 1 & 2 \end{pmatrix}$；

（4）$\begin{pmatrix} 1 & -1 & 3 & -4 & 3 \\ 3 & -3 & 5 & -4 & 1 \\ 2 & -2 & 3 & -2 & 0 \\ 3 & -3 & 4 & -2 & -1 \end{pmatrix}$.

4．已知初等矩阵 $\boldsymbol{P}=\begin{pmatrix}0&1&0\\1&0&0\\0&0&1\end{pmatrix}$，$\boldsymbol{Q}=\begin{pmatrix}1&0&0\\0&3&0\\0&0&1\end{pmatrix}$，$\boldsymbol{R}=\begin{pmatrix}1&0&0\\0&1&0\\0&2&1\end{pmatrix}$，分别用这三个矩阵左乘、右乘矩阵 $\boldsymbol{A}$，其中 $\boldsymbol{A}=\begin{pmatrix}2&3&1\\1&-1&2\\2&0&3\end{pmatrix}$.

5．利用初等变换求下列矩阵的逆矩阵：

（1）$\boldsymbol{A}=\begin{pmatrix}3&2\\2&1\end{pmatrix}$；

（2）$\boldsymbol{A}=\begin{pmatrix}1&2&3\\2&2&1\\3&4&3\end{pmatrix}$；

（3）$A=\begin{pmatrix}4&2&3\\3&1&2\\2&1&1\end{pmatrix}$；

（4）$A=\begin{pmatrix}3&-2&0&-1\\0&2&2&1\\1&-2&-3&-2\\0&1&2&1\end{pmatrix}$.

6．计算下列各题：

（1）$\begin{pmatrix}1&0&0\\0&1&0\\0&2&1\end{pmatrix}\begin{pmatrix}1&2&3\\2&3&4\\3&4&5\end{pmatrix}\begin{pmatrix}0&0&1\\0&1&0\\1&0&0\end{pmatrix}$；

（2）$\begin{pmatrix}1&0&0\\0&1&0\\0&1&1\end{pmatrix}^{10}\begin{pmatrix}1&2&3\\2&3&4\\3&4&5\end{pmatrix}\begin{pmatrix}0&0&1\\0&1&0\\1&0&0\end{pmatrix}^{15}$；

（3）$\begin{pmatrix}1&0&0\\0&3&0\\0&0&1\end{pmatrix}^{5}\begin{pmatrix}1&2&3\\2&3&4\\3&4&5\end{pmatrix}\begin{pmatrix}0&1&0\\1&0&0\\0&0&1\end{pmatrix}^{20}$；

（4）$\begin{pmatrix}1&0&0\\0&0&1\\0&1&0\end{pmatrix}^{2\,049}\begin{pmatrix}4&1&3\\5&2&0\\2&6&7\end{pmatrix}\begin{pmatrix}0&0&1\\0&1&0\\1&0&0\end{pmatrix}^{2\,050}$.

7．利用初等变换解下列矩阵方程：

（1）$\begin{pmatrix} 2 & 5 \\ 1 & 3 \end{pmatrix} \boldsymbol{X} = \begin{pmatrix} 4 \\ 2 \end{pmatrix}$；

（2）$\begin{pmatrix} 0 & 1 & -1 \\ 1 & 1 & 2 \\ 0 & -1 & 0 \end{pmatrix} \boldsymbol{X} = \begin{pmatrix} -2 & 0 \\ -3 & 2 \\ 3 & -1 \end{pmatrix}$；

（3）$\begin{pmatrix} 1 & 2 & 3 \\ 3 & 1 & 2 \\ 2 & 3 & 1 \end{pmatrix} \boldsymbol{X} = \begin{pmatrix} 2 & 4 & 0 \\ 4 & 0 & 2 \\ 0 & 2 & 4 \end{pmatrix}$；

（4）$X\begin{pmatrix}2 & 1 & -1\\ 2 & 1 & 0\\ 1 & -1 & 1\end{pmatrix}=\begin{pmatrix}1 & -1 & 3\\ 4 & 3 & 2\end{pmatrix}$.

8．设矩阵 $A=\begin{pmatrix}3 & 0 & 1\\ 1 & 1 & 0\\ 0 & 1 & 4\end{pmatrix}$，且 $AX=A+2X$，求矩阵 X.

9．已知矩阵 $A=\begin{pmatrix}0 & 1 & 0\\ -1 & 1 & 1\\ -1 & 0 & -1\end{pmatrix}$，$B=\begin{pmatrix}1 & -1\\ 2 & 0\\ 5 & -3\end{pmatrix}$，且满足 $AX+B=X$，求 X.

10．设矩阵 $\boldsymbol{A}=\begin{pmatrix}1&2&3\\4&5&6\end{pmatrix}$，求 $\boldsymbol{A}$ 的标准形 $\boldsymbol{B}$ 及可逆矩阵 $\boldsymbol{P}$ 与 $\boldsymbol{Q}$，使得 $\boldsymbol{PAQ}=\boldsymbol{B}$.

11．设矩阵 $\boldsymbol{A}=\begin{pmatrix}1&-1&3&0\\-2&1&-2&1\\-1&-1&5&2\end{pmatrix}$，求一个可逆矩阵 $\boldsymbol{P}$，使得 $\boldsymbol{PA}$ 为行最简形.

12．解矩阵方程：$\begin{pmatrix}0&1&0\\1&0&0\\0&0&1\end{pmatrix}\boldsymbol{X}\begin{pmatrix}1&0&0\\-2&1&0\\0&0&1\end{pmatrix}=\begin{pmatrix}1&-4&3\\2&0&-1\\0&-2&1\end{pmatrix}$.

13．已知矩阵 $\boldsymbol{A}=\begin{pmatrix}1&0&0\\1&1&0\\1&1&1\end{pmatrix}$，$\boldsymbol{B}=\begin{pmatrix}0&1&1\\1&0&1\\1&1&0\end{pmatrix}$，且矩阵 $\boldsymbol{X}$ 满足 $\boldsymbol{AXA}+\boldsymbol{BXB}=\boldsymbol{AXB}+\boldsymbol{BXA}+\boldsymbol{E}$，求 $\boldsymbol{X}$．

14．设矩阵 $\boldsymbol{A}=\begin{pmatrix}a&1&0\\1&a&-1\\0&1&a\end{pmatrix}$，且 $\boldsymbol{A}^3=\boldsymbol{O}$．

（1）求 a 的值；

（2）若矩阵 $\boldsymbol{X}$ 满足 $\boldsymbol{X}-\boldsymbol{XA}^2-\boldsymbol{AX}+\boldsymbol{AXA}^2=\boldsymbol{E}$，其中 $\boldsymbol{E}$ 为三阶单位矩阵，求 $\boldsymbol{X}$．

第二节　矩阵的秩

一、单项选择题

1．若 $\boldsymbol{A}\xrightarrow{\text{初等行变换}}\boldsymbol{B}$，则必有（　　）．

A．$R(\boldsymbol{A})=R(\boldsymbol{B})$　　B．$R(\boldsymbol{A})\leqslant R(\boldsymbol{B})$

C．$R(\boldsymbol{A})>R(\boldsymbol{B})$　　D．$R(\boldsymbol{A})$ 与 $R(\boldsymbol{B})$ 无法判断

2．若矩阵 $\boldsymbol{A}$ 的秩是 r，则下列结论正确的是（　　）．

A．$\boldsymbol{A}$ 中所有 $r-1$ 阶子式都等于零　　B．$\boldsymbol{A}$ 中所有 r 阶子式都不等于零

C．$\boldsymbol{A}$ 中至少有一个 r 阶子式不等于零　　D．$\boldsymbol{A}$ 中所有 $r+1$ 阶子式都大于零

3．若 $\boldsymbol{A}$ 和 $\boldsymbol{B}$ 均为 n 阶非零矩阵，且 $\boldsymbol{AB}=\boldsymbol{O}$，则（　　）．

A．$R(\boldsymbol{A})=n$　　B．$R(\boldsymbol{A})<n$　　C．$R(\boldsymbol{A})=0$　　D．$R(\boldsymbol{B})=0$

4．设矩阵 $\boldsymbol{A}=\begin{pmatrix}1&2&-2\\4&t&3\\3&-1&1\end{pmatrix}$，且 $R(\boldsymbol{A})=2$，则 $t=$（　　）．

A．-1　　B．-2　　C．-3　　D．-4

5．设矩阵 $\boldsymbol{A}=\begin{pmatrix}2&0&0\\3&4&-1\\2&4&5\end{pmatrix}$，$\boldsymbol{B}=\begin{pmatrix}-1&2&3\\2&-4&-6\\-3&6&9\end{pmatrix}$，则 $R(\boldsymbol{AB}-\boldsymbol{B})=$（　　）．

A．1　　B．2　　C．3　　D．0

6．已知 $\boldsymbol{A}$ 是 4×3 矩阵，$\boldsymbol{B}$ 是 3×4 的非零矩阵，且满足 $\boldsymbol{AB}=\boldsymbol{O}$，其中矩阵 $\boldsymbol{A}=\begin{pmatrix}1&2&t\\3&t&18\\2&4&2t\\1&8-t&4t-18\end{pmatrix}$，则（　　）．

A．当 $t\neq6$ 时，必有 $R(\boldsymbol{B})=1$　　B．当 $t=6$ 时，必有 $R(\boldsymbol{B})=2$

C．当 $t\neq6$ 时，必有 $R(\boldsymbol{B})=2$　　D．当 $t=6$ 时，必有 $R(\boldsymbol{B})=1$

二、填空题

1．设 $\boldsymbol{A}$ 为 n 阶方阵，且 $R(\boldsymbol{A})=r$，矩阵 $\boldsymbol{B}=\begin{pmatrix}\boldsymbol{A}&\boldsymbol{O}\\\boldsymbol{O}&1\end{pmatrix}$，则 $R(\boldsymbol{B})=$__________．

2．设 $\boldsymbol{A}$ 是 2×3 矩阵，$R(\boldsymbol{A})=2$，矩阵 $\boldsymbol{B}=\begin{pmatrix}2&0&2\\0&2&0\\-2&0&3\end{pmatrix}$，则 $R(\boldsymbol{AB})=$__________．

3. 设矩阵 $\boldsymbol{B}=\begin{pmatrix} k & 1 & 1 \\ 1 & k & 1 \\ 1 & 1 & k \end{pmatrix}$，且 $R(\boldsymbol{B})=2$，则 $k=$________.

4. 设矩阵 $\boldsymbol{A}=\begin{pmatrix} 1 & 1 & 1 & -1 \\ 1 & 3 & x & 1 \\ -3 & -5 & -2 & 1 \\ 3 & 5 & y & -1 \end{pmatrix}$，且 $R(\boldsymbol{A})=2$，则 x，y 值分别为________.

5. 设矩阵 $\boldsymbol{A}=\begin{pmatrix} 1 & 1 & 1 & 1 \\ 0 & 1 & -1 & a \\ 2 & 3 & a & 4 \\ 3 & 5 & 1 & 9 \end{pmatrix}$，若 $R(\boldsymbol{A}^*)=1$，则 $a=$________.

6. 已知矩阵 $\boldsymbol{A}=\begin{pmatrix} 1 & 1 & 0 \\ 1 & 0 & 1 \\ 0 & 1 & 1 \end{pmatrix}$，$\boldsymbol{B}=\begin{pmatrix} a & 1 & 1 \\ 2 & 1 & a \\ 1 & 1 & a \end{pmatrix}$，且 $R(\boldsymbol{AB})=2$，则 $a=$________.

三、解答题

1. 设矩阵 $\boldsymbol{A}=\begin{pmatrix} a & -1 & -1 \\ -1 & a & -1 \\ -1 & -1 & a \end{pmatrix}$ 与矩阵 $\boldsymbol{B}=\begin{pmatrix} 1 & 1 & 0 \\ 0 & -1 & 1 \\ 1 & 0 & 1 \end{pmatrix}$ 等价，求 a 的值.

2. 已知矩阵 $\boldsymbol{A}=\begin{pmatrix} 1 & 3 & 2 & -1 \\ 0 & -3 & -5 & 4 \\ 3 & 9 & 6 & -3 \end{pmatrix}$，利用定义求矩阵 $\boldsymbol{A}$ 的秩 $R(\boldsymbol{A})$.

3．求下列矩阵的秩：

（1）$A=\begin{pmatrix} 1 & 3 & -9 & 3 \\ 1 & 4 & -12 & 7 \\ -1 & 0 & 0 & 9 \end{pmatrix}$；

（2）$A=\begin{pmatrix} 1 & 3 & -1 & -2 \\ 2 & -1 & 2 & 3 \\ 3 & 2 & 1 & 1 \\ 1 & -4 & 3 & 5 \end{pmatrix}$；

（3）$A=\begin{pmatrix} 1 & 2 & 2 & 4 \\ 0 & 1 & 1 & 1 \\ 3 & 6 & 8 & 8 \\ 0 & 2 & 4 & 5 \end{pmatrix}$；

（4）$A=\begin{pmatrix}2&3&1&-3&7\\1&2&0&-2&-4\\3&-2&8&3&0\\2&-3&7&4&3\end{pmatrix}$.

4．已知矩阵 $A=\begin{pmatrix}1&2&2&a\\2&3&b&3\\1&1&3&1\end{pmatrix}$，且 $R(A)=2$，求 a，b 的值.

5．已知矩阵 $A=\begin{pmatrix}1&-2&3k\\-1&2k&-3\\k&-2&3\\-2&4k&-6\end{pmatrix}$，问 k 为何值，可使：

（1）$R(A)=1$；　　（2）$R(A)=2$；　　（3）$R(A)=3$.

6．已知矩阵 $A_n=\begin{pmatrix} a & 1 & \cdots & 1 \\ 1 & a & \cdots & 1 \\ \vdots & \vdots & & \vdots \\ 1 & 1 & \cdots & a \end{pmatrix}$，求矩阵 A_n 的秩.

7．试对 λ 的不同取值，讨论矩阵 A 的秩.

（1）$A=\begin{pmatrix} 3 & 0 & 1 \\ 1 & \lambda & 0 \\ 5 & 4 & 1 \end{pmatrix}$；　　（2）$A=\begin{pmatrix} 1 & \lambda & -1 & 2 \\ 2 & -1 & \lambda & 5 \\ 1 & 10 & -6 & 1 \end{pmatrix}$.

8．已知矩阵 $A=\begin{pmatrix} 1 & 0 & 1 \\ -1 & -1 & 1 \\ 0 & 2 & a \end{pmatrix}$，$B=\begin{pmatrix} 1 & 0 & 1 \\ 0 & -1 & 2 \\ 0 & 0 & 0 \end{pmatrix}$.

（1）问 a 为何值时，矩阵 A 与 B 等价？

（2）当矩阵 A 与 B 等价时，求可逆矩阵 P，使得 $PA=B$.

9．求下列矩阵的秩，并求下列矩阵的一个最高阶非零子式：

（1）$A=\begin{pmatrix}3 & 1 & 0 & 2\\ 1 & -1 & 2 & -1\\ 1 & 3 & -4 & 4\end{pmatrix}$；

（2）$A=\begin{pmatrix}2 & -1 & 0 & 3\\ 3 & 1 & 1 & 3\\ 1 & 2 & 1 & 0\\ 5 & 0 & 1 & 6\end{pmatrix}$；

（3）$A=\begin{pmatrix}1 & -1 & 2 & 1 & 0\\ 2 & -2 & 4 & 2 & 0\\ 3 & 0 & 6 & -1 & 1\\ 0 & 3 & 0 & 0 & 1\end{pmatrix}$；

（4）$A=\begin{pmatrix} 1 & 1 & 1 & 1 & 1 & 1 \\ 0 & 1 & 2 & 2 & 6 & 3 \\ 3 & 2 & 1 & 1 & -3 & 0 \\ 5 & 4 & 3 & 3 & -1 & 2 \end{pmatrix}$.

10．设 $\boldsymbol{A}$ 和 $\boldsymbol{B}$ 均为 n 阶方阵，证明：$R(\boldsymbol{AB}) \geqslant R(\boldsymbol{A})+R(\boldsymbol{B})-n$.

11．设 $\boldsymbol{A}$ 和 $\boldsymbol{B}$ 均为 n 阶方阵，且 $\boldsymbol{ABA}=\boldsymbol{B}^{-1}$ ，$\boldsymbol{E}$ 为 n 阶单位矩阵，证明：$R(\boldsymbol{E}-\boldsymbol{AB})+R(\boldsymbol{E}+\boldsymbol{AB})=n$.

第三节 线性方程组的解

一、单项选择题

1．设 $\boldsymbol{A}$ 是 $m\times n$ 矩阵，则齐次线性方程组 $\boldsymbol{Ax}=\boldsymbol{0}$ 只有零解的充分必要条件是系数矩阵的秩 $R(\boldsymbol{A})$（　　）.

A．小于 m　　B．小于 n　　C．等于 n　　D．等于 m

2． $\boldsymbol{A}$ 是 $m\times n$ 矩阵， $\boldsymbol{B}$ 是 $n\times m$ 矩阵，对于线性方程组 $\boldsymbol{ABx}=\boldsymbol{0}$，（　　）.

A．当 $n>m$ 时，只有零解　　B．当 $n>m$ 时，必有非零解

C．当 $m>n$ 时，只有零解　　D．当 $m>n$ 时，必有非零解

3．设 $\boldsymbol{x}_1$，$\boldsymbol{x}_2$ 是齐次线性方程组 $\boldsymbol{Ax}=\boldsymbol{0}$ 的两个不同的解，$\boldsymbol{\eta}$ 是非齐次线性方程组 $\boldsymbol{Ax}=\boldsymbol{b}$ 的一个特解，则下列说法不正确的是（　　）.

A． $\boldsymbol{x}_1+\boldsymbol{x}_2$ 是线性方程组 $\boldsymbol{Ax}=\boldsymbol{0}$ 的解　　B． $\boldsymbol{x}_1-\boldsymbol{x}_2$ 是线性方程组 $\boldsymbol{Ax}=\boldsymbol{0}$ 的解

C． $\boldsymbol{x}_1+\boldsymbol{\eta}$ 是线性方程组 $\boldsymbol{Ax}=\boldsymbol{b}$ 的解　　D． $\boldsymbol{x}_1-\boldsymbol{\eta}$ 是线性方程组 $\boldsymbol{Ax}=\boldsymbol{b}$ 的解

4．关于 n 元线性方程组，下列说法正确的是（　　）.

A．若 $\boldsymbol{Ax}=\boldsymbol{0}$ 只有零解，则 $\boldsymbol{Ax}=\boldsymbol{b}$ 有唯一解

B． $\boldsymbol{Ax}=\boldsymbol{0}$ 有非零解的充分必要条件是 $|\boldsymbol{A}|=0$

C． $\boldsymbol{Ax}=\boldsymbol{b}$ 有唯一解的充分必要条件是 $R(\boldsymbol{A})=n$

D．若 $\boldsymbol{Ax}=\boldsymbol{b}$ 有两个不同的解，则 $\boldsymbol{Ax}=\boldsymbol{0}$ 有无限多解

5．若非齐次线性方程组 $\boldsymbol{Ax}=\boldsymbol{b}$ 的导出组 $\boldsymbol{Ax}=\boldsymbol{0}$ 只有零解，则 $\boldsymbol{Ax}=\boldsymbol{b}$（　　）.

A．必有无限多解　　B．必有唯一解

C．必定无解　　D．以上都不对

6．设 $\boldsymbol{A}$ 是 $m\times n$ 矩阵，非齐次线性方程组 $\boldsymbol{Ax}=\boldsymbol{b}$ 的导出组为 $\boldsymbol{Ax}=\boldsymbol{0}$．若 $m<n$，则（　　）.

A． $\boldsymbol{Ax}=\boldsymbol{b}$ 必有无限多解　　B． $\boldsymbol{Ax}=\boldsymbol{b}$ 必有唯一解

C． $\boldsymbol{Ax}=\boldsymbol{0}$ 必有非零解　　D． $\boldsymbol{Ax}=\boldsymbol{0}$ 必有唯一解

7．若齐次线性方程组 $\begin{cases}\lambda x_1+x_2+x_3=0,\\ x_1+\lambda x_2+x_3=0,\\ x_1+x_2+\lambda x_3=0\end{cases}$ 有非零解，则 λ 满足（　　）.

A． $\lambda\neq 1$　　B． $\lambda\neq 2$

C． $\lambda=-2$ 或 $\lambda=1$　　D． $\lambda\neq -2$ 或 $\lambda=1$

8．若线性方程组$\begin{cases}kx_1+x_2+x_3=k-3,\\x_1+kx_2+x_3=-2,\\x_1+x_2+kx_3=-2\end{cases}$有唯一解，则（　　）.

A．$k\neq-2$且$k\neq1$　　B．$k\neq-2$且$k\neq-1$

C．$k\neq-1$且$k\neq2$　　D．$k\neq1$且$k\neq2$

9．齐次线性方程组$\begin{cases}\lambda x_1+x_2+\lambda^2x_3=0,\\x_1+\lambda x_2+x_3=0,\\x_1+x_2+\lambda x_3=0\end{cases}$的系数矩阵为$\boldsymbol{A}$，若存在三阶非零矩阵$\boldsymbol{B}$，使得$\boldsymbol{AB}=\boldsymbol{O}$，则有（　　）.

A．$\lambda=-2$，且$|\boldsymbol{B}|=0$　　B．$\lambda=-2$，且$|\boldsymbol{B}|\neq0$

C．$\lambda=1$，且$|\boldsymbol{B}|=0$　　D．$\lambda=1$，且$|\boldsymbol{B}|\neq0$

二、填空题

1．齐次线性方程组$\boldsymbol{Ax}=\boldsymbol{0}$（$\boldsymbol{A}$是$m\times n$矩阵）有非零解的充分必要条件是________.

2．非齐次线性方程组$\boldsymbol{Ax}=\boldsymbol{b}$（$\boldsymbol{A}$是$m\times n$矩阵，$\boldsymbol{b}$是非零向量）有解的充分必要条件是________，有无限多解的充分必要条件是________.

3．已知三元非齐次线性方程组的增广矩阵为$\left(\begin{array}{ccc|c}1&-1&2&1\\0&a+1&0&1\\0&0&a+1&0\end{array}\right)$，若该方程组无解，则$a=$________.

4．已知矩阵$\boldsymbol{A}=\begin{pmatrix}1&2&3\\-1&3&2\\2&1&t\\-2&1&-1\end{pmatrix}$，$\boldsymbol{B}$为三阶非零矩阵，且$\boldsymbol{AB}=\boldsymbol{O}$，则$t=$________.

5．已知矩阵$\boldsymbol{A}=\begin{pmatrix}1&2&1\\2&3&a+2\\1&a&-2\end{pmatrix}$，向量$\boldsymbol{b}=\begin{pmatrix}1\\3\\0\end{pmatrix}$，$\boldsymbol{x}=\begin{pmatrix}x_1\\x_2\\x_3\end{pmatrix}$.

（1）若齐次线性方程组$\boldsymbol{Ax}=\boldsymbol{0}$只有零解，则$a$满足的条件是________.

（2）若非齐次线性方程组$\boldsymbol{Ax}=\boldsymbol{b}$无解，则$a$满足的条件是________.

6．已知方程组$\begin{pmatrix}a&1&1\\1&a&1\\1&1&a\end{pmatrix}\begin{pmatrix}x_1\\x_2\\x_3\end{pmatrix}=\begin{pmatrix}1\\1\\-2\end{pmatrix}$有无限多解，则$a=$________.

7．若齐次线性方程组$\begin{cases}x_1+kx_2+x_3=0,\\2x_1+x_2+x_3=0,\\kx_2+3x_3=0\end{cases}$只有零解，则$k$满足的条件是________.

8．方程组$\begin{cases} x_1 - x_2 = a_1, \\ x_2 - x_3 = a_2, \\ x_3 - x_4 = a_3, \\ x_4 - x_5 = a_4, \\ x_5 - x_1 = a_5 \end{cases}$有解的充分必要条件是__________.

三、解答题

1．求解下列齐次线性方程组：

（1）$\begin{cases} 2x_1 + 2x_2 - x_3 = 0, \\ x_1 - 2x_2 + 4x_3 = 0, \\ 5x_1 + 8x_2 + 2x_3 = 0; \end{cases}$

（2）$\begin{cases} x_1 - x_2 - x_3 + x_4 = 0, \\ x_1 - x_2 + x_3 - 3x_4 = 0, \\ x_1 - x_2 - 2x_3 + 3x_4 = 0; \end{cases}$

（3）$\begin{cases} x_1 + 2x_2 - 3x_3 + 4x_4 = 0, \\ 2x_1 + 3x_2 + 2x_3 - x_4 = 0, \\ 4x_1 + 7x_2 - 4x_3 + 7x_4 = 0, \\ 3x_1 + 5x_2 - x_3 + 3x_4 = 0; \end{cases}$

（4）$\begin{cases} x_1+2x_2-2x_3+2x_4-x_5=0, \\ x_1+2x_2-x_3+3x_4-2x_5=0, \\ 2x_1+4x_2-7x_3+x_4+x_5=0; \end{cases}$

（5）$\begin{cases} x_1+2x_2-3x_3-x_4=0, \\ 2x_1+3x_2+x_3+2x_4=0, \\ -x_1-2x_2+4x_3+3x_4=0, \\ 2x_1+3x_2+2x_3+4x_4=0; \end{cases}$

（6）$\begin{cases} x_1-2x_2+x_3-x_4+x_5=0, \\ 2x_1+x_2-x_3+2x_4-3x_5=0, \\ 3x_1-2x_2-x_3+x_4-2x_5=0, \\ 2x_1-5x_2+x_3-2x_4+2x_5=0. \end{cases}$

2．求解下列非齐次线性方程组：

（1）$\begin{cases} x_1 - x_2 - x_3 + x_4 = 0, \\ x_1 - x_2 + x_3 - 3x_4 = 1, \\ 2x_1 - 2x_2 - 2x_4 = 1; \end{cases}$

（2）$\begin{cases} 2x_1 + 2x_2 + 3x_3 + 3x_4 = 0, \\ x_1 + x_2 + x_3 + x_4 = 1, \\ 6x_1 + 6x_2 + 5x_3 + 5x_4 = 8; \end{cases}$

（3）$\begin{cases} x_1 + 2x_2 + x_4 = 3, \\ x_1 + 2x_2 + x_3 - 3x_4 = 8, \\ 2x_1 + 4x_2 + 2x_4 = 6, \\ x_1 + 2x_2 - x_3 + 5x_4 = -2; \end{cases}$

（4）$\begin{cases} x_1+x_2+x_3+x_4=1, \\ 3x_1+2x_2+x_3+x_4=-3, \\ x_2+3x_3+2x_4=5, \\ 5x_1+4x_2+3x_3+3x_4=-1; \end{cases}$

（5）$\begin{cases} x_1-x_2-x_3-x_4=1, \\ x_1-2x_2+x_3+3x_4=-3, \\ 3x_1-4x_2-x_3+x_4=-1, \\ x_1-3x_2+3x_3+7x_4=-7; \end{cases}$

（6）$\begin{cases} 2x_1-x_2+x_3-x_4-2x_5=6, \\ x_1-x_2+2x_3+x_4-x_5=3, \\ x_1-3x_2+4x_3+3x_4-x_5=11. \end{cases}$

3．已知方程组$\begin{cases}x_1+x_2-2x_3+3x_4=0,\\3x_1+2x_2+ax_3+7x_4=1,\\x_1-x_2-6x_3-x_4=2b,\end{cases}$问$a$，$b$为何值时，方程组有解或无解？

4．判断线性方程组$\begin{cases}x_1-2x_2+3x_3-x_4=1,\\3x_1-5x_2+5x_3-3x_4=2,\\2x_1-3x_2+2x_3-2x_4=1\end{cases}$是否有解．若有解，则求其解．

5．讨论线性方程组$\begin{cases}x_1+x_3=\lambda,\\4x_1+x_2+2x_3=\lambda+2,\\6x_1+x_2+4x_3=2\lambda+3\end{cases}$的解的情况，当方程组有无限多解时，求其通解．

6．已知线性方程组$\begin{cases}-2x_1+x_2+x_3=-2,\\x_1-2x_2+x_3=\lambda,\\x_1+x_2-2x_3=\lambda^2,\end{cases}$当$\lambda$取何值时，方程组有解？并求其全部解．

7．已知线性方程组$\begin{cases}\lambda x_1+x_2+x_3=\lambda-3,\\ x_1+\lambda x_2+x_3=-2,\\ x_1+x_2+\lambda x_3=-2.\end{cases}$

（1）当λ为何值时，此方程组无解、有唯一解或有无限多解？

（2）当方程组有无限多解时，求其通解．

8．已知线性方程组$\begin{cases}x_1-2x_2+x_3+x_4=1,\\ x_1-x_2-x_3+x_4=\lambda,\\ x_1-4x_2+5x_3+x_4=-\lambda.\end{cases}$

（1）当λ为何值时，此方程组无解、有无限多解？

（2）当方程组有无限多解时，求其通解．

9．已知线性方程组$\begin{cases}x_1-x_2+3x_3=1,\\ x_1-2x_2+4x_3=2,\\ 2x_1-x_2+ax_3=b.\end{cases}$

（1）当a，b为何值时，此方程组无解、有唯一解或有无限多解？

（2）当方程组有无限多解时，求其通解．

10．已知线性方程组$\begin{cases} x_1+x_2+x_3+x_4+x_5=1, \\ 3x_1+2x_2+x_3+x_4-3x_5=a, \\ x_2+2x_3+2x_4+6x_5=3, \\ 5x_1+4x_2+3x_3+3x_4-x_5=b. \end{cases}$问$a$，$b$为何值时，方程组有解？并求其通解.

11．设线性方程组$\boldsymbol{Ax}=\boldsymbol{b}$，若增广矩阵$(\boldsymbol{A},\boldsymbol{b})\sim\left(\begin{array}{cccc|c} 1 & 1 & 2 & 3 & 1 \\ 0 & 1 & 2 & -1 & 1 \\ 0 & 0 & a+2 & 2 & 4 \\ 0 & 0 & 0 & 3 & b+5 \end{array}\right)$.

（1）问a，b为何值时，方程组有唯一解、无解或有无限多解？

（2）当方程组有无限多解时，求其通解.

12．设矩阵$\boldsymbol{A}=\begin{pmatrix} 1 & 1 & 1-a \\ 1 & 0 & a \\ a+1 & 1 & a+1 \end{pmatrix}$，向量$\boldsymbol{\beta}=\begin{pmatrix} 0 \\ 1 \\ 2a-2 \end{pmatrix}$，且方程组$\boldsymbol{Ax}=\boldsymbol{\beta}$无解．求：

（1）a的值；

（2）方程组$\boldsymbol{A}^{\mathrm{T}}\boldsymbol{Ax}=\boldsymbol{A}^{\mathrm{T}}\boldsymbol{\beta}$的通解.

第四章　向量组的线性相关性

第一节　向量组及其线性组合

考点精讲课

第四章　向量组的线性相关性

一、单项选择题

1．已知向量组 $\boldsymbol{\beta}_1=(4,-2,a)^{\mathrm{T}}$，$\boldsymbol{\beta}_2=(7,b,4)^{\mathrm{T}}$ 可由向量组 $\boldsymbol{\alpha}_1=(1,2,3)^{\mathrm{T}}$，$\boldsymbol{\alpha}_2=(-2,1,-1)^{\mathrm{T}}$ 线性表示，则（　　）.

A．$a=2$，$b=-3$　　B．$a=2$，$b=3$

C．$a=-2$，$b=3$　　D．$a=-2$，$b=-3$

2．设向量 $\boldsymbol{\alpha}_1=(1,0,0)^{\mathrm{T}}$，$\boldsymbol{\alpha}_2=(0,0,5)^{\mathrm{T}}$，$\boldsymbol{\beta}$ 为 $\boldsymbol{\alpha}_1$，$\boldsymbol{\alpha}_2$ 的线性组合，则 $\boldsymbol{\beta}$ 可能是（　　）.

A．$(0,1,0)^{\mathrm{T}}$　　B．$(1,3,5)^{\mathrm{T}}$

C．$(5,0,1)^{\mathrm{T}}$　　D．$(0,1,5)^{\mathrm{T}}$

3．设向量 $\boldsymbol{\alpha}_1=(1,1,2,2)^{\mathrm{T}}$，$\boldsymbol{\alpha}_2=(1,2,1,3)^{\mathrm{T}}$，$\boldsymbol{\alpha}_3=(1,-1,4,0)^{\mathrm{T}}$，$\boldsymbol{\alpha}_4=(1,0,3,1)^{\mathrm{T}}$，则下列式子正确的是（　　）.

A．$\boldsymbol{\alpha}_4=2\boldsymbol{\alpha}_1-\boldsymbol{\alpha}_2$　　B．$\boldsymbol{\alpha}_4=\boldsymbol{\alpha}_1-2\boldsymbol{\alpha}_2$

C．$\boldsymbol{\alpha}_4=2\boldsymbol{\alpha}_1-\boldsymbol{\alpha}_3$　　D．$\boldsymbol{\alpha}_4=\boldsymbol{\alpha}_1-\boldsymbol{\alpha}_2$

二、填空题

1．已知向量 $\boldsymbol{\alpha}_1=(1,2,1)^{\mathrm{T}}$，$\boldsymbol{\alpha}_2=(2,3,a)^{\mathrm{T}}$，$\boldsymbol{\alpha}_3=(1,a+2,-2)^{\mathrm{T}}$，$\boldsymbol{\beta}=(1,3,0)^{\mathrm{T}}$，若向量 $\boldsymbol{\beta}$ 可由 $\boldsymbol{\alpha}_1$，$\boldsymbol{\alpha}_2$，$\boldsymbol{\alpha}_3$ 线性表示，且表示式唯一，则 a 的取值为________.

2．已知向量 $\boldsymbol{\alpha}_1=(2,5,1,3)^{\mathrm{T}}$，$\boldsymbol{\alpha}_2=(10,1,5,10)^{\mathrm{T}}$，$\boldsymbol{\alpha}_3=(4,1,-1,1)^{\mathrm{T}}$，且 $3(\boldsymbol{\alpha}_1-\boldsymbol{\alpha})+2(\boldsymbol{\alpha}_2+\boldsymbol{\alpha})=\boldsymbol{\alpha}_3+\boldsymbol{\alpha}$，则 $\boldsymbol{\alpha}=$________.

3．已知向量 $\boldsymbol{\alpha}_1=(1,3,2,0)^{\mathrm{T}}$，$\boldsymbol{\alpha}_2=(2,-1,4,1)^{\mathrm{T}}$，$\boldsymbol{\alpha}_3=(5,1,6,2)^{\mathrm{T}}$，$\boldsymbol{\beta}=(7,a,14,3)^{\mathrm{T}}$，且向量 $\boldsymbol{\beta}$ 不能由 $\boldsymbol{\alpha}_1$，$\boldsymbol{\alpha}_2$，$\boldsymbol{\alpha}_3$ 线性表示，则 a 的取值为________.

三、解答题

1．设 $\boldsymbol{v}_1=\begin{pmatrix}1\\1\\0\end{pmatrix}$，$\boldsymbol{v}_2=\begin{pmatrix}0\\1\\1\end{pmatrix}$，$\boldsymbol{v}_3=\begin{pmatrix}3\\4\\0\end{pmatrix}$，求 $\boldsymbol{v}_1-\boldsymbol{v}_2$ 及 $3\boldsymbol{v}_1+2\boldsymbol{v}_2-\boldsymbol{v}_3$.

2．已知向量 $\boldsymbol{\alpha}=(2,1,2,-2)^{\mathrm{T}}$，$\boldsymbol{\beta}=(3,2,-1,-5)^{\mathrm{T}}$，若 $5\boldsymbol{\alpha}-3\boldsymbol{\gamma}=2\boldsymbol{\beta}$，求向量 $\boldsymbol{\gamma}$.

3．已知 $\boldsymbol{\alpha}_1$，$\boldsymbol{\alpha}_2$，$\boldsymbol{\alpha}_3$，$\boldsymbol{\alpha}_4$，$\boldsymbol{\beta}$ 都是 n 维向量，且向量 $\boldsymbol{\beta}$ 可由 $\boldsymbol{\alpha}_1$，$\boldsymbol{\alpha}_2$，$\boldsymbol{\alpha}_3$，$\boldsymbol{\alpha}_4$ 线性表示，但不能由 $\boldsymbol{\alpha}_1$，$\boldsymbol{\alpha}_2$，$\boldsymbol{\alpha}_3$ 线性表示．证明：向量 $\boldsymbol{\alpha}_4$ 可由 $\boldsymbol{\alpha}_1$，$\boldsymbol{\alpha}_2$，$\boldsymbol{\alpha}_3$，$\boldsymbol{\beta}$ 线性表示.

4．证明：向量 $\boldsymbol{\alpha}=(5,1,0)^{\mathrm{T}}$ 是向量 $\boldsymbol{\alpha}_1=(1,2,-3)^{\mathrm{T}}$，$\boldsymbol{\alpha}_2=(3,0,1)^{\mathrm{T}}$，$\boldsymbol{\alpha}_3=(9,6,-6)^{\mathrm{T}}$ 的线性组合，并将 $\boldsymbol{\alpha}$ 用 $\boldsymbol{\alpha}_1$，$\boldsymbol{\alpha}_2$，$\boldsymbol{\alpha}_3$ 线性表示.

5．设向量 $\boldsymbol{\beta}_1=(1,0,1)^{\mathrm{T}}$，$\boldsymbol{\beta}_2=(1,1,1)^{\mathrm{T}}$，$\boldsymbol{\beta}_3=(3,1,1)^{\mathrm{T}}$，$\boldsymbol{\beta}_4=(5,3,1)^{\mathrm{T}}$，判断向量 $\boldsymbol{\beta}_4$ 是否可由 $\boldsymbol{\beta}_1$，$\boldsymbol{\beta}_2$，$\boldsymbol{\beta}_3$ 线性表示.

6．已知向量 $\boldsymbol{a}_1=\begin{pmatrix}1\\1\\1\end{pmatrix}$，$\boldsymbol{a}_2=\begin{pmatrix}2\\1\\0\end{pmatrix}$，$\boldsymbol{a}_3=\begin{pmatrix}3\\0\\0\end{pmatrix}$ 和 $\boldsymbol{b}=\begin{pmatrix}2\\-3\\4\end{pmatrix}$，问向量 $\boldsymbol{b}$ 能否由向量组 $\boldsymbol{a}_1$，$\boldsymbol{a}_2$，$\boldsymbol{a}_3$ 线性表示？若能，请写出这个线性表示式.

7．设向量$\boldsymbol{\alpha}_1=(1,0,2,3)^{\mathrm{T}}$，$\boldsymbol{\alpha}_2=(1,1,3,5)^{\mathrm{T}}$，$\boldsymbol{\alpha}_3=(1,-1,a,1)^{\mathrm{T}}$，$\boldsymbol{\beta}=(1,b,4,7)^{\mathrm{T}}$．

（1）当a，b为何值时，向量$\boldsymbol{\beta}$不能由$\boldsymbol{\alpha}_1$，$\boldsymbol{\alpha}_2$，$\boldsymbol{\alpha}_3$线性表示？

（2）当a，b为何值时，向量$\boldsymbol{\beta}$可由$\boldsymbol{\alpha}_1$，$\boldsymbol{\alpha}_2$，$\boldsymbol{\alpha}_3$线性表示，并写出表示式．

8. 设向量$\boldsymbol{\alpha}_1=\begin{pmatrix}a\\2\\10\end{pmatrix}$，$\boldsymbol{\alpha}_2=\begin{pmatrix}-2\\1\\5\end{pmatrix}$，$\boldsymbol{\alpha}_3=\begin{pmatrix}-1\\1\\4\end{pmatrix}$，$\boldsymbol{\beta}=\begin{pmatrix}1\\b\\c\end{pmatrix}$，试问$a$，$b$，$c$满足什么条件时：

（1）$\boldsymbol{\beta}$可由向量组$\boldsymbol{\alpha}_1$，$\boldsymbol{\alpha}_2$，$\boldsymbol{\alpha}_3$线性表示，且表示式唯一；

（2）$\boldsymbol{\beta}$可由向量组$\boldsymbol{\alpha}_1$，$\boldsymbol{\alpha}_2$，$\boldsymbol{\alpha}_3$线性表示，但表示式不唯一，并求出一般表示式；

（3）$\boldsymbol{\beta}$不能由向量组$\boldsymbol{\alpha}_1$，$\boldsymbol{\alpha}_2$，$\boldsymbol{\alpha}_3$线性表示．

9．设向量$\boldsymbol{a}_1=\begin{pmatrix}1\\1\\2\\2\end{pmatrix}$，$\boldsymbol{a}_2=\begin{pmatrix}1\\2\\1\\3\end{pmatrix}$，$\boldsymbol{a}_3=\begin{pmatrix}1\\-1\\4\\0\end{pmatrix}$，$\boldsymbol{b}=\begin{pmatrix}1\\0\\3\\1\end{pmatrix}$，证明向量$\boldsymbol{b}$能由向量组$\boldsymbol{a}_1$，$\boldsymbol{a}_2$，$\boldsymbol{a}_3$线性表示，并求出表示式．

第二节　向量组的线性相关性

一、单项选择题

1．若向量组$\boldsymbol{\alpha}_1$，$\boldsymbol{\alpha}_2$，$\boldsymbol{\alpha}_3$线性无关，$\boldsymbol{\alpha}_1$，$\boldsymbol{\alpha}_2$，$\boldsymbol{\alpha}_4$线性相关，则（　　）．

A．$\boldsymbol{\alpha}_1$必可由$\boldsymbol{\alpha}_2$，$\boldsymbol{\alpha}_3$，$\boldsymbol{\alpha}_4$线性表示　　B．$\boldsymbol{\alpha}_2$可由$\boldsymbol{\alpha}_1$，$\boldsymbol{\alpha}_3$，$\boldsymbol{\alpha}_4$线性表示

C．$\boldsymbol{\alpha}_3$必可由$\boldsymbol{\alpha}_1$，$\boldsymbol{\alpha}_2$，$\boldsymbol{\alpha}_4$线性表示　　D．$\boldsymbol{\alpha}_4$可由$\boldsymbol{\alpha}_1$，$\boldsymbol{\alpha}_2$，$\boldsymbol{\alpha}_3$线性表示

2．若向量组$\boldsymbol{\alpha}_1$，$\boldsymbol{\alpha}_2$，$\boldsymbol{\alpha}_3$线性无关，向量$\boldsymbol{\beta}_1$可由$\boldsymbol{\alpha}_1$，$\boldsymbol{\alpha}_2$，$\boldsymbol{\alpha}_3$线性表示，向量$\boldsymbol{\beta}_2$不能由$\boldsymbol{\alpha}_1$，$\boldsymbol{\alpha}_2$，$\boldsymbol{\alpha}_3$线性表示，则必有（　　）．

A．$\boldsymbol{\alpha}_1$，$\boldsymbol{\alpha}_2$，$\boldsymbol{\beta}_1$线性无关　　B．$\boldsymbol{\alpha}_1$，$\boldsymbol{\alpha}_2$，$\boldsymbol{\beta}_2$线性无关

C．$\boldsymbol{\alpha}_2$，$\boldsymbol{\alpha}_3$，$\boldsymbol{\beta}_1$，$\boldsymbol{\beta}_2$线性相关　　D．$\boldsymbol{\alpha}_1$，$\boldsymbol{\alpha}_2$，$\boldsymbol{\alpha}_3$，$\boldsymbol{\beta}_1+\boldsymbol{\beta}_2$线性相关

3．向量组$\boldsymbol{\alpha}_1,\boldsymbol{\alpha}_2,\cdots,\boldsymbol{\alpha}_s$线性无关的充分必要条件是（　　）．

A．$\boldsymbol{\alpha}_1,\boldsymbol{\alpha}_2,\cdots,\boldsymbol{\alpha}_s$均不是零向量

B．$\boldsymbol{\alpha}_1,\boldsymbol{\alpha}_2,\cdots,\boldsymbol{\alpha}_s$中任意$s-1$个向量都线性无关

C．向量组$\boldsymbol{\alpha}_1,\boldsymbol{\alpha}_2,\cdots,\boldsymbol{\alpha}_s,\boldsymbol{\alpha}_{s+1}$线性无关

D．$\boldsymbol{\alpha}_1,\boldsymbol{\alpha}_2,\cdots,\boldsymbol{\alpha}_s$中每一个向量都不能由其余$s-1$个向量线性表示

4．设$\boldsymbol{\alpha}_1,\boldsymbol{\alpha}_2,\cdots,\boldsymbol{\alpha}_s$均为$n$维列向量，$\boldsymbol{A}$是$m\times n$矩阵，下列说法正确的是（　　）．

A．若向量组$\boldsymbol{\alpha}_1,\boldsymbol{\alpha}_2,\cdots,\boldsymbol{\alpha}_s$线性相关，则$\boldsymbol{A\alpha}_1,\boldsymbol{A\alpha}_2,\cdots,\boldsymbol{A\alpha}_s$线性相关

B．若向量组$\boldsymbol{\alpha}_1,\boldsymbol{\alpha}_2,\cdots,\boldsymbol{\alpha}_s$线性相关，则$\boldsymbol{A\alpha}_1,\boldsymbol{A\alpha}_2,\cdots,\boldsymbol{A\alpha}_s$线性无关

C．若向量组$\boldsymbol{\alpha}_1,\boldsymbol{\alpha}_2,\cdots,\boldsymbol{\alpha}_s$线性无关，则$\boldsymbol{A\alpha}_1,\boldsymbol{A\alpha}_2,\cdots,\boldsymbol{A\alpha}_s$线性相关

D．若向量组$\boldsymbol{\alpha}_1,\boldsymbol{\alpha}_2,\cdots,\boldsymbol{\alpha}_s$线性无关，则$\boldsymbol{A\alpha}_1,\boldsymbol{A\alpha}_2,\cdots,\boldsymbol{A\alpha}_s$线性无关

5．若向量组$\boldsymbol{\alpha}_1$，$\boldsymbol{\alpha}_2$，$\boldsymbol{\alpha}_1-2\boldsymbol{\alpha}_2+\boldsymbol{\alpha}_3$线性无关，则下列向量组线性无关的是（　　）．

A．$\boldsymbol{\alpha}_1+\boldsymbol{\alpha}_2$，$\boldsymbol{\alpha}_2+\boldsymbol{\alpha}_3$，$\boldsymbol{\alpha}_3-\boldsymbol{\alpha}_1$　　B．$\boldsymbol{\alpha}_1$，$\boldsymbol{\alpha}_2$，$\boldsymbol{\alpha}_3$

C．$\boldsymbol{\alpha}_1-\boldsymbol{\alpha}_2$，$\boldsymbol{\alpha}_2-\boldsymbol{\alpha}_3$，$\boldsymbol{\alpha}_1-2\boldsymbol{\alpha}_2+\boldsymbol{\alpha}_3$　　D．$\boldsymbol{\alpha}_1+\boldsymbol{\alpha}_2$，$\boldsymbol{\alpha}_2+\boldsymbol{\alpha}_3$，$\boldsymbol{\alpha}_1+2\boldsymbol{\alpha}_2+\boldsymbol{\alpha}_3$

6．设$\boldsymbol{A}$为n阶方阵，且$|\boldsymbol{A}|=0$，则矩阵$\boldsymbol{A}$（　　）．

A．必有一列元素全为零　　B．必有两行元素对应成比例

C．必有一列是其余列向量的线性组合　　D．任一列都是其余列向量的线性组合

二、填空题

1．已知向量组$\boldsymbol{\alpha}_1=(1,1,t)^{\mathrm{T}}$，$\boldsymbol{\alpha}_2=(1,t,1)^{\mathrm{T}}$，$\boldsymbol{\alpha}_3=(t,1,1)^{\mathrm{T}}$线性相关，而向量组$\boldsymbol{\beta}_1=(1,3,2)^{\mathrm{T}}$，$\boldsymbol{\beta}_2=(2,7,t+4)^{\mathrm{T}}$，$\boldsymbol{\beta}_3=(0,t+2,3)^{\mathrm{T}}$线性无关，则$t=$__________．

2．已知向量组$\boldsymbol{\alpha}_1$，$\boldsymbol{\alpha}_2$，$\boldsymbol{\alpha}_3$线性无关，且向量组$\boldsymbol{\alpha}_1-3\boldsymbol{\alpha}_3$，$a\boldsymbol{\alpha}_1+\boldsymbol{\alpha}_2+2\boldsymbol{\alpha}_3$，$2\boldsymbol{\alpha}_1+3\boldsymbol{\alpha}_2+\boldsymbol{\alpha}_3$也线性无关，则$a$的取值为__________．

3．已知向量组$\boldsymbol{\alpha}_1=(a+1,1,a)^{\mathrm{T}}$，$\boldsymbol{\alpha}_2=(a,-2,2-a)^{\mathrm{T}}$，$\boldsymbol{\alpha}_3=(a-1,-3,4-a)^{\mathrm{T}}$线性相关，则$a$的值为__________．

4．已知向量组$\boldsymbol{\alpha}_1$，$\boldsymbol{\alpha}_2$，$\boldsymbol{\alpha}_3$线性无关，若向量组$\boldsymbol{\alpha}_1+\boldsymbol{\alpha}_2$，$a\boldsymbol{\alpha}_2-\boldsymbol{\alpha}_3$，$\boldsymbol{\alpha}_1-\boldsymbol{\alpha}_2+\boldsymbol{\alpha}_3$线性相关，则$a=$__________．

5．已知向量组$\boldsymbol{\alpha}_1=(1,2,3)^{\mathrm{T}}$，$\boldsymbol{\alpha}_2=(2,-1,1)^{\mathrm{T}}$，$\boldsymbol{\alpha}_3=(-2,k,4)^{\mathrm{T}}$线性相关，则$k=$_______________．

6．已知向量$\boldsymbol{\beta}=(1,a,-1)^{\mathrm{T}}$可以由$\boldsymbol{\alpha}_1=(a+2,7,1)^{\mathrm{T}}$，$\boldsymbol{\alpha}_2=(1,-1,2)^{\mathrm{T}}$线性表示，则$a=$__________．

7．设向量组$\boldsymbol{\alpha}_1=(1,k+2,3)^{\mathrm{T}}$，$\boldsymbol{\alpha}_2=(2,-1,1)^{\mathrm{T}}$，$\boldsymbol{\alpha}_3=(k-1,1,-1)^{\mathrm{T}}$线性相关，但任意两个向量线性无关，则$k=$__________．

三、解答题

1．判断下列向量组的线性相关性．

（1）$\begin{pmatrix}-1\\3\\1\end{pmatrix},\begin{pmatrix}2\\1\\0\end{pmatrix},\begin{pmatrix}1\\4\\1\end{pmatrix}$；　　（2）$\begin{pmatrix}2\\3\\0\end{pmatrix},\begin{pmatrix}-1\\4\\0\end{pmatrix},\begin{pmatrix}0\\0\\2\end{pmatrix}$．

2．判断向量组$\boldsymbol{\alpha}_1=(3,2,-5,4)^{\mathrm{T}}$，$\boldsymbol{\alpha}_2=(3,-1,3,-3)^{\mathrm{T}}$，$\boldsymbol{\alpha}_3=(3,5,-13,11)^{\mathrm{T}}$的线性相关性．

3．已知$\boldsymbol{a}_1^{\mathrm{T}}=(1,0,1,0)$，$\boldsymbol{a}_2^{\mathrm{T}}=(0,1,1,0)$，$\boldsymbol{a}_3^{\mathrm{T}}=(1,0,1,1)$，判断向量组$\boldsymbol{a}_1^{\mathrm{T}}$，$\boldsymbol{a}_2^{\mathrm{T}}$，$\boldsymbol{a}_3^{\mathrm{T}}$的线性相关性.

4．已知向量组$\boldsymbol{\alpha}_1$，$\boldsymbol{\alpha}_2$，$\boldsymbol{\alpha}_3$线性无关，若向量组$\boldsymbol{\alpha}_1+2\boldsymbol{\alpha}_2+\boldsymbol{\alpha}_3$，$a\boldsymbol{\alpha}_1+a\boldsymbol{\alpha}_2+2\boldsymbol{\alpha}_3$，$3\boldsymbol{\alpha}_2+\boldsymbol{\alpha}_3$线性相关，求$a$的值.

5．已知向量组$\boldsymbol{\alpha}_1$，$\boldsymbol{\alpha}_2$，$\boldsymbol{\alpha}_3$线性无关，证明：向量组$\boldsymbol{\beta}_1=\boldsymbol{\alpha}_1+\boldsymbol{\alpha}_2$，$\boldsymbol{\beta}_2=\boldsymbol{\alpha}_2+\boldsymbol{\alpha}_3$，$\boldsymbol{\beta}_3=\boldsymbol{\alpha}_1+\boldsymbol{\alpha}_3$线性无关.

6．设向量组$\boldsymbol{\alpha}_1$，$\boldsymbol{\alpha}_2$，$\boldsymbol{\alpha}_3$线性相关，向量组$\boldsymbol{\alpha}_2$，$\boldsymbol{\alpha}_3$，$\boldsymbol{\alpha}_4$线性无关，证明：向量$\boldsymbol{\alpha}_4$不能由$\boldsymbol{\alpha}_1$，$\boldsymbol{\alpha}_2$，$\boldsymbol{\alpha}_3$线性表示.

7．设向量$\boldsymbol{\beta}_1=2\boldsymbol{\alpha}_1-\boldsymbol{\alpha}_2$，$\boldsymbol{\beta}_2=\boldsymbol{\alpha}_1+\boldsymbol{\alpha}_2$，$\boldsymbol{\beta}_3=-\boldsymbol{\alpha}_1+3\boldsymbol{\alpha}_2$，证明：向量组$\boldsymbol{\beta}_1$，$\boldsymbol{\beta}_2$，$\boldsymbol{\beta}_3$线性相关.

8．试确定常数a，使向量组$\boldsymbol{\alpha}_1=(1,1,a)^{\mathrm{T}}$，$\boldsymbol{\alpha}_2=(1,a,1)^{\mathrm{T}}$，$\boldsymbol{\alpha}_3=(a,1,1)^{\mathrm{T}}$可由向量组$\boldsymbol{\beta}_1=(1,1,a)^{\mathrm{T}}$，$\boldsymbol{\beta}_2=(-2,a,4)^{\mathrm{T}}$，$\boldsymbol{\beta}_3=(-2,a,a)^{\mathrm{T}}$线性表示，但向量组$\boldsymbol{\beta}_1$，$\boldsymbol{\beta}_2$，$\boldsymbol{\beta}_3$不能由向量组$\boldsymbol{\alpha}_1$，$\boldsymbol{\alpha}_2$，$\boldsymbol{\alpha}_3$线性表示.

9．已知$\boldsymbol{A}$是$n\times m$矩阵，$\boldsymbol{B}$是$m\times n$矩阵，其中$n<m$，且$\boldsymbol{AB}=\boldsymbol{E}_n$，证明：矩阵$\boldsymbol{B}$的列向量组线性无关.

10．已知向量组 $\boldsymbol{\alpha}_1=(1,0,1)^{\mathrm{T}}$，$\boldsymbol{\alpha}_2=(0,1,1)^{\mathrm{T}}$，$\boldsymbol{\alpha}_3=(1,3,5)^{\mathrm{T}}$ 不能由向量组 $\boldsymbol{\beta}_1=(1,1,1)^{\mathrm{T}}$，$\boldsymbol{\beta}_2=(1,2,3)^{\mathrm{T}}$，$\boldsymbol{\beta}_3=(3,4,a)^{\mathrm{T}}$ 线性表示，求 a 的值，并将向量组 $\boldsymbol{\beta}_1$，$\boldsymbol{\beta}_2$，$\boldsymbol{\beta}_3$ 用向量组 $\boldsymbol{\alpha}_1$，$\boldsymbol{\alpha}_2$，$\boldsymbol{\alpha}_3$ 线性表示.

11．已知向量组 $\boldsymbol{\alpha}_1=(0,4,2-k)^{\mathrm{T}}$，$\boldsymbol{\alpha}_2=(2,3-k,1)^{\mathrm{T}}$，$\boldsymbol{\alpha}_3=(1-k,2,3)^{\mathrm{T}}$ 线性相关，求实数 k 的值.

12．已知三阶方阵 $\boldsymbol{A}=\begin{pmatrix}1 & 2 & -2\\ 2 & 1 & 2\\ 3 & 0 & 4\end{pmatrix}$，三维列向量 $\boldsymbol{\alpha}=(a,1,1)^{\mathrm{T}}$，若 $\boldsymbol{A\alpha}$ 与 $\boldsymbol{\alpha}$ 线性相关，求 a 的值.

13．已知向量组$\boldsymbol{\alpha}_1=\begin{pmatrix}a\\0\\c\end{pmatrix}$，$\boldsymbol{\alpha}_2=\begin{pmatrix}b\\c\\0\end{pmatrix}$，$\boldsymbol{\alpha}_3=\begin{pmatrix}0\\a\\b\end{pmatrix}$线性无关，求$a$，$b$，$c$的关系.

14．已知向量组$\boldsymbol{\alpha}_1$，$\boldsymbol{\alpha}_2$，$\boldsymbol{\alpha}_3$线性无关，证明：向量组$\boldsymbol{\alpha}_1+\boldsymbol{\alpha}_2+\boldsymbol{\alpha}_3$，$\boldsymbol{\alpha}_1+2\boldsymbol{\alpha}_2+3\boldsymbol{\alpha}_3$，$\boldsymbol{\alpha}_1+4\boldsymbol{\alpha}_2+9\boldsymbol{\alpha}_3$线性无关.

15．已知$\boldsymbol{\alpha}_1,\boldsymbol{\alpha}_2,\cdots,\boldsymbol{\alpha}_n$为$n$个$m$维向量，且$m<n$．证明：向量组$\boldsymbol{\alpha}_1,\boldsymbol{\alpha}_2,\cdots,\boldsymbol{\alpha}_n$线性相关.

16．已知向量组$\boldsymbol{\alpha}_1=\begin{pmatrix}1\\t+2\\3\end{pmatrix}$，$\boldsymbol{\alpha}_2=\begin{pmatrix}2\\-1\\1\end{pmatrix}$，$\boldsymbol{\alpha}_3=\begin{pmatrix}t-1\\1\\-1\end{pmatrix}$线性相关，但其中任意两个向量线性无关，求$t$的值．

17．设$\boldsymbol{\alpha}_1,\boldsymbol{\alpha}_2,\cdots,\boldsymbol{\alpha}_n$为$n$个$n$维线性无关的向量，$\boldsymbol{A}$是$n$阶矩阵．证明：$\boldsymbol{A}\boldsymbol{\alpha}_1$，$\boldsymbol{A}\boldsymbol{\alpha}_2$，$\cdots$，$\boldsymbol{A}\boldsymbol{\alpha}_n$线性无关的充分必要条件是矩阵$\boldsymbol{A}$可逆．

18．已知三维列向量组$\boldsymbol{\alpha}_1$，$\boldsymbol{\alpha}_2$，$\boldsymbol{\beta}_1$，$\boldsymbol{\beta}_2$线性相关，且$\boldsymbol{\alpha}_1$，$\boldsymbol{\alpha}_2$与$\boldsymbol{\beta}_1$，$\boldsymbol{\beta}_2$都线性无关．

（1）证明：至少存在一个非零向量组可同时由$\boldsymbol{\alpha}_1$，$\boldsymbol{\alpha}_2$与$\boldsymbol{\beta}_1$，$\boldsymbol{\beta}_2$线性表示；

（2）设$\boldsymbol{\alpha}_1=\begin{pmatrix}1\\1\\0\end{pmatrix}$，$\boldsymbol{\alpha}_2=\begin{pmatrix}1\\0\\1\end{pmatrix}$，$\boldsymbol{\beta}_1=\begin{pmatrix}2\\-1\\3\end{pmatrix}$，$\boldsymbol{\beta}_2=\begin{pmatrix}1\\-1\\1\end{pmatrix}$，求可由两组向量同时线性表示的向量．

19．已知向量 $\boldsymbol{a}_1=\begin{pmatrix}1\\1\\1\end{pmatrix}$，$\boldsymbol{a}_2=\begin{pmatrix}0\\2\\5\end{pmatrix}$，$\boldsymbol{a}_3=\begin{pmatrix}2\\4\\7\end{pmatrix}$，判断向量组 $\boldsymbol{a}_1$，$\boldsymbol{a}_2$，$\boldsymbol{a}_3$ 及向量组 $\boldsymbol{a}_1$，$\boldsymbol{a}_2$ 的线性相关性.

20．试讨论 n 维单位坐标向量组的线性相关性.

第三节　向量组的秩

一、单项选择题

1．如果向量组 $\boldsymbol{\alpha}_1,\boldsymbol{\alpha}_2,\cdots,\boldsymbol{\alpha}_s$ 的秩为 r，则下列命题正确的是（　　）.

A．向量组中任意 $r-1$ 个向量都线性无关

B．向量组中任意 r 个向量都线性无关

C．向量组中任意 $r-1$ 个向量都线性相关

D．向量组中任意 $r+1$ 个向量都线性相关

2．“实数 $a=1$”是“向量组 $\boldsymbol{\alpha}_1=(1,1,a)^{\mathrm{T}}$，$\boldsymbol{\alpha}_2=(1,a,1)^{\mathrm{T}}$，$\boldsymbol{\alpha}_3=(a,1,1)^{\mathrm{T}}$，$\boldsymbol{\alpha}_4=(-2,-2,a+6)^{\mathrm{T}}$ 的秩为 2”的（　　）.

A．充分必要条件　　B．充分不必要条件

C．必要不充分条件　　D．既不充分也不必要条件

3．若四维向量组$\boldsymbol{\alpha}_1$，$\boldsymbol{\alpha}_2$，$\boldsymbol{\alpha}_3$，$\boldsymbol{\alpha}_4$线性无关，且向量组$\boldsymbol{\beta}_1=\boldsymbol{\alpha}_1+\boldsymbol{\alpha}_3+\boldsymbol{\alpha}_4$，$\boldsymbol{\beta}_2=\boldsymbol{\alpha}_2-\boldsymbol{\alpha}_4$，$\boldsymbol{\beta}_3=\boldsymbol{\alpha}_3+\boldsymbol{\alpha}_4$，$\boldsymbol{\beta}_4=\boldsymbol{\alpha}_2+\boldsymbol{\alpha}_3$，$\boldsymbol{\beta}_5=2\boldsymbol{\alpha}_1+\boldsymbol{\alpha}_2+\boldsymbol{\alpha}_3$，则$R(\boldsymbol{\beta}_1,\boldsymbol{\beta}_2,\boldsymbol{\beta}_3,\boldsymbol{\beta}_4,\boldsymbol{\beta}_5)=$（　　）．

A．1　　B．2　　C．3　　D．4

4．如果$\boldsymbol{A}$为n阶方阵，$\boldsymbol{A}$的秩$r<n$，那么方阵$\boldsymbol{A}$的n个行向量中（　　）．

A．必有r个行向量线性无关

B．任意r个行向量线性无关

C．任意r个行向量都构成极大线性无关向量组

D．任意一个行向量都可以由其他r个行向量线性表示

5．设向量组A：$\boldsymbol{\alpha}_1,\boldsymbol{\alpha}_2,\cdots,\boldsymbol{\alpha}_s$的秩为$r_1$，向量组$B$：$\boldsymbol{\beta}_1,\boldsymbol{\beta}_2,\cdots,\boldsymbol{\beta}_s$的秩为$r_2$，且向量组$B$可由向量组$A$线性表示，则（　　）．

A．向量组$\boldsymbol{\alpha}_1+\boldsymbol{\beta}_1,\boldsymbol{\alpha}_2+\boldsymbol{\beta}_2,\cdots,\boldsymbol{\alpha}_s+\boldsymbol{\beta}_s$的秩为$r_1+r_2$

B．向量组$\boldsymbol{\alpha}_1-\boldsymbol{\beta}_1,\boldsymbol{\alpha}_2-\boldsymbol{\beta}_2,\cdots,\boldsymbol{\alpha}_s-\boldsymbol{\beta}_s$的秩为$r_1-r_2$

C．向量组$\boldsymbol{\alpha}_1,\boldsymbol{\alpha}_2,\cdots,\boldsymbol{\alpha}_s,\boldsymbol{\beta}_1,\boldsymbol{\beta}_2,\cdots,\boldsymbol{\beta}_s$的秩为$r_1+r_2$

D．向量组$\boldsymbol{\alpha}_1,\boldsymbol{\alpha}_2,\cdots,\boldsymbol{\alpha}_s,\boldsymbol{\beta}_1,\boldsymbol{\beta}_2,\cdots,\boldsymbol{\beta}_s$的秩为$r_1$

二、填空题

1．已知向量组$\boldsymbol{\alpha}_1=(a,a,1)^{\mathrm{T}}$，$\boldsymbol{\alpha}_2=(a,1,a)^{\mathrm{T}}$，$\boldsymbol{\alpha}_3=(1,a,a)^{\mathrm{T}}$的秩为2，则实数$a$的值为__________．

2．向量组$\boldsymbol{\alpha}_1=(2,1,3)^{\mathrm{T}}$，$\boldsymbol{\alpha}_2=(1,2,1)^{\mathrm{T}}$，$\boldsymbol{\alpha}_3=(3,3,4)^{\mathrm{T}}$，$\boldsymbol{\alpha}_4=(5,1,8)^{\mathrm{T}}$，$\boldsymbol{\alpha}_5=(0,0,2)^{\mathrm{T}}$的一个最大无关组是__________．

3．已知$\boldsymbol{\alpha}_1$，$\boldsymbol{\alpha}_2$是向量组$\boldsymbol{\alpha}_1=(1,4,3)^{\mathrm{T}}$，$\boldsymbol{\alpha}_2=(2,a,-1)^{\mathrm{T}}$，$\boldsymbol{\alpha}_3=(a+1,3,1)^{\mathrm{T}}$的一个最大无关组，则$a=$__________．

4．已知$\boldsymbol{A}=(\boldsymbol{\alpha}_1,\boldsymbol{\alpha}_2,\boldsymbol{\alpha}_3)$是三阶方阵，$\boldsymbol{\alpha}_1$，$\boldsymbol{\alpha}_2$，$\boldsymbol{\alpha}_3$，$\boldsymbol{\alpha}_4$是三维列向量，其中$\boldsymbol{\alpha}_1$，$\boldsymbol{\alpha}_2$的坐标不成比例，$\boldsymbol{\alpha}_4$不能由$\boldsymbol{\alpha}_1$，$\boldsymbol{\alpha}_2$，$\boldsymbol{\alpha}_3$线性表示，则$R(\boldsymbol{A})=$__________．

三、解答题

1．设向量组$\boldsymbol{\alpha}_1=(a,4,1)^{\mathrm{T}}$，$\boldsymbol{\alpha}_2=(2,b,3)^{\mathrm{T}}$，$\boldsymbol{\alpha}_3=(1,2,1)^{\mathrm{T}}$，$\boldsymbol{\alpha}_4=(2,3,1)^{\mathrm{T}}$的秩为2，求$a$，$b$的值．

2．设向量组$\boldsymbol{\alpha}_1=(a,3,1)^{\mathrm{T}}$，$\boldsymbol{\alpha}_2=(2,b,3)^{\mathrm{T}}$，$\boldsymbol{\alpha}_3=(1,2,1)^{\mathrm{T}}$，$\boldsymbol{\alpha}_4=(2,3,1)^{\mathrm{T}}$的秩为2，求$a$，$b$的值.

3．已知向量组$\boldsymbol{\beta}_1=(0,1,-1)^{\mathrm{T}}$，$\boldsymbol{\beta}_2=(a,2,1)^{\mathrm{T}}$，$\boldsymbol{\beta}_3=(b,1,0)^{\mathrm{T}}$与向量组$\boldsymbol{\alpha}_1=(1,2,-3)^{\mathrm{T}}$，$\boldsymbol{\alpha}_2=(3,0,1)^{\mathrm{T}}$，$\boldsymbol{\alpha}_3=(9,6,-7)^{\mathrm{T}}$的秩相同，且向量$\boldsymbol{\beta}_3$可由$\boldsymbol{\alpha}_1$，$\boldsymbol{\alpha}_2$，$\boldsymbol{\alpha}_3$线性表示，求$a$，$b$的值.

4．已知向量$\boldsymbol{\alpha}_1=(0,4,2)^{\mathrm{T}}$，$\boldsymbol{\alpha}_2=(1,1,0)^{\mathrm{T}}$，$\boldsymbol{\alpha}_3=(-2,4,3)^{\mathrm{T}}$，$\boldsymbol{\alpha}_4=(-1,1,1)^{\mathrm{T}}$，求向量组$\boldsymbol{\alpha}_1$，$\boldsymbol{\alpha}_2$，$\boldsymbol{\alpha}_3$，$\boldsymbol{\alpha}_4$的一个最大无关组，并将其余向量用该最大无关组线性表示.

5．已知向量组$\boldsymbol{\alpha}_1=\begin{pmatrix}1\\-1\\2\\4\end{pmatrix}$，$\boldsymbol{\alpha}_2=\begin{pmatrix}0\\3\\1\\2\end{pmatrix}$，$\boldsymbol{\alpha}_3=\begin{pmatrix}3\\0\\7\\14\end{pmatrix}$，$\boldsymbol{\alpha}_4=\begin{pmatrix}1\\-2\\2\\4\end{pmatrix}$，$\boldsymbol{\alpha}_5=\begin{pmatrix}2\\1\\5\\10\end{pmatrix}$，求该向量组的一个最大无关组，并将其余向量用该最大无关组线性表示．

6．利用初等行变换求下列矩阵的列向量组的一个最大无关组，并将其余列向量用该最大无关组线性表示．

（1）$\begin{pmatrix}25&31&17&43\\75&94&53&132\\75&94&54&134\\25&32&20&48\end{pmatrix}$；

（2）$\begin{pmatrix}1&1&2&2&1\\0&2&1&5&-1\\2&0&3&-1&3\\1&1&0&4&-1\end{pmatrix}$．

7．已知向量组 $\boldsymbol{\alpha}_1=(1,-1,0,0)^{\mathrm{T}}$，$\boldsymbol{\alpha}_2=(-1,2,1,-1)^{\mathrm{T}}$，$\boldsymbol{\alpha}_3=(0,1,1,-1)^{\mathrm{T}}$，$\boldsymbol{\alpha}_4=(-1,3,2,1)^{\mathrm{T}}$，$\boldsymbol{\alpha}_5=(-2,6,4,1)^{\mathrm{T}}$．

（1）求向量组的秩；

（2）求向量组的一个最大无关组；

（3）将不属于（2）中的向量，用最大无关组线性表示．

8．求下列向量组的秩，并求一个最大无关组．

（1）$\boldsymbol{a}_1=\begin{pmatrix}1\\2\\-1\\4\end{pmatrix}$，$\boldsymbol{a}_2=\begin{pmatrix}9\\100\\10\\4\end{pmatrix}$，$\boldsymbol{a}_3=\begin{pmatrix}-2\\-4\\2\\-8\end{pmatrix}$；

（2）$\boldsymbol{a}_1=(1,2,1,3)^{\mathrm{T}}$，$\boldsymbol{a}_2=(4,-1,-5,-6)^{\mathrm{T}}$，$\boldsymbol{a}_3=(1,-3,-4,-7)^{\mathrm{T}}$．

9．设矩阵 $\boldsymbol{A}=\begin{pmatrix}2 & -1 & -1 & 1 & 2\\ 1 & 2 & -2 & 1 & 4\\ 4 & -2 & 2 & -2 & 4\\ 3 & 6 & -9 & 7 & 9\end{pmatrix}$，求 $\boldsymbol{A}$ 的列向量组 $\boldsymbol{a}_1,\boldsymbol{a}_2,\cdots,\boldsymbol{a}_5$ 及行向量组 $\boldsymbol{b}_1$，$\boldsymbol{b}_2$，$\boldsymbol{b}_3$，$\boldsymbol{b}_4$ 的秩，并求相应的一个最大无关组.

10．已知四维向量组 $\boldsymbol{\alpha}_1$，$\boldsymbol{\alpha}_2$，$\boldsymbol{\alpha}_3$，$\boldsymbol{\alpha}_4$，令矩阵 $\boldsymbol{A}=(\boldsymbol{\alpha}_1,\boldsymbol{\alpha}_2,\boldsymbol{\alpha}_3,\boldsymbol{\alpha}_4)$，且方程组 $\boldsymbol{Ax}=\boldsymbol{0}$ 的通解为 $\boldsymbol{x}=k(1,0,1,0)^{\mathrm{T}}$．求向量组 $\boldsymbol{\alpha}_1$，$\boldsymbol{\alpha}_2$，$\boldsymbol{\alpha}_3$，$\boldsymbol{\alpha}_4$ 的最大无关组.

11．已知向量组 $\boldsymbol{\alpha}_1$，$\boldsymbol{\alpha}_2$，$\boldsymbol{\alpha}_3$ 线性相关，向量组 $\boldsymbol{\alpha}_2$，$\boldsymbol{\alpha}_3$，$\boldsymbol{\alpha}_4$ 线性无关，求向量组 $\boldsymbol{\alpha}_1$，$\boldsymbol{\alpha}_2$，$\boldsymbol{\alpha}_3$，$\boldsymbol{\alpha}_4$ 的秩.

12．已知向量组A：$\boldsymbol{\alpha}_1=(2,3,5)^{\mathrm{T}}$，$\boldsymbol{\alpha}_2=(0,1,2)^{\mathrm{T}}$，$\boldsymbol{\alpha}_3=(1,0,0)^{\mathrm{T}}$与$B$：$\boldsymbol{\beta}_1=(3,1,2)^{\mathrm{T}}$，$\boldsymbol{\beta}_2=(1,1,1)^{\mathrm{T}}$，$\boldsymbol{\beta}_3=(1,1,-1)^{\mathrm{T}}$，$\boldsymbol{\beta}_4=(2,1,0)^{\mathrm{T}}$，证明：向量组$A$与$B$等价.

13．设向量组A：$\boldsymbol{\alpha}_1,\boldsymbol{\alpha}_2,\cdots,\boldsymbol{\alpha}_k$线性无关，且向量组$A$可由向量组$B$：$\boldsymbol{\beta}_1,\boldsymbol{\beta}_2,\cdots,\boldsymbol{\beta}_k$线性表示，证明：向量组$A$与$B$等价.

14．已知向量组A：$\boldsymbol{\alpha}_1$，$\boldsymbol{\alpha}_2$，$\boldsymbol{\alpha}_3$，B：$\boldsymbol{\alpha}_1$，$\boldsymbol{\alpha}_2$，$\boldsymbol{\alpha}_3$，$\boldsymbol{\alpha}_4$，C：$\boldsymbol{\alpha}_1$，$\boldsymbol{\alpha}_2$，$\boldsymbol{\alpha}_3$，$\boldsymbol{\alpha}_5$，其秩分别为3，3，4，证明：向量组$\boldsymbol{\alpha}_1$，$\boldsymbol{\alpha}_2$，$\boldsymbol{\alpha}_3$，$\boldsymbol{\alpha}_5-\boldsymbol{\alpha}_4$的秩为4.

15．已知向量组 A：$\boldsymbol{\alpha}_1$，$\boldsymbol{\alpha}_2$，$\boldsymbol{\alpha}_3$，B：$\boldsymbol{\alpha}_1$，$\boldsymbol{\alpha}_2$，$\boldsymbol{\alpha}_4$ 的秩分别为 2，3，证明：向量组 $\boldsymbol{\alpha}_1$，$\boldsymbol{\alpha}_2$，$\boldsymbol{\alpha}_3+\boldsymbol{\alpha}_4$ 的秩为3．

第四节　向量空间

一、单项选择题

1．下列集合不构成向量空间的是（　　）．

A．$V_1=\{\boldsymbol{x}=(x_1,x_2,\cdots,x_n)^{\mathrm{T}}\mid x_1,x_2,\cdots,x_n\in\mathbb{R}\}$

B．$V_2=\{\boldsymbol{x}=(0,x_2,\cdots,x_n)^{\mathrm{T}}\mid x_2,x_3,\cdots,x_n\in\mathbb{R}\}$

C．$V_3=\{\boldsymbol{x}=(x_1,x_2,\cdots,x_{n-1},0)^{\mathrm{T}}\mid x_1,x_2,\cdots,x_{n-1}\in\mathbb{R}\}$

D．$V_4=\{\boldsymbol{x}=(1,x_2,\cdots,x_n)^{\mathrm{T}}\mid x_2,x_3,\cdots,x_n\in\mathbb{R}\}$

2．由向量组 $\boldsymbol{\alpha}_1,\boldsymbol{\alpha}_2,\cdots,\boldsymbol{\alpha}_n$ 生成的向量空间为 V，由向量组 $\boldsymbol{\beta}_1,\boldsymbol{\beta}_2,\cdots,\boldsymbol{\beta}_m$ 生成的向量空间为 W，则（　　）．

A．$V\subseteq W$ 当且仅当集合 $\{\boldsymbol{\alpha}_1,\boldsymbol{\alpha}_2,\cdots,\boldsymbol{\alpha}_n\}\subseteq\{\boldsymbol{\beta}_1,\boldsymbol{\beta}_2,\cdots,\boldsymbol{\beta}_m\}$

B．$V\subseteq W$ 当且仅当向量组 $\boldsymbol{\alpha}_1,\boldsymbol{\alpha}_2,\cdots,\boldsymbol{\alpha}_n$ 可由向量组 $\boldsymbol{\beta}_1,\boldsymbol{\beta}_2,\cdots,\boldsymbol{\beta}_m$ 线性表示

C．$V\subseteq W$ 当且仅当 V 的基都是 W 的基

D．$V\subseteq W$ 当且仅当 $\dim V\leqslant\dim W$

3．设向量组 $\boldsymbol{\alpha}_1$，$\boldsymbol{\alpha}_2$，$\boldsymbol{\alpha}_3$ 满足 $k_1\boldsymbol{\alpha}_1+k_2\boldsymbol{\alpha}_2+k_3\boldsymbol{\alpha}_3=\boldsymbol{0}$，$k_1$，$k_2$，$k_3$ 为常数，且 $k_1k_3\neq0$，则（　　）．

A．$\boldsymbol{\alpha}_1$ 与 $\boldsymbol{\alpha}_3$ 等价

B．$\boldsymbol{\alpha}_1$，$\boldsymbol{\alpha}_2$ 与 $\boldsymbol{\alpha}_1$，$\boldsymbol{\alpha}_3$ 等价

C．$\boldsymbol{\alpha}_1$，$\boldsymbol{\alpha}_2$ 与 $\boldsymbol{\alpha}_2$，$\boldsymbol{\alpha}_3$ 等价

D．$\boldsymbol{\alpha}_1$，$\boldsymbol{\alpha}_3$ 与 $\boldsymbol{\alpha}_2$，$\boldsymbol{\alpha}_3$ 等价

二、填空题

1．已知向量组 $\boldsymbol{\alpha}_1=(1,4,2)^{\mathrm{T}}$，$\boldsymbol{\alpha}_2=(2,7,3)^{\mathrm{T}}$，$\boldsymbol{\alpha}_3=(0,1,a)^{\mathrm{T}}$ 可以表示任意一个三维向量，则 a 的取值为__________．

2. 空间 $V=\{(x,y,0)\mid x,y\in\mathbb{R}\}$ 的维数是__________.

3. 空间 $V=\left\{(x_1,x_2,\cdots,x_n)\,\middle|\,\sum_{i=1}^{n}x_i=0\right\}$ 的维数是__________.

三、解答题

1. 验证 $\boldsymbol{\alpha}_1=(1,1,0)^{\mathrm{T}}$，$\boldsymbol{\alpha}_2=(1,0,1)^{\mathrm{T}}$，$\boldsymbol{\alpha}_3=(0,1,1)^{\mathrm{T}}$ 是三维向量空间 $\mathbb{R}^3$ 的一个基，并求向量 $\boldsymbol{\beta}=(2,0,0)^{\mathrm{T}}$ 在这一基中的坐标.

2. 已知 $\boldsymbol{\alpha}_1$，$\boldsymbol{\alpha}_2$ 是二维线性空间的一个基，且 $\boldsymbol{\alpha}_1=(1,0)^{\mathrm{T}}$，$\boldsymbol{\alpha}_2=(1,2)^{\mathrm{T}}$.

（1）若二维向量空间中的向量 $\boldsymbol{\beta}_1$ 在基 $\boldsymbol{\alpha}_1$，$\boldsymbol{\alpha}_2$ 中的坐标为 $(-2,3)^{\mathrm{T}}$，求向量 $\boldsymbol{\beta}_1$；

（2）若向量 $\boldsymbol{\beta}_2=(4,5)^{\mathrm{T}}$，求向量 $\boldsymbol{\beta}_2$ 在基 $\boldsymbol{\alpha}_1$，$\boldsymbol{\alpha}_2$ 中的坐标.

3. 给定向量 $\boldsymbol{\alpha}_1=(-2,4,1)^{\mathrm{T}}$，$\boldsymbol{\alpha}_2=(-1,3,5)^{\mathrm{T}}$，$\boldsymbol{\alpha}_3=(2,-3,1)^{\mathrm{T}}$，$\boldsymbol{\beta}=(1,1,3)^{\mathrm{T}}$，证明：向量组 $\boldsymbol{\alpha}_1$，$\boldsymbol{\alpha}_2$，$\boldsymbol{\alpha}_3$ 是三维向量空间 $\mathbb{R}^3$ 的一个基，并将向量 $\boldsymbol{\beta}$ 用这个基线性表示.

4．已知三维线性空间的两个基为 $\boldsymbol{\alpha}_1=(1,1,1)^{\mathrm{T}}$，$\boldsymbol{\alpha}_2=(1,0,-1)^{\mathrm{T}}$，$\boldsymbol{\alpha}_3=(1,0,1)^{\mathrm{T}}$ 和 $\boldsymbol{\beta}_1=(1,2,1)^{\mathrm{T}}$，$\boldsymbol{\beta}_2=(2,3,4)^{\mathrm{T}}$，$\boldsymbol{\beta}_3=(3,4,3)^{\mathrm{T}}$，求由基 $\boldsymbol{\alpha}_1$，$\boldsymbol{\alpha}_2$，$\boldsymbol{\alpha}_3$ 到基 $\boldsymbol{\beta}_1$，$\boldsymbol{\beta}_2$，$\boldsymbol{\beta}_3$ 的过渡矩阵.

5．已知 $\boldsymbol{\alpha}_1$，$\boldsymbol{\alpha}_2$，$\boldsymbol{\alpha}_3$ 是三维向量空间 $\mathbb{R}^3$ 的一个基，向量组 $\boldsymbol{\beta}_1$，$\boldsymbol{\beta}_2$，$\boldsymbol{\beta}_3$ 满足 $\boldsymbol{\beta}_1+\boldsymbol{\beta}_3=\boldsymbol{\alpha}_1+\boldsymbol{\alpha}_2+\boldsymbol{\alpha}_3$，$\boldsymbol{\beta}_1+\boldsymbol{\beta}_2=\boldsymbol{\alpha}_2+\boldsymbol{\alpha}_3$，$\boldsymbol{\beta}_2+\boldsymbol{\beta}_3=\boldsymbol{\alpha}_1+\boldsymbol{\alpha}_3$.

（1）证明：$\boldsymbol{\beta}_1$，$\boldsymbol{\beta}_2$，$\boldsymbol{\beta}_3$ 是 $\mathbb{R}^3$ 的一个基；

（2）求由基 $\boldsymbol{\beta}_1$，$\boldsymbol{\beta}_2$，$\boldsymbol{\beta}_3$ 到基 $\boldsymbol{\alpha}_1$，$\boldsymbol{\alpha}_2$，$\boldsymbol{\alpha}_3$ 的过渡矩阵；

（3）求向量 $\boldsymbol{\alpha}=\boldsymbol{\alpha}_1+2\boldsymbol{\alpha}_2-\boldsymbol{\alpha}_3$ 在基 $\boldsymbol{\beta}_1$，$\boldsymbol{\beta}_2$，$\boldsymbol{\beta}_3$ 中的坐标.

第五节　线性方程组的解的结构

一、单项选择题

1．某五元齐次线性方程组的系数矩阵可化为 $\begin{pmatrix}1&-1&2&3&-4\\0&0&1&5&-2\\0&0&0&2&0\end{pmatrix}$，则自由未知数不能选取（　　）.

A．x_2，x_5　　B．x_1，x_5　　C．x_3，x_5　　D．x_2，x_3

2．已知 $\boldsymbol{\alpha}_1$，$\boldsymbol{\alpha}_2$ 是非齐次线性方程组 $\boldsymbol{Ax}=\boldsymbol{b}$ 的 2 个不同的解，那么向量 $\boldsymbol{\alpha}_1-\boldsymbol{\alpha}_2$，$3\boldsymbol{\alpha}_1-2\boldsymbol{\alpha}_2$，$\frac{1}{3}(\boldsymbol{\alpha}_1+2\boldsymbol{\alpha}_2)$，$\frac{1}{2}(\boldsymbol{\alpha}_1+\boldsymbol{\alpha}_2)$ 中，仍是方程组 $\boldsymbol{Ax}=\boldsymbol{b}$ 的特解的向量共有（　　）.

A．4 个　　B．3 个　　C．2 个　　D．1 个

3．已知 $\boldsymbol{\alpha}_1$，$\boldsymbol{\alpha}_2$，$\boldsymbol{\alpha}_3$ 是非齐次线性方程组 $\boldsymbol{Ax}=\boldsymbol{b}$ 的3个不同的解，那么向量 $\boldsymbol{\alpha}_1-\boldsymbol{\alpha}_2$，$\boldsymbol{\alpha}_1+\boldsymbol{\alpha}_2-2\boldsymbol{\alpha}_3$，$\frac{2}{3}(\boldsymbol{\alpha}_2-\boldsymbol{\alpha}_1)$，$\boldsymbol{\alpha}_1-3\boldsymbol{\alpha}_2+2\boldsymbol{\alpha}_3$ 中，是导出组 $\boldsymbol{Ax}=\boldsymbol{0}$ 的解的向量共有（　　）.

A．4 个　　B．3 个　　C．2 个　　D．1 个

4．已知齐次线性方程组 $\begin{cases} x_1+2x_2-2x_3=0, \\ 2x_1-x_2+ax_3=0, \\ 3x_1+x_2-x_3=0 \end{cases}$ 有无限多解，则 $a=$（　　）.

A．0　　B．-1　　C．1　　D．2

5．设 $\boldsymbol{A}$ 是 $m\times n$ 矩阵，$\boldsymbol{A}^{\mathrm{T}}$ 是 $\boldsymbol{A}$ 的转置矩阵，若 $\boldsymbol{\eta}_1,\boldsymbol{\eta}_2,\cdots,\boldsymbol{\eta}_t$ 是齐次线性方程组 $\boldsymbol{A}^{\mathrm{T}}\boldsymbol{x}=\boldsymbol{0}$ 的基础解系，则秩 $R(\boldsymbol{A})=$（　　）.

A．t　　B．$n-t$

C．$m-t$　　D．$n-m$

6．非齐次线性方程组 $\boldsymbol{Ax}=\boldsymbol{b}$ 中未知数的个数为 n，方程个数为 m，系数矩阵 $\boldsymbol{A}$ 的秩为 r，则（　　）.

A．$r=m$ 时，方程组 $\boldsymbol{Ax}=\boldsymbol{b}$ 有解　　B．$r=n$ 时，方程组 $\boldsymbol{Ax}=\boldsymbol{b}$ 有唯一解

C．$m=n$ 时，方程组 $\boldsymbol{Ax}=\boldsymbol{b}$ 有解　　D．$r<n$ 时，方程组 $\boldsymbol{Ax}=\boldsymbol{b}$ 有无限多解

7．设矩阵 $\boldsymbol{A}=\begin{pmatrix} 3 & a+2 & 4 \\ 5 & a & a+5 \\ 1 & -1 & 2 \end{pmatrix}$，若齐次线性方程组 $\boldsymbol{Ax}=\boldsymbol{0}$ 的任一非零解均可由 $\boldsymbol{\alpha}$ 线性表示，则 $a=$（　　）.

A．3　　B．5　　C．3 或 -5　　D．5 或 -3

8．若 $\boldsymbol{\alpha}_1=\begin{pmatrix} 1 \\ 0 \\ 1 \end{pmatrix}$，$\boldsymbol{\alpha}_2=\begin{pmatrix} -2 \\ 0 \\ 1 \end{pmatrix}$ 都是线性方程组 $\boldsymbol{Ax}=\boldsymbol{0}$ 的解向量，则只要系数矩阵 $\boldsymbol{A}$ 为（　　）.

A．$\begin{pmatrix} 1 & 2 & 3 \\ 3 & 1 & 2 \\ 2 & 1 & 1 \end{pmatrix}$　　B．$\begin{pmatrix} -1 & 2 & 1 \\ 0 & 2 & 0 \\ 0 & 1 & 0 \end{pmatrix}$

C．$\begin{pmatrix} 0 & -1 & 0 \\ 0 & 2 & 0 \end{pmatrix}$　　D．$\begin{pmatrix} -1 & 2 & 1 \\ 1 & 2 & 3 \end{pmatrix}$

9．设 $\boldsymbol{A}$ 是 $m\times s$ 矩阵，$\boldsymbol{B}$ 是 $s\times n$ 矩阵，则方程组 $\boldsymbol{Bx}=\boldsymbol{0}$ 与 $\boldsymbol{ABx}=\boldsymbol{0}$ 同解的充分必要条件是（　　）.

A．$R(\boldsymbol{A})=s$　　B．$R(\boldsymbol{A})=m$　　C．$R(\boldsymbol{B})=s$　　D．$R(\boldsymbol{B})=n$

10．设 A 是 $m\times n$ 矩阵，B 是 $n\times m$ 矩阵，则（　　）.

A．当 $m>n$ 时，齐次线性线性方程组 $ABx=0$ 有非零解

B．当 $m>n$ 时，齐次线性线性方程组 $ABx=0$ 只有零解

C．当 $n>m$ 时，齐次线性线性方程组 $ABx=0$ 有非零解

D．当 $n>m$ 时，齐次线性线性方程组 $ABx=0$ 只有零解

二、填空题

1．设 A 是 5×4 矩阵，若 η_1，η_2 是齐次线性方程组 $Ax=0$ 的基础解系，则 $R(A^{\mathrm{T}})=$_______________.

2．齐次线性方程组 $\begin{cases} x_1+2x_2+3x_3+x_4=0, \\ 2x_1-x_2+x_3-3x_4=0, \\ x_1+x_3-x_4=0 \end{cases}$ 的基础解系是__________.

3．齐次线性方程组 $\begin{cases} x_1-2x_2+4x_3-7x_4=0, \\ 2x_1+x_2-2x_3+x_4=0, \\ 3x_1-x_2+2x_3-4x_4=0 \end{cases}$ 的基础解系是__________.

4．已知方程组 $\begin{cases} ax_1-3x_2+3x_3=0, \\ x_1+(a+2)x_2+3x_3=0, \\ 2x_1+x_2-x_3=0 \end{cases}$ 有无限多解，则 $a=$__________.

5．已知方程组 $\begin{cases} x_1+2x_2+x_3=3, \\ 2x_1+(k+4)x_2-5x_3=6, \\ -x_1-2x_2+kx_3=-3 \end{cases}$ 有无限多解，则 $k=$__________.

6．设 B 为三阶方阵，且 $B\neq O$，若矩阵 B 的每个列向量为方程组 $\begin{cases} x_1+2x_2-2x_3=0, \\ 3x_1-x_2+kx_3=0, \\ 3x_1+x_2-x_3=0 \end{cases}$ 的解，则 $k=$__________，$|B|=$__________.

7．设 α_1，α_2，α_3 是四元非齐次线性方程组 $Ax=b$ 的三个解向量，$R(A)=3$，且 $\alpha_1+\alpha_2=\begin{pmatrix} 1 \\ -1 \\ 3 \\ 2 \end{pmatrix}$，$\alpha_2+\alpha_3=\begin{pmatrix} -2 \\ 4 \\ 2 \\ -8 \end{pmatrix}$，则方程组 $Ax=b$ 的通解为__________.

8．设矩阵 $A=\begin{pmatrix} 1 & -3 & 3 \\ 2 & 4 & 1 \\ 3 & 3a+2 & -1 \end{pmatrix}$，且非零向量 η 为方程组 $Ax=0$ 的解，则 $a=$__________，方程组的通解为__________.

三、解答题

1．设线性方程组 $\begin{cases} x_1+2x_2-2x_3=0, \\ 2x_1-x_2+\lambda x_3=0, \\ 3x_1+x_2-x_3=0 \end{cases}$ 的系数矩阵为 $\boldsymbol{A}$，三阶方阵 $\boldsymbol{B}\neq\boldsymbol{O}$，且 $\boldsymbol{AB}=\boldsymbol{O}$，试求 λ 的值．

2．已知齐次线性方程组 $\boldsymbol{Ax}=\boldsymbol{0}$ 的系数矩阵 $\boldsymbol{A}=\begin{pmatrix} -1 & 0 & 1 \\ k & 0 & l \\ 1 & 0 & -1 \end{pmatrix}$，问 k 和 l 满足什么关系时，齐次线性方程组的基础解系含有 2 个解向量？

3．已知向量 $\boldsymbol{\beta}_1=(1,-1,0,2)^{\mathrm{T}}$，$\boldsymbol{\beta}_2=(2,1,-1,4)^{\mathrm{T}}$，$\boldsymbol{\beta}_3=(4,5,-3,11)^{\mathrm{T}}$ 是方程组 $\begin{cases} a_1x_1+2x_2+a_3x_3+a_4x_4=d_1, \\ 4x_1+b_2x_2+3x_3+b_4x_4=d_2, \\ 3x_1+c_2x_2+5x_3+c_4x_4=d_3 \end{cases}$ 的三个解，求该方程组的通解．

4．求下列齐次线性方程组的基础解系与通解．

（1）$\begin{cases} x_1 + x_2 - x_3 - x_4 = 0, \\ 2x_1 - 5x_2 + 3x_3 + 2x_4 = 0, \\ 7x_1 - 7x_2 + 3x_3 + x_4 = 0; \end{cases}$

（2）$\begin{cases} x_1 + x_2 + x_3 + 4x_4 - 3x_5 = 0, \\ 2x_1 + x_2 + 3x_3 + 5x_4 - 5x_5 = 0, \\ x_1 - x_2 + 3x_3 - 2x_4 - x_5 = 0, \\ 3x_1 + x_2 + 5x_3 + 6x_4 - 7x_5 = 0. \end{cases}$

5．求下列非齐次线性方程组的通解．

（1）$\begin{cases} 2x_1 - x_2 + 4x_3 - 3x_4 = -4, \\ x_1 + x_3 - x_4 = -3, \\ 3x_1 + x_2 + x_3 = 1, \\ 7x_1 + 7x_3 - 3x_4 = 3; \end{cases}$

（2）$\begin{cases} x_1 - x_2 - 2x_3 + 3x_4 = 0, \\ x_1 - 3x_2 - 5x_3 + 2x_4 = -1, \\ x_1 + x_2 + x_3 + 4x_4 = 1, \\ x_1 + 7x_2 + 10x_3 + 7x_4 = 4. \end{cases}$

6. 设矩阵 $\boldsymbol{A} = \begin{pmatrix} 1 & 2 & 1 & 2 \\ 0 & 1 & t & t \\ 1 & t & 0 & 1 \end{pmatrix}$，且齐次线性方程组 $\boldsymbol{Ax} = \boldsymbol{0}$ 的解空间的维数是 2，求 $\boldsymbol{Ax} = \boldsymbol{0}$ 的通解.

7. 已知四元齐次线性线性方程组 I：$\begin{cases} x_1 + x_2 = 0, \\ x_2 - x_4 = 0, \end{cases}$ 且齐次线性线性方程组 II 的通解为 $\boldsymbol{x} = c_1(0,1,1,0)^{\mathrm{T}} + c_2(-1,2,2,1)^{\mathrm{T}}$.

（1）求线性方程组 I 的基础解系；

（2）问线性方程组 I 与 II 是否有非零公共解？若有，求出所有的非零公共解；若没有，则说明理由.

8．已知线性方程组$\begin{cases}2x_1+x_3=1,\\x_1+ax_2+x_3=0\end{cases}$与$\begin{cases}x_1+2x_2+x_3=0,\\ax_1+x_2=2\end{cases}$有公共解，求$a$的值．

9．当λ为何值时，线性方程组$\begin{cases}x_1+x_3=\lambda,\\4x_1+x_2+2x_3=\lambda+2,\\6x_1+x_2+4x_3=2\lambda+3\end{cases}$有解？并求其通解．

10．若线性方程组$\begin{cases}x_1+x_2=a_1,\\x_2+x_3=a_2,\\x_3+x_4=a_3,\\x_1+x_4=a_4\end{cases}$有解，求常数$a_1$，$a_2$，$a_3$，$a_4$应满足的条件．

11．已知线性方程组$\begin{cases} x_1+x_2+2x_3+3x_4=1, \\ x_1+3x_2+6x_3+x_4=3, \\ 3x_1-x_2-k_1x_3+15x_4=3, \\ x_1-5x_2-10x_3+12x_4=k_2, \end{cases}$ 问k_1，k_2为何值时，方程组有唯一解、无解或有无限多解？当方程组有无限多解时，求其通解.

12．设$\boldsymbol{A}$为n阶方阵，且$\boldsymbol{A}$各行的元素之和为0，且$R(\boldsymbol{A})=n-1$，求方程组$\boldsymbol{Ax}=\boldsymbol{0}$的通解.

13．实数a取何值时，线性方程组$\begin{cases} ax_1+(a+3)x_2+x_3=-2, \\ x_1+ax_2+x_3=a, \\ x_1+x_2+ax_3=a^2 \end{cases}$ 有无限多解？当方程组有无限多解时，求其通解.

14. 设$\boldsymbol{\alpha}_1$，$\boldsymbol{\alpha}_2$，$\boldsymbol{\alpha}_3$为四维列向量组，$\boldsymbol{\alpha}_1$，$\boldsymbol{\alpha}_2$线性无关，$\boldsymbol{\alpha}_3=3\boldsymbol{\alpha}_1+2\boldsymbol{\alpha}_2$，矩阵$\boldsymbol{A}=(\boldsymbol{\alpha}_1,\boldsymbol{\alpha}_2,\boldsymbol{\alpha}_3)$，求方程组$\boldsymbol{Ax}=\boldsymbol{0}$的一个基础解系.

15. 已知齐次线性方程组$\begin{cases} ax_1+bx_2+\cdots+bx_n=0, \\ bx_1+ax_2+\cdots+bx_n=0, \\ \qquad\vdots \\ bx_1+bx_2+\cdots+ax_n=0, \end{cases}$其中$ab\neq 0$，$n\geqslant 2$.

（1）当a，b为何值时，方程组只有零解或有无限多解？

（2）当方程组有无限多解时，求其通解.

16. $\boldsymbol{A}$，$\boldsymbol{B}$为n阶方阵，且$R(\boldsymbol{A})+R(\boldsymbol{B})<n$. 证明：方程组$\boldsymbol{Ax}=\boldsymbol{0}$与$\boldsymbol{Bx}=\boldsymbol{0}$有公共的非零解.

第五章　相似矩阵及二次型

第一节　向量的内积、长度及正交性

考点精讲课

第五章　相似矩阵及二次型

一、单项选择题

1．已知向量 $\boldsymbol{\alpha}=\begin{pmatrix}3\\5\\1\end{pmatrix}$，$\boldsymbol{\beta}=\begin{pmatrix}-1\\2\\3\end{pmatrix}$，则 $(\boldsymbol{\alpha},\boldsymbol{\beta})=$（　　）.

A．-10　　B．10　　C．-5　　D．5

2．已知向量 $\boldsymbol{\alpha}=\begin{pmatrix}1\\2\\3\\4\end{pmatrix}$，$\lambda=2$，则 $\|\lambda\boldsymbol{\alpha}\|=$（　　）.

A．$\sqrt{30}$　　B．$2\sqrt{30}$　　C．$3\sqrt{30}$　　D．$4\sqrt{30}$

3．下列矩阵是正交矩阵的是（　　）.

A．$\begin{pmatrix}1&0&1\\0&1&0\\1&0&-1\end{pmatrix}$　　B．$\begin{pmatrix}\frac{1}{2}&-\frac{1}{2}\\\frac{1}{2}&-\frac{1}{2}\end{pmatrix}$　　C．$\begin{pmatrix}-\frac{1}{2}&\frac{\sqrt{3}}{2}\\\frac{\sqrt{3}}{2}&\frac{1}{2}\end{pmatrix}$　　D．$\begin{pmatrix}\frac{1}{\sqrt{2}}&0&\frac{1}{\sqrt{3}}\\0&1&\frac{1}{\sqrt{3}}\\-\frac{1}{\sqrt{2}}&0&\frac{1}{\sqrt{3}}\end{pmatrix}$

4．设 $\boldsymbol{\alpha}_1$，$\boldsymbol{\alpha}_2$，$\boldsymbol{\alpha}_3$ 为向量空间 V 的一组标准正交基，$\boldsymbol{\xi}=\boldsymbol{\alpha}_1-\boldsymbol{\alpha}_2+\boldsymbol{\alpha}_3$，$\boldsymbol{\eta}=a\boldsymbol{\alpha}_1+b\boldsymbol{\alpha}_2-c\boldsymbol{\alpha}_3$，则（　　）.

A．$\boldsymbol{\xi}\perp\boldsymbol{\eta}$ 当且仅当 $a+b+c=0$　　B．$\boldsymbol{\xi}\perp\boldsymbol{\eta}$ 当且仅当 $a-b+c=0$

C．$\boldsymbol{\xi}\perp\boldsymbol{\eta}$ 当且仅当 $a+b-c=0$　　D．$\boldsymbol{\xi}\perp\boldsymbol{\eta}$ 当且仅当 $a-b-c=0$

5．设四维列向量 $\boldsymbol{\alpha}_1$，$\boldsymbol{\alpha}_2$，$\boldsymbol{\alpha}_3$ 线性无关，$\boldsymbol{\beta}_1$，$\boldsymbol{\beta}_2$，$\boldsymbol{\beta}_3$，$\boldsymbol{\beta}_4$ 为非零列向量，且 $\boldsymbol{\beta}_i$ 与 $\boldsymbol{\alpha}_1$，$\boldsymbol{\alpha}_2$，$\boldsymbol{\alpha}_3$ 均正交，则 $R(\boldsymbol{\beta}_1,\boldsymbol{\beta}_2,\boldsymbol{\beta}_3,\boldsymbol{\beta}_4)=$（　　）.

A．1　　B．2　　C．3　　D．4

二、填空题

1．若向量 $\boldsymbol{\alpha}_1=\begin{pmatrix}1\\s\end{pmatrix}$ 与 $\boldsymbol{\alpha}_2=\begin{pmatrix}t\\2\end{pmatrix}$ 正交，则 s，t 应满足的条件是__________.

2．与向量组 $\boldsymbol{a}_1=\begin{pmatrix}1\\2\\2\end{pmatrix}$，$\boldsymbol{a}_2=\begin{pmatrix}2\\1\\1\end{pmatrix}$ 等价的一个标准正交向量组是__________.

3．若矩阵 $\boldsymbol{A}=\begin{pmatrix}a & b\\c & a+2\end{pmatrix}$ 是正交矩阵，则参数 a，b，c 应满足的条件是__________.

4．与向量组 $\boldsymbol{\alpha}=\begin{pmatrix}1\\2\\1\end{pmatrix}$，$\boldsymbol{\beta}=\begin{pmatrix}2\\1\\1\end{pmatrix}$，$\boldsymbol{\gamma}=\begin{pmatrix}3\\3\\2\end{pmatrix}$ 等价的一个标准正交向量组是__________.

5．若 $a>0$，$b>0$，矩阵 $\boldsymbol{A}=\begin{pmatrix}\frac{1}{2} & a\\b & c\end{pmatrix}$ 是正交矩阵，则向量 $(a,b,c)=$__________.

三、解答题

1．利用施密特正交化方法求与下列向量组等价的标准正交向量组.

（1）$\boldsymbol{a}_1=\begin{pmatrix}1\\1\\1\end{pmatrix}$，$\boldsymbol{a}_2=\begin{pmatrix}0\\1\\-1\end{pmatrix}$，$\boldsymbol{a}_3=\begin{pmatrix}1\\2\\1\end{pmatrix}$；

（2）$\boldsymbol{a}_1=\begin{pmatrix}1\\0\\1\\-1\end{pmatrix}$，$\boldsymbol{a}_2=\begin{pmatrix}1\\-1\\1\\-1\end{pmatrix}$，$\boldsymbol{a}_3=\begin{pmatrix}1\\1\\1\\0\end{pmatrix}$；

（3）$\boldsymbol{a}_1=\begin{pmatrix}1\\1\\-1\\-1\end{pmatrix}$，$\boldsymbol{a}_2=\begin{pmatrix}1\\-1\\1\\-1\end{pmatrix}$，$\boldsymbol{a}_3=\begin{pmatrix}1\\0\\-1\\0\end{pmatrix}$.

2．证明：对任意角度φ，矩阵$\boldsymbol{A}=\begin{pmatrix}\cos\varphi & \sin\varphi\\-\sin\varphi & \cos\varphi\end{pmatrix}$都是正交矩阵.

3．求与向量$\boldsymbol{\alpha}=\begin{pmatrix}1\\0\\-1\end{pmatrix}$，$\boldsymbol{\beta}=\begin{pmatrix}2\\1\\1\end{pmatrix}$都正交的单位向量.

4．设$\boldsymbol{\alpha}_1,\boldsymbol{\alpha}_2,\cdots,\boldsymbol{\alpha}_n$为$n$个线性无关的$n$维向量，且与向量$\boldsymbol{\beta}$正交．证明：向量$\boldsymbol{\beta}$为零向量.

5．设向量组$\boldsymbol{\alpha}_1,\boldsymbol{\alpha}_2,\cdots,\boldsymbol{\alpha}_{n-1}$为$n$维线性无关的列向量组，且与非零向量$\boldsymbol{\beta}_1$，$\boldsymbol{\beta}_2$正交．证明：向量组$\boldsymbol{\beta}_1$，$\boldsymbol{\beta}_2$线性相关．

6．证明：$\boldsymbol{A}=\dfrac{1}{3}\begin{pmatrix}1&2&2\\2&1&-2\\2&-2&1\end{pmatrix}$是正交矩阵．

7．证明：若$\boldsymbol{A}$是正交矩阵，则$\boldsymbol{A}^{\mathrm{T}}=\boldsymbol{A}^{-1}$也是正交矩阵，并且$|\boldsymbol{A}|=\pm 1$．

8．已知$\boldsymbol{B}$是5×4矩阵，矩阵$\boldsymbol{B}$的秩为2，$\boldsymbol{\alpha}_1=(1,1,2,3)^{\mathrm{T}}$，$\boldsymbol{\alpha}_2=(-1,1,4,-1)^{\mathrm{T}}$，$\boldsymbol{\alpha}_3=(5,-1,-8,9)^{\mathrm{T}}$是方程组$\boldsymbol{Bx}=\boldsymbol{0}$的解向量，求$\boldsymbol{Bx}=\boldsymbol{0}$的解空间的一组标准正交基．

第二节　方阵的特征值与特征向量

一、单项选择题

1. 若矩阵 $\boldsymbol{A}$ 的行列式 $|\boldsymbol{A}|=3$，2 是 $\boldsymbol{A}$ 的特征值，则 $\boldsymbol{A}$ 的伴随矩阵 $\boldsymbol{A}^*$ 有特征值（　　）.

A. $\dfrac{3}{2}$　　B. $\dfrac{2}{3}$

C. $\dfrac{4}{3}$　　D. $\dfrac{5}{4}$

2. 设 1，−1，2 是三阶方阵 $\boldsymbol{A}$ 的特征值，则下列矩阵中可逆的是（　　）.

A. $\boldsymbol{E}-\boldsymbol{A}$　　B. $\boldsymbol{E}+\boldsymbol{A}$

C. $2\boldsymbol{E}-\boldsymbol{A}$　　D. $2\boldsymbol{E}+\boldsymbol{A}$

3. 设 λ_1，λ_2 是矩阵 $\boldsymbol{A}$ 的两个不同的特征值，$\boldsymbol{\alpha}_1$，$\boldsymbol{\alpha}_2$ 是对应的特征向量，则向量组 $\boldsymbol{\alpha}_1$，$\boldsymbol{A}(\boldsymbol{\alpha}_1+\boldsymbol{\alpha}_2)$ 线性无关的充分必要条件是（　　）.

A. $\lambda_1\neq 0$　　B. $\lambda_2\neq 0$

C. $\lambda_1=0$　　D. $\lambda_2=0$

4. 设 $\boldsymbol{A}$ 为 n 阶对称矩阵，$\boldsymbol{P}$ 是 n 阶可逆矩阵. 已知 n 维列向量 $\boldsymbol{\alpha}$ 是矩阵 $\boldsymbol{A}$ 的特征值 λ 对应的特征向量，则矩阵 $(\boldsymbol{P}^{-1}\boldsymbol{A}\boldsymbol{P})^{\mathrm{T}}$ 的特征值 λ 对应的特征向量是（　　）.

A. $\boldsymbol{P}^{-1}\boldsymbol{\alpha}$　　B. $\boldsymbol{P}^{\mathrm{T}}\boldsymbol{\alpha}$

C. $\boldsymbol{P}\boldsymbol{\alpha}$　　D. $(\boldsymbol{P}^{-1})^{\mathrm{T}}\boldsymbol{\alpha}$

5. 若 $\lambda=2$ 是可逆矩阵 $\boldsymbol{A}$ 的一个特征值，则矩阵 $\left(\dfrac{1}{3}\boldsymbol{A}^2\right)^{-1}$ 有一个特征值等于（　　）.

A. $\dfrac{4}{3}$　　B. $\dfrac{3}{4}$

C. $\dfrac{1}{2}$　　D. $\dfrac{1}{4}$

二、填空题

1. 若矩阵 $\boldsymbol{A}=\begin{pmatrix} a & 2 \\ 0 & b \end{pmatrix}$ 的特征值 $\lambda=3$ 对应的特征向量为 $\boldsymbol{\alpha}=\begin{pmatrix} 1 \\ 1 \end{pmatrix}$，则 $\begin{pmatrix} a \\ b \end{pmatrix}=$__________.

2. 设 n 阶方阵 $\boldsymbol{A}$ 的元素全为 1，则 $\boldsymbol{A}$ 的特征多项式是__________.

3. 设 $\boldsymbol{A}$ 是 n 阶方阵，$\boldsymbol{A}^*$ 是 $\boldsymbol{A}$ 的伴随矩阵，若 $|\boldsymbol{A}|=2$，1 是 $\boldsymbol{A}$ 的特征值，则 $(\boldsymbol{A}^*)^2+\boldsymbol{E}$ 的一个特征值是__________.

4. 已知 $\boldsymbol{A}$ 是二阶方阵，若 $\mathrm{tr}(\boldsymbol{A})=2$，$|\boldsymbol{A}|=-3$，则 $\boldsymbol{A}$ 的特征值为__________.

5. 若 n 阶方阵 $\boldsymbol{A}$ 满足 $\boldsymbol{A}^2=\boldsymbol{A}$，且 $R(\boldsymbol{A})=r<n$，则 $\boldsymbol{A}$ 的迹 $\mathrm{tr}(\boldsymbol{A})=$__________.

三、解答题

1．求下列矩阵的特征值和特征向量.

（1）$\begin{pmatrix} 3 & -1 \\ -1 & 3 \end{pmatrix}$；

（2）$\begin{pmatrix} 1 & 0 & 1 \\ 0 & 2 & 0 \\ 1 & 0 & 1 \end{pmatrix}$；

（3）$\begin{pmatrix} 1 & 2 & 3 \\ 0 & 2 & 0 \\ 0 & 0 & 1 \end{pmatrix}$；

（4）$\begin{pmatrix} -1 & 1 & 0 \\ -4 & 3 & 0 \\ 1 & 0 & 2 \end{pmatrix}$；

（5）$\begin{pmatrix} -2 & 1 & 1 \\ 0 & 2 & 0 \\ -4 & 1 & 3 \end{pmatrix}$；

（6）$\begin{pmatrix} 1 & 2 & 2 \\ 2 & 1 & 2 \\ 2 & 2 & 1 \end{pmatrix}$.

2．已知 $\boldsymbol{A}$ 是三阶方阵，且矩阵 $\boldsymbol{E}-\boldsymbol{A}$，$3\boldsymbol{E}+2\boldsymbol{A}$，$2\boldsymbol{E}+3\boldsymbol{A}$ 均不可逆，求 $\boldsymbol{A}$ 的迹 $\mathrm{tr}(\boldsymbol{A})$ 和行列式 $|\boldsymbol{A}|$.

3．已知三阶方阵 $\boldsymbol{A}$ 的特征值为 1，-1，2，$\boldsymbol{A}^*$ 是 $\boldsymbol{A}$ 的伴随矩阵，求 $(\boldsymbol{A}^*)^2+\boldsymbol{A}^*+3\boldsymbol{E}$ 的行列式.

4．设 -1 是 n 阶方阵 $\boldsymbol{A}$ 的特征值，并且 $|\boldsymbol{A}|=1$.

（1）求 $\boldsymbol{A}^2+2\boldsymbol{A}+3\boldsymbol{E}$ 的一个特征值；

（2）若矩阵 $\boldsymbol{A}$ 可逆，分别求 $\boldsymbol{A}^*$ 及 $\boldsymbol{E}-\boldsymbol{A}^{-1}$ 的一个特征值.

5．矩阵 $\boldsymbol{A}=\begin{pmatrix}5 & \alpha & 2\\ 6 & \beta & 4\\ 4 & -4 & 5\end{pmatrix}$ 的两个特征值为 $\lambda_1=1$，$\lambda_2=2$，求常数 α，β，并求 $\boldsymbol{A}$ 的另一个特征值.

6．设方阵 $\boldsymbol{A}$ 的特征值为 λ_1，λ_2，$\lambda_1 \neq \lambda_2$，且对应的特征向量为 $\boldsymbol{\eta}_1$，$\boldsymbol{\eta}_2$，证明：$\boldsymbol{\eta}_1+\boldsymbol{\eta}_2$ 不是 $\boldsymbol{A}$ 的特征向量.

7．设二阶方阵 $\boldsymbol{A}$ 的特征值为 2 和 1，求 $|\boldsymbol{A}+2\boldsymbol{E}|$.

8．设 λ 为 n 阶方阵 $\boldsymbol{A}$ 的一个特征值，$\boldsymbol{\xi}$ 为对应的特征向量．若 $\boldsymbol{P}$ 为 n 阶可逆矩阵，求 $\boldsymbol{P}^{-1}\boldsymbol{A}\boldsymbol{P}$ 的一个特征值及对应的特征向量.

9．设 λ 为 n 阶方阵 $\boldsymbol{A}$ 的一个特征值，证明：$\varphi(\lambda)$ 为 $\varphi(\boldsymbol{A})$ 的特征值，其中 $\varphi(x)=a_m x^m+\cdots+a_1 x+a_0$．

第三节　相似矩阵

一、单项选择题

1．下列矩阵与 $\boldsymbol{A}=\begin{pmatrix}1&0&0\\0&1&0\\0&0&2\end{pmatrix}$ 相似的是（　　）．

A．$\begin{pmatrix}1&0&0\\0&2&0\\0&0&1\end{pmatrix}$　　B．$\begin{pmatrix}1&1&0\\0&1&0\\0&0&2\end{pmatrix}$　　C．$\begin{pmatrix}2&0&0\\0&1&1\\0&0&1\end{pmatrix}$　　D．$\begin{pmatrix}1&0&1\\0&2&0\\0&0&1\end{pmatrix}$

2．若 n 阶方阵 $\boldsymbol{A}$ 与 $\boldsymbol{B}$ 相似，则（　　）．

A．$\boldsymbol{A}-\lambda\boldsymbol{E}=\boldsymbol{B}-\lambda\boldsymbol{E}$

B．矩阵 $\boldsymbol{A}$ 与 $\boldsymbol{B}$ 有相同的特征向量

C．矩阵 $\boldsymbol{A}$ 与 $\boldsymbol{B}$ 相似于同一个对角矩阵

D．对任意常数 t 及正整数 k，$R(\boldsymbol{A}-t\boldsymbol{E})^k=R(\boldsymbol{B}-t\boldsymbol{E})^k$

3．设 $\boldsymbol{A}$，$\boldsymbol{B}$ 均为可逆矩阵，且 $\boldsymbol{A}$ 与 $\boldsymbol{B}$ 相似，则下列结论错误的是（　　）．

A．$\boldsymbol{A}^{\mathrm{T}}\sim\boldsymbol{B}^{\mathrm{T}}$　　B．$\boldsymbol{A}^{-1}\sim\boldsymbol{B}^{-1}$

C．$\boldsymbol{A}+\boldsymbol{A}^{\mathrm{T}}\sim\boldsymbol{B}+\boldsymbol{B}^{\mathrm{T}}$　　D．$\boldsymbol{A}+\boldsymbol{A}^{-1}\sim\boldsymbol{B}+\boldsymbol{B}^{-1}$

4．“n 阶方阵 $\boldsymbol{A}$ 具有 n 个不同的特征值”是“矩阵 $\boldsymbol{A}$ 与对角矩阵相似”的（　　）．

A．充分必要条件　　B．充分不必要条件

C．必要不充分条件　　D．既不充分也不必要条件

二、填空题

1．若矩阵 $\boldsymbol{A}=\begin{pmatrix}1&0\\3&a\end{pmatrix}$ 与 $\boldsymbol{B}=\begin{pmatrix}2&1\\0&b\end{pmatrix}$ 相似，则 $\begin{pmatrix}a\\b\end{pmatrix}=$__________．

2．设矩阵 $\boldsymbol{A}$ 与 $\begin{pmatrix}1&0&0\\0&-1&0\\0&0&1\end{pmatrix}$ 相似，则 $\boldsymbol{A}^2=$__________.

3．设 $\boldsymbol{A}$ 为 n 阶方阵，将 $\boldsymbol{A}$ 的第 i 行与第 j 行对换，再将第 i 列与第 j 列对换得到矩阵 $\boldsymbol{B}$，则矩阵 $\boldsymbol{A}$ 与 $\boldsymbol{B}$ __________.

4．若矩阵 $\boldsymbol{A}=\begin{pmatrix}2&0\\1&x\end{pmatrix}$ 与某对角矩阵相似，则 x 应满足的条件是__________.

5．设向量 $\boldsymbol{\alpha}=(1,1,1)^{\mathrm{T}}$，$\boldsymbol{\beta}=(1,0,k)^{\mathrm{T}}$，若 $\boldsymbol{\alpha}\boldsymbol{\beta}^{\mathrm{T}}$ 相似于 $\begin{pmatrix}3&0&0\\0&0&0\\0&0&0\end{pmatrix}$，则 $k=$__________.

三、解答题

1．证明：若 $\boldsymbol{A}$ 是数量矩阵，即 $\boldsymbol{A}=k\boldsymbol{E}$，且 $\boldsymbol{A}\sim\boldsymbol{B}$，证明：$\boldsymbol{B}=\boldsymbol{A}$.

2．已知矩阵 $\boldsymbol{A}=\begin{pmatrix}-1&0&0\\2&x&2\\3&1&2\end{pmatrix}$，$\boldsymbol{B}=\begin{pmatrix}0&0&0\\0&3&0\\0&0&y\end{pmatrix}$ 相似，求参数 x，y.

3．设 n 阶方阵 $\boldsymbol{A}$，$\boldsymbol{B}$，且 $\boldsymbol{A}$ 或 $\boldsymbol{B}$ 可逆，证明：$\boldsymbol{AB}$ 与 $\boldsymbol{BA}$ 相似.

4．设三阶方阵 $\boldsymbol{A}$ 的特征值为 2，-2，1，对应的特征向量依次为 $\boldsymbol{p}_1=\begin{pmatrix}0\\1\\1\end{pmatrix}$，$\boldsymbol{p}_2=\begin{pmatrix}1\\1\\1\end{pmatrix}$，$\boldsymbol{p}_3=\begin{pmatrix}1\\1\\0\end{pmatrix}$，求矩阵 $\boldsymbol{A}$．

5．已知 $\boldsymbol{A}_1$ 与 $\boldsymbol{B}_1$ 相似，$\boldsymbol{A}_2$ 与 $\boldsymbol{B}_2$ 相似，证明：$\begin{pmatrix}\boldsymbol{A}_1 & \boldsymbol{O}\\ \boldsymbol{O} & \boldsymbol{A}_2\end{pmatrix}$ 与 $\begin{pmatrix}\boldsymbol{B}_1 & \boldsymbol{O}\\ \boldsymbol{O} & \boldsymbol{B}_2\end{pmatrix}$ 相似.

6．已知矩阵 $\boldsymbol{A}=\begin{pmatrix}1 & 2 & 3\\ 0 & a & 4\\ 0 & 0 & 1\end{pmatrix}$ 与 $\boldsymbol{B}=\begin{pmatrix}1 & 0 & 0\\ 5 & 2 & 0\\ 6 & c & b\end{pmatrix}$ 相似，则参数 a，b，c 应满足什么条件？

7．已知矩阵 $\boldsymbol{A}=\begin{pmatrix}\lambda_1 & a\\ 0 & \lambda_2\end{pmatrix}$，$\boldsymbol{B}=\begin{pmatrix}\lambda_2 & 0\\ a & \lambda_1\end{pmatrix}$，证明：矩阵 $\boldsymbol{A}$ 与 $\boldsymbol{B}$ 相似.

8．已知矩阵 $\boldsymbol{A}=\begin{pmatrix}3&4\\5&2\end{pmatrix}$，求 $\boldsymbol{A}^n$．

9．已知矩阵 $\boldsymbol{A}=\begin{pmatrix}-5&-3&0\\6&4&0\\6&3&1\end{pmatrix}$，求 $\boldsymbol{A}^{100}$．

10．已知矩阵 $\boldsymbol{A}=\begin{pmatrix}-2&0&0\\2&x&2\\3&1&1\end{pmatrix}$ 与 $\boldsymbol{B}=\begin{pmatrix}-1&0&0\\0&2&0\\0&0&y\end{pmatrix}$ 相似.

（1）求 x 和 y 的值；

（2）求可逆矩阵 $\boldsymbol{P}$，使 $\boldsymbol{P}^{-1}\boldsymbol{AP}=\boldsymbol{B}$．

11．下列矩阵是否与对角矩阵相似？如果与对角矩阵相似，求对角矩阵 $\boldsymbol{\Lambda}$ 及相应的变换矩阵 $\boldsymbol{P}$．

（1）$\begin{pmatrix}1&1&-2\\4&0&4\\1&-1&4\end{pmatrix}$；

（2）$\begin{pmatrix}1&1&0\\0&2&1\\0&0&1\end{pmatrix}$.

第四节　对称矩阵的对角化

一、单项选择题

1．已知0，1，−1是三阶方阵$\boldsymbol{A}$的特征值，$\boldsymbol{\xi}_1$，$\boldsymbol{\xi}_2$，$\boldsymbol{\xi}_3$是对应的特征向量．若取$\boldsymbol{P}=(\boldsymbol{\xi}_3,\boldsymbol{\xi}_2,\boldsymbol{\xi}_1)$，则$\boldsymbol{P}^{-1}\boldsymbol{AP}=$（　　）.

A．$\begin{pmatrix}-1&0&0\\0&1&0\\0&0&0\end{pmatrix}$　B．$\begin{pmatrix}1&0&0\\0&0&0\\0&0&-1\end{pmatrix}$　C．$\begin{pmatrix}1&0&0\\0&-1&0\\0&0&0\end{pmatrix}$　D．$\begin{pmatrix}0&0&0\\0&-1&0\\0&0&1\end{pmatrix}$

2．设矩阵$\boldsymbol{A}=\begin{pmatrix}1&1\\1&1\end{pmatrix}$，$\boldsymbol{Q}$为二阶正交矩阵，且$\boldsymbol{Q}^{\mathrm{T}}\boldsymbol{AQ}=\begin{pmatrix}0&0\\0&2\end{pmatrix}$，则$\boldsymbol{Q}=$（　　）.

A．$\frac{1}{2}\begin{pmatrix}1&1\\-1&1\end{pmatrix}$　B．$\frac{1}{\sqrt{2}}\begin{pmatrix}-1&1\\1&1\end{pmatrix}$　C．$\frac{1}{\sqrt{2}}\begin{pmatrix}1&-1\\1&1\end{pmatrix}$　D．$\frac{1}{2}\begin{pmatrix}1&-1\\1&1\end{pmatrix}$

3．矩阵$\begin{pmatrix}1&a&1\\a&b&a\\1&a&1\end{pmatrix}$与$\begin{pmatrix}2&0&0\\0&b&0\\0&0&0\end{pmatrix}$相似的充分必要条件是（　　）.

A．$a=0$，$b=2$　　B．$a=0$，b为任意常数

C．$a=2$，$b=0$　　D．$a=2$，b为任意常数

4．已知0，1，−1是三阶方阵$\boldsymbol{A}$的特征值，$\boldsymbol{\xi}_1$，$\boldsymbol{\xi}_2$，$\boldsymbol{\xi}_3$是对应的特征向量．若$\boldsymbol{P}=(3\boldsymbol{\xi}_3,2\boldsymbol{\xi}_2,\boldsymbol{\xi}_1)$，则$\boldsymbol{P}^{-1}\boldsymbol{AP}=$（　　）.

A．$\begin{pmatrix}0&0&0\\0&-1&0\\0&0&1\end{pmatrix}$　B．$\begin{pmatrix}0&0&0\\0&-3&0\\0&0&2\end{pmatrix}$　C．$\begin{pmatrix}-3&0&0\\0&2&0\\0&0&0\end{pmatrix}$　D．$\begin{pmatrix}-1&0&0\\0&1&0\\0&0&0\end{pmatrix}$

5. 已知 $\boldsymbol{A}$ 是三阶方阵，$\boldsymbol{P}$ 为三阶可逆矩阵，且 $\boldsymbol{P}^{-1}\boldsymbol{AP}=\begin{pmatrix}1&0&0\\0&1&0\\0&0&2\end{pmatrix}$. 若 $\boldsymbol{P}=(\boldsymbol{\alpha}_1,\boldsymbol{\alpha}_2,\boldsymbol{\alpha}_3)$，$\boldsymbol{Q}=(\boldsymbol{\alpha}_1+\boldsymbol{\alpha}_2,\boldsymbol{\alpha}_2,\boldsymbol{\alpha}_3)$，则 $\boldsymbol{Q}^{-1}\boldsymbol{AQ}=$（　　）.

A. $\begin{pmatrix}1&0&0\\0&2&0\\0&0&1\end{pmatrix}$　　B. $\begin{pmatrix}1&0&0\\0&1&0\\0&0&2\end{pmatrix}$　　C. $\begin{pmatrix}2&0&0\\0&1&0\\0&0&2\end{pmatrix}$　　D. $\begin{pmatrix}2&0&0\\0&2&0\\0&0&1\end{pmatrix}$

二、填空题

1. 已知 $\boldsymbol{A}$ 是二阶方阵，可逆矩阵 $\boldsymbol{P}=(\boldsymbol{\alpha},\boldsymbol{\beta})$ 满足 $\boldsymbol{P}^{-1}\boldsymbol{AP}=\begin{pmatrix}1&0\\0&2\end{pmatrix}$，$\boldsymbol{Q}=(\boldsymbol{\beta},\boldsymbol{\alpha})$，则 $\boldsymbol{Q}^{-1}\boldsymbol{AQ}=$__________.

2. 设矩阵 $\begin{pmatrix}\lambda_0&a\\0&\lambda_0\end{pmatrix}$ 相似于对角矩阵，则 $a=$__________.

3. 若四阶方阵 $\boldsymbol{A}$ 与 $\boldsymbol{B}$ 相似，$\boldsymbol{A}$ 的特征值为 $\frac{1}{2}$，$\frac{1}{3}$，$\frac{1}{4}$，$\frac{1}{5}$，则 $|\boldsymbol{B}^{-1}-\boldsymbol{E}|=$__________.

4. 设三阶方阵 $\boldsymbol{A}$ 的特征值互不相同，若 $|\boldsymbol{A}|=0$，则 $\boldsymbol{A}$ 的秩为__________.

三、解答题

1. 设矩阵 $\boldsymbol{A}=\begin{pmatrix}2&-1\\-1&2\end{pmatrix}$，求 $\boldsymbol{A}^n$.

2. 设矩阵 $\boldsymbol{A}=\begin{pmatrix}2&-1\\-1&2\end{pmatrix}$，求正交矩阵 $\boldsymbol{P}$，使 $\boldsymbol{P}^{\mathrm{T}}\boldsymbol{AP}=\boldsymbol{P}^{-1}\boldsymbol{AP}$ 为对角矩阵.

3．设矩阵 $A=\begin{pmatrix}1&2&1\\2&4&2\\1&2&1\end{pmatrix}$，求正交矩阵 P，使 $P^{T}AP=P^{-1}AP$ 为对角矩阵．

4．已知矩阵 $A=\begin{pmatrix}2&0&0\\0&0&1\\0&1&x\end{pmatrix}$ 与 $B=\begin{pmatrix}2&0&0\\0&y&0\\0&0&-1\end{pmatrix}$ 相似．

（1）求 x 和 y 的值；

（2）求可逆矩阵 P，使 $P^{-1}AP=B$．

第五节 二次型及其标准形

一、单项选择题

1．设矩阵 $A=\begin{pmatrix}1&1&1&1\\1&1&1&1\\1&1&1&1\\1&1&1&1\end{pmatrix}$，$B=\begin{pmatrix}4&0&0&0\\0&0&0&0\\0&0&0&0\\0&0&0&0\end{pmatrix}$，则矩阵 A 与 B（　　）．

A．合同且相似　　B．合同但不相似

C．不合同但相似　　D．不合同且不相似

2. 设矩阵 $\boldsymbol{A}=\begin{pmatrix}1&2\\2&1\end{pmatrix}$，则下列矩阵与 $\boldsymbol{A}$ 合同的是（　　）.

A. $\begin{pmatrix}-2&1\\1&-2\end{pmatrix}$　　B. $\begin{pmatrix}2&-1\\-1&2\end{pmatrix}$　　C. $\begin{pmatrix}2&1\\1&2\end{pmatrix}$　　D. $\begin{pmatrix}1&-2\\-2&1\end{pmatrix}$

3. 与矩阵 $\boldsymbol{A}=\begin{pmatrix}1&2&0\\2&1&0\\0&0&1\end{pmatrix}$ 合同的矩阵是（　　）.

A. $\begin{pmatrix}1&0&0\\0&1&0\\0&0&1\end{pmatrix}$　　B. $\begin{pmatrix}1&0&0\\0&1&0\\0&0&-1\end{pmatrix}$　　C. $\begin{pmatrix}1&0&0\\0&-1&0\\0&0&-1\end{pmatrix}$　　D. $\begin{pmatrix}-1&0&0\\0&-1&0\\0&0&-1\end{pmatrix}$

4. 若三阶对称矩阵 $\boldsymbol{A}$ 的特征多项式为 $|\boldsymbol{A}-\lambda\boldsymbol{E}|=(\lambda-2)(\lambda+3)\lambda$，则下列矩阵与 $\boldsymbol{A}$ 合同的是（　　）.

A. $\begin{pmatrix}2&1&0\\0&-3&0\\0&0&0\end{pmatrix}$　　B. $\begin{pmatrix}2&0&0\\0&-3&0\\0&0&0\end{pmatrix}$　　C. $\begin{pmatrix}1&0&0\\0&-1&0\\0&0&5\end{pmatrix}$　　D. $\begin{pmatrix}2&0&0\\0&1&0\\0&0&0\end{pmatrix}$

5. 二次型 $f(x_1,x_2,x_3)=(x_1+x_2)^2$ 的矩阵为（　　）.

A. $\begin{pmatrix}1&2\\0&1\end{pmatrix}$　　B. $\begin{pmatrix}1&2&0\\0&1&0\\0&0&0\end{pmatrix}$　　C. $\begin{pmatrix}1&0&0\\0&0&0\\0&0&0\end{pmatrix}$　　D. $\begin{pmatrix}1&1&0\\1&1&0\\0&0&0\end{pmatrix}$

二、填空题

1. 矩阵 $\boldsymbol{A}=\begin{pmatrix}1&-1&2\\-1&1&1\\2&1&2\end{pmatrix}$ 所对应的二次型为__________.

2. 二次型 $f(x_1,x_2)=(x_1,x_2)\begin{pmatrix}1&5\\-1&2\end{pmatrix}\begin{pmatrix}x_1\\x_2\end{pmatrix}$ 对应的矩阵为__________.

3. 二次型 $f(x_1,x_2,x_3)=(x_1,x_2,x_3)\begin{pmatrix}1&2&3\\0&1&2\\1&0&3\end{pmatrix}\begin{pmatrix}x_1\\x_2\\x_3\end{pmatrix}$ 对应的矩阵为__________.

4. 二次型 $f(x_1,x_2,x_3)=(a_1x_1+a_2x_2+a_3x_3)^2$ 对应的矩阵为__________.

5. 二次型 $f(x_1,x_2,x_3)=(x_1+x_2)^2+(x_2-x_3)^2+(x_3+x_1)^2$ 的秩为__________.

6. 若二次型 $f(x_1,x_2,x_3)=\boldsymbol{x}^{\mathrm{T}}\boldsymbol{A}\boldsymbol{x}$ 的秩为 1，矩阵 $\boldsymbol{A}$ 各行的元素之和为 3，则 f 在正交变换 $\boldsymbol{x}=\boldsymbol{Q}\boldsymbol{y}$ 下的标准形为__________.

三、解答题

1．证明：矩阵$\begin{pmatrix} d_1 & 0 & 0 \\ 0 & d_2 & 0 \\ 0 & 0 & d_3 \end{pmatrix}$与$\begin{pmatrix} d_1 & 0 & 0 \\ 0 & d_3 & 0 \\ 0 & 0 & d_2 \end{pmatrix}$合同.

2．求正交变换$\boldsymbol{x}=\boldsymbol{Q}\boldsymbol{y}$，将二次型$f(x_1, x_2, x_3)=x_1^2+x_2^2+x_3^2+4x_1x_2+4x_1x_3+4x_2x_3$化为标准形.

3．已知二次型$f(x_1, x_2, x_3)=x_1^2+ax_2^2+x_3^2+2bx_1x_2+2x_1x_3+2x_2x_3$，经过正交变换$\boldsymbol{x}=\boldsymbol{Q}\boldsymbol{y}$化为$y_2^2+4y_3^2$，求$a$，$b$的值及正交矩阵$\boldsymbol{Q}$.

4．已知矩阵 $\boldsymbol{A}=\begin{pmatrix}1&0&1\\0&1&1\\-1&0&a\\0&a&-1\end{pmatrix}$，二次型 $f(x_1,x_2,x_3)=\boldsymbol{x}^{\mathrm{T}}(\boldsymbol{A}^{\mathrm{T}}\boldsymbol{A})\boldsymbol{x}$ 的秩为 2.

（1）求实数 a 的值；

（2）求正交变换 $\boldsymbol{x}=\boldsymbol{Q}\boldsymbol{y}$ 将 f 化为标准形.

5．设二次型 $f(x_1,x_2,x_3)=2(a_1x_1+a_2x_2+a_3x_3)^2+(b_1x_1+b_2x_2+b_3x_3)^2$，记向量 $\boldsymbol{\alpha}=\begin{pmatrix}a_1\\a_2\\a_3\end{pmatrix}$，$\boldsymbol{\beta}=\begin{pmatrix}b_1\\b_2\\b_3\end{pmatrix}$.

（1）证明：f 对应的矩阵为 $2\boldsymbol{\alpha}\boldsymbol{\alpha}^{\mathrm{T}}+\boldsymbol{\beta}\boldsymbol{\beta}^{\mathrm{T}}$；

（2）若 $\boldsymbol{\alpha}$，$\boldsymbol{\beta}$ 正交且均为单位向量，证明：f 在正交变换下的标准形为 $2y_1^2+y_2^2$.

6．设矩阵 $\boldsymbol{A}=\begin{pmatrix}0&1&0&0\\1&0&0&0\\0&0&y&1\\0&0&1&2\end{pmatrix}$，且矩阵 $\boldsymbol{A}$ 的一个特征值为 3.

（1）求 y 的值；

（2）求可逆矩阵 $\boldsymbol{P}$，使 $(\boldsymbol{AP})^{\mathrm{T}}\boldsymbol{AP}$ 为对角矩阵.

7．写出下列二次型对应的矩阵．

（1）$f(x_1, x_2, x_3)=x_1^2+4x_2^2+x_3^2+4x_1x_2+2x_1x_3+6x_2x_3$；

（2）$f(x, y, z)=x^2+y^2-5z^2-2xy-4xz-10yz$；

（3）$f(x, y, z)=\boldsymbol{x}^{\mathrm{T}}\begin{pmatrix}1 & 2 & 3\\ 4 & 5 & 6\\ 7 & 8 & 9\end{pmatrix}\boldsymbol{x}$，其中 $\boldsymbol{x}=\begin{pmatrix}x_1\\ x_2\\ x_3\end{pmatrix}$；

（4）$f(x_1, \cdots, x_n)=\sum\limits_{i=1}^{n-1}(x_i-x_{i+1})^2$．

8．设矩阵 $\boldsymbol{A}=\begin{pmatrix}-4 & 0 & 0\\ 0 & 0 & 0\\ 0 & 0 & 3\end{pmatrix}$，$\boldsymbol{N}=\begin{pmatrix}1 & 0 & 0\\ 0 & -1 & 0\\ 0 & 0 & 0\end{pmatrix}$，证明：矩阵 $\boldsymbol{A}$ 与 $\boldsymbol{N}$ 合同．

9．下列哪些矩阵是等价的？哪些是相似的？哪些是合同的？

① $\begin{pmatrix}1 & 1\\ 1 & 1\end{pmatrix}$；② $\begin{pmatrix}1 & 0\\ 0 & 1\end{pmatrix}$；③ $\begin{pmatrix}1 & 0\\ 0 & -1\end{pmatrix}$；④ $\begin{pmatrix}1 & 0\\ 0 & 0\end{pmatrix}$；⑤ $\begin{pmatrix}0 & 0\\ 0 & 2\end{pmatrix}$；⑥ $\begin{pmatrix}1 & 1\\ 0 & 1\end{pmatrix}$．

10．写出下列对称矩阵对应的二次型.

（1）$\begin{pmatrix} 0 & 1 & 1 \\ 1 & 0 & 1 \\ 1 & 1 & 0 \end{pmatrix}$；　　（2）$\begin{pmatrix} 0 & & & \\ & -1 & & \\ & & 2 & \\ & & & -3 \end{pmatrix}$.

11．设 $\boldsymbol{A}$ 为 n 阶方阵，向量 $\boldsymbol{x}=(x_1,\cdots,x_n)^{\mathrm{T}}$．证明：二次型 $f(x_1,\cdots,x_n)=\boldsymbol{x}^{\mathrm{T}}\boldsymbol{A}\boldsymbol{x}$ 的矩阵为 $\frac{1}{2}(\boldsymbol{A}+\boldsymbol{A}^{\mathrm{T}})$．

第六节　用配方法化二次型成标准形

一、选择题

二次型 $f(x_1,x_2,x_3)=(x_1-x_2)^2+(x_2-x_3)^2+(x_3-x_1)^2$ 的标准形为（　　）.

A．$f=y_1^2+y_2^2+y_3^2$　　B．$f=2y_1^2+\frac{3}{2}y_2^2$

C．$f=y_1^2+y_2^2-y_3^2$　　D．$f=2y_1^2+\frac{3}{2}y_2^2+y_3^2$

二、解答题

1．用配方法化二次型 $f(x_1, x_2, x_3)=x_1^2-3x_2^2-2x_1x_2+2x_1x_3-6x_2x_3$ 成标准形，并写出所用的可逆线性变换．

2．用配方法化二次型 $f(x_1, x_2, x_3)=x_1x_2+x_1x_3-3x_2x_3$ 成标准形，并写出所用的可逆线性变换．

3．用配方法化下列二次型成标准形，并写出所用的可逆线性变换．

（1） $f(x_1, x_2, x_3)=x_1^2-x_3^2+2x_1x_2+2x_2x_3$；

（2） $f(x_1, x_2, x_3) = x_1x_2 + x_1x_3 + x_2x_3$；

（3） $f(x_1, x_2, x_3) = 2x_1^2 + x_2^2 + 4x_3^2 + 2x_1x_2 - 2x_2x_3$.

4．用配方法化二次型 $f(x_1, x_2, x_3) = 4x_1^2 + 3x_2^2 + 3x_3^2 + 2x_2x_3$ 成标准形.

5．用配方法化二次型 $f(x_1, x_2, x_3) = x_1^2 - 3x_2^2 - 2x_1x_2 - 6x_2x_3 + 2x_1x_3$ 成标准形，并写出所用的可逆线性变换.

6．用配方法化二次型 $f(x_1, x_2, x_3) = 2x_1x_2 + 2x_1x_3 - 6x_2x_3$ 成标准形，并写出所用的可逆线性变换的系数矩阵．

7．用配方法化二次型 $f(x_1, x_2, x_3) = x_1^2 + 2x_1x_2 + 2x_1x_3 - 4x_3^2$ 成标准形．

8．用配方法化二次型 $f(x_1, x_2, x_3) = x_1^2 + 2x_2^2 - 5x_3^2 + 2x_1x_2 - 2x_1x_3 + 2x_2x_3$ 成规范形．

第七节 正定二次型

一、单项选择题

1．设向量 $\boldsymbol{\alpha}=(1,2,3,4)$，矩阵 $\boldsymbol{A}=\boldsymbol{\alpha}^{\mathrm{T}}\boldsymbol{\alpha}$，则矩阵 $\boldsymbol{A}$ 的正惯性指数为（　　）.

A．1　　B．2　　C．3　　D．4

2．下列二次型中，属于正定二次型的是（　　）.

A．$f(x_1,x_2,x_3)=x_1^2+x_2^2$

B．$f(x_1,x_2,x_3)=x_1^2+x_2^2+2x_3^2-2x_2x_3$

C．$f(x_1,x_2,x_3)=2x_1x_2+2x_1x_3+4x_2x_3$

D．$f(x_1,x_2,x_3)=x_1^2+x_2^2-2x_3^2+2x_2x_3$

3．设 $\boldsymbol{A}$ 为对称矩阵，则（　　）不是“矩阵 $\boldsymbol{A}$ 与 $\boldsymbol{B}$ 合同”的必要条件.

A．$\boldsymbol{B}$ 为对称矩阵

B．$\boldsymbol{A}$ 与 $\boldsymbol{B}$ 有相同的正惯性指数

C．$\boldsymbol{A}$ 与 $\boldsymbol{B}$ 具有相同的秩

D．$\boldsymbol{A}$ 与 $\boldsymbol{B}$ 具有相同的特征值

4．设二次型 $f(x_1,x_2,x_3)=a(x_1^2+x_2^2+x_3^2)+2x_1x_2+2x_2x_3+2x_1x_3$ 的正、负惯性指数分别为1，2，则 a 的取值为（　　）.

A．$a>1$　　B．$a<-2$　　C．$-2<a<1$　　D．$a=1$ 或 -2

5．设三阶对称矩阵 $\boldsymbol{A}$ 的特征值为 1，0，-2，则二次型 $f(x_1,x_2,x_3)=\boldsymbol{x}^{\mathrm{T}}\boldsymbol{A}\boldsymbol{x}$ 经可逆线性变换 $\boldsymbol{x}=\boldsymbol{P}\boldsymbol{y}$ 化成的标准形不可能是（　　）.

A．$y_1^2-2y_2^2$　　B．$y_1^2-y_3^2$　　C．$-\sqrt{2}y_1^2+y_2^2$　　D．$y_1^2+2y_2^2$

6．二次型 $f(x_1,x_2,x_3)=x_1x_2+x_2x_3$ 的正、负惯性指数分别为（　　）.

A．$p=1$，$q=1$　　B．$p=1$，$q=2$　　C．$p=1$，$q=0$　　D．$p=0$，$q=2$

二、填空题

1．二次型 $f(x_1,x_2,x_3)=x_1^2-3x_2^2-2x_1x_2+2x_1x_3-6x_2x_3$ 的秩为__________，正惯性指数为__________.

2．设 $\boldsymbol{A}$ 为 n 阶可逆矩阵，则矩阵 $\boldsymbol{A}^{\mathrm{T}}\boldsymbol{A}$ 的二次型的正惯性指数为__________.

3．二次型 $f(x_1,x_2,x_3)=2x_1x_2$ 的秩为__________，正惯性指数是__________.

4．设二次型 $f(x_1,x_2,x_3,x_4)$ 的秩为3，负惯性指数为1，则 $f(x_1,x_2,x_3,x_4)$ 的规范形为__________.

5．已知二次型 $f(x_1,x_2,x_3)=a(x_1^2+x_2^2+x_3^2)+4x_1x_2+4x_1x_3+4x_2x_3$ 经正交变换 $\boldsymbol{x}=\boldsymbol{Q}\boldsymbol{y}$ 可化为标准形 $f(x_1,x_2,x_3)=6y_1^2$，则 $a=$__________.

三、解答题

1．设 $f(x_1, x_2, x_3)=x_1^2-x_2^2+2ax_1x_3+4x_2x_3$ 的负惯性指数为 1，求 a 的取值范围.

2．设矩阵 $\boldsymbol{A}=\begin{pmatrix}1&1\\1&1\end{pmatrix}$，$\boldsymbol{B}=\begin{pmatrix}1&1\\2&2\end{pmatrix}$，$\boldsymbol{C}=\begin{pmatrix}3&0\\0&0\end{pmatrix}$，$\boldsymbol{D}=\begin{pmatrix}2&0\\0&0\end{pmatrix}$，问：哪些矩阵是等价的？哪些是相似的？哪些是合同的？

3．判断二次型 $f(x_1, x_2, x_3)=2x_1^2+4x_2^2+5x_3^2-4x_1x_3$ 的正定性.

4．问 a 为何值时，$f(x_1, x_2, x_3)=x_1^2+x_2^2+5x_3^2+2ax_1x_2-2x_1x_3+4x_2x_3$ 是正定二次型？

5．设 $\boldsymbol{A}$，$\boldsymbol{B}$ 均为 n 阶正定矩阵，证明：$\boldsymbol{A}+\boldsymbol{B}$ 也是正定矩阵.

6．已知对称矩阵 $\boldsymbol{A}$ 满足 $\boldsymbol{A}^2-3\boldsymbol{A}+2\boldsymbol{E}=\boldsymbol{O}$，证明：存在可逆矩阵 $\boldsymbol{P}$ 使得 $\boldsymbol{A}=\boldsymbol{P}^{\mathrm{T}}\boldsymbol{P}$.

7．设 $\boldsymbol{A}$ 为 n 阶正定矩阵，证明：$|\boldsymbol{A}+\boldsymbol{E}|>1$.

8．已知 $\boldsymbol{A}$，$\boldsymbol{B}$ 均为 n 阶正定矩阵，证明：$\boldsymbol{AB}$ 的特征值均为正数.

9. 已知 $\boldsymbol{A}$，$\boldsymbol{B}$ 均为 n 阶对称矩阵，且矩阵 $\boldsymbol{A}$ 是正定的，证明：存在可逆矩阵 $\boldsymbol{C}$ 使 $\boldsymbol{C}^{\mathrm{T}}\boldsymbol{AC}$ 和 $\boldsymbol{C}^{\mathrm{T}}\boldsymbol{BC}$ 均为对角矩阵.

10. 已知 $\boldsymbol{A}$，$\boldsymbol{B}$ 均为二阶对称矩阵，$|\boldsymbol{A}|<0$，$|\boldsymbol{B}|<0$，证明：矩阵 $\boldsymbol{A}$ 与 $\boldsymbol{B}$ 合同.

11. 设二次型 $f(x_1,x_2,x_3)=x_1^2+4x_2^2+4x_3^2+2\lambda x_1x_2-2x_1x_3+4x_2x_3$，问 λ 为何值时，$f(x_1,x_2,x_3)$ 为正定二次型.

目录

CONTENTS

线性代数习题集参考答案及解析

第一章　行列式

第一节　二阶与三阶行列式

一、单项选择题

1. C【解析】行列式中含有 x^3 的项只有 $a_{11}a_{22}a_{33}$，即 $2x\cdot(-x)\cdot x=-2x^3$，所以 x^3 的系数为 -2．故选 C.

2. D【解析】$\begin{vmatrix}\sin x & \sin x-\cos x\\ \cos x & \sin x+\cos x\end{vmatrix}=\sin x\cdot(\sin x+\cos x)-(\sin x-\cos x)\cdot\cos x=1$．故选 D.

3. B【解析】$\begin{vmatrix}0 & 1 & 2\\ 2 & 1 & 1\\ -1 & 3 & 1\end{vmatrix}=0-1+12-0-2+2=11$．故选 B.

4. D【解析】$\begin{vmatrix}1 & 2 & 5\\ 1 & 3 & -2\\ 2 & 5 & x\end{vmatrix}=3x-8+25+10-2x-30=x-3=0$，解得 $x=3$．故选 D.

5. C【解析】由 $\begin{vmatrix}a & b & 0\\ -b & a & 0\\ -1 & 0 & -1\end{vmatrix}=-a^2-b^2=0$，得 $a^2=-b^2$，所以 $a=0$，$b=0$．故选 C.

二、填空题

1. $(a-b)^2$【解析】$\begin{vmatrix}a+bi & b\\ 2a & a-bi\end{vmatrix}=(a+bi)(a-bi)-2ab=(a-b)^2$．

2. 3【解析】根据三阶行列式的对角线法则，三阶行列式有 6 项，其中元素的连线平行于主对角线的 3 项冠以正号，元素的连线平行于副对角线的 3 项冠以负号.

3. 5【解析】$\begin{vmatrix}3 & \log_a b\\ \log_b a & 2\end{vmatrix}=6-\log_a b\cdot\log_b a=6-1=5$．

4. $4abdf$【解析】$\begin{vmatrix}-ab & a & a\\ bd & -d & d\\ bf & f & f\end{vmatrix}=(-ab)(-d)f+adbf+abdf-(-ab)df-abdf-a(-d)bf=4abdf$．

5. $-1,3$【解析】由 $\begin{vmatrix}3 & 1 & 1\\ x & 1 & 0\\ x^2 & 3 & 1\end{vmatrix}=3+0+3x-0-x-x^2=-(x-3)(x+1)=0$，得方程的根为 $-1,3$．

三、解答题

1. 解：(1) $\begin{vmatrix}a^2 & ab\\ ab & b^2\end{vmatrix}=a^2\cdot b^2-ab\cdot ab=0$．

(2) $\begin{vmatrix}\sin x & -\cos x\\ \cos x & \sin x\end{vmatrix}=\sin x\cdot\sin x-(-\cos x)\cdot\cos x=\sin^2 x+\cos^2 x=1$．

(3) $\begin{vmatrix} \cos x & \sin x \\ \sin x & \cos x \end{vmatrix} = \cos x \cdot \cos x - \sin x \cdot \sin x = \cos^2 x - \sin^2 x = \cos 2x$.

(4) $\begin{vmatrix} 10 & -3 & 2 \\ 1 & 5 & -1 \\ 4 & 7 & 8 \end{vmatrix} = 10\times5\times8+(-3)\times(-1)\times4+2\times1\times7-10\times(-1)\times7-(-3)\times1\times8-2\times5\times4=480$.

(5) $\begin{vmatrix} 1 & 1 & 1 \\ a & b & c \\ a^2 & b^2 & c^2 \end{vmatrix} = bc^2 + ca^2 + ab^2 - cb^2 - ac^2 - a^2b$.

(6) $\begin{vmatrix} 2 & -1 & 3 \\ -1 & 2 & 1 \\ 4 & 1 & -2 \end{vmatrix} = -8-4-3-2+2-24=-39$.

(7) $\begin{vmatrix} 1 & x & x \\ x & 2 & x \\ x & x & 3 \end{vmatrix} = 6 + x^3 + x^3 - x^2 - 3x^2 - 2x^2 = 2x^3 - 6x^2 + 6$.

(8) $\begin{vmatrix} 1 & x & y \\ -x & 1 & z \\ -y & -z & 1 \end{vmatrix} = 1 - xyz + xyz + z^2 + x^2 + y^2 = 1 + z^2 + x^2 + y^2$.

2. **解**：(1) 因为 $D=\begin{vmatrix} 2 & -3 \\ 3 & -4 \end{vmatrix}=1\neq0$，所以方程组有解. 又因为 $D_1=\begin{vmatrix} 6 & -3 \\ 10 & -4 \end{vmatrix}=6$， $D_2=\begin{vmatrix} 2 & 6 \\ 3 & 10 \end{vmatrix}=2$，所以方程组的解为 $x_1=\dfrac{D_1}{D}=6$， $x_2=\dfrac{D_2}{D}=2$.

(2) 因为 $D=\begin{vmatrix} 1 & -1 & 1 \\ 1 & 0 & 2 \\ 1 & -2 & 1 \end{vmatrix}=1\neq0$，所以方程组有解. 又因为 $D_1=\begin{vmatrix} -2 & -1 & 1 \\ 1 & 0 & 2 \\ 0 & -2 & 1 \end{vmatrix}=-9$， $D_2=\begin{vmatrix} 1 & -2 & 1 \\ 1 & 1 & 2 \\ 1 & 0 & 1 \end{vmatrix}=-2$， $D_3=\begin{vmatrix} 1 & -1 & -2 \\ 1 & 0 & 1 \\ 1 & -2 & 0 \end{vmatrix}=5$，所以方程组的解为 $x_1=\dfrac{D_1}{D}=-9$， $x_2=\dfrac{D_2}{D}=-2$， $x_3=\dfrac{D_3}{D}=5$.

3. **证**：等式左端的行列式 $\begin{vmatrix} a_1 & b_1 & c_1 \\ a_2 & b_2 & c_2 \\ a_3 & b_3 & c_3 \end{vmatrix} = a_1b_2c_3 + b_1c_2a_3 + c_1a_2b_3 - a_1c_2b_3 - b_1a_2c_3 - c_1b_2a_3 = a_1(b_2c_3 - c_2b_3) + b_1(c_2a_3 - a_2c_3) + c_1(a_2b_3 - b_2a_3) = a_1\begin{vmatrix} b_2 & c_2 \\ b_3 & c_3 \end{vmatrix} - b_1\begin{vmatrix} a_2 & c_2 \\ a_3 & c_3 \end{vmatrix} + c_1\begin{vmatrix} a_2 & b_2 \\ a_3 & b_3 \end{vmatrix}$，得证.

4. **证**：等式左端的行列式 $\begin{vmatrix} a^2 & ab & b^2 \\ 2a & a+b & 2b \\ 1 & 1 & 1 \end{vmatrix} = a^2\cdot(a+b)\cdot1 + ab\cdot2b\cdot1 + b^2\cdot2a\cdot1 - a^2\cdot2b\cdot1 - ab\cdot2a\cdot1 - b^2\cdot(a+b)\cdot1 = a^3 - 3a^2b + 3ab^2 - b^3 = (a-b)^3$，得证.

5. **解**：由题可知， $\begin{vmatrix} 1 & 1 & 1 \\ 2 & 3 & x \\ 4 & 9 & x^2 \end{vmatrix} = 3x^2 + 4x + 18 - 9x - 2x^2 - 12 = x^2 - 5x + 6 = (x-2)(x-3) = 0$，解得 $x=2$ 或 $x=3$.

第二节　全排列和对换

一、单项选择题

1. D【**解析**】逆序数为偶数的排列叫做偶排列. A 选项中， $t(14325)=0+0+1+2+0=3$，为奇排列. B 选项中，$t(41523)=0+1+0+2+2=5$，为奇排列．C 选项中，$t(24351)=0+0+1+0+4=5$，为奇排列．D 选项中，$t(24315)=0+0+1+3+0=4$，为偶排列．故选 D.

思路点拨：逆序数 $t(p_1p_2\cdots p_n)=0+$（p_2 前面比 p_2 大的数的个数）+（p_3 前面比 p_3 大的数的个数）$+\cdots+$（p_n 前面比 p_n 大的数的个数）.

2．B【解析】逆序数为奇数的排列叫做奇排列．A 选项中，$t(12345)=0$，为偶排列．B 选项中，$t(32145)=0+1+2+0+0=3$，为奇排列．C 选项中，$t(32154)=0+1+2+0+1=4$，为偶排列．D 选项中，$t(35214)=0+0+2+3+1=6$，为偶排列．故选 B.

3．B【解析】$13\cdots(2n-1)$ 为 n 阶排列，且均为正序，所以原排列的前 $n+1$ 位元素的逆序数为 0．第 $n+2$ 位元素 $(2n-2)$ 与前面的 $2n$，$2n-1$ 构成逆序，其逆序数为 2；第 $n+3$ 位元素 $(2n-4)$ 与前面的 $2n-3$，$2n-1$，$2n$，$2n-2$ 构成逆序，其逆序数为 4；依次类推，第 $2n$ 位（末尾）元素 2 的逆序数为 $2(n-1)$，所以此排列的逆序数为 $2+4+\cdots+2(n-1)=n(n-1)$．故选 B.

4．C【解析】（方法一）在 n 阶排列 $j_1j_2\cdots j_n$ 中任取两个数，共有 $\dfrac{n(n-1)}{2}$ 种取法，每次取出的两个数或者是正序，或者是逆序，所以原排列的正序数和逆序数的总和为 $\dfrac{n(n-1)}{2}$．若排列 $j_1j_2\cdots j_n$ 的逆序数是 k，则排列 $j_1j_2\cdots j_n$ 的正序数为 $\dfrac{n(n-1)}{2}-k$，而 $j_1j_2\cdots j_n$ 的正序数即为 $j_n\cdots j_2j_1$ 的逆序数．故选 C.

（方法二）设 j_m 在排列 $j_1j_2\cdots j_n$ 中的逆序数为 $t_m\ (m=1,2,\cdots,n)$，则排列中比 j_m 大的数的个数为 $n-j_m$，j_m 后比 j_m 大的数为 $n-j_m-t_m$ 个，即 j_m 在排列 $j_n\cdots j_2j_1$ 中的逆序数为 $n-j_m-t_m$，所以 $t(j_n\cdots j_2j_1)=\sum\limits_{m=1}^{n}(n-j_m-t_m)=n^2-\sum\limits_{m=1}^{n}j_m-\sum\limits_{m=1}^{n}t_m=n^2-\dfrac{n(n+1)}{2}-k=\dfrac{n(n-1)}{2}-k$．故选 C.

5．A【解析】若 $n=8$，$m=3$，则 $t(127485639)=10$，为偶排列，A 选项正确，C 选项错误．若 $n=3$，$m=8$，则 $t(127435689)=5$，为奇排列，B 选项错误．排列中 m 和 n 只能取 3，8，D 选项错误．故选 A.

二、填空题

1．奇数【解析】一个排列中的任意两个元素对换，排列改变奇偶性，因此对换次数就是排列奇偶性的变化次数．因为标准排列的逆序数为 0，是偶排列，所以将奇排列对换成标准排列的次数为奇数次.

2．7【解析】$t(4321576)=0+1+2+3+0+0+1=7$．

3．$\dfrac{n(n+1)}{2}$【解析】此排列的前 n 位元素的逆序数为 0．第 $n+1$ 位元素 1 与前面的 n 位元素均构成逆序，其逆序数为 n；第 $n+2$ 位元素 3 与前面的 $4\cdots2n$ 构成逆序，其逆序数为 $n-1$；依次类推，第 $2n$ 位（末尾）元素 $(2n-1)$ 与前面的 $2n$ 构成逆序，其逆序数为 1，所以此排列的逆序数为 $n+(n-1)+\cdots+1=\dfrac{n(n+1)}{2}$．

4．3【解析】新排列可以经过 3 次相邻对换得到，即：$12345\to12435\to14235\to14325$．

5．6；3【解析】六阶排列中 i 和 j 只能取 3，6，逆序数 $t(253461)=7$，$t(256431)=10$，所以 $i=6$，$j=3$．

三、解答题

1．解：（1）$t(134782695)=0+0+0+0+0+4+2+0+4=10$，此排列为偶排列.

（2）$t(987654321)=0+1+2+3+4+5+6+7+8=36$，此排列为偶排列.

（3）$t(217986354)=0+1+0+0+1+3+4+4+5=18$，此排列为偶排列.

（4）$t(185674239)=0+0+1+1+1+4+5+5+0=17$，此排列为奇排列.

2．解：由题可知，i 和 j 的值应为 3，8．若 $i=3$，$j=8$，则 $t(124536897)=4$，为偶排列，不符合题意；若 $i=8$，$j=3$，则 $t(124586397)=7$，为奇排列，符合题意，所以 $i=8$，$j=3$．

3．解：由题可知，i 和 j 的值应为 6，8，若 $i=8$，$j=6$，则 $t(397281564)=21$，为奇排列，不符合题意；若 $i=6$，$j=8$，则 $t(397261584)=20$，为偶排列，符合题意，所以 $i=6$，$j=8$．

4．**解**：由题可知，将排列 $n(n-1)(n-2)\cdots321$ 中的 n 对换到最后的第 n 位需要经过 $n-1$ 次相邻对换，对换后的排列为 $(n-1)(n-2)\cdots321n$；再将 $n-1$ 对换到 n 前面的第 $n-1$ 位需要经过 $n-2$ 次；依次类推，最后将 2 对换到 1 后面，需要经过 1 次相邻对换，所以总对换次数为 $(n-1)+(n-2)+\cdots+2+1=\frac{n(n-1)}{2}$（次）.

5．**解**：$t[n(n-1)\cdots321]=0+1+2+\cdots+(n-2)+(n-1)=\frac{n(n-1)}{2}$．当 $n=4k$，$4k+1$ 时，$\frac{n(n-1)}{2}$ 为偶数，此排列为偶排列；当 $n=4k+2$，$4k+3$ 时，$\frac{n(n-1)}{2}$ 为奇数，此排列为奇排列.

6．**解**：通过观察可知，原排列为排列 $123\cdots k$ 与 $(2k)(2k-1)\cdots(k+2)(k+1)$ 的组合，所以 $t[(2k)1(2k-1)2(2k-2)3(2k-3)\cdots(k+1)k]=0+1+1+2+2+\cdots+(k-1)+(k-1)+k=2\times\frac{k(k-1)}{2}+k=k^2$．当 k 为偶数时，此排列为偶排列；当 k 为奇数时，此排列为奇排列.

7．**解**：因为排列 $135\cdots(2n-1)$ 的逆序数为 0，所以逆序数 $t[135\cdots(2n-1)246\cdots(2n)]=(n-1)+(n-2)+\cdots+2+1=\frac{n(n-1)}{2}$．当 $n=4k$ 时，$\frac{n(n-1)}{2}=2k(4k-1)$ 是偶数；当 $n=4k+1$ 时，$\frac{n(n-1)}{2}=2k(4k+1)$ 是偶数；当 $n=4k+2$ 时，$\frac{n(n-1)}{2}=(2k+1)(4k+1)$ 是奇数；当 $n=4k+3$ 时，$\frac{n(n-1)}{2}=(2k+1)(4k+3)$ 是奇数．所以，当 $n=4k$，$4k+1$ 时，此排列为偶排列；当 $n=4k+2$，$4k+3$ 时，此排列是奇排列.

8．**证**：设在全部 n 阶排列中有 s 个奇排列，t 个偶排列．若将 s 个奇排列的前两个数对换，则这 s 个奇排列全部变成偶排列，并且它们彼此不同，所以 $s\leqslant t$；若将 t 个偶排列的前两个数对换，则这 t 个偶排列全部变成奇排列，并且它们彼此不同，所以 $s\geqslant t$，于是必有 $s=t$，因此，在全部 n 阶排列中 $(n\geqslant2)$，奇偶排列各占一半，得证.

第三节　n 阶行列式的定义

一、单项选择题

1．B【**解析**】由行列式的定义 $D=\begin{vmatrix}a_{11}&a_{12}&\cdots&a_{1n}\\a_{21}&a_{22}&\cdots&a_{2n}\\\vdots&\vdots&&\vdots\\a_{n1}&a_{n2}&\cdots&a_{nn}\end{vmatrix}=\sum(-1)^{t(p_1p_2\cdots p_n)}a_{1p_1}a_{2p_2}\cdots a_{np_n}$ 可知，含有 x^3 的项为 $(-1)^{t(1234)}a_{11}a_{22}a_{33}a_{44}=x^3$ 和 $(-1)^{t(1243)}a_{11}a_{22}a_{34}a_{43}=-2x^3$，这两项的代数和为 $x^3-2x^3=-x^3$，x^3 的系数为 -1．故选 B.

2．C【**解析**】A 选项中，逆序数 $t(35421)=8$，符号为正．B 选项中，逆序数 $t(35214)=6$，符号为正．C 选项中，逆序数 $t(35124)=5$，符号为负．D 选项中，逆序数 $t(35142)=6$，符号为正．故选 C.

3．D【**解析**】由行列式的定义可知，$D_1=\begin{vmatrix}3&1&1\\5&0&0\\1&a&0\end{vmatrix}=(-1)^{t(312)}a_{13}a_{21}a_{32}=5a$，$D_2=\begin{vmatrix}1&0&0&0\\1&2&0&0\\1&2&b&0\\1&1&0&5\end{vmatrix}=a_{11}a_{22}a_{33}a_{44}=10b$．由 $D_1=D_2$，得 $5a=10b$，即 $a=2b$．故选 D.

4．A【**解析**】由行列式的定义可知，n 阶行列式等于所有取自不同行、不同列的元素乘积的代数和．若第 1 列选取非零元素 a_{11}，第 2 列可选取的非零元素只有 a_{22}，则第 3 列可选取的元素均为 0；同理，若第 1 列选取的非零元素为 a_{21}，则第 3 列可选取的元素也为 0．因此，该行列式的值为 0．故选 A.

5．B【**解析**】A 选项中，逆序数 $t(534216)=9$，符号为负．B 选项中，$a_{21}a_{53}a_{16}a_{42}a_{64}a_{35}=a_{16}a_{21}a_{35}a_{42}a_{53}a_{64}$，逆序数 $t(615234)=8$，符号为正．C 选项中，$a_{51}a_{32}a_{13}a_{44}a_{25}a_{66}=a_{13}a_{25}a_{32}a_{44}a_{51}a_{66}$，逆序数 $t(352416)=7$，符号为负．D 选项中，逆序数 $t(162435)=5$，符号为负．故选 B.

6．B【**解析**】由行列式的定义可知，若所有不同行、不同列的元素都不为 0，且都不含变量 x，则该项为常数项，所以常数项只能为 $(-1)^{t(4231)}a_{14}a_{22}a_{33}a_{41}=(-1)^5\times1\times1\times(-1)\times(-2)=-2$．故选 B.

思路点拨：可用 0 置换原行列式中的 x，所得新行列式的数值即为原多项式的常数项，即 $\begin{vmatrix} 0 & 0 & 0 & 1 \\ 2 & 1 & 0 & 2 \\ 1 & 0 & -1 & 0 \\ -2 & 0 & 0 & 1 \end{vmatrix} = (-1)^{t(4231)} a_{14}a_{22}a_{33}a_{41} = (-1)^5 \times 1 \times 1 \times (-1) \times (-2) = -2$.

二、填空题

1. 24【解析】四阶行列式共有 4! 项，即 $4! = 4 \times 3 \times 2 \times 1 = 24$.

2. 4；5【解析】由行列式的定义可知，展开式中的每一项均取自不同行、不同列，因此 i 和 j 的值应为 4 和 5. $a_{12}a_{23}a_{5i}a_{41}a_{3j} = a_{12}a_{23}a_{3j}a_{41}a_{5i}$，若 $i=4$，$j=5$，则逆序数 $t(23514)=4$，该项的符号为正，符合题意；若 $i=5$，$j=4$，则逆序数 $t(23415)=3$，该项的符号为负.

3. $-a_{13}a_{22}a_{31}a_{44}$【解析】由行列式的定义可知，该行列式的非零项只有一个，即 $(-1)^{t(3214)}a_{13}a_{22}a_{31}a_{44} = -a_{13}a_{22}a_{31}a_{44}$.

4. $-a_{12}a_{23}a_{34}a_{41}$，$a_{12}a_{24}a_{33}a_{41}$【解析】由行列式的定义可知，含有 $a_{12}a_{41}$ 的项应为 $(-1)^{t(2341)}a_{12}a_{23}a_{34}a_{41} = -a_{12}a_{23}a_{34}a_{41}$，$(-1)^{t(2431)}a_{12}a_{24}a_{33}a_{41} = a_{12}a_{24}a_{33}a_{41}$.

5. -4【解析】由行列式的定义可知，$D = (-1)^{t(3124)} 3 \times 1 \times (-2) \times a = -6a = 24$，解得 $a=-4$.

6. $(-1)^{n-1}n!$【解析】由行列式的定义可知，原式 $= (-1)^{t[23\cdots(n-1)n1]} 1 \times 2 \times \cdots \times (n-1) \times n = (-1)^{n-1}n!$.

三、解答题

1. **解**：（1）$\begin{vmatrix} 1 & 1 & 0 & 0 \\ 0 & 1 & 1 & 1 \\ 0 & 1 & 1 & 0 \\ 0 & 0 & 0 & 1 \end{vmatrix} = (-1)^{t(1234)} a_{11}a_{22}a_{33}a_{44} + (-1)^{t(1324)} a_{11}a_{23}a_{32}a_{44} = (-1)^0 \times 1 + (-1)^1 \times 1 = 0$.

（2）$\begin{vmatrix} a & b & 0 & 0 \\ 0 & c & d & 0 \\ 0 & 0 & e & f \\ g & h & 0 & 0 \end{vmatrix} = (-1)^{t(1342)} adfh + (-1)^{t(2341)} bdfg = (-1)^2 adfh + (-1)^3 bdfg = adfh - bdfg$.

（3）$\begin{vmatrix} 1 & 0 & 0 & 0 \\ 0 & 2 & 1 & 0 \\ 0 & 0 & 3 & 1 \\ 1 & 0 & 0 & 4 \end{vmatrix} = (-1)^{t(1234)} 1 \times 2 \times 3 \times 4 = 24$.

（4）$\begin{vmatrix} 1 & 0 & 0 & 0 \\ 0 & 2 & 0 & 0 \\ 0 & 1 & 3 & 1 \\ 1 & 0 & 2 & 5 \end{vmatrix} = (-1)^{t(1234)} 1 \times 2 \times 3 \times 5 + (-1)^{t(1243)} 1 \times 2 \times 1 \times 2 = 30 - 4 = 26$.

2. **解**：（1）由行列式的定义可知，n 阶行列式等于所有取自不同行、不同列的元素乘积的代数和. 若行列式的某项含有一个 0 元素，则该项为 0，因此原行列式的非零项只有 $a_{1(n-1)}a_{2(n-2)}\cdots a_{(n-1)1}a_{nn}$ 这一项，该项的符号为 $(-1)^{t[(n-1)(n-2)\cdots 21n]} = (-1)^{\frac{(n-2)(n-1)}{2}}$，所以原式 $= (-1)^{\frac{(n-2)(n-1)}{2}} \lambda_1\lambda_2\cdots\lambda_n$.

（2）该 n 阶行列式的非零项只有 $a_{1n}a_{2(n-1)}\cdots a_{(n-1)2}a_{n1}$ 这一项，该项的符号为 $(-1)^{t[n(n-1)(n-2)\cdots 21]} = (-1)^{\frac{n(n-1)}{2}}$，所以原式 $= (-1)^{\frac{n(n-1)}{2}} n!$.

3．证：因为 $D_1=\begin{vmatrix}0&0&0&\lambda_1\\0&0&\lambda_2&0\\0&\lambda_3&0&0\\\lambda_4&0&0&0\end{vmatrix}=(-1)^{t(4321)}\lambda_1\lambda_2\lambda_3\lambda_4=\lambda_1\lambda_2\lambda_3\lambda_4$，$D_2=\begin{vmatrix}0&\lambda_1&0&0\\0&0&\lambda_2&0\\0&0&0&\lambda_3\\\lambda_4&0&0&0\end{vmatrix}=(-1)^{t(2341)}\lambda_1\lambda_2\lambda_3\lambda_4=$ $-\lambda_1\lambda_2\lambda_3\lambda_4$，所以 D_1 和 D_2 满足关系式 $D_1=-D_2$，得证.

4．**解**：（1）由行列式的定义可知，第 1 行前 3 列元素均为 0，故第 1 行取第 4 列元素 λ_1，此时第 2 行只能取前 3 列元素，其中前 2 列元素为 0，故第 2 行取第 3 列元素 λ_2；同理，第 3 行取第 2 列元素 λ_3，第 4 行取第 1 列元素 λ_4，所以 4 阶行列式中可能不为 0 的项只有 $(-1)^{t(4321)}\lambda_1\lambda_2\lambda_3\lambda_4$，所以原式 $=(-1)^{t(4321)}\lambda_1\lambda_2\lambda_3\lambda_4=\lambda_1\lambda_2\lambda_3\lambda_4$.

（2）由行列式的定义可知，该 n 阶行列式中可能不为 0 的项只有 $(-1)^{t[n(n-1)\cdots 21]}\lambda_1\lambda_2\cdots\lambda_n$，所以原式 $=(-1)^{t[n(n-1)\cdots 21]}\lambda_1\lambda_2\cdots\lambda_n=(-1)^{\frac{n(n-1)}{2}}\lambda_1\lambda_2\cdots\lambda_n$.

5．**解**：由题可知，m 和 n 的值应为 1，4．若 $m=1$，$n=4$，则该项为 $a_{31}a_{15}a_{23}a_{42}a_{64}a_{56}$，即 $a_{15}a_{23}a_{31}a_{42}a_{56}a_{64}$，则逆序数 $t(531264)=7$，符号为负；若 $m=4$，$n=1$，则该项为 $a_{31}a_{45}a_{23}a_{12}a_{64}a_{56}$，即 $a_{12}a_{23}a_{31}a_{45}a_{56}a_{64}$，则逆序数 $t(231564)=4$，符号为正，符合题意，所以 $m=4$，$n=1$.

6．**解**：因为 $a_{47}a_{63}a_{1i}a_{55}a_{7j}a_{22}a_{31}=a_{1i}a_{22}a_{31}a_{47}a_{55}a_{63}a_{7j}$，且 $i21753j$ 是一个 7 阶排列，所以 i 和 j 的值应为 4，6，若 $i=4$，$j=6$，则 $t(4217536)=8$，为偶排列，不符合题意，故 $i=6$，$j=4$.

7．**解**：由行列式的定义可知，只有 $a_{11}a_{22}a_{33}a_{44}$ 含有 x^4 项，该项为 $(-1)^{t(1234)}a_{11}a_{22}a_{33}a_{44}=4x^4$，故 x^4 的系数为 4．行列式含有 x^3 的项只有 $(-1)^{t(2134)}a_{12}a_{21}a_{33}a_{44}=-x^3$，故 x^3 的系数为 -1.

8．**解**：由行列式的定义可知，行列式的一般项为 $(-1)^{t(j_1j_2\cdots j_n)}a_{1j_1}a_{2j_2}\cdots a_{nj_n}$，若该项不为 0，则 $j_1=n-1$，$j_2=n-2$，…，$j_{n-1}=1$，$j_n=n$，所以 $D=(-1)^{t[(n-1)(n-2)\cdots 21n]}a_{1(n-1)}a_{2(n-2)}\cdots a_{nn}=(-1)^{\frac{(n-1)(n-2)}{2}}n!$.

第四节　行列式的性质

一、单项选择题

1．B【解析】根据行列式的性质，$\begin{vmatrix}a_{13}&4a_{11}-a_{12}&5a_{11}\\a_{23}&4a_{21}-a_{22}&5a_{21}\\a_{33}&4a_{31}-a_{32}&5a_{31}\end{vmatrix}=\begin{vmatrix}a_{13}&4a_{11}&5a_{11}\\a_{23}&4a_{21}&5a_{21}\\a_{33}&4a_{31}&5a_{31}\end{vmatrix}-\begin{vmatrix}a_{13}&a_{12}&5a_{11}\\a_{23}&a_{22}&5a_{21}\\a_{33}&a_{32}&5a_{31}\end{vmatrix}=0-$ $5\begin{vmatrix}a_{13}&a_{12}&a_{11}\\a_{23}&a_{22}&a_{21}\\a_{33}&a_{32}&a_{31}\end{vmatrix}=5\begin{vmatrix}a_{11}&a_{12}&a_{13}\\a_{21}&a_{22}&a_{23}\\a_{31}&a_{32}&a_{33}\end{vmatrix}=5$．故选 B.

2．D【解析】$\begin{vmatrix}1&1&1&1\\0&2&1&0\\0&1&2&0\\1&-1&-1&-2\end{vmatrix}\xlongequal{r_4-r_1}\begin{vmatrix}1&1&1&1\\0&2&1&0\\0&1&2&0\\0&-2&-2&-3\end{vmatrix}\xlongequal{r_3-\frac{1}{2}r_2,\ r_4+r_2}\begin{vmatrix}1&1&1&1\\0&2&1&0\\0&0&\frac{3}{2}&0\\0&0&-1&-3\end{vmatrix}\xlongequal{r_4+\frac{2}{3}r_3}\begin{vmatrix}1&1&1&1\\0&2&1&0\\0&0&\frac{3}{2}&0\\0&0&0&-3\end{vmatrix}=-9$．故选 D.

3．A【解析】$\begin{vmatrix}1&2&3\\4&5&6\\2&3&a\end{vmatrix}\xlongequal[r_3-2r_1]{r_2-4r_1}\begin{vmatrix}1&2&3\\0&-3&-6\\0&-1&a-6\end{vmatrix}\xlongequal{r_3-\frac{r_2}{3}}\begin{vmatrix}1&2&3\\0&-3&-6\\0&0&a-4\end{vmatrix}=-3(a-4)=0$，所以 $a=4$．故选 A.

4．B【解析】$\begin{vmatrix}2b_1&5b_3&2b_2\\2c_1&5c_3&2c_2\\2a_1&5a_3&2a_2\end{vmatrix}=20\begin{vmatrix}b_1&b_3&b_2\\c_1&c_3&c_2\\a_1&a_3&a_2\end{vmatrix}\xlongequal{\substack{c_2\leftrightarrow c_3\\r_1\leftrightarrow r_3\\r_2\leftrightarrow r_3}}-20\begin{vmatrix}a_1&a_2&a_3\\b_1&b_2&b_3\\c_1&c_2&c_3\end{vmatrix}=-20k$．故选 B.

5．C【解析】$\begin{vmatrix} a_2 & b_2 & c_2 \\ 3a_1 & 3b_1 & 3c_1 \\ a_3-2a_1 & b_3-2b_1 & c_3-2c_1 \end{vmatrix} = -3\begin{vmatrix} a_1 & b_1 & c_1 \\ a_2 & b_2 & c_2 \\ a_3-2a_1 & b_3-2b_1 & c_3-2c_1 \end{vmatrix} = -3\begin{vmatrix} a_1 & b_1 & c_1 \\ a_2 & b_2 & c_2 \\ a_3 & b_3 & c_3 \end{vmatrix} - 3\begin{vmatrix} a_1 & b_1 & c_1 \\ a_2 & b_2 & c_2 \\ -2a_1 & -2b_1 & -2c_1 \end{vmatrix} = -3n$．故选C.

二、填空题

1．24【解析】$\begin{vmatrix} 2a_{11} & 2a_{12} & 2a_{13} \\ 2a_{21} & 2a_{22} & 2a_{23} \\ 2a_{31} & 2a_{32} & 2a_{33} \end{vmatrix} = 2^3\begin{vmatrix} a_{11} & a_{12} & a_{13} \\ a_{21} & a_{22} & a_{23} \\ a_{31} & a_{32} & a_{33} \end{vmatrix} = 8\times 3 = 24$．

2．9【解析】$\begin{vmatrix} 2 & 0 & 0 & 1 \\ 0 & 2 & 1 & 0 \\ 0 & 1 & 2 & 0 \\ 1 & 0 & 0 & 2 \end{vmatrix} \xlongequal{r_4-\frac{r_1}{2},\, r_3-\frac{r_2}{2}} \begin{vmatrix} 2 & 0 & 0 & 1 \\ 0 & 2 & 1 & 0 \\ 0 & 0 & \frac{3}{2} & 0 \\ 0 & 0 & 0 & \frac{3}{2} \end{vmatrix} = 9$．

3．-1【解析】根据行列式的性质，$\begin{vmatrix} 1-x & 1-y & 1-z \\ 4 & 1 & 3 \\ 1 & 1 & 1 \end{vmatrix} = \begin{vmatrix} 1 & 1 & 1 \\ 4 & 1 & 3 \\ 1 & 1 & 1 \end{vmatrix} - \begin{vmatrix} x & y & z \\ 4 & 1 & 3 \\ 1 & 1 & 1 \end{vmatrix} = 0 - \begin{vmatrix} x & y & z \\ 4 & 1 & 3 \\ 1 & 1 & 1 \end{vmatrix} \xlongequal{r_2-r_3} -\begin{vmatrix} x & y & z \\ 3 & 0 & 2 \\ 1 & 1 & 1 \end{vmatrix} = -\begin{vmatrix} x & 3 & 1 \\ y & 0 & 1 \\ z & 2 & 1 \end{vmatrix} = -1$．

4．-2【解析】（方法一）$D_1 = \begin{vmatrix} a_1 & a_2 & a_3 \\ 3a_1-b_1 & 3a_2-b_2 & 3a_3-b_3 \\ c_1 & c_2 & c_3 \end{vmatrix} \xlongequal{r_2-3r_1} \begin{vmatrix} a_1 & a_2 & a_3 \\ -b_1 & -b_2 & -b_3 \\ c_1 & c_2 & c_3 \end{vmatrix} = -2$．

（方法二）$D_1 = \begin{vmatrix} a_1 & a_2 & a_3 \\ 3a_1 & 3a_2 & 3a_3 \\ c_1 & c_2 & c_3 \end{vmatrix} - \begin{vmatrix} a_1 & a_2 & a_3 \\ b_1 & b_2 & b_3 \\ c_1 & c_2 & c_3 \end{vmatrix} = 0-2 = -2$．

5．$\frac{1}{6}$【解析】$\begin{vmatrix} 0 & 0 & 0 & 1 \\ 0 & 0 & a & 0 \\ 0 & 2 & 0 & 0 \\ 3 & 0 & 0 & a \end{vmatrix} \xlongequal[r_2\leftrightarrow r_3]{r_1\leftrightarrow r_4} (-1)^2\begin{vmatrix} 3 & 0 & 0 & a \\ 0 & 2 & 0 & 0 \\ 0 & 0 & a & 0 \\ 0 & 0 & 0 & 1 \end{vmatrix} = 6a = 1$，解得 $a = \frac{1}{6}$．

三、解答题

1．解：（1）观察可知，行列式第 1 列的元素与第 2 列的元素相差1000，易化为下三角行列式，$D \xlongequal{c_2-c_1} \begin{vmatrix} 34\,215 & 1\,000 \\ 28\,092 & 1\,000 \end{vmatrix} \xlongequal{r_1-r_2} \begin{vmatrix} 6\,123 & 0 \\ 28\,092 & 1\,000 \end{vmatrix} = 6\,123\,000$．

（2）根据行列式的性质，$D = \begin{vmatrix} -2 & 1 & -3 \\ 100-2 & 100+1 & 100-3 \\ 1 & -3 & 4 \end{vmatrix} = \begin{vmatrix} -2 & 1 & -3 \\ 100 & 100 & 100 \\ 1 & -3 & 4 \end{vmatrix} + \begin{vmatrix} -2 & 1 & -3 \\ -2 & 1 & -3 \\ 1 & -3 & 4 \end{vmatrix} = 100\begin{vmatrix} -2 & 1 & -3 \\ 1 & 1 & 1 \\ 1 & -3 & 4 \end{vmatrix} + 0 \xlongequal[\substack{r_2+2r_1 \\ r_3-r_1}]{r_1\leftrightarrow r_2} -100\begin{vmatrix} 1 & 1 & 1 \\ 0 & 3 & -1 \\ 0 & -4 & 3 \end{vmatrix} \xlongequal{r_3+\frac{4}{3}r_2} -100\begin{vmatrix} 1 & 1 & 1 \\ 0 & 3 & -1 \\ 0 & 0 & \frac{5}{3} \end{vmatrix} = -500$．

（3）$D\xlongequal{r_1-r_2}\begin{vmatrix}1&-2&-4&7\\2&4&5&-2\\6&3&6&2\\5&6&8&-7\end{vmatrix}\xlongequal{\substack{r_2-2r_1\\r_3-6r_1\\r_4-5r_1}}\begin{vmatrix}1&-2&-4&7\\0&8&13&-16\\0&15&30&-40\\0&16&28&-42\end{vmatrix}\xlongequal{\substack{r_3-2r_2\\r_4-2r_2}}\begin{vmatrix}1&-2&-4&7\\0&8&13&-16\\0&-1&4&-8\\0&0&2&-10\end{vmatrix}\xlongequal{r_2\leftrightarrow r_3}-2\begin{vmatrix}1&-2&-4&7\\0&-1&4&-8\\0&8&13&-16\\0&0&1&-5\end{vmatrix}\xlongequal{r_3+8r_2}$

$-2\begin{vmatrix}1&-2&-4&7\\0&-1&4&-8\\0&0&45&-80\\0&0&1&-5\end{vmatrix}\xlongequal{r_3\leftrightarrow r_4}2\begin{vmatrix}1&-2&-4&7\\0&-1&4&-8\\0&0&1&-5\\0&0&45&-80\end{vmatrix}\xlongequal{r_4-45r_3}2\begin{vmatrix}1&-2&-4&7\\0&-1&4&-8\\0&0&1&-5\\0&0&0&145\end{vmatrix}=-290$.

（4）$D\xlongequal{\substack{r_2+3r_1\\r_3-2r_1\\r_4-4r_1}}\begin{vmatrix}1&2&-5&1\\0&7&-15&-3\\0&-4&9&0\\0&-7&13&2\end{vmatrix}\xlongequal{\substack{r_4+r_2\\r_2+2r_3}}\begin{vmatrix}1&2&-5&1\\0&-1&3&-3\\0&-4&9&0\\0&0&-2&-1\end{vmatrix}\xlongequal{r_3-4r_2}\begin{vmatrix}1&2&-5&1\\0&-1&3&-3\\0&0&-3&12\\0&0&-2&-1\end{vmatrix}\xlongequal{-\frac{r_3}{3},\,r_4+2r_3}-3\begin{vmatrix}1&2&-5&1\\0&-1&3&-3\\0&0&1&-4\\0&0&0&-9\end{vmatrix}=-27$.

（5）$D\xlongequal{\substack{r_2-2r_1\\r_3-3r_1\\r_4-4r_1}}\begin{vmatrix}2&1&1&1\\0&-2&-1&-1\\0&-1&-3&-1\\0&-1&-1&-4\end{vmatrix}\xlongequal{r_2\leftrightarrow r_4}-\begin{vmatrix}2&1&1&1\\0&-1&-1&-4\\0&-1&-3&-1\\0&-2&-1&-1\end{vmatrix}\xlongequal{\substack{r_3-r_2\\r_4-2r_2}}-\begin{vmatrix}2&1&1&1\\0&-1&-1&-4\\0&0&-2&3\\0&0&1&7\end{vmatrix}\xlongequal{\substack{r_3\leftrightarrow r_4\\r_4+2r_3}}\begin{vmatrix}2&1&1&1\\0&-1&-1&-4\\0&0&1&7\\0&0&0&17\end{vmatrix}=-34$.

（6）$D\xlongequal{r_1\leftrightarrow r_2}-\begin{vmatrix}1&2&1&-1\\0&0&2&3\\3&1&2&2\\4&5&1&2\end{vmatrix}\xlongequal{\substack{r_3-3r_1\\r_4-4r_1}}-\begin{vmatrix}1&2&1&-1\\0&0&2&3\\0&-5&-1&5\\0&-3&-3&6\end{vmatrix}\xlongequal{r_2\leftrightarrow r_4}-3\begin{vmatrix}1&2&1&-1\\0&1&1&-2\\0&-5&-1&5\\0&0&2&3\end{vmatrix}\xlongequal{r_3+5r_2}-3\begin{vmatrix}1&2&1&-1\\0&1&1&-2\\0&0&4&-5\\0&0&2&3\end{vmatrix}\xlongequal{r_3\leftrightarrow r_4}$

$3\begin{vmatrix}1&2&1&-1\\0&1&1&-2\\0&0&2&3\\0&0&4&-5\end{vmatrix}\xlongequal{r_4-2r_3}3\begin{vmatrix}1&2&1&-1\\0&1&1&-2\\0&0&2&3\\0&0&0&-11\end{vmatrix}=-66$.

（7）由行列式的性质，若行列式有两行（列）完全相同，则此行列式等于零，所以

$$D\xlongequal{r_2-r_3}\begin{vmatrix}a&b&c&d\\a&b&c&d\\0&a&a+b&a+b+c\\0&0&a&a+b\end{vmatrix}=0.$$

（8）$D\xlongequal{\substack{r_2-r_1\\r_3-r_1\\r_4-r_1}}\begin{vmatrix}a_1+x_1&a_2&a_3&a_4\\-x_1&x_2&0&0\\-x_1&0&x_3&0\\-x_1&0&0&x_4\end{vmatrix}\xlongequal{c_1+\frac{x_1}{x_4}c_4+\frac{x_1}{x_3}c_3+\frac{x_1}{x_2}c_2}\begin{vmatrix}a_1+x_1+\frac{x_1}{x_4}a_4+\frac{x_1}{x_3}a_3+\frac{x_1}{x_2}a_2&a_2&a_3&a_4\\0&x_2&0&0\\0&0&x_3&0\\0&0&0&x_4\end{vmatrix}=$

$x_2x_3x_4\left(a_1+x_1+\frac{x_1}{x_4}a_4+\frac{x_1}{x_3}a_3+\frac{x_1}{x_2}a_2\right)=x_1x_2x_3x_4\left(1+\frac{a_1}{x_1}+\frac{a_2}{x_2}+\frac{a_3}{x_3}+\frac{a_4}{x_4}\right)$.

（9）$D\xlongequal{\substack{r_2-r_1\\r_3-r_1\\r_4-r_1}}\begin{vmatrix}x&x+1&x+2&x+3\\0&x&2x+1&3x+3\\0&2x&5x+2&9x+7\\0&3x&9x+3&19x+12\end{vmatrix}\xlongequal{\substack{r_3-2r_2\\r_4-3r_2}}\begin{vmatrix}x&x+1&x+2&x+3\\0&x&2x+1&3x+3\\0&0&x&3x+1\\0&0&3x&10x+3\end{vmatrix}\xlongequal{r_4-3r_3}\begin{vmatrix}x&x+1&x+2&x+3\\0&x&2x+1&3x+3\\0&0&x&3x+1\\0&0&0&x\end{vmatrix}=x^4$.

（10）$\begin{vmatrix}1+a_1 & 1 & 1 & \cdots & 1\\ 1 & a_2 & 0 & \cdots & 0\\ 1 & 0 & a_3 & \cdots & 0\\ \vdots & \vdots & \vdots & & \vdots\\ 1 & 0 & 0 & \cdots & a_n\end{vmatrix} \xlongequal{c_1-\frac{c_i}{a_i}(i=2,\cdots,n)} \begin{vmatrix}1+a_1-\frac{1}{a_2}-\cdots-\frac{1}{a_n} & 1 & 1 & \cdots & 1\\ 0 & a_2 & 0 & \cdots & 0\\ 0 & 0 & a_3 & \cdots & 0\\ \vdots & \vdots & \vdots & & \vdots\\ 0 & 0 & 0 & \cdots & a_n\end{vmatrix} = \left(1+a_1-\frac{1}{a_2}-\cdots-\frac{1}{a_n}\right)\cdot$ $a_2a_3\cdots a_n$.

方法总结

形如（10）题中的行列式为爪形行列式，可通过变换 $c_1-\frac{c_i}{a_i}$ 将爪形行列式变为上三角形行列式.

2．**解**：此行列式共进行了 5 步变换.

① 行列式 $|a_{ij}|=m,(i,j=1,2,\cdots,5)$，交换第 1 行与第 5 行，由行列式的性质知行列式变号，结果为 $-m$；

② 再转置，行列式的值不变，仍为 $-m$；

③ 用 2 乘以行列式的所有元素，即行列式的 5 行中都有公因子 2，提取所有公因子，行列式的值为 $-m\times 2^5=-32m$；

④ 再用 (-3) 乘以第 2 列加到第 5 列，由行列式的性质知行列式的值不变，仍为 $-32m$；

⑤ 用 4 除第 1 行各元素，即第 1 行有公因子 $\frac{1}{4}$，提取公因子，结果为 $-32m\times\frac{1}{4}=-8m$.

3．**证**：若行列式的任一行（列）含有 255，459，527 这三个数，则该行列式必能被 17 整除. 经观察，行列式的第 1 列恰有元素 2, 5, 5，作行加倍运算 $r_3+100r_1+10r_2$ 可得 $a_{31}=255$，相应地，可得 $a_{32}=459$ 和 $a_{33}=527$，

即 $\begin{vmatrix}2&4&5\\5&5&2\\5&9&7\end{vmatrix} \xlongequal{r_3+100r_1+10r_2} \begin{vmatrix}2&4&5\\5&5&2\\255&459&527\end{vmatrix} = \begin{vmatrix}2&4&5\\5&5&2\\17\times15&17\times27&17\times31\end{vmatrix} = 17\begin{vmatrix}2&4&5\\5&5&2\\15&27&31\end{vmatrix}$，所以行列式 $\begin{vmatrix}2&4&5\\5&5&2\\5&9&7\end{vmatrix}$ 一定能被 17 整除，得证.

4．**证**：$D \xlongequal{c_1+c_2+\cdots+c_n} \begin{vmatrix}1+a_1+a_2+\cdots+a_n & a_2 & \cdots & a_n\\ 1+a_1+a_2+\cdots+a_n & 1+a_2 & \cdots & a_n\\ \vdots & \vdots & & \vdots\\ 1+a_1+a_2+\cdots+a_n & a_2 & \cdots & 1+a_n\end{vmatrix} = (1+a_1+a_2\cdots+a_n)\begin{vmatrix}1 & a_2 & \cdots & a_n\\ 1 & 1+a_2 & \cdots & a_n\\ \vdots & \vdots & & \vdots\\ 1 & a_2 & \cdots & 1+a_n\end{vmatrix} \xlongequal{c_i-a_ic_1(i=2,\cdots,n)}$

$(1+a_1+a_2+\cdots+a_n)\begin{vmatrix}1&0&\cdots&0\\1&1&\cdots&0\\ \vdots&\vdots&&\vdots\\1&0&\cdots&1\end{vmatrix}=1+a_1+a_2+\cdots+a_n$，得证.

5．**证**：$f(x)=\begin{vmatrix}x-1&x-2&x-1&x\\x-2&x-4&x-2&x\\x-3&x-6&x-4&x-1\\x-4&x-8&2x-5&x-2\end{vmatrix} \xlongequal[c_4-c_1]{c_2-c_1,\ c_3-c_1} \begin{vmatrix}x-1&-1&0&1\\x-2&-2&0&2\\x-3&-3&-1&2\\x-4&-4&x-1&2\end{vmatrix} \xlongequal{c_4+c_2} \begin{vmatrix}x-1&-1&0&0\\x-2&-2&0&0\\x-3&-3&-1&-1\\x-4&-4&x-1&-2\end{vmatrix} \xlongequal{c_4-c_3,\ r_1-\frac{1}{2}r_2}$

$\begin{vmatrix}\frac{x}{2}&0&0&0\\x-2&-2&0&0\\x-3&-3&-1&0\\x-4&-4&x-1&-x-1\end{vmatrix}=-x(x+1)=0$，解得 $x=-1,0$，因此 $f(x)=0$ 的根为 $-1,0$，得证.

第五节　行列式按行（列）展开

一、单项选择题

1．B【解析】根据行列式按列展开法则，得 $D=(-1)^{3+1}a_{31}M_{31}+(-1)^{3+2}a_{32}M_{32}+(-1)^{3+3}a_{33}M_{33}+(-1)^{3+4}a_{34}M_{34}=1\times2-(-2)\times3+4\times(-1)-0\times5=4$．故选 B.

2．C【解析】将行列式第 1 行的元素分别换成 2，2，3，3 和 4，4，5，5 后，所得新行列式按第 1 行展开，得 $\begin{cases}2(A_{11}+A_{12})+3(A_{13}+A_{14})=0,\\4(A_{11}+A_{12})+5(A_{13}+A_{14})=0,\end{cases}$ 解得 $A_{11}+A_{12}=0$，$A_{13}+A_{14}=0$．故选 C.

3．C【解析】行列式中，元素 a_{32} 的余子式为 $M_{32}=\begin{vmatrix}-1&2\\-5&0\end{vmatrix}=10$，根据代数余子式和余子式的关系，得 $A_{32}=(-1)^{3+2}M_{32}=-10$．故选 C.

4．D【解析】$D\xlongequal{r_2+r_1}\begin{vmatrix}1&a&0&0\\0&2&a&0\\0&-2&3-a&a\\0&0&-3&4-a\end{vmatrix}\xlongequal{按第1列展开}(-1)^2\times1\begin{vmatrix}2&a&0\\-2&3-a&a\\0&-3&4-a\end{vmatrix}\xlongequal{r_2+r_1}\begin{vmatrix}2&a&0\\0&3&a\\0&-3&4-a\end{vmatrix}\xlongequal{按第1列展开}(-1)^2\times 2\begin{vmatrix}3&a\\-3&4-a\end{vmatrix}=24$．故选 D.

5．D【解析】A 选项中，$\begin{vmatrix}0&&&&1\\&&&1&\\&&\therefore&&\\&1&&&\\1&&&&0\end{vmatrix}=(-1)^{\frac{n(n-1)}{2}}$；B 选项中，$D\xlongequal{按第1列展开}\begin{vmatrix}1&1&\cdots&0&0\\0&1&\cdots&0&0\\\vdots&\vdots&&\vdots&\vdots\\0&0&\cdots&1&1\\0&0&\cdots&0&1\end{vmatrix}+(-1)^{n+1}\cdot\begin{vmatrix}1&0&\cdots&0&0\\1&1&\cdots&0&0\\0&1&\cdots&0&0\\\vdots&\vdots&&\vdots&\vdots\\0&0&\cdots&1&1\end{vmatrix}=1+(-1)^{n+1}$；C 选项中，$D\xlongequal{按第1行展开}(-1)^{n+1}\begin{vmatrix}1&&&\\&1&&\\&&\ddots&\\&&&1\end{vmatrix}=(-1)^{n+1}$；D 选项中，$D\xlongequal{按第1行展开}(-1)^{n+1}\begin{vmatrix}0&1&0&\cdots&0\\0&0&1&\cdots&0\\\vdots&\vdots&&\vdots&\vdots\\0&0&\cdots&0&1\\1&0&\cdots&0&0\end{vmatrix}\xlongequal{按第1列展开}(-1)^{n+1}(-1)^n\begin{vmatrix}1&&&\\&1&&\\&&\ddots&\\&&&1\end{vmatrix}=(-1)^{2n+1}=-1$．故选 D.

二、填空题

1．-21【解析】$D=1\times(-1)^{4+1}\times(-5)+(-1)\times(-1)^{4+2}\times4+2\times(-1)^{4+3}\times2+3\times(-1)^{4+4}\times(-6)=-21$.

2．$i=s$【解析】若 $i\neq s$，则 $a_{i1}A_{s1}+a_{i2}A_{s2}+\cdots+a_{in}A_{sn}=0$，与已知矛盾，故 $i=s$.

3．$-3x^2$【解析】$\begin{vmatrix}0&1&1&1\\1&0&x&x\\1&x&0&x\\1&x&x&0\end{vmatrix}\xlongequal[r_3-r_4]{r_2-r_4}\begin{vmatrix}0&1&1&1\\0&-x&0&x\\0&0&-x&x\\1&x&x&0\end{vmatrix}\xlongequal{按第1列展开}1\times(-1)^{4+1}\begin{vmatrix}1&1&1\\-x&0&x\\0&-x&x\end{vmatrix}\xlongequal[c_3-c_1]{c_2-c_1}-\begin{vmatrix}1&0&0\\-x&x&2x\\0&-x&x\end{vmatrix}=-3x^2$.

4．1，2，3【解析】将行列式按第 3 列展开，得 $f(x)=\begin{vmatrix}x+1&-4&2\\3&x-4&0\\3&-1&x-3\end{vmatrix}\xlongequal{按第3列展开}-6(x-3)+(x-3)\cdot[x^2-3x+8]=(x-3)(x-2)(x-1)$，所以方程 $f(x)=0$ 的根为 1，2，3.

5．0【解析】$A_{13}+A_{23}+A_{33}+A_{43}=\begin{vmatrix} a_1 & a_2 & 1 & a_4 \\ a_2 & a_2 & 1 & a_5 \\ a_3 & a_2 & 1 & a_6 \\ a_4 & a_2 & 1 & a_7 \end{vmatrix}=a_2\begin{vmatrix} a_1 & 1 & 1 & a_4 \\ a_2 & 1 & 1 & a_5 \\ a_3 & 1 & 1 & a_6 \\ a_4 & 1 & 1 & a_7 \end{vmatrix}=0$．

6．3【解析】$f(0)=\begin{vmatrix} 0 & -1 & 0 & 0 \\ 2 & 2 & 3 & 0 \\ -7 & 10 & 4 & 3 \\ 1 & -7 & 1 & 0 \end{vmatrix}\xlongequal{\text{按第1行展开}}\begin{vmatrix} 2 & 3 & 0 \\ -7 & 4 & 3 \\ 1 & 1 & 0 \end{vmatrix}\xlongequal{\text{按第3列展开}}3\times(-1)^{2+3}\begin{vmatrix} 2 & 3 \\ 1 & 1 \end{vmatrix}=3$．

三、解答题

1．解：（1）$D=\begin{vmatrix} 1 & 3 & 2 & 4 \\ 2 & 1 & 3 & 1 \\ 3 & 2 & 1 & 4 \\ 2 & 1 & 0 & 1 \end{vmatrix}\xlongequal[c_2-c_4]{c_1-2c_2}\begin{vmatrix} -5 & -1 & 2 & 4 \\ 0 & 0 & 3 & 1 \\ -1 & -2 & 1 & 4 \\ 0 & 0 & 0 & 1 \end{vmatrix}\xlongequal{\text{按第4行展开}}(-1)^{4+4}\begin{vmatrix} -5 & -1 & 2 \\ 0 & 0 & 3 \\ -1 & -2 & 1 \end{vmatrix}\xlongequal{\text{按第2行展开}}3\times(-1)^{2+3}\begin{vmatrix} -5 & -1 \\ -1 & -2 \end{vmatrix}$

$=-27$．

（2）此行列式为四阶范德蒙德行列式的转置，利用行列式的性质 $D=D^T$，有 $D=(-1-1)\times(3-1)\times(-2-1)\times(3+1)\times(-2+1)\times(-2-3)=240$．

（3）$D\xlongequal{\text{按第3列展开}}2\times(-1)^{2+3}\begin{vmatrix} 1 & 3 & 1 & 2 \\ 2 & 2 & 4 & -1 \\ 0 & 1 & 2 & 0 \\ -3 & 1 & 5 & -4 \end{vmatrix}\xlongequal{c_3-2c_2}-2\begin{vmatrix} 1 & 3 & -5 & 2 \\ 2 & 2 & 0 & -1 \\ 0 & 1 & 0 & 0 \\ -3 & 1 & 3 & -4 \end{vmatrix}\xlongequal{\text{按第3行展开}}-2\times1\times(-1)^{3+2}\times\begin{vmatrix} 1 & -5 & 2 \\ 2 & 0 & -1 \\ -3 & 3 & -4 \end{vmatrix}$

$\xlongequal{c_1+2c_3}2\begin{vmatrix} 5 & -5 & 2 \\ 0 & 0 & -1 \\ -11 & 3 & -4 \end{vmatrix}\xlongequal{\text{按第2行展开}}2\times(-1)\times(-1)^{2+3}\begin{vmatrix} 5 & -5 \\ -11 & 3 \end{vmatrix}=-80$．

（4）$D\xlongequal{\text{按第1列展开}}(-1)^{1+1}x\begin{vmatrix} x & y & 0 & \cdots & 0 & 0 \\ 0 & x & y & \cdots & 0 & 0 \\ \vdots & \vdots & \vdots & & \vdots & \vdots \\ 0 & 0 & 0 & \cdots & x & y \\ 0 & 0 & 0 & \cdots & 0 & x \end{vmatrix}+(-1)^{n+1}y\begin{vmatrix} y & 0 & 0 & \cdots & 0 & 0 \\ x & y & 0 & \cdots & 0 & 0 \\ \vdots & \vdots & \vdots & & \vdots & \vdots \\ 0 & 0 & 0 & \cdots & y & 0 \\ 0 & 0 & 0 & \cdots & x & y \end{vmatrix}$，所得两行列式分别为 $n-1$ 阶上三角行列式和 $n-1$ 阶下三角行列式，所以 $D=x\cdot x^{n-1}+(-1)^{n+1}y\cdot y^{n-1}=x^n+(-1)^{n+1}y^n$．

2．解：行列式 $\begin{vmatrix} x-1 & 1 & 1 \\ 0 & x-2 & 0 \\ 8 & 3 & x-3 \end{vmatrix}\xlongequal{\text{按第2行展开}}(x-2)(-1)^{2+2}\begin{vmatrix} x-1 & 1 \\ 8 & x-3 \end{vmatrix}=(x-2)(x^2-4x-5)=(x-2)(x+1)\cdot(x-5)=0$，解得 $x_1=-1$，$x_2=2$，$x_3=5$．

3．解：$\begin{vmatrix} 1 & 0 & a & 1 \\ 0 & -1 & b & -1 \\ -1 & -1 & c & -1 \\ -1 & 1 & d & 0 \end{vmatrix}\xlongequal{\text{按第3列展开}}a\begin{vmatrix} 0 & -1 & -1 \\ -1 & -1 & -1 \\ -1 & 1 & 0 \end{vmatrix}-b\begin{vmatrix} 1 & 0 & 1 \\ -1 & -1 & -1 \\ -1 & 1 & 0 \end{vmatrix}+c\begin{vmatrix} 1 & 0 & 1 \\ 0 & -1 & -1 \\ -1 & 1 & 0 \end{vmatrix}-d\begin{vmatrix} 1 & 0 & 1 \\ 0 & -1 & -1 \\ -1 & -1 & -1 \end{vmatrix}=$

$a\begin{vmatrix} -1 & -1 & -1 \\ -2 & -1 & -1 \\ 0 & 1 & 0 \end{vmatrix}-b\begin{vmatrix} 1 & 0 & 1 \\ -2 & -1 & -1 \\ 0 & 1 & 0 \end{vmatrix}+c\begin{vmatrix} 1 & 0 & 1 \\ -1 & -1 & -1 \\ 0 & 1 & 0 \end{vmatrix}-d\begin{vmatrix} 1 & 0 & 1 \\ 0 & -1 & -1 \\ 0 & -1 & 0 \end{vmatrix}=-a\begin{vmatrix} -1 & -1 \\ -2 & -1 \end{vmatrix}+b\begin{vmatrix} 1 & 1 \\ -2 & -1 \end{vmatrix}-c\begin{vmatrix} 1 & 1 \\ -1 & -1 \end{vmatrix}-$

$d\begin{vmatrix} -1 & -1 \\ -1 & 0 \end{vmatrix}=a+b+d$．

4．**解**：第 4 行各元素的代数余子式之和 $A_{41}+A_{42}+A_{43}+A_{44}=\begin{vmatrix}3&0&4&0\\2&2&2&2\\0&-7&0&0\\1&1&1&1\end{vmatrix}$，因所得行列式的第 2 行与第 4 行成比例，故行列式的值为 0，即 $A_{41}+A_{42}+A_{43}+A_{44}=0$；第 4 行各元素的余子式之和 $M_{41}+M_{42}+M_{43}+M_{44}=$

$$-A_{41}+A_{42}-A_{43}+A_{44}=\begin{vmatrix}3&0&4&0\\2&2&2&2\\0&-7&0&0\\-1&1&-1&1\end{vmatrix}\xlongequal{\text{按第 3 行展开}}-7\times(-1)^{3+2}\times\begin{vmatrix}3&4&0\\2&2&2\\-1&-1&1\end{vmatrix}=-28.$$

5．**解**：根据行列式按行展开法则，得 $D=(-1)^{i+j}a_{ij}M_{ij}=(-1)^{2+1}\times(-1)\times5+(-1)^{2+2}\times2\times3+(-1)^{2+3}\times0\times(-5)+(-1)^{2+4}\times1\times4=15$．根据行列式某一行的元素与另一行的对应元素的代数余子式乘积之和等于零，可得 $(-1)^{2+1}\times1\times5+(-1)^{2+2}\times2\times3+(-1)^{2+3}\times k\times(-5)+(-1)^{2+4}\times1\times4=0$，解得 $k=-1$．

6．**解**：（1）$D=\begin{vmatrix}1&1&1&1\\2&3&4&5\\4&9&16&25\\8&27&64&125\end{vmatrix}=(3-2)\times(4-2)\times(5-2)\times(4-3)\times(5-3)\times(5-4)=12$．

（2）$A_{31}+A_{32}+A_{33}+A_{34}=\begin{vmatrix}1&1&1&1\\2&3&4&5\\1&1&1&1\\8&27&64&125\end{vmatrix}=0$．

（3）$M_{11}+M_{21}+M_{31}+M_{41}=A_{11}-A_{21}+A_{31}-A_{41}=\begin{vmatrix}1&1&1&1\\-1&3&4&5\\1&9&16&25\\-1&27&64&125\end{vmatrix}\xlongequal[r_4+r_1]{r_2+r_1,\ r_3-r_1}\begin{vmatrix}1&1&1&1\\0&4&5&6\\0&8&15&24\\0&28&65&126\end{vmatrix}\xlongequal{\text{按第 1 列展开}}$

$$\begin{vmatrix}4&5&6\\8&15&24\\28&65&126\end{vmatrix}\xlongequal[r_3-7r_1]{r_2-2r_1}\begin{vmatrix}4&5&6\\0&5&12\\0&30&84\end{vmatrix}\xlongequal{r_3-6r_2}\begin{vmatrix}4&5&6\\0&5&12\\0&0&12\end{vmatrix}=240.$$

7．**解**：$A_{31}+3A_{32}-2A_{33}+2A_{34}$ 等于用 1，3，-2，2 替换行列式 D 的第 3 行对应的元素，即

$$A_{31}+3A_{32}-2A_{33}+2A_{34}=\begin{vmatrix}3&1&-1&2\\-5&1&3&-4\\1&3&-2&2\\1&-5&3&-3\end{vmatrix}\xlongequal{c_4+c_3}\begin{vmatrix}3&1&-1&1\\-5&1&3&-1\\1&3&-2&0\\1&-5&3&0\end{vmatrix}\xlongequal{r_2+r_1}\begin{vmatrix}3&1&-1&1\\-2&2&2&0\\1&3&-2&0\\1&-5&3&0\end{vmatrix}\xlongequal{\text{按第 4 列展开}}2\begin{vmatrix}1&-1&-1\\1&3&-2\\1&-5&3\end{vmatrix}$$

$$\xlongequal[r_3-r_1]{r_2-r_1}2\begin{vmatrix}1&-1&-1\\0&4&-1\\0&-4&4\end{vmatrix}\xlongequal{r_3+r_2}2\begin{vmatrix}1&-1&-1\\0&4&-1\\0&0&3\end{vmatrix}=24.$$

8．**证**：设 $D_5=\begin{vmatrix}1&1&1&1&1\\x_1&x_2&x_3&x_4&y\\x_1^2&x_2^2&x_3^2&x_4^2&y^2\\x_1^3&x_2^3&x_3^3&x_4^3&y^3\\x_1^4&x_2^4&x_3^4&x_4^4&y^4\end{vmatrix}$，则 $D_4=-A_{45}$，其中 A_{45} 是元素 y^3 的代数余子式，由范德蒙德行列式知，$D_5=\prod\limits_{1\leqslant j<i\leqslant4}(x_i-x_j)\cdot\prod\limits_{i=1}^{4}(y-x_i)$．若将 D_5 按照第 5 列展开，得 $D_5=A_{15}+yA_{25}+y^2A_{35}+y^3A_{45}+y^4A_{55}$，比较两个表达式中 y^3 的系数，得 $A_{45}=-(x_1+x_2+x_3+x_4)\prod\limits_{1\leqslant j<i\leqslant4}(x_i-x_j)$，又 $D_4=-A_{45}$，所以 $D_4=(x_1+x_2+x_3+x_4)\cdot\prod\limits_{1\leqslant j<i\leqslant4}(x_i-x_j)$，得证．

9. **证**：利用数学归纳法. 当 $n=1$ 时，$D_1=\cos\alpha$，结论成立；当 $n=2$ 时，$D_2=\begin{vmatrix}\cos\alpha & 1\\ 1 & 2\cos\alpha\end{vmatrix}=2\cos^2\alpha-1=\cos2\alpha$，结论成立；当 $n=3$ 时，$D_3=\begin{vmatrix}\cos\alpha & 1 & 0\\ 1 & 2\cos\alpha & 1\\ 0 & 1 & 2\cos\alpha\end{vmatrix}=2\cos\alpha\cdot D_2-\cos\alpha=2\cos\alpha\cdot\cos2\alpha-\cos(2\alpha-\alpha)=2\cos\alpha\cdot\cos2\alpha-\cos2\alpha\cos\alpha-\sin2\alpha\sin\alpha=\cos2\alpha\cos\alpha-\sin2\alpha\sin\alpha=\cos3\alpha$，结论成立；假设对低于 n 阶的行列式，该结论均成立，则 n 阶行列式 $D_n\xlongequal{\text{按第}n\text{列展开}}(-1)^{n-1+n}\begin{vmatrix}\cos\alpha & 1 & & & \\ 1 & 2\cos\alpha & \ddots & & \\ & \ddots & \ddots & 1 & \\ & & 1 & 2\cos\alpha & 1\\ & & & 0 & 1\end{vmatrix}+2\cos\alpha\cdot D_{n-1}$，此时再将第一个行列式按照第 $n-1$ 行展开，即为 D_{n-2}，即

$$\begin{aligned}D_n&=2\cos\alpha\cdot D_{n-1}-D_{n-2}\\&=2\cos\alpha\cdot\cos[(n-1)\alpha]-\cos[(n-2)\alpha]\\&=2\cos\alpha\cdot\cos[(n-1)\alpha]-\{\cos\alpha\cdot\cos[(n-1)\alpha]+\sin\alpha\cdot\sin[(n-1)\alpha]\}\\&=\cos\alpha\cdot\cos[(n-1)\alpha]-\sin\alpha\cdot\sin[(n-1)\alpha]\\&=\cos n\alpha,\end{aligned}$$

得证.

第二章　矩阵及其运算

第一节　线性方程组与矩阵

一、单项选择题

1. C【解析】若矩阵 $\boldsymbol{A}=\boldsymbol{B}$，则 $\boldsymbol{A}$ 与 $\boldsymbol{B}$ 的元素对应相等，即 $x^2+4=4$，得 $x=0$. 故选 C.
2. B【解析】两个同型矩阵的行数、列数分别相等. 故选 B.
3. D【解析】除主对角元素外，其余元素都是 0 的方阵称为对角矩阵. 故选 D.
4. B【解析】行数和列数相等的矩阵称为方阵. 故选 B.
5. C【解析】因为所给矩阵为 4 行 3 列矩阵，所以该矩阵共有 12 个元素. 故选 C.
6. B【解析】主对角线以上的元素都为 0 的矩阵称为下三角矩阵. 故选 B.
7. A【解析】方程中的常数项全为 0 时，方程组称为齐次线性方程组. 故选 A.

二、判断题

1. √　　2. ×　　3. √　　4. √

三、解答题

1. **解**：四阶对角矩阵为 $\begin{pmatrix}1&0&0&0\\0&0&0&0\\0&0&3&0\\0&0&0&-2\end{pmatrix}$，四阶单位矩阵为 $\begin{pmatrix}1&0&0&0\\0&1&0&0\\0&0&1&0\\0&0&0&1\end{pmatrix}$.

2. **解**：（1）系数矩阵为 $\begin{pmatrix}1&-2&3&-1\\3&-1&5&-3\\2&1&2&-2\end{pmatrix}$，增广矩阵为 $\begin{pmatrix}1&-2&3&-1&1\\3&-1&5&-3&2\\2&1&2&-2&3\end{pmatrix}$.

（2）系数矩阵为 $\begin{pmatrix}2&1&-1&1\\4&2&-2&1\\2&1&-1&-1\end{pmatrix}$，增广矩阵为 $\begin{pmatrix}2&1&-1&1&1\\4&2&-2&1&2\\2&1&-1&-1&1\end{pmatrix}$.

（3）系数矩阵为$\begin{pmatrix}1&2&3\\2&2&5\\3&5&1\end{pmatrix}$，增广矩阵为$\begin{pmatrix}1&2&3&-1\\2&2&5&2\\3&5&1&3\end{pmatrix}$.

（4）系数矩阵为$\begin{pmatrix}2&-1&1\\-4&2&2\\2&-1&-1\end{pmatrix}$，增广矩阵为$\begin{pmatrix}2&-1&1&1\\-4&2&2&-2\\2&-1&-1&-3\end{pmatrix}$.

3．解：（1）线性变换对应的矩阵为$\begin{pmatrix}0&3&-1&0\\3&0&0&-3\\2&1&2&0\end{pmatrix}$.

（2）线性变换对应的矩阵为$\begin{pmatrix}\cos\theta&-\sin\phi\\\sin\theta&\cos\phi\end{pmatrix}$.

第二节　矩阵的运算

一、单项选择题

1．A【解析】$\boldsymbol{AB}-\boldsymbol{BA}=\begin{pmatrix}1&1\\0&-1\end{pmatrix}\begin{pmatrix}1&0\\1&1\end{pmatrix}-\begin{pmatrix}1&0\\1&1\end{pmatrix}\begin{pmatrix}1&1\\0&-1\end{pmatrix}=\begin{pmatrix}2&1\\-1&-1\end{pmatrix}-\begin{pmatrix}1&1\\1&0\end{pmatrix}=\begin{pmatrix}1&0\\-2&-1\end{pmatrix}$．故选 A.

2．C【解析】由$|3\boldsymbol{A}|=3$，得$3^2|\boldsymbol{A}|=3$，$|\boldsymbol{A}|=\dfrac{1}{3}$，所以$|2\boldsymbol{A}|=2^2|\boldsymbol{A}|=\dfrac{4}{3}$．故选 C.

3．B【解析】$\boldsymbol{C}^{100}=(\boldsymbol{AB}^{\mathrm{T}})^{100}=\begin{pmatrix}1\\2\end{pmatrix}(2,1)\begin{pmatrix}1\\2\end{pmatrix}(2,1)\cdots\begin{pmatrix}1\\2\end{pmatrix}(2,1)=\begin{pmatrix}1\\2\end{pmatrix}\cdot\underbrace{4\times\cdots\times4}_{99}\cdot(2,1)=4^{99}\times\begin{pmatrix}1\\2\end{pmatrix}(2,1)=4^{99}\begin{pmatrix}2&1\\4&2\end{pmatrix}$.
故选 B.

4．C【解析】根据矩阵的乘法，由$\boldsymbol{AB}=\boldsymbol{O}$不能得出$\boldsymbol{A}=\boldsymbol{O}$或$\boldsymbol{B}=\boldsymbol{O}$；根据行列式的性质，若$\boldsymbol{AB}=\boldsymbol{O}$，则$|\boldsymbol{AB}|=|\boldsymbol{A}||\boldsymbol{B}|=0$，于是$|\boldsymbol{A}|=0$或$|\boldsymbol{B}|=0$．故选 C.

5．D【解析】$(\boldsymbol{AB})\boldsymbol{C}=(\boldsymbol{BA})\boldsymbol{C}=\boldsymbol{B}(\boldsymbol{AC})=\boldsymbol{B}(\boldsymbol{CA})=\boldsymbol{BCA}$．故选 D.

6．D【解析】根据矩阵的乘法，由$\boldsymbol{AB}=\boldsymbol{O}$不能得出$\boldsymbol{A}=\boldsymbol{O}$或$\boldsymbol{B}=\boldsymbol{O}$．故选 D.

7．C【解析】$\big|-|\boldsymbol{B}|\boldsymbol{A}\big|=|2\boldsymbol{A}|=2^4|\boldsymbol{A}|=16\times2=32$．故选 C.

8．A【解析】因为$A_{11}=(-1)^{1+1}d=d$，$A_{12}=(-1)^{1+2}c=-c$，$A_{21}=(-1)^{2+1}b=-b$，$A_{22}=(-1)^{2+2}a=a$，所以伴随矩阵$\boldsymbol{A}^*=\begin{pmatrix}d&-b\\-c&a\end{pmatrix}$．故选 A.

> **方法总结**
> 求二阶方阵的伴随矩阵，可简述为**“主对调，副换号”**.

9．C【解析】$(\boldsymbol{A}+\boldsymbol{A}^{\mathrm{T}})^{\mathrm{T}}=\boldsymbol{A}^{\mathrm{T}}+(\boldsymbol{A}^{\mathrm{T}})^{\mathrm{T}}=\boldsymbol{A}^{\mathrm{T}}+\boldsymbol{A}$；$(\boldsymbol{AA}^{\mathrm{T}})^{\mathrm{T}}=(\boldsymbol{A}^{\mathrm{T}})^{\mathrm{T}}\boldsymbol{A}^{\mathrm{T}}=\boldsymbol{AA}^{\mathrm{T}}$，$\boldsymbol{AA}^*=|\boldsymbol{A}|\boldsymbol{E}$，$(\boldsymbol{A}^{\mathrm{T}}\boldsymbol{A})^{\mathrm{T}}=\boldsymbol{A}^{\mathrm{T}}(\boldsymbol{A}^{\mathrm{T}})^{\mathrm{T}}=\boldsymbol{A}^{\mathrm{T}}\boldsymbol{A}$，所以①③④⑤为对称矩阵．$(\boldsymbol{A}-\boldsymbol{A}^{\mathrm{T}})^{\mathrm{T}}=\boldsymbol{A}^{\mathrm{T}}-(\boldsymbol{A}^{\mathrm{T}})^{\mathrm{T}}=\boldsymbol{A}^{\mathrm{T}}-\boldsymbol{A}$，所以②为反对称矩阵．故选 C.

10．D【解析】若$(\boldsymbol{A}+\boldsymbol{B})(\boldsymbol{A}-\boldsymbol{B})=\boldsymbol{A}^2-\boldsymbol{AB}+\boldsymbol{BA}+\boldsymbol{B}^2=\boldsymbol{A}^2-\boldsymbol{B}^2$成立，则$\boldsymbol{BA}-\boldsymbol{AB}=\boldsymbol{O}$，即$\boldsymbol{AB}=\boldsymbol{BA}$．故选 D.

11．D【解析】矩阵的乘法不满足交换律，则$\boldsymbol{A}(\boldsymbol{B}+\boldsymbol{C})=\boldsymbol{AB}+\boldsymbol{AC}\neq\boldsymbol{BA}+\boldsymbol{CA}$．故选 D.

12．B【解析】$|\boldsymbol{AB}|=|\boldsymbol{A}||\boldsymbol{B}|=|\boldsymbol{B}||\boldsymbol{A}|=|\boldsymbol{BA}|$，B 选项正确．故选 B.

二、填空题

1．$\begin{pmatrix}1&2&3\\0&2&7\\-2&1&2\end{pmatrix}$【解析】根据转置矩阵的定义，将矩阵$\boldsymbol{A}$的行换成同序数的列，可得$\boldsymbol{A}^{\mathrm{T}}=\begin{pmatrix}1&2&3\\0&2&7\\-2&1&2\end{pmatrix}$.

2．54【解析】$|3\boldsymbol{A}|=3^3|\boldsymbol{A}|=27\times2=54$.

3. $\begin{pmatrix}0&0\\0&0\end{pmatrix}$【解析】$AB=\begin{pmatrix}a&a\\-a&-a\end{pmatrix}\begin{pmatrix}b&-b\\-b&b\end{pmatrix}=\begin{pmatrix}0&0\\0&0\end{pmatrix}$.

4. $\begin{pmatrix}2&2\\-2&0\\6&1\end{pmatrix}$【解析】$A^{\mathrm{T}}B=\begin{pmatrix}1&2\\-1&0\\3&1\end{pmatrix}\begin{pmatrix}2&0\\0&1\end{pmatrix}=\begin{pmatrix}2&2\\-2&0\\6&1\end{pmatrix}$.

5. $\begin{pmatrix}0&1\\3&1\end{pmatrix}$【解析】$AB=\begin{pmatrix}1&1\\0&1\end{pmatrix}\begin{pmatrix}-1&2\\1&1\end{pmatrix}=\begin{pmatrix}0&3\\1&1\end{pmatrix}$，则$(AB)^{\mathrm{T}}=\begin{pmatrix}0&1\\3&1\end{pmatrix}$.

6. 6【解析】$AB=\begin{pmatrix}1&2\\-1&0\end{pmatrix}\begin{pmatrix}1&-1\\1&2\end{pmatrix}=\begin{pmatrix}3&3\\-1&1\end{pmatrix}$，则$|AB|=\begin{vmatrix}3&3\\-1&1\end{vmatrix}=6$.

7. $\begin{pmatrix}1&0\\m&1\end{pmatrix}$【解析】因为$A^2=\begin{pmatrix}1&0\\1&1\end{pmatrix}\begin{pmatrix}1&0\\1&1\end{pmatrix}=\begin{pmatrix}1&0\\2&1\end{pmatrix}$，$A^3=\begin{pmatrix}1&0\\2&1\end{pmatrix}\begin{pmatrix}1&0\\1&1\end{pmatrix}=\begin{pmatrix}1&0\\3&1\end{pmatrix}$，所以$A^m=\begin{pmatrix}1&0\\m&1\end{pmatrix}$.

8. 2^{n+1}【解析】$\big||A|A^{\mathrm{T}}\big|=|A|^n|A^{\mathrm{T}}|=|A|^n|A|=|A|^{n+1}=2^{n+1}$.

9. ±1【解析】由$AA^{\mathrm{T}}=E$得$|AA^{\mathrm{T}}|=1$，即$|A|^2=1$，所以$|A|=\pm1$.

10. $\begin{pmatrix}0&6\\0&9\end{pmatrix}$【解析】$(A+B)(A-B)=\begin{pmatrix}2&2\\2&5\end{pmatrix}\begin{pmatrix}0&2\\0&1\end{pmatrix}=\begin{pmatrix}0&6\\0&9\end{pmatrix}$.

11. $\begin{pmatrix}8&0&0\\24&0&0\\-16&0&0\end{pmatrix}$【解析】因为$A=\alpha\beta^{\mathrm{T}}=\begin{pmatrix}1\\3\\-2\end{pmatrix}(2,0,0)=\begin{pmatrix}2&0&0\\6&0&0\\-4&0&0\end{pmatrix}$，且$\beta^{\mathrm{T}}\alpha=(2\quad0\quad0)\begin{pmatrix}1\\3\\-2\end{pmatrix}=2$，所以

$$A^3=(\alpha\beta^{\mathrm{T}})(\alpha\beta^{\mathrm{T}})(\alpha\beta^{\mathrm{T}})=\alpha(\beta^{\mathrm{T}}\alpha)(\beta^{\mathrm{T}}\alpha)\beta^{\mathrm{T}}=4\alpha\beta^{\mathrm{T}}=4A=\begin{pmatrix}8&0&0\\24&0&0\\-16&0&0\end{pmatrix}.$$

12. $\begin{pmatrix}20&-10&0\\-15&5&0\\0&0&-2\end{pmatrix}$【解析】行列式$|A|$各元素的代数余子式为$A_{11}=\begin{vmatrix}4&0\\0&5\end{vmatrix}=20$，$A_{12}=-\begin{vmatrix}3&0\\0&5\end{vmatrix}=-15$，

$A_{13}=\begin{vmatrix}3&4\\0&0\end{vmatrix}=0$，$A_{21}=-\begin{vmatrix}2&0\\0&5\end{vmatrix}=-10$，$A_{22}=\begin{vmatrix}1&0\\0&5\end{vmatrix}=5$，$A_{23}=-\begin{vmatrix}1&2\\0&0\end{vmatrix}=0$，$A_{31}=\begin{vmatrix}2&0\\4&0\end{vmatrix}=0$，$A_{32}=-\begin{vmatrix}1&0\\3&0\end{vmatrix}=0$，

$A_{33}=\begin{vmatrix}1&2\\3&4\end{vmatrix}=-2$，所以$A^*=\begin{pmatrix}A_{11}&A_{21}&A_{31}\\A_{12}&A_{22}&A_{32}\\A_{13}&A_{23}&A_{33}\end{pmatrix}=\begin{pmatrix}20&-10&0\\-15&5&0\\0&0&-2\end{pmatrix}$.

三、解答题

1. 解：(1) $\begin{pmatrix}1&2&3\\-1&1&2\end{pmatrix}\begin{pmatrix}1&2&0\\0&1&1\\3&0&-1\end{pmatrix}=\begin{pmatrix}10&4&-1\\5&-1&-1\end{pmatrix}$.

(2) $(1,-1,2)\begin{pmatrix}-1&2&0\\0&1&1\\3&0&-1\end{pmatrix}\begin{pmatrix}2\\-1\\-2\end{pmatrix}=(5,1,-3)\begin{pmatrix}2\\-1\\-2\end{pmatrix}=15$.

(3) $\begin{pmatrix}a_1&a_2&a_3\\b_1&b_2&b_3\end{pmatrix}\begin{pmatrix}0&2&3\\4&0&-1\\5&-2&0\end{pmatrix}=\begin{pmatrix}4a_2+5a_3&2a_1-2a_3&3a_1-a_2\\4b_2+5b_3&2b_1-2b_3&3b_1-b_2\end{pmatrix}$.

(4) $\begin{pmatrix}0&1&2\\2&1&3\\1&-1&0\end{pmatrix}\begin{pmatrix}0&1\\1&0\\0&1\end{pmatrix}=\begin{pmatrix}1&2\\1&5\\-1&1\end{pmatrix}$.

2．解：（1）$AB=\begin{pmatrix}0&1&1\\2&1&0\end{pmatrix}\begin{pmatrix}1&-1\\2&0\\1&1\end{pmatrix}=\begin{pmatrix}3&1\\4&-2\end{pmatrix}$；$BA=\begin{pmatrix}1&-1\\2&0\\1&1\end{pmatrix}\begin{pmatrix}0&1&1\\2&1&0\end{pmatrix}=\begin{pmatrix}-2&0&1\\0&2&2\\2&2&1\end{pmatrix}$.

（2）$A^{\mathrm{T}}B^{\mathrm{T}}=(BA)^{\mathrm{T}}=\begin{pmatrix}-2&0&1\\0&2&2\\2&2&1\end{pmatrix}^{\mathrm{T}}=\begin{pmatrix}-2&0&2\\0&2&2\\1&2&1\end{pmatrix}$.

3．解：因为 $AB=\begin{pmatrix}a&b&c\\c&b&a\\1&1&1\end{pmatrix}\begin{pmatrix}1&a&c\\1&b&b\\1&c&a\end{pmatrix}=\begin{pmatrix}a+b+c&a^2+b^2+c^2&2ac+b^2\\a+b+c&2ac+b^2&a^2+b^2+c^2\\3&a+b+c&a+b+c\end{pmatrix}$，$BA=\begin{pmatrix}1&a&c\\1&b&b\\1&c&a\end{pmatrix}\begin{pmatrix}a&b&c\\c&b&a\\1&1&1\end{pmatrix}=$ $\begin{pmatrix}a+ac+c&b+ab+c&2c+a^2\\a+bc+b&2b+b^2&c+ab+b\\2a+c^2&b+bc+a&c+ac+a\end{pmatrix}$，所以

$$AB-BA=\begin{pmatrix}b-ac&a^2+b^2+c^2-b-ab-c&2ac+b^2-2c-a^2\\c-bc&2ac-2b&a^2+b^2+c^2-c-ab-b\\3-2a-c^2&c-bc&b-ac\end{pmatrix}.$$

4．解：$A^{\mathrm{T}}B=\begin{pmatrix}2&-1\\0&1\\1&-3\end{pmatrix}\begin{pmatrix}0&4&2\\3&5&7\end{pmatrix}=\begin{pmatrix}-3&3&-3\\3&5&7\\-9&-11&-19\end{pmatrix}$.

5．解：（1）$(A+B)(A-B)=\begin{pmatrix}2&0&3\\0&4&2\\3&0&2\end{pmatrix}\begin{pmatrix}0&0&3\\0&0&0\\-3&0&0\end{pmatrix}=\begin{pmatrix}-9&0&6\\-6&0&0\\-6&0&9\end{pmatrix}$.

（2）$A^2-B^2=\begin{pmatrix}1&0&6\\0&4&3\\0&0&1\end{pmatrix}-\begin{pmatrix}1&0&0\\3&4&3\\6&0&1\end{pmatrix}=\begin{pmatrix}0&0&6\\-3&0&0\\-6&0&0\end{pmatrix}$.

（3）因为 $(A+B)(A-B)\neq A^2-B^2$，所以矩阵的乘法不满足交换律.

6．解：行列式 $|A|$ 各元素的代数余子式为 $A_{11}=(-1)^{1+1}\begin{vmatrix}1&0\\2&3\end{vmatrix}=3$，$A_{12}=(-1)^{1+2}\begin{vmatrix}1&0\\-1&3\end{vmatrix}=-3$，$A_{13}=(-1)^{1+3}\begin{vmatrix}1&1\\-1&2\end{vmatrix}=3$，$A_{21}=(-1)^{2+1}\begin{vmatrix}3&3\\2&3\end{vmatrix}=-3$，$A_{22}=(-1)^{2+2}\begin{vmatrix}0&3\\-1&3\end{vmatrix}=3$，$A_{23}=(-1)^{2+3}\begin{vmatrix}0&3\\-1&2\end{vmatrix}=-3$，$A_{31}=(-1)^{3+1}\begin{vmatrix}3&3\\1&0\end{vmatrix}=-3$，$A_{32}=(-1)^{3+2}\begin{vmatrix}0&3\\1&0\end{vmatrix}=3$，$A_{33}=(-1)^{3+3}\begin{vmatrix}0&3\\1&1\end{vmatrix}=-3$，所以 A 的伴随矩阵 $A^*=\begin{pmatrix}A_{11}&A_{21}&A_{31}\\A_{12}&A_{22}&A_{32}\\A_{13}&A_{23}&A_{33}\end{pmatrix}=\begin{pmatrix}3&-3&-3\\-3&3&3\\3&-3&-3\end{pmatrix}$.

7．解：行列式 $|A|=\begin{vmatrix}1&2&3\\2&2&1\\3&4&3\end{vmatrix}\xlongequal[r_3-3r_1]{r_2-2r_1}\begin{vmatrix}1&2&3\\0&-2&-5\\0&-2&-6\end{vmatrix}\xlongequal{r_3-r_2}\begin{vmatrix}1&2&3\\0&-2&-5\\0&0&-1\end{vmatrix}=2$．行列式 $|A|$ 各元素的代数余子式为 $A_{11}=(-1)^{1+1}\begin{vmatrix}2&1\\4&3\end{vmatrix}=2$，$A_{12}=(-1)^{1+2}\begin{vmatrix}2&1\\3&3\end{vmatrix}=-3$，$A_{13}=(-1)^{1+3}\begin{vmatrix}2&2\\3&4\end{vmatrix}=2$，$A_{21}=(-1)^{2+1}\begin{vmatrix}2&3\\4&3\end{vmatrix}=6$，$A_{22}=(-1)^{2+2}\begin{vmatrix}1&3\\3&3\end{vmatrix}=-6$，$A_{23}=(-1)^{2+3}\begin{vmatrix}1&2\\3&4\end{vmatrix}=2$，$A_{31}=(-1)^{3+1}\begin{vmatrix}2&3\\2&1\end{vmatrix}=-4$，$A_{32}=(-1)^{3+2}\begin{vmatrix}1&3\\2&1\end{vmatrix}=5$，$A_{33}=(-1)^{3+3}\begin{vmatrix}1&2\\2&2\end{vmatrix}=-2$，所以 $A^*=\begin{pmatrix}2&6&-4\\-3&-6&5\\2&2&-2\end{pmatrix}$．于是 $AA^*=\begin{pmatrix}1&2&3\\2&2&1\\3&4&3\end{pmatrix}\begin{pmatrix}2&6&-4\\-3&-6&5\\2&2&-2\end{pmatrix}=2\begin{pmatrix}1&0&0\\0&1&0\\0&0&1\end{pmatrix}$，$A^*A=$

$$\begin{pmatrix}2&6&-4\\-3&-6&5\\2&2&-2\end{pmatrix}\begin{pmatrix}1&2&3\\2&2&1\\3&4&3\end{pmatrix}=2\begin{pmatrix}1&0&0\\0&1&0\\0&0&1\end{pmatrix}.$$

8．**解**：记 $\boldsymbol{\alpha}=\begin{pmatrix}1\\2\end{pmatrix}$，$\boldsymbol{\beta}^{\mathrm{T}}=(1,1)$，则 $\boldsymbol{A}=\boldsymbol{\alpha\beta}^{\mathrm{T}}$，所以 $\boldsymbol{A}^n=\boldsymbol{\alpha\beta}^{\mathrm{T}}\boldsymbol{\alpha\beta}^{\mathrm{T}}\cdots\boldsymbol{\alpha\beta}^{\mathrm{T}}=\boldsymbol{\alpha}(\boldsymbol{\beta}^{\mathrm{T}}\boldsymbol{\alpha})(\boldsymbol{\beta}^{\mathrm{T}}\boldsymbol{\alpha})\cdots(\boldsymbol{\beta}^{\mathrm{T}}\boldsymbol{\alpha})\boldsymbol{\beta}^{\mathrm{T}}$．又 $\boldsymbol{\beta}^{\mathrm{T}}\boldsymbol{\alpha}=(1,1)\begin{pmatrix}1\\2\end{pmatrix}=3$，所以 $\boldsymbol{A}^n=\boldsymbol{\alpha\beta}^{\mathrm{T}}\boldsymbol{\alpha\beta}^{\mathrm{T}}\cdots\boldsymbol{\alpha\beta}^{\mathrm{T}}=3^{n-1}\boldsymbol{\alpha\beta}^{\mathrm{T}}=3^{n-1}\begin{pmatrix}1&1\\2&2\end{pmatrix}$．

9．**解**：由题可知，$\boldsymbol{A}=\begin{pmatrix}1&1\\1&-1\end{pmatrix}$，$\boldsymbol{A}^2=\begin{pmatrix}2&0\\0&2\end{pmatrix}$，$\boldsymbol{A}^3=\begin{pmatrix}2&2\\2&-2\end{pmatrix}$，$\boldsymbol{A}^4=\begin{pmatrix}4&0\\0&4\end{pmatrix}$，$\boldsymbol{A}^5=\begin{pmatrix}4&4\\4&-4\end{pmatrix}$，$\boldsymbol{A}^6=\begin{pmatrix}8&0\\0&8\end{pmatrix}$，…，$\boldsymbol{A}^{2n}=\begin{pmatrix}2^n&0\\0&2^n\end{pmatrix}$，$\boldsymbol{A}^{2n+1}=\begin{pmatrix}2^n&2^n\\2^n&-2^n\end{pmatrix}$，所以 $\boldsymbol{A}^{20}=\begin{pmatrix}2^{10}&0\\0&2^{10}\end{pmatrix}$．

10．**解**：设矩阵 $\boldsymbol{A}=(0,1)$，$\boldsymbol{B}=\begin{pmatrix}1\\0\end{pmatrix}$，则 $\boldsymbol{AB}=\boldsymbol{O}$，$(\boldsymbol{AB})^k=\boldsymbol{O}$．而 $\boldsymbol{A}^k$ 与 $\boldsymbol{B}^k$ 均无意义，所以 $(\boldsymbol{AB})^k\neq\boldsymbol{A}^k\boldsymbol{B}^k$，即 $(\boldsymbol{AB})^k=\boldsymbol{A}^k\boldsymbol{B}^k$ 一般情况下不成立．

11．**证**：因为 $(\boldsymbol{AA}^{\mathrm{T}})^{\mathrm{T}}=(\boldsymbol{A}^{\mathrm{T}})^{\mathrm{T}}\boldsymbol{A}^{\mathrm{T}}=\boldsymbol{AA}^{\mathrm{T}}$，所以 $\boldsymbol{AA}^{\mathrm{T}}$ 是对称矩阵．因为 $(\boldsymbol{A}^{\mathrm{T}}\boldsymbol{A})^{\mathrm{T}}=\boldsymbol{A}^{\mathrm{T}}(\boldsymbol{A}^{\mathrm{T}})^{\mathrm{T}}=\boldsymbol{A}^{\mathrm{T}}\boldsymbol{A}$，所以 $\boldsymbol{AA}^{\mathrm{T}}$ 是对称矩阵，得证．

12．**证**：证明充分性．因为 $\boldsymbol{AB}$ 为对称阵，则 $(\boldsymbol{AB})^{\mathrm{T}}=\boldsymbol{B}^{\mathrm{T}}\boldsymbol{A}^{\mathrm{T}}=\boldsymbol{AB}$，又因为 $\boldsymbol{A}^{\mathrm{T}}=\boldsymbol{A}$，$\boldsymbol{B}^{\mathrm{T}}=\boldsymbol{B}$，所以 $\boldsymbol{AB}=\boldsymbol{BA}$．

证明必要性．因为 $\boldsymbol{AB}=\boldsymbol{BA}$，则 $(\boldsymbol{AB})^{\mathrm{T}}=(\boldsymbol{BA})^{\mathrm{T}}=\boldsymbol{A}^{\mathrm{T}}\boldsymbol{B}^{\mathrm{T}}$，又因为 $\boldsymbol{A}^{\mathrm{T}}=\boldsymbol{A}$，$\boldsymbol{B}^{\mathrm{T}}=\boldsymbol{B}$，所以 $(\boldsymbol{AB})^{\mathrm{T}}=\boldsymbol{AB}$，得证．

第三节　逆矩阵

一、单项选择题

1．B【解析】$|3\boldsymbol{A}^{-1}|=3^3|\boldsymbol{A}^{-1}|=\dfrac{3^3}{|\boldsymbol{A}|}=-\dfrac{27}{2}$．故选 B.

2．B【解析】由 $\boldsymbol{AA}^*=|\boldsymbol{A}|\boldsymbol{E}$，得 $(\boldsymbol{A}^*)^{-1}=\dfrac{\boldsymbol{A}}{|\boldsymbol{A}|}$．故选 B.

3．C【解析】因为 $(\boldsymbol{A}+\boldsymbol{B})(\boldsymbol{A}^{-1}+\boldsymbol{B}^{-1})=\boldsymbol{AA}^{-1}+\boldsymbol{AB}^{-1}+\boldsymbol{BA}^{-1}+\boldsymbol{BB}^{-1}\neq\boldsymbol{E}$，所以 $(\boldsymbol{A}+\boldsymbol{B})^{-1}\neq\boldsymbol{A}^{-1}+\boldsymbol{B}^{-1}$．故选 C.

4．B【解析】$(\boldsymbol{ABC})^{-1}=\boldsymbol{C}^{-1}\boldsymbol{B}^{-1}\boldsymbol{A}^{-1}$．故选 B.

5．D【解析】由 $\boldsymbol{A}^{-1}=\dfrac{1}{|\boldsymbol{A}|}\boldsymbol{A}^*$，得 $\boldsymbol{A}^*=|\boldsymbol{A}|\boldsymbol{A}^{-1}=3\boldsymbol{A}^{-1}$，所以 $|2\boldsymbol{A}^*|=|6\boldsymbol{A}^{-1}|=6^3|\boldsymbol{A}^{-1}|=\dfrac{6^3}{|\boldsymbol{A}|}=72$．故选 D.

6．A【解析】由 $\boldsymbol{A}^*=|\boldsymbol{A}|\boldsymbol{A}^{-1}$，得 $|\boldsymbol{A}^*|=\big||\boldsymbol{A}|\boldsymbol{A}^{-1}\big|=|\boldsymbol{A}|^n|\boldsymbol{A}^{-1}|=\dfrac{|\boldsymbol{A}|^n}{|\boldsymbol{A}|}=|\boldsymbol{A}|^{n-1}$．故选 A.

7．C【解析】因为 $\boldsymbol{A}^{-1}=\dfrac{1}{|\boldsymbol{A}|}\boldsymbol{A}^*$，$\boldsymbol{A}^*=|\boldsymbol{A}|\boldsymbol{A}^{-1}$，所以 $|\boldsymbol{A}^*\boldsymbol{A}^{-1}|=\big||\boldsymbol{A}|\boldsymbol{A}^{-1}\boldsymbol{A}^{-1}\big|=|\boldsymbol{A}|^n\dfrac{1}{|\boldsymbol{A}|}\dfrac{1}{|\boldsymbol{A}|}=|\boldsymbol{A}|^{n-2}$．故选 C.

8．A【解析】由 $\boldsymbol{ABC}=\boldsymbol{E}$，得 $\boldsymbol{C}=\boldsymbol{B}^{-1}\boldsymbol{A}^{-1}$，故 $\boldsymbol{C}^{-1}=(\boldsymbol{B}^{-1}\boldsymbol{A}^{-1})^{-1}=\boldsymbol{AB}$．故选 A.

9．C【解析】因为 $(\boldsymbol{A}^{-1})^{-1}=\boldsymbol{A}$，所以 $\boldsymbol{A}=-\dfrac{1}{2}\begin{pmatrix}4&-2\\-3&1\end{pmatrix}=\begin{pmatrix}-2&1\\\dfrac{3}{2}&-\dfrac{1}{2}\end{pmatrix}$．故选 C.

方法总结

求二阶方阵的逆矩阵，可简述为“**主对调，副换号，再除以行列式**”．

10．C【解析】由 $\boldsymbol{AA}^*=|\boldsymbol{A}|\boldsymbol{E}$，得 $(k\boldsymbol{A})(k\boldsymbol{A})^*=|k\boldsymbol{A}|\boldsymbol{E}$，则 $(k\boldsymbol{A})^*=|k\boldsymbol{A}|(k\boldsymbol{A})^{-1}=k^n|\boldsymbol{A}|\cdot\dfrac{1}{k}\boldsymbol{A}^{-1}=k^{n-1}\boldsymbol{A}^*$，所以 $(2\boldsymbol{A})^*=2^{n-1}\boldsymbol{A}^*$．故选 C.

11．D【解析】因为 $\boldsymbol{AA}^*=|\boldsymbol{A}|\boldsymbol{E}$，所以若 $\boldsymbol{A}$ 可逆，则 $\boldsymbol{A}^*$ 可逆．故选 D.

12. D【解析】由 $(A+E)^3=(A-2E)^3$，得 $A^3+3A^2+3A+E=A^3-6A^2+12A-8E$，则 $A-A^2=E$，所以 $A(E-A)=E$，$A^{-1}=E-A$．故选 D.

13. A【解析】$|A+B^{-1}|=|ABB^{-1}+AA^{-1}B^{-1}|=|A(B+A^{-1})B^{-1}|=|A||B+A^{-1}||B^{-1}|$，其中 $|A|=3$，$|B|=2$，$|A^{-1}+B|=2$，所以 $|A+B^{-1}|=3\times 2\times\dfrac{1}{2}=3$．故选 A.

二、填空题

1. $\begin{pmatrix}7&-3\\-2&1\end{pmatrix}$【解析】$A^{-1}=\dfrac{A^*}{|A|}=\begin{pmatrix}7&-3\\-2&1\end{pmatrix}$.

2. 24；9【解析】$|2A|=2^3|A|=24$，$|A^2|=|A|^2=9$.

3. $(-1)^{n+1}\dfrac{2}{3}$【解析】$|-A^{\mathrm{T}}B^{-1}|=(-1)^n|A^{\mathrm{T}}B^{-1}|=(-1)^n|A^{\mathrm{T}}||B^{-1}|=(-1)^n\dfrac{|A|}{|B|}=(-1)^{n+1}\dfrac{2}{3}$.

4. $\dfrac{A+2E}{4}$【解析】由 $A^2+3A-2E=O$，得 $A^2+A+2(A+E)=4E$，即 $\left(\dfrac{A+2E}{4}\right)(A+E)=E$，所以 $(A+E)^{-1}=\dfrac{A+2E}{4}$.

5. $\neq 0$【解析】因为 $|A|=\begin{vmatrix}1&0&0\\0&k&0\\1&-1&1\end{vmatrix}=k$，所以当 $k\neq 0$ 时矩阵 A 可逆.

6. $\begin{pmatrix}2&0&0\\-2&1&0\\0&-1&\frac{2}{3}\end{pmatrix}$【解析】$\left(\dfrac{A}{2}\right)^{-1}=2A^{-1}=2\times\dfrac{1}{6}\begin{pmatrix}6&0&0\\-6&3&0\\0&-3&2\end{pmatrix}=\begin{pmatrix}2&0&0\\-2&1&0\\0&-1&\frac{2}{3}\end{pmatrix}$.

7. $\begin{pmatrix}-a&-b\\-c&-d\end{pmatrix}$【解析】由 $AA^*=|A|E=-E$，得 $(-A)A^*=E$，所以 $(A^*)^{-1}=-A=\begin{pmatrix}-a&-b\\-c&-d\end{pmatrix}$.

8. $AB=BA$【解析】由 $(AB)^k=A^kB^k$，得 $(AB)^{k-1}(AB)=A^kB^k$，即 $B^{k-1}A=AB^{k-1}$，所以 $AB=BA$.

9. $\begin{pmatrix}1&1\\-3&-2\end{pmatrix}$【解析】由 $AX=B$，得 $X=A^{-1}B=\begin{pmatrix}1&0\\-2&1\end{pmatrix}\begin{pmatrix}1&1\\-1&0\end{pmatrix}=\begin{pmatrix}1&1\\-3&-2\end{pmatrix}$.

10. -4【解析】$|A^{-1}B|=|A^{-1}||B|=\dfrac{|B|}{|A|}=\dfrac{(-2)^3}{2}=-4$.

11. k^n【解析】$|kA^{\mathrm{T}}A^{-1}|=k^n|A^{\mathrm{T}}A^{-1}|=k^n|A^{\mathrm{T}}||A^{-1}|=k^n|A|\dfrac{1}{|A|}=k^n$.

12. 0【解析】由 $AA^{\mathrm{T}}=E$，得 $|AA^{\mathrm{T}}|=1$，则 $|A|^2=1$，解得 $|A|=-1$（$|A|<0$）. 因为 $|A+E|=|A+AA^{\mathrm{T}}|=|A(E+A^{\mathrm{T}})|=|A||E+A^{\mathrm{T}}|=-|E^{\mathrm{T}}+A^{\mathrm{T}}|=-|E+A|$，所以 $|A+E|=0$.

三、解答题

1. 解：$\left|-|A^{-1}|B^{-1}\right|=\left|-|A|^{-1}B^{-1}\right|=\left|-\dfrac{1}{2}B^{-1}\right|=\left(-\dfrac{1}{2}\right)^5|B^{-1}|=-\dfrac{1}{32}|B|^{-1}=-\dfrac{1}{32}\times\left(-\dfrac{1}{2}\right)=\dfrac{1}{64}$.

2. 解：(1) 记 $A=\begin{pmatrix}0&2&1\\1&-1&1\\3&-1&2\end{pmatrix}$，因为 $|A|=\begin{vmatrix}0&2&1\\1&-1&1\\3&-1&2\end{vmatrix}=1\times(-1)^{2+1}\begin{vmatrix}2&1\\-1&2\end{vmatrix}+3\times(-1)^{3+1}\begin{vmatrix}2&1\\-1&1\end{vmatrix}=4\neq 0$，所以矩阵 A 可逆．行列式 $|A|$ 各元素的代数余子式为 $A_{11}=(-1)^{1+1}\begin{vmatrix}-1&1\\-1&2\end{vmatrix}=-1$，$A_{12}=(-1)^{1+2}\begin{vmatrix}1&1\\3&2\end{vmatrix}=1$，$A_{13}=(-1)^{1+3}\begin{vmatrix}1&-1\\3&-1\end{vmatrix}=2$，$A_{21}=(-1)^{2+1}\begin{vmatrix}2&1\\-1&2\end{vmatrix}=-5$，$A_{22}=(-1)^{2+2}\begin{vmatrix}0&1\\3&2\end{vmatrix}=-3$，$A_{23}=(-1)^{2+3}\begin{vmatrix}0&2\\3&-1\end{vmatrix}=6$，

$A_{31}=(-1)^{3+1}\begin{vmatrix}2&1\\-1&1\end{vmatrix}=3$，$A_{32}=(-1)^{3+2}\begin{vmatrix}0&1\\1&1\end{vmatrix}=1$，$A_{33}=(-1)^{3+3}\begin{vmatrix}0&2\\1&-1\end{vmatrix}=-2$，所以 $\boldsymbol{A}^{-1}=\dfrac{\boldsymbol{A}^*}{|\boldsymbol{A}|}=\dfrac{1}{4}\begin{pmatrix}-1&-5&3\\1&-3&1\\2&6&-2\end{pmatrix}$.

（2）记 $\boldsymbol{A}=\begin{pmatrix}0&-1&0\\1&0&1\\1&0&2\end{pmatrix}$，因为 $|\boldsymbol{A}|=\begin{vmatrix}0&-1&0\\1&0&1\\1&0&2\end{vmatrix}=-1\times(-1)^{1+2}\begin{vmatrix}1&1\\1&2\end{vmatrix}=1\neq0$，所以矩阵 $\boldsymbol{A}$ 可逆．行列式 $|\boldsymbol{A}|$ 各元素的代数余子式为 $A_{11}=(-1)^{1+1}\begin{vmatrix}0&1\\0&2\end{vmatrix}=0$，$A_{12}=(-1)^{1+2}\begin{vmatrix}1&1\\1&2\end{vmatrix}=-1$，$A_{13}=(-1)^{1+3}\begin{vmatrix}1&0\\1&0\end{vmatrix}=0$，$A_{21}=(-1)^{2+1}\begin{vmatrix}-1&0\\0&2\end{vmatrix}=2$，$A_{22}=(-1)^{2+2}\begin{vmatrix}0&0\\1&2\end{vmatrix}=0$，$A_{23}=(-1)^{2+3}\begin{vmatrix}0&-1\\1&0\end{vmatrix}=-1$，$A_{31}=(-1)^{3+1}\begin{vmatrix}-1&0\\0&1\end{vmatrix}=-1$，$A_{32}=(-1)^{3+2}\begin{vmatrix}0&0\\1&1\end{vmatrix}=0$，$A_{33}=(-1)^{3+3}\begin{vmatrix}0&-1\\1&0\end{vmatrix}=1$，所以 $\boldsymbol{A}^{-1}=\dfrac{\boldsymbol{A}^*}{|\boldsymbol{A}|}=\begin{pmatrix}0&2&-1\\-1&0&0\\0&-1&1\end{pmatrix}$.

3．**解**：因为 $|\boldsymbol{A}|=\begin{vmatrix}2&-3&1\\4&-5&2\\5&-7&3\end{vmatrix}=1\times(-1)^{1+3}\begin{vmatrix}4&-5\\5&-7\end{vmatrix}+2\times(-1)^{2+3}\begin{vmatrix}2&-3\\5&-7\end{vmatrix}+3\times(-1)^{3+3}\begin{vmatrix}2&-3\\4&-5\end{vmatrix}=1\neq0$，所以矩阵 $\boldsymbol{A}$ 可逆．行列式 $|\boldsymbol{A}|$ 各元素的代数余子式为 $A_{11}=-1$，$A_{12}=-2$，$A_{13}=-3$，$A_{21}=2$，$A_{22}=1$，$A_{23}=-1$，$A_{31}=-1$，$A_{32}=0$，$A_{33}=2$，所以 $\boldsymbol{A}^{-1}=\dfrac{\boldsymbol{A}^*}{|\boldsymbol{A}|}=\begin{pmatrix}-1&2&-1\\-2&1&0\\-3&-1&2\end{pmatrix}$.

4．**解**：（1）设矩阵 $\boldsymbol{A}=\begin{pmatrix}1&0\\2&2\end{pmatrix}$，$\boldsymbol{B}=\begin{pmatrix}0&1&2\\1&0&1\end{pmatrix}$，则 $\boldsymbol{AX}=\boldsymbol{B}$，$\boldsymbol{X}=\boldsymbol{A}^{-1}\boldsymbol{B}$．又 $\boldsymbol{A}^{-1}=\begin{pmatrix}1&0\\-1&\frac{1}{2}\end{pmatrix}$，则

$$\boldsymbol{X}=\boldsymbol{A}^{-1}\boldsymbol{B}=\begin{pmatrix}1&0\\-1&\frac{1}{2}\end{pmatrix}\begin{pmatrix}0&1&2\\1&0&1\end{pmatrix}=\begin{pmatrix}0&1&2\\\frac{1}{2}&-1&-\frac{3}{2}\end{pmatrix}.$$

（2）设矩阵 $\boldsymbol{A}=\begin{pmatrix}1&2&0\\4&-2&-1\\-3&1&2\end{pmatrix}$，$\boldsymbol{B}=\begin{pmatrix}0&4\\6&5\\1&-3\end{pmatrix}$，则 $\boldsymbol{AX}=\boldsymbol{B}$，$\boldsymbol{X}=\boldsymbol{A}^{-1}\boldsymbol{B}$．又 $\boldsymbol{A}^{-1}=-\dfrac{1}{13}\begin{pmatrix}-3&-4&-2\\-5&2&1\\-2&-7&-10\end{pmatrix}$，则 $\boldsymbol{X}=\boldsymbol{A}^{-1}\boldsymbol{B}=-\dfrac{1}{13}\begin{pmatrix}-3&-4&-2\\-5&2&1\\-2&-7&-10\end{pmatrix}\begin{pmatrix}0&4\\6&5\\1&-3\end{pmatrix}=\begin{pmatrix}2&2\\-1&1\\4&1\end{pmatrix}$.

5．**解**：由 $\boldsymbol{AX}=\boldsymbol{A}+2\boldsymbol{X}$，得 $(\boldsymbol{A}-2\boldsymbol{E})\boldsymbol{X}=\boldsymbol{A}$，所以 $\boldsymbol{X}=(\boldsymbol{A}-2\boldsymbol{E})^{-1}\boldsymbol{A}$．又 $\boldsymbol{A}-2\boldsymbol{E}=\begin{pmatrix}3&0&1\\1&1&0\\0&1&4\end{pmatrix}-\begin{pmatrix}2&0&0\\0&2&0\\0&0&2\end{pmatrix}=\begin{pmatrix}1&0&1\\1&-1&0\\0&1&2\end{pmatrix}$，$(\boldsymbol{A}-2\boldsymbol{E})^{-1}=\begin{pmatrix}2&-1&-1\\2&-2&-1\\-1&1&1\end{pmatrix}$，则

$$\boldsymbol{X}=(\boldsymbol{A}-2\boldsymbol{E})^{-1}\boldsymbol{A}=\begin{pmatrix}2&-1&-1\\2&-2&-1\\-1&1&1\end{pmatrix}\begin{pmatrix}3&0&1\\1&1&0\\0&1&4\end{pmatrix}=\begin{pmatrix}5&-2&-2\\4&-3&-2\\-2&2&3\end{pmatrix}.$$

6．**解**：由 $\boldsymbol{AXB}=\boldsymbol{C}$，得 $\boldsymbol{X}=\boldsymbol{A}^{-1}\boldsymbol{C}\boldsymbol{B}^{-1}$．又 $\boldsymbol{A}^{-1}=\begin{pmatrix}1&3&-2\\-\frac{3}{2}&-3&\frac{5}{2}\\1&1&-1\end{pmatrix}$，$\boldsymbol{B}^{-1}=\begin{pmatrix}3&-1\\-5&2\end{pmatrix}$，则

$$X=\begin{pmatrix}1&3&-2\\-\frac{3}{2}&-3&\frac{5}{2}\\1&1&-1\end{pmatrix}\begin{pmatrix}1&3\\2&0\\3&1\end{pmatrix}\begin{pmatrix}3&-1\\-5&2\end{pmatrix}=\begin{pmatrix}1&1\\0&-2\\0&2\end{pmatrix}\begin{pmatrix}3&-1\\-5&2\end{pmatrix}=\begin{pmatrix}-2&1\\10&-4\\-10&4\end{pmatrix}.$$

7．**解**：由 $A^3-2A+E=O$，得 $A^3-2A=-E$，则 $(A^2-2E)A=-E$，即 $(A^2-2E)(-A)=E$，所以 $(A^2-2E)^{-1}=-A$．

8.**解**:由 $A+B=BA$，得 $B(A-E)=A$，$B=A(A-E)^{-1}$．因为 $A-E=\begin{pmatrix}1&2&3\\0&1&2\\0&0&1\end{pmatrix}$，$(A-E)^{-1}=\begin{pmatrix}1&-2&1\\0&1&-2\\0&0&1\end{pmatrix}$，

则 $B=A(A-E)^{-1}=\begin{pmatrix}2&2&3\\0&2&2\\0&0&2\end{pmatrix}\begin{pmatrix}1&-2&1\\0&1&-2\\0&0&1\end{pmatrix}=\begin{pmatrix}2&-2&1\\0&2&-2\\0&0&2\end{pmatrix}$，所以 $A+B=\begin{pmatrix}2&2&3\\0&2&2\\0&0&2\end{pmatrix}+\begin{pmatrix}2&-2&1\\0&2&-2\\0&0&2\end{pmatrix}=\begin{pmatrix}4&0&4\\0&4&0\\0&0&4\end{pmatrix}$．

9．**解**：若矩阵 A 可逆，则行列式 $|A|=\begin{vmatrix}1&-1&1\\0&k&0\\0&0&2\end{vmatrix}=2k\neq0$，解得 $k\neq0$． $A^{-1}=\dfrac{A^*}{|A|}=\dfrac{1}{2k}\begin{pmatrix}2k&2&-k\\0&2&0\\0&0&k\end{pmatrix}$．

10．**解**： $|3A^{-1}-2A^*|=\left|3A^{-1}-2|A|A^{-1}\right|=|-A^{-1}|=(-1)^3|A^{-1}|=-\dfrac{1}{|A|}=-\dfrac{1}{2}$．

11．**解**：记 $A=\begin{pmatrix}1&2&1\\2&5&4\\1&1&0\end{pmatrix}$，$x=\begin{pmatrix}x_1\\x_2\\x_3\end{pmatrix}$，$b=\begin{pmatrix}1\\0\\1\end{pmatrix}$，则有 $Ax=b$，所以 $x=A^{-1}b=\begin{pmatrix}1&2&1\\2&5&4\\1&1&0\end{pmatrix}^{-1}\begin{pmatrix}1\\0\\1\end{pmatrix}=$
$\begin{pmatrix}-4&1&3\\4&-1&-2\\-3&1&1\end{pmatrix}\begin{pmatrix}1\\0\\1\end{pmatrix}=\begin{pmatrix}-1\\2\\-2\end{pmatrix}$，即 $\begin{cases}x_1=-1,\\x_2=2,\\x_3=-2.\end{cases}$

12.（1）**证**：由 $AB-2B=4A$，得 $AB-2B-4A+8E=8E$，即 $(A-2E)(B-4E)=8E$，所以 $A-2E$ 可逆，且 $(A-2E)^{-1}=\dfrac{1}{8}(B-4E)$，得证．

（2）**解**:由（1）可知，$B-4E$ 可逆，且 $(B-4E)^{-1}=\begin{pmatrix}0&0&1\\0&2&0\\-1&0&0\end{pmatrix}^{-1}=\begin{pmatrix}0&0&-1\\0&\frac{1}{2}&0\\1&0&0\end{pmatrix}$．又 $(B-4E)^{-1}=\dfrac{1}{8}(A-2E)$，

所以 $A=2E+8(B-4E)^{-1}=\begin{pmatrix}2&0&0\\0&2&0\\0&0&2\end{pmatrix}+\begin{pmatrix}0&0&-8\\0&4&0\\8&0&0\end{pmatrix}=\begin{pmatrix}2&0&-8\\0&6&0\\8&0&2\end{pmatrix}$．

13.**解**:（1）$A^2=\begin{pmatrix}1&1&1&1\\1&1&-1&-1\\1&-1&1&-1\\1&-1&-1&1\end{pmatrix}\begin{pmatrix}1&1&1&1\\1&1&-1&-1\\1&-1&1&-1\\1&-1&-1&1\end{pmatrix}=\begin{pmatrix}4&0&0&0\\0&4&0&0\\0&0&4&0\\0&0&0&4\end{pmatrix}=4E$，则 $A^{-1}=\dfrac{1}{4}A=\dfrac{1}{4}\begin{pmatrix}1&1&1&1\\1&1&-1&-1\\1&-1&1&-1\\1&-1&-1&1\end{pmatrix}$．

（2）由 $A^2+AX-A=E$，得 $AX=E+A-A^2=E+A-4E=A-3E$，所以 $X=A^{-1}(A-3E)=$
$\dfrac{1}{4}\begin{pmatrix}1&1&1&1\\1&1&-1&-1\\1&-1&1&-1\\1&-1&-1&1\end{pmatrix}\begin{pmatrix}-2&1&1&1\\1&-2&-1&-1\\1&-1&-2&-1\\1&-1&-1&-2\end{pmatrix}=\dfrac{1}{4}\begin{pmatrix}1&-3&-3&-3\\-3&1&3&3\\-3&3&1&3\\-3&3&3&1\end{pmatrix}$．

14．**解**：由 $AB=2A+B$，得 $AB-2A-B=O$，所以 $A(B-2E)-B+2E=2E$，即 $A(B-2E)-(B-2E)=2E$，$(A-E)(B-2E)=2E$，因此 $A-E$ 可逆，且 $(A-E)^{-1}=\dfrac{1}{2}(B-2E)$．

第四节　克拉默法则

一、单项选择题

1．C【解析】根据克拉默法则可知，系数行列式$|\boldsymbol{A}|=\begin{vmatrix} k & -1 \\ -1 & k \end{vmatrix}=k^2-1\neq 0$，解得$k=\pm 1$．故选 C.

2．A【解析】若齐次线性方程组有非零解，则其系数行列式等于 0．故选 A.

3．B【解析】若齐次线性方程组只有零解，则其系数行列式不等于 0．故选 B.

4．B【解析】根据克拉默法则可知，若线性方程组有非零解，则其系数行列式为零，即$\begin{vmatrix} a & b & b \\ b & a & b \\ b & b & a \end{vmatrix}\overset{r_2-\frac{a}{b}r_1}{\underset{r_3-r_1}{=\!=}}$

$\begin{vmatrix} a & b & b \\ b-\dfrac{a^2}{b} & 0 & b-a \\ b-a & 0 & a-b \end{vmatrix}=-b\left[(a-b)\dfrac{(b+a)(b-a)}{b}-(b-a)^2\right]=(a+2b)(a-b)^2=0$，解得$a=b$或$a+2b=0$．故选 B.

二、填空题

1．4【解析】根据克拉默法则可知，若齐次线性方程组有非零解，则其系数行列式$\begin{vmatrix} 1 & 2 \\ 2 & k \end{vmatrix}=0$，即$k=4$.

2．$\lambda\neq -1$【解析】根据克拉默法则可知，若线性方程组有唯一解，则其系数行列式$\begin{vmatrix} 1 & -1 & -1 \\ 2 & -1 & -3 \\ 3 & \lambda & -5 \end{vmatrix}\neq 0$，即$\lambda\neq -1$.

3．0 或 9【解析】根据克拉默法则可知，若齐次线性方程组有非零解，则其系数行列式为零，即$|\boldsymbol{A}|=$
$\begin{vmatrix} \lambda+3 & 1 & 2 \\ \lambda & 0 & 1 \\ 0 & 2\lambda & \lambda+3 \end{vmatrix}\overset{r_1-r_2}{=\!=}\begin{vmatrix} 3 & 1 & 1 \\ \lambda & 0 & 1 \\ 0 & 2\lambda & \lambda+3 \end{vmatrix}=3\times(-2\lambda)-\lambda(\lambda+3)+2\lambda^2=\lambda^2-9\lambda=0$，解得$\lambda=0$或 9.

三、简答题

1．解：（1）系数行列式$|\boldsymbol{A}|=\begin{vmatrix} 1 & 1 & -2 \\ 5 & -2 & 7 \\ 2 & -5 & 4 \end{vmatrix}=63\neq 0$，根据克拉默法则可知，方程组有唯一解，并且

$x_1=\dfrac{1}{|\boldsymbol{A}|}\begin{vmatrix} -3 & 1 & -2 \\ 22 & -2 & 7 \\ 4 & -5 & 4 \end{vmatrix}\overset{c_1+3c_2}{\underset{c_3+2c_2}{=\!=}}\dfrac{1}{63}\begin{vmatrix} 0 & 1 & 0 \\ 16 & -2 & 3 \\ -11 & -5 & -6 \end{vmatrix}=\dfrac{1}{63}\times(-1)\times\begin{vmatrix} 16 & 3 \\ -11 & -6 \end{vmatrix}=1$，　$x_2=\dfrac{1}{|\boldsymbol{A}|}\begin{vmatrix} 1 & -3 & -2 \\ 5 & 22 & 7 \\ 2 & 4 & 4 \end{vmatrix}\overset{c_2+3c_1}{\underset{c_3+2c_1}{=\!=}}$

$\dfrac{1}{63}\begin{vmatrix} 1 & 0 & 0 \\ 5 & 37 & 17 \\ 2 & 10 & 8 \end{vmatrix}=\dfrac{1}{63}\begin{vmatrix} 37 & 17 \\ 10 & 8 \end{vmatrix}=2$，$x_3=\dfrac{1}{|\boldsymbol{A}|}\begin{vmatrix} 1 & 1 & -3 \\ 5 & -2 & 22 \\ 2 & -5 & 4 \end{vmatrix}\overset{c_2-c_1}{\underset{c_3+3c_1}{=\!=}}\dfrac{1}{63}\begin{vmatrix} 1 & 0 & 0 \\ 5 & -7 & 37 \\ 2 & -7 & 10 \end{vmatrix}=\dfrac{1}{63}\begin{vmatrix} -7 & 37 \\ -7 & 10 \end{vmatrix}=3$.

（2）系数行列式$|\boldsymbol{A}|=\begin{vmatrix} 1 & 2 & 3 \\ 2 & 2 & 5 \\ 3 & 5 & 1 \end{vmatrix}=15\neq 0$，根据克拉默法则可知，方程组有唯一解，并且$x_1=\dfrac{1}{|\boldsymbol{A}|}\cdot$
$\begin{vmatrix} 1 & 2 & 3 \\ 2 & 2 & 5 \\ 3 & 5 & 1 \end{vmatrix}=\dfrac{1}{15}\times 15=1$，$x_2=\dfrac{1}{|\boldsymbol{A}|}\begin{vmatrix} 1 & 1 & 3 \\ 2 & 2 & 5 \\ 3 & 3 & 1 \end{vmatrix}=0$，$x_3=\dfrac{1}{|\boldsymbol{A}|}\begin{vmatrix} 1 & 2 & 1 \\ 2 & 2 & 2 \\ 3 & 5 & 3 \end{vmatrix}=0$.

（3）系数行列式$|\boldsymbol{A}|=\begin{vmatrix}2&1&-5&1\\1&-3&0&-6\\0&2&-1&2\\1&4&-7&6\end{vmatrix}=27\neq 0$，根据克拉默法则可知，方程组有唯一解，并且

$x_1=\dfrac{1}{|\boldsymbol{A}|}\begin{vmatrix}8&1&-5&1\\9&-3&0&-6\\-5&2&-1&2\\0&4&-7&6\end{vmatrix}=3$，$x_2=\dfrac{1}{|\boldsymbol{A}|}\begin{vmatrix}2&8&-5&1\\1&9&0&-6\\0&-5&-1&2\\1&0&-7&6\end{vmatrix}=-4$，$x_3=\dfrac{1}{|\boldsymbol{A}|}\times\begin{vmatrix}2&1&8&1\\1&-3&9&-6\\0&2&-5&2\\1&4&0&6\end{vmatrix}=-1$，

$x_4=\dfrac{1}{|\boldsymbol{A}|}\begin{vmatrix}2&1&-5&8\\1&-3&0&9\\0&2&-1&-5\\1&4&-7&0\end{vmatrix}=1$.

（4）**（方法一）**系数行列式$|\boldsymbol{A}|=\begin{vmatrix}1&1&1\\a&b&c\\a^2&b^2&c^2\end{vmatrix}\overset{\substack{c_2-c_1\\c_3-c_1}}{=\!=\!=}\begin{vmatrix}1&0&0\\a&b-a&c-a\\a^2&b^2-a^2&c^2-a^2\end{vmatrix}=\begin{vmatrix}b-a&c-a\\b^2-a^2&c^2-a^2\end{vmatrix}=(b-a)(c-a)$

$\begin{vmatrix}1&1\\b+a&c+a\end{vmatrix}=(b-a)(c-a)(c-b)\neq 0$，根据克拉默法则可知，方程组有唯一解，并且$x_1=\dfrac{1}{|\boldsymbol{A}|}\begin{vmatrix}1&1&1\\d&b&c\\d^2&b^2&c^2\end{vmatrix}=$

$\dfrac{(b-d)(c-d)}{(b-a)(c-a)}$，$x_2=\dfrac{1}{|\boldsymbol{A}|}\begin{vmatrix}1&1&1\\a&d&c\\a^2&d^2&c^2\end{vmatrix}=\dfrac{(d-a)(c-d)}{(b-a)(c-b)}$，$x_3=\dfrac{1}{|\boldsymbol{A}|}\begin{vmatrix}1&1&1\\a&b&d\\a^2&b^2&d^2\end{vmatrix}=\dfrac{(d-a)(d-b)}{(c-a)(c-b)}$.

（方法二）系数行列式为范德蒙德行列式，则$|\boldsymbol{A}|=\begin{vmatrix}1&1&1\\a&b&c\\a^2&b^2&c^2\end{vmatrix}=(c-a)(c-b)(b-a)\neq 0$，根据克拉默法则可知，方程组有唯一解，并且$x_1=\dfrac{1}{|\boldsymbol{A}|}\begin{vmatrix}1&1&1\\d&b&c\\d^2&b^2&c^2\end{vmatrix}=\dfrac{(b-d)(c-d)}{(b-a)(c-a)}$，$x_2=\dfrac{1}{|\boldsymbol{A}|}\begin{vmatrix}1&1&1\\a&d&c\\a^2&d^2&c^2\end{vmatrix}=\dfrac{(d-a)(c-d)}{(b-a)(c-b)}$，

$x_3=\dfrac{1}{|\boldsymbol{A}|}\begin{vmatrix}1&1&1\\a&b&d\\a^2&b^2&d^2\end{vmatrix}=\dfrac{(d-a)(d-b)}{(c-a)(c-b)}$.

2．**解**：系数行列式$|\boldsymbol{A}|=\begin{vmatrix}\lambda&1&1\\1&\mu&1\\1&2\mu&1\end{vmatrix}\overset{r_3-r_2}{=\!=\!=}\begin{vmatrix}\lambda&1&1\\1&\mu&1\\0&\mu&0\end{vmatrix}=-\mu\begin{vmatrix}\lambda&1\\1&1\end{vmatrix}=-\mu(\lambda-1)$.

（1）当$|\boldsymbol{A}|\neq 0$，即$\lambda\neq 1$且$\mu\neq 0$时，方程组有唯一零解；

（2）当$|\boldsymbol{A}|=0$，即$\lambda=1$或$\mu=0$时，方程组有无穷多组解.

3．**解**：系数行列式$|\boldsymbol{A}|=\begin{vmatrix}a&0&0&b\\0&a&b&0\\0&b&a&0\\b&0&0&a\end{vmatrix}=a\begin{vmatrix}a&b&0\\b&a&0\\0&0&a\end{vmatrix}-b\begin{vmatrix}0&0&b\\a&b&0\\b&a&0\end{vmatrix}=a^2\begin{vmatrix}a&b\\b&a\end{vmatrix}-b^2\begin{vmatrix}a&b\\b&a\end{vmatrix}=(a^2-b^2)^2\neq 0$，

根据克拉默法则可知，方程组有唯一解，并且$x_1=\dfrac{1}{|\boldsymbol{A}|}\begin{vmatrix}1&0&0&b\\1&a&b&0\\1&b&a&0\\1&0&0&a\end{vmatrix}=\dfrac{1}{a+b}$，$x_2=\dfrac{1}{|\boldsymbol{A}|}\begin{vmatrix}a&1&0&b\\0&1&b&0\\0&1&a&0\\b&1&0&a\end{vmatrix}=\dfrac{1}{a+b}$，

$$x_3=\frac{1}{|A|}\begin{vmatrix}a&0&1&b\\0&a&1&0\\0&b&1&0\\b&0&1&a\end{vmatrix}=\frac{1}{a+b},\quad x_4=\frac{1}{|A|}\begin{vmatrix}a&0&0&1\\0&a&b&1\\0&b&a&1\\b&0&0&1\end{vmatrix}=\frac{1}{a+b}.$$

4．**解**：根据克拉默法则可知，若齐次线性方程组有非零解，则其系数行列式$|A|=0$，即$|A|=$

$$\begin{vmatrix}3-\lambda&1&1\\0&2-\lambda&-1\\4&-2&1-\lambda\end{vmatrix}\overset{r_1+r_2}{=\!=}\begin{vmatrix}3-\lambda&3-\lambda&0\\0&2-\lambda&-1\\4&-2&1-\lambda\end{vmatrix}\overset{c_2-c_1}{=\!=}\begin{vmatrix}3-\lambda&0&0\\0&2-\lambda&-1\\4&-6&1-\lambda\end{vmatrix}=(3-\lambda)\begin{vmatrix}2-\lambda&-1\\-6&1-\lambda\end{vmatrix}=(3-\lambda)\cdot$$

$[(2-\lambda)(1-\lambda)-6]=(3-\lambda)(\lambda-4)(\lambda+1)=0$，解得$\lambda=3$，4，$-1$．

5．**解**：根据克拉默法则可知，若齐次线性方程组有非零解，则其系数行列式$|A|=0$，即$|A|=$

$$\begin{vmatrix}5-\lambda&2&2\\2&6-\lambda&0\\2&0&4-\lambda\end{vmatrix}=2\times(-1)^{1+3}\begin{vmatrix}2&6-\lambda\\2&0\end{vmatrix}+(4-\lambda)(-1)^{3+3}\begin{vmatrix}5-\lambda&2\\2&6-\lambda\end{vmatrix}=-4(6-\lambda)+(4-\lambda)\cdot[(5-\lambda)(6-\lambda)-4]=$$

$(5-\lambda)(2-\lambda)(8-\lambda)=0$，解得$\lambda=2$，5，8．

6．**解**：根据克拉默法则可知，若齐次线性方程组只有零解，则其系数行列式$|A|\neq0$，即$|A|=$

$$\begin{vmatrix}1&1&k\\-1&k&1\\1&-1&2\end{vmatrix}\overset{\substack{r_2+r_1\\r_3-r_1}}{=\!=}\begin{vmatrix}1&1&k\\0&k+1&k+1\\0&-2&2-k\end{vmatrix}\overset{c_3-c_2}{=\!=}\begin{vmatrix}1&1&k-1\\0&k+1&0\\0&-2&4-k\end{vmatrix}=(k+1)(4-k)\neq0$$，解得$k\neq-1$，4．

7．**证**：齐次线性方程组的系数行列式$|A|=\begin{vmatrix}0&a&b&c\\a&1&0&0\\b&0&1&0\\c&0&0&1\end{vmatrix}\overset{\substack{r_1-ar_2\\r_1-br_3\\r_1-cr_4}}{=\!=}\begin{vmatrix}-a^2-b^2-c^2&0&0&0\\a&1&0&0\\b&0&1&0\\c&0&0&1\end{vmatrix}=-(a^2+b^2+c^2)\neq0$，

所以该方程组只有零解，得证．

第五节　矩阵分块法

一、单项选择题

1．C【解析】将矩阵分块，令$A=\begin{pmatrix}A_1&O\\O&A_2\end{pmatrix}$，其中$A_1=\begin{pmatrix}3&2\\2&1\end{pmatrix}$，$A_2=\begin{pmatrix}2&5\\1&3\end{pmatrix}$，则$A_1^{-1}=\begin{pmatrix}-1&2\\2&-3\end{pmatrix}$，

$A_2^{-1}=\begin{pmatrix}3&-5\\-1&2\end{pmatrix}$，所以$A^{-1}=\begin{pmatrix}A_1^{-1}&O\\O&A_2^{-1}\end{pmatrix}=\begin{pmatrix}-1&2&0&0\\2&-3&0&0\\0&0&3&-5\\0&0&-1&2\end{pmatrix}$．故选C．

2．B【解析】将矩阵分块，令$A=\begin{pmatrix}O&A_1\\A_2&O\end{pmatrix}$，其中$A_1=\begin{pmatrix}5&2\\2&1\end{pmatrix}$，$A_2=\begin{pmatrix}1&3\\1&2\end{pmatrix}$，则$A_1^{-1}=\begin{pmatrix}1&-2\\-2&5\end{pmatrix}$，

$A_2^{-1}=\begin{pmatrix}-2&3\\1&-1\end{pmatrix}$，所以$A^{-1}=\begin{pmatrix}O&A_2^{-1}\\A_1^{-1}&O\end{pmatrix}=\begin{pmatrix}0&0&-2&3\\0&0&1&-1\\1&-2&0&0\\-2&5&0&0\end{pmatrix}$．故选B．

3．D【解析】因为$\begin{pmatrix}O&A\\B&O\end{pmatrix}^2=\begin{pmatrix}O&A\\B&O\end{pmatrix}\begin{pmatrix}O&A\\B&O\end{pmatrix}=\begin{pmatrix}AB&O\\O&BA\end{pmatrix}$，$\begin{pmatrix}O&A\\B&O\end{pmatrix}^3=\begin{pmatrix}AB&O\\O&BA\end{pmatrix}\begin{pmatrix}O&A\\B&O\end{pmatrix}=$

$\begin{pmatrix}O&ABA\\BAB&O\end{pmatrix}$，$\begin{pmatrix}O&A\\B&O\end{pmatrix}^4=\begin{pmatrix}AB&O\\O&BA\end{pmatrix}^2=\begin{pmatrix}(AB)^2&O\\O&(BA)^2\end{pmatrix}$，所以$\begin{pmatrix}O&A\\B&O\end{pmatrix}^m\neq\begin{pmatrix}O&A^m\\B^m&O\end{pmatrix}$．故选D．

4．D【解析】$C^*=|C|C^{-1}=\begin{vmatrix}A&O\\O&B\end{vmatrix}\begin{pmatrix}A^{-1}&O\\O&B^{-1}\end{pmatrix}=|A||B|\begin{pmatrix}A^{-1}&O\\O&B^{-1}\end{pmatrix}=\begin{pmatrix}|B|A^*&O\\O&|A|B^*\end{pmatrix}$．故选D．

5．B【解析】设 $C=\begin{pmatrix} O & A \\ B & O \end{pmatrix}$，则 $C^*=|C|C^{-1}=\begin{vmatrix} O & A \\ B & O \end{vmatrix}\begin{pmatrix} O & B^{-1} \\ A^{-1} & O \end{pmatrix}=(-1)^{2\times 2}|A||B|\begin{pmatrix} O & B^{-1} \\ A^{-1} & O \end{pmatrix}=\begin{pmatrix} O & |A|B^* \\ |B|A^* & O \end{pmatrix}=\begin{pmatrix} O & 2B^* \\ 3A^* & O \end{pmatrix}$．故选 B.

6．A【解析】将矩阵分块，令 $A=\begin{pmatrix} O & A_1 \\ A_2 & O \end{pmatrix}$，其中 $A_1=\begin{pmatrix} 1 & -1 & 0 \\ 0 & 1 & -1 \\ 0 & 0 & 1 \end{pmatrix}$，$A_2=\begin{pmatrix} 1 & 3 \\ -1 & 2 \end{pmatrix}$，则 $A_1^{-1}=\begin{pmatrix} 1 & 1 & 1 \\ 0 & 1 & 1 \\ 0 & 0 & 1 \end{pmatrix}$，$A_2^{-1}=\begin{pmatrix} \frac{2}{5} & -\frac{3}{5} \\ \frac{1}{5} & \frac{1}{5} \end{pmatrix}$，所以 $A^{-1}=\begin{pmatrix} O & A_2^{-1} \\ A_1^{-1} & O \end{pmatrix}=\begin{pmatrix} 0 & 0 & 0 & \frac{2}{5} & -\frac{3}{5} \\ 0 & 0 & 0 & \frac{1}{5} & \frac{1}{5} \\ 1 & 1 & 1 & 0 & 0 \\ 0 & 1 & 1 & 0 & 0 \\ 0 & 0 & 1 & 0 & 0 \end{pmatrix}$．故选 A.

二、填空题

1. $\begin{pmatrix} 1 & -2 & 0 & 0 \\ 0 & 1 & 0 & 0 \\ 0 & 0 & -\frac{1}{3} & 1 \\ 0 & 0 & \frac{2}{3} & -1 \end{pmatrix}$；$-27$【解析】将矩阵分块，令 $A=\begin{pmatrix} A_1 & O \\ O & A_2 \end{pmatrix}$，其中 $A_1=\begin{pmatrix} 1 & 2 \\ 0 & 1 \end{pmatrix}$，$A_2=\begin{pmatrix} 3 & 3 \\ 2 & 1 \end{pmatrix}$，则 $A_1^{-1}=\begin{pmatrix} 1 & -2 \\ 0 & 1 \end{pmatrix}$，$A_2^{-1}=\begin{pmatrix} -\frac{1}{3} & 1 \\ \frac{2}{3} & -1 \end{pmatrix}$，所以 $A^{-1}=\begin{pmatrix} A_1^{-1} & O \\ O & A_2^{-1} \end{pmatrix}=\begin{pmatrix} 1 & -2 & 0 & 0 \\ 0 & 1 & 0 & 0 \\ 0 & 0 & -\frac{1}{3} & 1 \\ 0 & 0 & \frac{2}{3} & -1 \end{pmatrix}$．又因为 $|A|=|A_1||A_2|=-3$，所以 $|A^*|=|A|^{4-1}=-27$．

2. $\begin{pmatrix} 1 & 2 & 0 & 0 \\ 3 & 4 & 0 & 0 \\ 0 & 0 & \frac{1}{2} & 0 \\ 0 & 0 & 0 & 2 \end{pmatrix}$【解析】因为 $AA^*=|A|E$，所以 $A=|A|(A^*)^{-1}$．由已知得 $|A^*|=-8$，且 $|A^*|=|A|^{4-1}$，所以 $|A|=-2$．又 $(A^*)^{-1}=\begin{pmatrix} 4 & -2 & 0 & 0 \\ -3 & 1 & 0 & 0 \\ 0 & 0 & -4 & 0 \\ 0 & 0 & 0 & -1 \end{pmatrix}^{-1}=\begin{pmatrix} -\frac{1}{2} & -1 & 0 & 0 \\ -\frac{3}{2} & -2 & 0 & 0 \\ 0 & 0 & -\frac{1}{4} & 0 \\ 0 & 0 & 0 & -1 \end{pmatrix}$，所以 $A=|A|(A^*)^{-1}=\begin{pmatrix} 1 & 2 & 0 & 0 \\ 3 & 4 & 0 & 0 \\ 0 & 0 & \frac{1}{2} & 0 \\ 0 & 0 & 0 & 2 \end{pmatrix}$．

3. $\begin{pmatrix} 0 & 1 & 0 & 0 \\ 1 & 0 & 0 & 0 \\ 0 & 0 & 2^4 & -2^4 \\ 0 & 0 & -2^4 & 2^4 \end{pmatrix}$【解析】将矩阵分块，令 $A=\begin{pmatrix} A_1 & O \\ O & A_2 \end{pmatrix}$，其中 $A_1=\begin{pmatrix} 0 & 1 \\ 1 & 0 \end{pmatrix}$，$A_2=\begin{pmatrix} 1 & -1 \\ -1 & 1 \end{pmatrix}$，则

$A_1^5=\begin{pmatrix}0&1\\1&0\end{pmatrix}$，$A_2^5=\begin{pmatrix}2^4&-2^4\\-2^4&2^4\end{pmatrix}$，所以$A^5=\begin{pmatrix}A_1^5&O\\O&A_2^5\end{pmatrix}=\begin{pmatrix}0&1&0&0\\1&0&0&0\\0&0&2^4&-2^4\\0&0&-2^4&2^4\end{pmatrix}$.

三、解答题

1．解：将矩阵分块，令$A=\begin{pmatrix}A_1&O\\O&A_2\end{pmatrix}$，其中$A_1=\begin{pmatrix}1&4\\3&2\end{pmatrix}$，$A_2=\begin{pmatrix}1&0\\0&1\end{pmatrix}$，则$A_1^{-1}=-\frac{1}{10}\begin{pmatrix}2&-4\\-3&1\end{pmatrix}=\begin{pmatrix}-\frac{1}{5}&\frac{2}{5}\\\frac{3}{10}&-\frac{1}{10}\end{pmatrix}$，$A_2^{-1}=\begin{pmatrix}1&0\\0&1\end{pmatrix}$，所以$A^{-1}=\begin{pmatrix}A_1^{-1}&O\\O&A_2^{-1}\end{pmatrix}=\begin{pmatrix}-\frac{1}{5}&\frac{2}{5}&0&0\\\frac{3}{10}&-\frac{1}{10}&0&0\\0&0&1&0\\0&0&0&1\end{pmatrix}$.

2．解：将矩阵分块，令$A=\begin{pmatrix}A_1&O\\O&A_2\end{pmatrix}$，其中$A_1=\begin{pmatrix}3&8\\2&5\end{pmatrix}$，$A_2=\begin{pmatrix}1&2&3\\4&5&8\\3&4&6\end{pmatrix}$，则$A_1^{-1}=\begin{pmatrix}-5&8\\2&-3\end{pmatrix}$，$A_2^{-1}=\begin{pmatrix}-2&0&1\\0&-3&4\\1&2&-3\end{pmatrix}$，所以$A^{-1}=\begin{pmatrix}A_1^{-1}&O\\O&A_2^{-1}\end{pmatrix}=\begin{pmatrix}-5&8&0&0&0\\2&-3&0&0&0\\0&0&-2&0&1\\0&0&0&-3&4\\0&0&1&2&-3\end{pmatrix}$.

3．解：将矩阵A和B进行分块，令$A=\begin{pmatrix}A_{11}&E\\O&A_{22}\end{pmatrix}$，$B=\begin{pmatrix}E&B_{12}\\O&B_{22}\end{pmatrix}$，其中$A_{11}=\begin{pmatrix}1&2\\0&1\end{pmatrix}$，$A_{22}=\begin{pmatrix}2&1\\0&3\end{pmatrix}$，$B_{12}=\begin{pmatrix}3&1\\2&-1\end{pmatrix}$，$B_{22}=\begin{pmatrix}-2&3\\0&-3\end{pmatrix}$，则$AB=\begin{pmatrix}A_{11}&E\\O&A_{22}\end{pmatrix}\begin{pmatrix}E&B_{12}\\O&B_{22}\end{pmatrix}=\begin{pmatrix}A_{11}&A_{11}B_{12}+B_{22}\\O&A_{22}B_{22}\end{pmatrix}$，又因为$A_{11}B_{12}+B_{22}=\begin{pmatrix}5&2\\2&-4\end{pmatrix}$，$A_{22}B_{22}=\begin{pmatrix}-4&3\\0&-9\end{pmatrix}$，所以$AB=\begin{pmatrix}A_{11}&A_{11}B_{12}+B_{22}\\O&A_{22}B_{22}\end{pmatrix}=\begin{pmatrix}1&2&5&2\\0&1&2&-4\\0&0&-4&3\\0&0&0&-9\end{pmatrix}$.

4．解：将矩阵A和B进行分块，令$A=\begin{pmatrix}A_1&O\\O&A_2\end{pmatrix}$，$B=\begin{pmatrix}B_1&O\\O&B_2\end{pmatrix}$，其中$A_1=\begin{pmatrix}5&2\\2&1\end{pmatrix}$，$A_2=\begin{pmatrix}8&3\\5&2\end{pmatrix}$，$B_1=\begin{pmatrix}3&2\\4&5\end{pmatrix}$，$B_2=\begin{pmatrix}4&1\\6&2\end{pmatrix}$，则$AB=\begin{pmatrix}A_1&O\\O&A_2\end{pmatrix}\begin{pmatrix}B_1&O\\O&B_2\end{pmatrix}=\begin{pmatrix}A_1B_1&O\\O&A_2B_2\end{pmatrix}=\begin{pmatrix}23&20&0&0\\10&9&0&0\\0&0&50&14\\0&0&32&9\end{pmatrix}$，$BA=\begin{pmatrix}B_1&O\\O&B_2\end{pmatrix}$.
$\begin{pmatrix}A_1&O\\O&A_2\end{pmatrix}=\begin{pmatrix}B_1A_1&O\\O&B_2A_2\end{pmatrix}=\begin{pmatrix}19&8&0&0\\30&13&0&0\\0&0&37&14\\0&0&58&22\end{pmatrix}$，故$AB-BA=\begin{pmatrix}4&12&0&0\\-20&-4&0&0\\0&0&13&0\\0&0&-26&-13\end{pmatrix}$，$A^{-1}=\begin{pmatrix}A_1^{-1}&O\\O&A_2^{-1}\end{pmatrix}=\begin{pmatrix}1&-2&0&0\\-2&5&0&0\\0&0&2&-3\\0&0&-5&8\end{pmatrix}$.

5．解：将矩阵分块，令$A=\begin{pmatrix}A_1&O\\O&A_2\end{pmatrix}$，其中$A_1=\begin{pmatrix}2&3\\3&-2\end{pmatrix}$，$A_2=\begin{pmatrix}1&0\\1&1\end{pmatrix}$，则$|A|=|A_1A_2|=|A_1||A_2|=$

$-13\times1=-13$，所以 $|A^8|=|A|^8=(-13)^8=13^8$．因为 $A_1^2=\begin{pmatrix}13&0\\0&13\end{pmatrix}$，$A_1^4=\begin{pmatrix}169&0\\0&169\end{pmatrix}$，$A_2^2=\begin{pmatrix}1&0\\2&1\end{pmatrix}$，$A_2^4=\begin{pmatrix}1&0\\4&1\end{pmatrix}$，所以 $A^4=\begin{pmatrix}A_1^4&O\\O&A_2^4\end{pmatrix}=\begin{pmatrix}169&0&0&0\\0&169&0&0\\0&0&1&0\\0&0&4&1\end{pmatrix}$.

6．**解**：将矩阵分块，令 $A=\begin{pmatrix}3&0&0&0&0\\0&5&3&0&0\\0&2&1&0&0\\0&0&0&2&5\\0&0&0&1&2\end{pmatrix}=\begin{pmatrix}A_1&O&O\\O&A_2&O\\O&O&A_3\end{pmatrix}$，其中 $A_1=(3)$，$A_2=\begin{pmatrix}5&3\\2&1\end{pmatrix}$，$A_2=\begin{pmatrix}2&5\\1&2\end{pmatrix}$，

则 $|A_1|=3$，$|A_2|=-1$，$|A_3|=-1$，$A_1^{-1}=\left(\frac{1}{3}\right)$，$A_2^{-1}=\begin{pmatrix}-1&3\\2&-5\end{pmatrix}$，$A_3^{-1}=\begin{pmatrix}-2&5\\1&-2\end{pmatrix}$，故 $|A^3|=(|A_1||A_2||A_3|)^3=27$，

$$A^{-1}=\begin{pmatrix}A_1^{-1}&O&O\\O&A_2^{-1}&O\\O&O&A_3^{-1}\end{pmatrix}=\begin{pmatrix}\frac{1}{3}&0&0&0&0\\0&-1&3&0&0\\0&2&-5&0&0\\0&0&0&-2&5\\0&0&0&1&-2\end{pmatrix}.$$

7．**解**：将矩阵 A 和 B 进行分块，令 $A=\begin{pmatrix}A_1&O\\O&A_2\end{pmatrix}$，其中 $A_1=\begin{pmatrix}a&2\\0&a\end{pmatrix}$，$A_2=\begin{pmatrix}b&0\\-2&b\end{pmatrix}$，$B=\begin{pmatrix}B_1&O\\O&B_2\end{pmatrix}$，其中 $B_1=\begin{pmatrix}a&-2\\0&a\end{pmatrix}$，$B_2=\begin{pmatrix}b&0\\2&b\end{pmatrix}$，则 $ABA=\begin{pmatrix}A_1&O\\O&A_2\end{pmatrix}\begin{pmatrix}B_1&O\\O&B_2\end{pmatrix}\begin{pmatrix}A_1&O\\O&A_2\end{pmatrix}=\begin{pmatrix}A_1B_1A_1&O\\O&A_2B_2A_2\end{pmatrix}$．因为 $A_1B_1A_1=\begin{pmatrix}a&2\\0&a\end{pmatrix}\begin{pmatrix}a&-2\\0&a\end{pmatrix}\begin{pmatrix}a&2\\0&a\end{pmatrix}=\begin{pmatrix}a^2&0\\0&a^2\end{pmatrix}\begin{pmatrix}a&2\\0&a\end{pmatrix}=\begin{pmatrix}a^3&2a^2\\0&a^3\end{pmatrix}$，$A_2B_2A_2=\begin{pmatrix}b&0\\-2&b\end{pmatrix}\begin{pmatrix}b&0\\2&b\end{pmatrix}\begin{pmatrix}b&0\\-2&b\end{pmatrix}=\begin{pmatrix}b^2&0\\0&b^2\end{pmatrix}\begin{pmatrix}b&0\\-2&b\end{pmatrix}=\begin{pmatrix}b^3&0\\-2b^2&b^3\end{pmatrix}$，所以 $ABA=\begin{pmatrix}A_1B_1A_1&O\\O&A_2B_2A_2\end{pmatrix}=\begin{pmatrix}a^3&2a^2&0&0\\0&a^3&0&0\\0&0&b^3&0\\0&0&-2b^2&b^3\end{pmatrix}$.

8．**解**：$|C|=\begin{vmatrix}O&3A\\-B&O\end{vmatrix}=(-1)^{mn}|3A||-B|=(-1)^{mn}3^m|A|\times(-1)^n|B|=(-1)^{mn+n}3^m ab$.

9．**解**：因为 $|A|=\begin{vmatrix}B&O\\D&C\end{vmatrix}=|B||C|\neq0$，所以矩阵 A 可逆．设 $A^{-1}=\begin{pmatrix}X&Y\\Z&W\end{pmatrix}$，由逆矩阵的定义有

$AA^{-1}=\begin{pmatrix}B&O\\D&C\end{pmatrix}\begin{pmatrix}X&Y\\Z&W\end{pmatrix}=\begin{pmatrix}BX&BY\\DX+CZ&DY+CW\end{pmatrix}=\begin{pmatrix}E&O\\O&E\end{pmatrix}$，即 $\begin{cases}BX=E,\\BY=O,\\DX+CZ=O,\\DY+CW=E,\end{cases}$ 解得 $\begin{cases}X=B^{-1},\\Y=O,\\Z=-C^{-1}DB^{-1},\\W=C^{-1},\end{cases}$ 所以矩阵 A 可逆，且 $A^{-1}=\begin{pmatrix}B^{-1}&O\\-C^{-1}DB^{-1}&C^{-1}\end{pmatrix}$.

第三章　矩阵的初等变换与线性方程组

第一节　矩阵的初等变换

一、单项选择题

1. C【解析】因为矩阵 $\boldsymbol{A}$ 和 $\boldsymbol{B}$ 等价，所以存在可逆矩阵 $\boldsymbol{P}$，$\boldsymbol{Q}$，使得 $\boldsymbol{PAQ}=\boldsymbol{B}$．两边取行列式，得 $|\boldsymbol{PAQ}|=|\boldsymbol{P}||\boldsymbol{A}||\boldsymbol{Q}|=|\boldsymbol{B}|$．由矩阵 $\boldsymbol{P}$，$\boldsymbol{Q}$ 可逆，得 $|\boldsymbol{P}|\neq 0$，$|\boldsymbol{Q}|\neq 0$，但不知道具体数值，所以 A，B 和 D 选项不成立．若 $|\boldsymbol{A}|=0$，则必有 $|\boldsymbol{B}|=|\boldsymbol{P}||\boldsymbol{A}||\boldsymbol{Q}|=0$，C 选项成立．故选 C.

2. D【解析】因为 $\boldsymbol{A}$ 和 $\boldsymbol{B}$ 是同阶可逆方阵，所以 $\boldsymbol{A}$ 和 $\boldsymbol{B}$ 等价，从而存在可逆矩阵 $\boldsymbol{P}$，$\boldsymbol{Q}$，使得 $\boldsymbol{B}=\boldsymbol{PAQ}$．故选 D.

3. D【解析】由单位矩阵经过一次初等行（列）变换得到的矩阵称为初等矩阵．A，B 和 C 选项的矩阵均为初等矩阵．D 选项的矩阵要经过两次初等变换才能得到．故选 D.

4. B【解析】对矩阵 $\boldsymbol{A}$ 进行一次初等行变换相当于在矩阵 $\boldsymbol{A}$ 的左边乘相应的初等矩阵．$\boldsymbol{P}_2\boldsymbol{A}$ 相当于将矩阵 $\boldsymbol{A}$ 的第 1 行加到第 3 行，$\boldsymbol{P}_1\boldsymbol{P}_2\boldsymbol{A}$ 相当于将矩阵 $\boldsymbol{P}_2\boldsymbol{A}$ 的第 1 行与第 2 行互换．故选 B.

5. D【解析】D 选项中，正确的结论应为 $\begin{pmatrix}\boldsymbol{A}\\ \boldsymbol{E}\end{pmatrix}\xrightarrow{\text{初等列变换}}\begin{pmatrix}\boldsymbol{E}\\ \boldsymbol{A}^{-1}\end{pmatrix}$．故选 D.

6. A【解析】因为 $\boldsymbol{P}^2=\boldsymbol{P}\times\boldsymbol{P}=\boldsymbol{E}$，所以 m，n 均为偶数时，$\boldsymbol{P}^m\boldsymbol{A}\boldsymbol{P}^n=\boldsymbol{EAE}=\boldsymbol{A}$．故选 A.

7. C【解析】通过观察可知，矩阵 $\boldsymbol{A}$ 的第 2 列与第 3 列，第 1 列与第 4 列交换后得矩阵 $\boldsymbol{B}$，即 $\boldsymbol{B}=\boldsymbol{AP}_2\boldsymbol{P}_1$，于是 $\boldsymbol{B}^{-1}=(\boldsymbol{AP}_2\boldsymbol{P}_1)^{-1}=\boldsymbol{P}_1^{-1}\boldsymbol{P}_2^{-1}\boldsymbol{A}^{-1}=\boldsymbol{P}_1\boldsymbol{P}_2\boldsymbol{A}^{-1}$．故选 C.

二、填空题

1. 右【解析】根据初等矩阵的性质，对矩阵 $\boldsymbol{A}$ 进行一次初等行变换相当于在矩阵 $\boldsymbol{A}$ 的左边乘相应的初等矩阵，对矩阵 $\boldsymbol{A}$ 进行一次初等列变换相当于在矩阵 $\boldsymbol{A}$ 的右边乘相应的初等矩阵.

2. $\begin{pmatrix}1&3&2\\4&6&5\\7&9&8\end{pmatrix}$【解析】因为 $\begin{pmatrix}0&0&1\\0&1&0\\1&0&0\end{pmatrix}^{2000}=\begin{pmatrix}1&0&0\\0&1&0\\0&0&1\end{pmatrix}$，$\begin{pmatrix}1&0&0\\0&0&1\\0&1&0\end{pmatrix}^{2001}=\begin{pmatrix}1&0&0\\0&0&1\\0&1&0\end{pmatrix}$，所以 $\begin{pmatrix}0&0&1\\0&1&0\\1&0&0\end{pmatrix}^{2000}\cdot$
$\begin{pmatrix}1&2&3\\4&5&6\\7&8&9\end{pmatrix}\begin{pmatrix}1&0&0\\0&0&1\\0&1&0\end{pmatrix}^{2001}=\begin{pmatrix}1&0&0\\0&1&0\\0&0&1\end{pmatrix}\begin{pmatrix}1&2&3\\4&5&6\\7&8&9\end{pmatrix}\begin{pmatrix}1&0&0\\0&0&1\\0&1&0\end{pmatrix}=\begin{pmatrix}1&3&2\\4&6&5\\7&9&8\end{pmatrix}$.

3. $\begin{pmatrix}a_{12}&a_{11}&a_{13}\\a_{22}&a_{21}&a_{23}\\a_{32}&a_{31}&a_{33}\end{pmatrix}$【解析】因为 $\boldsymbol{A}$ 是三阶可逆方阵，将 $\boldsymbol{A}$ 的第 1 行与第 2 行互换后得到矩阵 $\boldsymbol{B}$，所以 $\boldsymbol{PA}=\boldsymbol{B}$，其中 $\boldsymbol{P}=\begin{pmatrix}0&1&0\\1&0&0\\0&0&1\end{pmatrix}$．因为矩阵 $\boldsymbol{B}$ 可逆，所以 $\boldsymbol{B}^{-1}=(\boldsymbol{PA})^{-1}=\boldsymbol{A}^{-1}\boldsymbol{P}^{-1}=\begin{pmatrix}a_{11}&a_{12}&a_{13}\\a_{21}&a_{22}&a_{23}\\a_{31}&a_{32}&a_{33}\end{pmatrix}\begin{pmatrix}0&1&0\\1&0&0\\0&0&1\end{pmatrix}=\begin{pmatrix}a_{12}&a_{11}&a_{13}\\a_{22}&a_{21}&a_{23}\\a_{32}&a_{31}&a_{33}\end{pmatrix}$.

4. $\begin{pmatrix}1&1&1\\2&5&8\\1&2&3\end{pmatrix}$【解析】因为 $\boldsymbol{A}$ 与 $\boldsymbol{B}$ 均为三阶方阵，将 $\boldsymbol{A}$ 中第 3 行的 -2 倍加到第 2 行得到矩阵 $\boldsymbol{A}_1$，所以 $\boldsymbol{PA}=\boldsymbol{A}_1$，其中 $\boldsymbol{P}=\begin{pmatrix}1&0&0\\0&1&-2\\0&0&1\end{pmatrix}$．将 $\boldsymbol{B}$ 中第 1 列与第 2 列互换得到矩阵 $\boldsymbol{B}_1$，所以 $\boldsymbol{BQ}=\boldsymbol{B}_1$，其中 $\boldsymbol{Q}=\begin{pmatrix}0&1&0\\1&0&0\\0&0&1\end{pmatrix}$．因

为 $A_1B_1=\begin{pmatrix}1&1&1\\1&0&2\\2&1&3\end{pmatrix}$，则 $PABQ=A_1B_1$，所以 $AB=P^{-1}A_1B_1Q^{-1}=\begin{pmatrix}1&0&0\\0&1&2\\0&0&1\end{pmatrix}\begin{pmatrix}1&1&1\\1&0&2\\2&1&3\end{pmatrix}\begin{pmatrix}0&1&0\\1&0&0\\0&0&1\end{pmatrix}=\begin{pmatrix}1&1&1\\2&5&8\\1&2&3\end{pmatrix}$.

5. $\begin{pmatrix}4&5&2\\1&2&2\\7&8&2\end{pmatrix}$ 【解析】因为 $\begin{pmatrix}0&1&0\\1&0&0\\0&0&1\end{pmatrix}A\begin{pmatrix}1&0&1\\0&1&0\\0&0&1\end{pmatrix}=\begin{pmatrix}1&2&3\\4&5&6\\7&8&9\end{pmatrix}$，所以 $A=\begin{pmatrix}0&1&0\\1&0&0\\0&0&1\end{pmatrix}^{-1}\begin{pmatrix}1&2&3\\4&5&6\\7&8&9\end{pmatrix}\cdot$ $\begin{pmatrix}1&0&1\\0&1&0\\0&0&1\end{pmatrix}^{-1}=\begin{pmatrix}0&1&0\\1&0&0\\0&0&1\end{pmatrix}\begin{pmatrix}1&2&3\\4&5&6\\7&8&9\end{pmatrix}\begin{pmatrix}1&0&-1\\0&1&0\\0&0&1\end{pmatrix}=\begin{pmatrix}4&5&2\\1&2&2\\7&8&2\end{pmatrix}$.

三、解答题

1．解：$A=\begin{pmatrix}0&-2&1\\3&8&-2\\1&3&0\end{pmatrix}\xrightarrow{r_3\leftrightarrow r_1}\begin{pmatrix}1&3&0\\3&8&-2\\0&-2&1\end{pmatrix}\xrightarrow{r_2-3r_1}\begin{pmatrix}1&3&0\\0&-1&-2\\0&-2&1\end{pmatrix}\xrightarrow[-r_2]{r_3-2r_2}\begin{pmatrix}1&3&0\\0&1&2\\0&0&5\end{pmatrix}\xrightarrow{\frac{r_3}{5}}\begin{pmatrix}1&3&0\\0&1&2\\0&0&1\end{pmatrix}$

$\xrightarrow[r_1-3r_2]{r_2-2r_3}\begin{pmatrix}1&0&0\\0&1&0\\0&0&1\end{pmatrix}$.

2．解：（1）$\begin{pmatrix}1&-1&2\\3&2&1\\1&-2&0\end{pmatrix}\xrightarrow[r_3-r_1]{r_2-3r_1}\begin{pmatrix}1&-1&2\\0&5&-5\\0&-1&-2\end{pmatrix}\xrightarrow{\frac{r_2}{5}}\begin{pmatrix}1&-1&2\\0&1&-1\\0&-1&-2\end{pmatrix}\xrightarrow{r_3+r_2}\begin{pmatrix}1&-1&2\\0&1&-1\\0&0&-3\end{pmatrix}$（行阶梯形）

$\xrightarrow{-\frac{r_3}{3}}\begin{pmatrix}1&-1&2\\0&1&-1\\0&0&1\end{pmatrix}\xrightarrow[r_2+r_3]{r_1-2r_3}\begin{pmatrix}1&-1&0\\0&1&0\\0&0&1\end{pmatrix}\xrightarrow{r_1+r_2}\begin{pmatrix}1&0&0\\0&1&0\\0&0&1\end{pmatrix}$（行最简形）.

（2）$\begin{pmatrix}2&-1&3&1\\4&2&5&4\\2&0&2&6\end{pmatrix}\xrightarrow[r_3-r_1]{r_2-2r_1}\begin{pmatrix}2&-1&3&1\\0&4&-1&2\\0&1&-1&5\end{pmatrix}\xrightarrow[r_2-4r_3]{r_1+r_3}\begin{pmatrix}2&0&2&6\\0&0&3&-18\\0&1&-1&5\end{pmatrix}\xrightarrow{r_2\leftrightarrow r_3}\begin{pmatrix}2&0&2&6\\0&1&-1&5\\0&0&3&-18\end{pmatrix}$（行阶梯形）$\xrightarrow{\frac{1}{2}r_1,\frac{1}{3}r_3}\begin{pmatrix}1&0&1&3\\0&1&-1&5\\0&0&1&-6\end{pmatrix}\xrightarrow[r_2+r_3]{r_1-r_3}\begin{pmatrix}1&0&0&9\\0&1&0&-1\\0&0&1&-6\end{pmatrix}$（行最简形）.

（3）$\begin{pmatrix}1&0&2&-1\\2&0&3&1\\3&0&4&-3\end{pmatrix}\xrightarrow[r_3-3r_1]{r_2-2r_1}\begin{pmatrix}1&0&2&-1\\0&0&-1&3\\0&0&-2&0\end{pmatrix}\xrightarrow{r_3\leftrightarrow r_2}\begin{pmatrix}1&0&2&-1\\0&0&-2&0\\0&0&-1&3\end{pmatrix}\xrightarrow{-\frac{1}{2}r_2,\,r_3+r_2}\begin{pmatrix}1&0&2&-1\\0&0&1&0\\0&0&0&3\end{pmatrix}$（行阶梯形）$\xrightarrow{\frac{r_3}{3}}\begin{pmatrix}1&0&2&-1\\0&0&1&0\\0&0&0&1\end{pmatrix}\xrightarrow{r_1+r_3-2r_2}\begin{pmatrix}1&0&0&0\\0&0&1&0\\0&0&0&1\end{pmatrix}$（行最简形）.

（4）$\begin{pmatrix}2&1&-1&-2&3\\0&2&1&1&-2\\1&2&3&-1&2\\3&5&3&-2&3\end{pmatrix}\xrightarrow{r_3\leftrightarrow r_1}\begin{pmatrix}1&2&3&-1&2\\0&2&1&1&-2\\2&1&-1&-2&3\\3&5&3&-2&3\end{pmatrix}\xrightarrow[r_4-3r_1]{r_3-2r_1}\begin{pmatrix}1&2&3&-1&2\\0&2&1&1&-2\\0&-3&-7&0&-1\\0&-1&-6&1&-3\end{pmatrix}\xrightarrow{r_4\leftrightarrow r_2}$

$\begin{pmatrix}1&2&3&-1&2\\0&-1&-6&1&-3\\0&-3&-7&0&-1\\0&2&1&1&-2\end{pmatrix}\xrightarrow[r_4+2r_2]{r_3-3r_2}\begin{pmatrix}1&2&3&-1&2\\0&-1&-6&1&-3\\0&0&11&-3&8\\0&0&-11&3&-8\end{pmatrix}\xrightarrow{r_4+r_3}\begin{pmatrix}1&2&3&-1&2\\0&-1&-6&1&-3\\0&0&11&-3&8\\0&0&0&0&0\end{pmatrix}$（行阶梯形）

$$\xrightarrow{\frac{r_3}{11}}\begin{pmatrix}1&2&3&-1&2\\0&-1&-6&1&-3\\0&0&1&-\frac{3}{11}&\frac{8}{11}\\0&0&0&0&0\end{pmatrix}\xrightarrow[r_2+6r_3]{r_1-3r_3}\begin{pmatrix}1&2&0&-\frac{2}{11}&-\frac{2}{11}\\0&-1&0&-\frac{7}{11}&\frac{15}{11}\\0&0&1&-\frac{3}{11}&\frac{8}{11}\\0&0&0&0&0\end{pmatrix}\xrightarrow{-r_2}\begin{pmatrix}1&2&0&-\frac{2}{11}&-\frac{2}{11}\\0&1&0&\frac{7}{11}&-\frac{15}{11}\\0&0&1&-\frac{3}{11}&\frac{8}{11}\\0&0&0&0&0\end{pmatrix}\xrightarrow{r_1-2r_2}$$

$$\begin{pmatrix}1&0&0&-\frac{16}{11}&\frac{28}{11}\\0&1&0&\frac{7}{11}&-\frac{15}{11}\\0&0&1&-\frac{3}{11}&\frac{8}{11}\\0&0&0&0&0\end{pmatrix}\text{（行最简形）.}$$

3．解：（1）

$$\begin{pmatrix}1&2&3\\2&2&1\\3&4&3\end{pmatrix}\xrightarrow[r_3-3r_1]{r_2-2r_1}\begin{pmatrix}1&2&3\\0&-2&-5\\0&-2&-6\end{pmatrix}\xrightarrow{r_3-r_2}\begin{pmatrix}1&2&3\\0&-2&-5\\0&0&-1\end{pmatrix}\xrightarrow[-r_3]{-r_2}\begin{pmatrix}1&2&3\\0&2&5\\0&0&1\end{pmatrix}\xrightarrow[r_2-5r_3]{r_1-3r_3}\begin{pmatrix}1&2&0\\0&2&0\\0&0&1\end{pmatrix}$$

$$\xrightarrow{\frac{r_2}{2}}\begin{pmatrix}1&2&0\\0&1&0\\0&0&1\end{pmatrix}\xrightarrow{r_1-2r_2}\begin{pmatrix}1&0&0\\0&1&0\\0&0&1\end{pmatrix}\text{（行最简形、标准形）.}$$

（2）

$$\begin{pmatrix}1&3&1&4\\2&-3&8&2\\2&12&-2&12\end{pmatrix}\xrightarrow[r_3-2r_1]{r_2-2r_1}\begin{pmatrix}1&3&1&4\\0&-9&6&-6\\0&6&-4&4\end{pmatrix}\xrightarrow{r_3+\frac{2}{3}r_2}\begin{pmatrix}1&3&1&4\\0&-9&6&-6\\0&0&0&0\end{pmatrix}\xrightarrow{-\frac{r_2}{9}}\begin{pmatrix}1&3&1&4\\0&1&-\frac{2}{3}&\frac{2}{3}\\0&0&0&0\end{pmatrix}$$

$$\xrightarrow{r_1-3r_2}\begin{pmatrix}1&0&3&2\\0&1&-\frac{2}{3}&\frac{2}{3}\\0&0&0&0\end{pmatrix}\text{（行最简形）}\xrightarrow[\substack{c_3+\frac{2}{3}c_2\\c_4-\frac{2}{3}c_2}]{\substack{c_3-3c_1\\c_4-2c_1}}\begin{pmatrix}1&0&0&0\\0&1&0&0\\0&0&0&0\end{pmatrix}\text{（标准形）.}$$

（3）

$$\begin{pmatrix}2&1&2&3\\4&1&3&5\\2&0&1&2\end{pmatrix}\xrightarrow[r_3-r_1]{r_2-2r_1}\begin{pmatrix}2&1&2&3\\0&-1&-1&-1\\0&-1&-1&-1\end{pmatrix}\xrightarrow[r_3-r_2]{r_1+r_2}\begin{pmatrix}2&0&1&2\\0&-1&-1&-1\\0&0&0&0\end{pmatrix}\xrightarrow{\frac{r_1}{2},-r_2}\begin{pmatrix}1&0&\frac{1}{2}&1\\0&1&1&1\\0&0&0&0\end{pmatrix}\text{（行最简形）}$$

$$\xrightarrow[\substack{c_3-\frac{1}{2}c_1\\c_4-c_1}]{\substack{c_3-c_2\\c_4-c_2}}\begin{pmatrix}1&0&0&0\\0&1&0&0\\0&0&0&0\end{pmatrix}\text{（标准形）.}$$

（4）

$$\begin{pmatrix}1&-1&3&-4&3\\3&-3&5&-4&1\\2&-2&3&-2&0\\3&-3&4&-2&-1\end{pmatrix}\xrightarrow[\substack{r_3-2r_1\\r_4-3r_1}]{r_2-3r_1}\begin{pmatrix}1&-1&3&-4&3\\0&0&-4&8&-8\\0&0&-3&6&-6\\0&0&-5&10&-10\end{pmatrix}\xrightarrow{-\frac{1}{4}r_2}\begin{pmatrix}1&-1&3&-4&3\\0&0&1&-2&2\\0&0&-3&6&-6\\0&0&-5&10&-10\end{pmatrix}\xrightarrow[r_4+5r_2]{r_3+3r_2}$$

$$\begin{pmatrix}1&-1&3&-4&3\\0&0&1&-2&2\\0&0&0&0&0\\0&0&0&0&0\end{pmatrix}\xrightarrow{r_1-3r_2}\begin{pmatrix}1&-1&0&2&-3\\0&0&1&-2&2\\0&0&0&0&0\\0&0&0&0&0\end{pmatrix}\text{（行最简形）}\xrightarrow{c_3\leftrightarrow c_2}\begin{pmatrix}1&0&-1&2&-3\\0&1&0&-2&2\\0&0&0&0&0\\0&0&0&0&0\end{pmatrix}\xrightarrow[\substack{c_4-2c_1\\c_5+3c_1}]{c_3+c_1}$$

$$\begin{pmatrix}1&0&0&0&0\\0&1&0&-2&2\\0&0&0&0&0\\0&0&0&0&0\end{pmatrix}\xrightarrow[c_5-2c_2]{c_4+2c_2}\begin{pmatrix}1&0&0&0&0\\0&1&0&0&0\\0&0&0&0&0\\0&0&0&0&0\end{pmatrix}\text{（标准形）.}$$

4．解：$PA=\begin{pmatrix}0&1&0\\1&0&0\\0&0&1\end{pmatrix}\begin{pmatrix}2&3&1\\1&-1&2\\2&0&3\end{pmatrix}=\begin{pmatrix}1&-1&2\\2&3&1\\2&0&3\end{pmatrix}$，$AP=\begin{pmatrix}2&3&1\\1&-1&2\\2&0&3\end{pmatrix}\begin{pmatrix}0&1&0\\1&0&0\\0&0&1\end{pmatrix}=\begin{pmatrix}3&2&1\\-1&1&2\\0&2&3\end{pmatrix}$，

$QA=\begin{pmatrix}1&0&0\\0&3&0\\0&0&1\end{pmatrix}\begin{pmatrix}2&3&1\\1&-1&2\\2&0&3\end{pmatrix}=\begin{pmatrix}2&3&1\\3&-3&6\\2&0&3\end{pmatrix}$，$AQ=\begin{pmatrix}2&3&1\\1&-1&2\\2&0&3\end{pmatrix}\begin{pmatrix}1&0&0\\0&3&0\\0&0&1\end{pmatrix}=\begin{pmatrix}2&9&1\\1&-3&2\\2&0&3\end{pmatrix}$，

$RA=\begin{pmatrix}1&0&0\\0&1&0\\0&2&1\end{pmatrix}\begin{pmatrix}2&3&1\\1&-1&2\\2&0&3\end{pmatrix}=\begin{pmatrix}2&3&1\\1&-1&2\\4&-2&7\end{pmatrix}$，$AR=\begin{pmatrix}2&3&1\\1&-1&2\\2&0&3\end{pmatrix}\begin{pmatrix}1&0&0\\0&1&0\\0&2&1\end{pmatrix}=\begin{pmatrix}2&5&1\\1&3&2\\2&6&3\end{pmatrix}$.

5．解：（1）$(A,E)=\left(\begin{array}{cc|cc}3&2&1&0\\2&1&0&1\end{array}\right)\xrightarrow{r_1-r_2}\left(\begin{array}{cc|cc}1&1&1&-1\\2&1&0&1\end{array}\right)\xrightarrow{r_2-2r_1}\left(\begin{array}{cc|cc}1&1&1&-1\\0&-1&-2&3\end{array}\right)\xrightarrow{-r_2}\left(\begin{array}{cc|cc}1&1&1&-1\\0&1&2&-3\end{array}\right)$

$\xrightarrow{r_1-r_2}\left(\begin{array}{cc|cc}1&0&-1&2\\0&1&2&-3\end{array}\right)=(E,A^{-1})$，所以 $A^{-1}=\begin{pmatrix}-1&2\\2&-3\end{pmatrix}$.

（2）$(A,E)=\left(\begin{array}{ccc|ccc}1&2&3&1&0&0\\2&2&1&0&1&0\\3&4&3&0&0&1\end{array}\right)\xrightarrow[r_3-3r_1]{r_2-2r_1}\left(\begin{array}{ccc|ccc}1&2&3&1&0&0\\0&-2&-5&-2&1&0\\0&-2&-6&-3&0&1\end{array}\right)\xrightarrow{r_3-r_2}\left(\begin{array}{ccc|ccc}1&2&3&1&0&0\\0&-2&-5&-2&1&0\\0&0&-1&-1&-1&1\end{array}\right)$

$\xrightarrow[r_2-5r_3]{r_1+3r_3}\left(\begin{array}{ccc|ccc}1&2&0&-2&-3&3\\0&-2&0&3&6&-5\\0&0&-1&-1&-1&1\end{array}\right)\xrightarrow{r_1+r_2}\left(\begin{array}{ccc|ccc}1&0&0&1&3&-2\\0&-2&0&3&6&-5\\0&0&-1&-1&-1&1\end{array}\right)\xrightarrow{-\frac{r_2}{2},-r_3}\left(\begin{array}{ccc|ccc}1&0&0&1&3&-2\\0&1&0&-\frac{3}{2}&-3&\frac{5}{2}\\0&0&1&1&1&-1\end{array}\right)=$

(E,A^{-1})，所以 $A^{-1}=\begin{pmatrix}1&3&-2\\-\frac{3}{2}&-3&\frac{5}{2}\\1&1&-1\end{pmatrix}$.

（3）$(A,E)=\left(\begin{array}{ccc|ccc}4&2&3&1&0&0\\3&1&2&0&1&0\\2&1&1&0&0&1\end{array}\right)\xrightarrow{r_1-r_2}\left(\begin{array}{ccc|ccc}1&1&1&1&-1&0\\3&1&2&0&1&0\\2&1&1&0&0&1\end{array}\right)\xrightarrow[r_3-2r_1]{r_2-3r_1}\left(\begin{array}{ccc|ccc}1&1&1&1&-1&0\\0&-2&-1&-3&4&0\\0&-1&-1&-2&2&1\end{array}\right)\xrightarrow[\substack{r_2-2r_3\\-r_3}]{r_1+r_3}$

$\left(\begin{array}{ccc|ccc}1&0&0&-1&1&1\\0&0&1&1&0&-2\\0&1&1&2&-2&-1\end{array}\right)\xrightarrow{r_3-r_2}\left(\begin{array}{ccc|ccc}1&0&0&-1&1&1\\0&0&1&1&0&-2\\0&1&0&1&-2&1\end{array}\right)\xrightarrow{r_3\leftrightarrow r_2}\left(\begin{array}{ccc|ccc}1&0&0&-1&1&1\\0&1&0&1&-2&1\\0&0&1&1&0&-2\end{array}\right)=(E,A^{-1})$，所以

$A^{-1}=\begin{pmatrix}-1&1&1\\1&-2&1\\1&0&-2\end{pmatrix}$.

（4）$(A,E)=\left(\begin{array}{cccc|cccc}3&-2&0&-1&1&0&0&0\\0&2&2&1&0&1&0&0\\1&-2&-3&-2&0&0&1&0\\0&1&2&1&0&0&0&1\end{array}\right)\xrightarrow{r_3\leftrightarrow r_1}\left(\begin{array}{cccc|cccc}1&-2&-3&-2&0&0&1&0\\0&2&2&1&0&1&0&0\\3&-2&0&-1&1&0&0&0\\0&1&2&1&0&0&0&1\end{array}\right)\xrightarrow{r_3-3r_1}$

$\left(\begin{array}{cccc|cccc}1&-2&-3&-2&0&0&1&0\\0&2&2&1&0&1&0&0\\0&4&9&5&1&0&-3&0\\0&1&2&1&0&0&0&1\end{array}\right)\xrightarrow{r_4\leftrightarrow r_2}\left(\begin{array}{cccc|cccc}1&-2&-3&-2&0&0&1&0\\0&1&2&1&0&0&0&1\\0&4&9&5&1&0&-3&0\\0&2&2&1&0&1&0&0\end{array}\right)\xrightarrow[r_4-2r_2]{r_3-4r_2}$

$\left(\begin{array}{cccc|cccc}1&-2&-3&-2&0&0&1&0\\0&1&2&1&0&0&0&1\\0&0&1&1&1&0&-3&-4\\0&0&-2&-1&0&1&0&-2\end{array}\right)\xrightarrow{r_4+2r_3}\left(\begin{array}{cccc|cccc}1&-2&-3&-2&0&0&1&0\\0&1&2&1&0&0&0&1\\0&0&1&1&1&0&-3&-4\\0&0&0&1&2&1&-6&-10\end{array}\right)\xrightarrow[\substack{r_2-r_4\\r_3-r_4}]{r_1+2r_4}$

$$\left(\begin{array}{cccc|cccc}1&-2&-3&0&4&2&-11&-20\\0&1&2&0&-2&-1&6&11\\0&0&1&0&-1&-1&3&6\\0&0&0&1&2&1&-6&-10\end{array}\right)\xrightarrow[r_2-2r_3]{r_1+3r_3}\left(\begin{array}{cccc|cccc}1&-2&0&0&1&-1&-2&-2\\0&1&0&0&0&1&0&-1\\0&0&1&0&-1&-1&3&6\\0&0&0&1&2&1&-6&-10\end{array}\right)\xrightarrow{r_1+2r_2}$$

$$\left(\begin{array}{cccc|cccc}1&0&0&0&1&1&-2&-4\\0&1&0&0&0&1&0&-1\\0&0&1&0&-1&-1&3&6\\0&0&0&1&2&1&-6&-10\end{array}\right)=(\boldsymbol{E},\boldsymbol{A}^{-1})\text{，所以 }\boldsymbol{A}^{-1}=\begin{pmatrix}1&1&-2&-4\\0&1&0&-1\\-1&-1&3&6\\2&1&-6&-10\end{pmatrix}.$$

6．解：（1）$\begin{pmatrix}1&0&0\\0&1&0\\0&2&1\end{pmatrix}\begin{pmatrix}1&2&3\\2&3&4\\3&4&5\end{pmatrix}\begin{pmatrix}0&0&1\\0&1&0\\1&0&0\end{pmatrix}=\begin{pmatrix}3&2&1\\4&3&2\\13&10&7\end{pmatrix}$.

（2）$\begin{pmatrix}1&0&0\\0&1&0\\0&1&1\end{pmatrix}^{10}\begin{pmatrix}1&2&3\\2&3&4\\3&4&5\end{pmatrix}\begin{pmatrix}0&0&1\\0&1&0\\1&0&0\end{pmatrix}^{15}=\begin{pmatrix}3&2&1\\4&3&2\\45&34&23\end{pmatrix}$.

（3）$\begin{pmatrix}1&0&0\\0&3&0\\0&0&1\end{pmatrix}^{5}\begin{pmatrix}1&2&3\\2&3&4\\3&4&5\end{pmatrix}\begin{pmatrix}0&1&0\\1&0&0\\0&0&1\end{pmatrix}^{20}=\begin{pmatrix}1&2&3\\2\times3^5&3^6&4\times3^5\\3&4&5\end{pmatrix}$.

（4）$\begin{pmatrix}1&0&0\\0&0&1\\0&1&0\end{pmatrix}^{2\,049}\begin{pmatrix}4&1&3\\5&2&0\\2&6&7\end{pmatrix}\begin{pmatrix}0&0&1\\0&1&0\\1&0&0\end{pmatrix}^{2\,050}=\begin{pmatrix}1&0&0\\0&0&1\\0&1&0\end{pmatrix}\begin{pmatrix}4&1&3\\5&2&0\\2&6&7\end{pmatrix}=\begin{pmatrix}4&1&3\\2&6&7\\5&2&0\end{pmatrix}$.

7．解：（1）设 $\boldsymbol{A}=\begin{pmatrix}2&5\\1&3\end{pmatrix}$，$\boldsymbol{B}=\begin{pmatrix}4\\2\end{pmatrix}$，则 $\boldsymbol{AX}=\boldsymbol{B}$，又因为 $\boldsymbol{A}$ 可逆，所以 $\boldsymbol{X}=\boldsymbol{A}^{-1}\boldsymbol{B}$．将矩阵 $\boldsymbol{A}$，$\boldsymbol{B}$ 组成新的矩阵 $(\boldsymbol{A},\boldsymbol{B})$，利用初等行变换将其化为 $(\boldsymbol{E},\boldsymbol{X})$，即 $(\boldsymbol{A},\boldsymbol{B})=\left(\begin{array}{cc|c}2&5&4\\1&3&2\end{array}\right)\xrightarrow{r_2\leftrightarrow r_1}\left(\begin{array}{cc|c}1&3&2\\2&5&4\end{array}\right)\xrightarrow{r_2-2r_1}$

$\left(\begin{array}{cc|c}1&3&2\\0&-1&0\end{array}\right)\xrightarrow{-r_2}\left(\begin{array}{cc|c}1&3&2\\0&1&0\end{array}\right)\xrightarrow{r_1-3r_2}\left(\begin{array}{cc|c}1&0&2\\0&1&0\end{array}\right)=(\boldsymbol{E},\boldsymbol{A}^{-1}\boldsymbol{B})$，所以 $\boldsymbol{X}=\boldsymbol{A}^{-1}\boldsymbol{B}=\begin{pmatrix}2\\0\end{pmatrix}$.

（2）设 $\boldsymbol{A}=\begin{pmatrix}0&1&-1\\1&1&2\\0&-1&0\end{pmatrix}$，$\boldsymbol{B}=\begin{pmatrix}-2&0\\-3&2\\3&-1\end{pmatrix}$，则 $\boldsymbol{AX}=\boldsymbol{B}$，$\boldsymbol{X}=\boldsymbol{A}^{-1}\boldsymbol{B}$．$(\boldsymbol{A},\boldsymbol{B})=\left(\begin{array}{ccc|cc}0&1&-1&-2&0\\1&1&2&-3&2\\0&-1&0&3&-1\end{array}\right)$

$\xrightarrow{r_1\leftrightarrow r_2}\left(\begin{array}{ccc|cc}1&1&2&-3&2\\0&1&-1&-2&0\\0&-1&0&3&-1\end{array}\right)\xrightarrow[r_3+r_2]{r_1-r_2}\left(\begin{array}{ccc|cc}1&0&3&-1&2\\0&1&-1&-2&0\\0&0&-1&1&-1\end{array}\right)\xrightarrow[r_1+3r_3]{r_2-r_3}\left(\begin{array}{ccc|cc}1&0&0&2&-1\\0&1&0&-3&1\\0&0&-1&1&-1\end{array}\right)\xrightarrow{-r_3}$

$\left(\begin{array}{ccc|cc}1&0&0&2&-1\\0&1&0&-3&1\\0&0&1&-1&1\end{array}\right)=(\boldsymbol{E},\boldsymbol{A}^{-1}\boldsymbol{B})$，则 $\boldsymbol{X}=\boldsymbol{A}^{-1}\boldsymbol{B}=\begin{pmatrix}2&-1\\-3&1\\-1&1\end{pmatrix}$.

（3）设 $\boldsymbol{A}=\begin{pmatrix}1&2&3\\3&1&2\\2&3&1\end{pmatrix}$，$\boldsymbol{B}=\begin{pmatrix}2&4&0\\4&0&2\\0&2&4\end{pmatrix}$，则 $\boldsymbol{AX}=\boldsymbol{B}$，$\boldsymbol{X}=\boldsymbol{A}^{-1}\boldsymbol{B}$．$(\boldsymbol{A},\boldsymbol{B})=\left(\begin{array}{ccc|ccc}1&2&3&2&4&0\\3&1&2&4&0&2\\2&3&1&0&2&4\end{array}\right)\xrightarrow[r_3-2r_1]{r_2-3r_1}$

$\left(\begin{array}{ccc|ccc}1&2&3&2&4&0\\0&-5&-7&-2&-12&2\\0&-1&-5&-4&-6&4\end{array}\right)\xrightarrow[r_2-5r_3]{r_1+2r_3}\left(\begin{array}{ccc|ccc}1&0&-7&-6&-8&8\\0&0&18&18&18&-18\\0&-1&-5&-4&-6&4\end{array}\right)\xrightarrow{\frac{r_2}{18}}\left(\begin{array}{ccc|ccc}1&0&-7&-6&-8&8\\0&0&1&1&1&-1\\0&-1&-5&-4&-6&4\end{array}\right)\xrightarrow[r_3+5r_2]{r_1+7r_2}$

$\left(\begin{array}{ccc|ccc}1&0&0&1&-1&1\\0&0&1&1&1&-1\\0&-1&0&1&-1&-1\end{array}\right)\xrightarrow[-r_2]{r_2\leftrightarrow r_3}\left(\begin{array}{ccc|ccc}1&0&0&1&-1&1\\0&1&0&-1&1&1\\0&0&1&1&1&-1\end{array}\right)=(\boldsymbol{E},\boldsymbol{A}^{-1}\boldsymbol{B})$，所以 $\boldsymbol{X}=\boldsymbol{A}^{-1}\boldsymbol{B}=\begin{pmatrix}1&-1&1\\-1&1&1\\1&1&-1\end{pmatrix}$.

（4）设 $A=\begin{pmatrix}2&1&-1\\2&1&0\\1&-1&1\end{pmatrix}$，$B=\begin{pmatrix}1&-1&3\\4&3&2\end{pmatrix}$，则 $XA=B$，$X=BA^{-1}$．$(A,E)=\left(\begin{array}{ccc:ccc}2&1&-1&1&0&0\\2&1&0&0&1&0\\1&-1&1&0&0&1\end{array}\right)$

$$\xrightarrow{r_1\leftrightarrow r_3}\left(\begin{array}{ccc:ccc}1&-1&1&0&0&1\\2&1&0&0&1&0\\2&1&-1&1&0&0\end{array}\right)\xrightarrow[r_3-2r_1]{r_2-2r_1}\left(\begin{array}{ccc:ccc}1&-1&1&0&0&1\\0&3&-2&0&1&-2\\0&3&-3&1&0&-2\end{array}\right)\xrightarrow{r_3-r_2}\left(\begin{array}{ccc:ccc}1&-1&1&0&0&1\\0&3&-2&0&1&-2\\0&0&-1&1&-1&0\end{array}\right)\xrightarrow{-r_3}$$

$$\left(\begin{array}{ccc:ccc}1&-1&1&0&0&1\\0&3&-2&0&1&-2\\0&0&1&-1&1&0\end{array}\right)\xrightarrow[r_2+2r_3]{r_1-r_3}\left(\begin{array}{ccc:ccc}1&-1&0&1&-1&1\\0&3&0&-2&3&-2\\0&0&1&-1&1&0\end{array}\right)\xrightarrow{\frac{r_2}{3}}\left(\begin{array}{ccc:ccc}1&-1&0&1&-1&1\\0&1&0&-\frac{2}{3}&1&-\frac{2}{3}\\0&0&1&-1&1&0\end{array}\right)\xrightarrow{r_1+r_2}$$

$$\left(\begin{array}{ccc:ccc}1&0&0&\frac{1}{3}&0&\frac{1}{3}\\0&1&0&-\frac{2}{3}&1&-\frac{2}{3}\\0&0&1&-1&1&0\end{array}\right)=(E,A^{-1})\text{，则 }A^{-1}=\begin{pmatrix}\frac{1}{3}&0&\frac{1}{3}\\-\frac{2}{3}&1&-\frac{2}{3}\\-1&1&0\end{pmatrix}\text{，}X=BA^{-1}=\begin{pmatrix}1&-1&3\\4&3&2\end{pmatrix}\begin{pmatrix}\frac{1}{3}&0&\frac{1}{3}\\-\frac{2}{3}&1&-\frac{2}{3}\\-1&1&0\end{pmatrix}=$$

$$\begin{pmatrix}-2&2&1\\-\frac{8}{3}&5&-\frac{2}{3}\end{pmatrix}.$$

8．**解**：由 $AX=A+2X$，得 $(A-2E)X=A$，$X=(A-2E)^{-1}A$，且 $A-2E=\begin{pmatrix}1&0&1\\1&-1&0\\0&1&2\end{pmatrix}$，于是

$$(A-2E,A)=\left(\begin{array}{ccc:ccc}1&0&1&3&0&1\\1&-1&0&1&1&0\\0&1&2&0&1&4\end{array}\right)\xrightarrow{r_2-r_1}\left(\begin{array}{ccc:ccc}1&0&1&3&0&1\\0&-1&-1&-2&1&-1\\0&1&2&0&1&4\end{array}\right)\xrightarrow{r_3+r_2}\left(\begin{array}{ccc:ccc}1&0&1&3&0&1\\0&-1&-1&-2&1&-1\\0&0&1&-2&2&3\end{array}\right)\xrightarrow{-r_2}$$

$$\left(\begin{array}{ccc:ccc}1&0&1&3&0&1\\0&1&1&2&-1&1\\0&0&1&-2&2&3\end{array}\right)\xrightarrow[r_2-r_3]{r_1-r_3}\left(\begin{array}{ccc:ccc}1&0&0&5&-2&-2\\0&1&0&4&-3&-2\\0&0&1&-2&2&3\end{array}\right)=(E,X)\text{，所以 }X=\begin{pmatrix}5&-2&-2\\4&-3&-2\\-2&2&3\end{pmatrix}.$$

9．**解**：由 $AX+B=X$，得 $(E-A)X=B$，$X=(E-A)^{-1}B$，且 $E-A=\begin{pmatrix}1&-1&0\\1&0&-1\\1&0&2\end{pmatrix}$，于是 $(E-A,B)=$

$$\left(\begin{array}{ccc:cc}1&-1&0&1&-1\\1&0&-1&2&0\\1&0&2&5&-3\end{array}\right)\xrightarrow[r_3-r_1]{r_2-r_1}\left(\begin{array}{ccc:cc}1&-1&0&1&-1\\0&1&-1&1&1\\0&1&2&4&-2\end{array}\right)\xrightarrow{r_3-r_2}\left(\begin{array}{ccc:cc}1&-1&0&1&-1\\0&1&-1&1&1\\0&0&3&3&-3\end{array}\right)\xrightarrow{\frac{r_3}{3}}\left(\begin{array}{ccc:cc}1&-1&0&1&-1\\0&1&-1&1&1\\0&0&1&1&-1\end{array}\right)\xrightarrow{r_2+r_3}$$

$$\left(\begin{array}{ccc:cc}1&-1&0&1&-1\\0&1&0&2&0\\0&0&1&1&-1\end{array}\right)\xrightarrow{r_1+r_2}\left(\begin{array}{ccc:cc}1&0&0&3&-1\\0&1&0&2&0\\0&0&1&1&-1\end{array}\right)=(E,X)\text{，所以 }X=\begin{pmatrix}3&-1\\2&0\\1&-1\end{pmatrix}.$$

10．**解**：$A=\begin{pmatrix}1&2&3\\4&5&6\end{pmatrix}\xrightarrow{r_2-4r_1}\begin{pmatrix}1&2&3\\0&-3&-6\end{pmatrix}\xrightarrow{-\frac{1}{3}r_2}\begin{pmatrix}1&2&3\\0&1&2\end{pmatrix}\xrightarrow{r_1-2r_2}\begin{pmatrix}1&0&-1\\0&1&2\end{pmatrix}\xrightarrow[c_3-2c_2]{c_3+c_1}\begin{pmatrix}1&0&0\\0&1&0\end{pmatrix}=B$，

对应的有 $P=\begin{pmatrix}1&-2\\0&1\end{pmatrix}\begin{pmatrix}1&0\\0&-\frac{1}{3}\end{pmatrix}\begin{pmatrix}1&0\\-4&1\end{pmatrix}=\begin{pmatrix}-\frac{5}{3}&\frac{2}{3}\\\frac{4}{3}&-\frac{1}{3}\end{pmatrix}$，$Q=\begin{pmatrix}1&0&1\\0&1&0\\0&0&1\end{pmatrix}\begin{pmatrix}1&0&0\\0&1&-2\\0&0&1\end{pmatrix}=\begin{pmatrix}1&0&1\\0&1&-2\\0&0&1\end{pmatrix}$，于是 $PAQ=$

$$\begin{pmatrix}-\frac{5}{3}&\frac{2}{3}\\\frac{4}{3}&-\frac{1}{3}\end{pmatrix}\begin{pmatrix}1&2&3\\4&5&6\end{pmatrix}\begin{pmatrix}1&0&1\\0&1&-2\\0&0&1\end{pmatrix}=\begin{pmatrix}1&0&0\\0&1&0\end{pmatrix}=B.$$

11．解：$(\boldsymbol{A},\boldsymbol{E})=\left(\begin{array}{cccc|ccc}1&-1&3&0&1&0&0\\-2&1&-2&1&0&1&0\\-1&-1&5&2&0&0&1\end{array}\right)\xrightarrow[r_3+r_1]{r_2+2r_1}\left(\begin{array}{cccc|ccc}1&-1&3&0&1&0&0\\0&-1&4&1&2&1&0\\0&-2&8&2&1&0&1\end{array}\right)\xrightarrow{r_3-2r_2}$

$\left(\begin{array}{cccc|ccc}1&-1&3&0&1&0&0\\0&-1&4&1&2&1&0\\0&0&0&0&-3&-2&1\end{array}\right)\xrightarrow{-r_2}\left(\begin{array}{cccc|ccc}1&-1&3&0&1&0&0\\0&1&-4&-1&-2&-1&0\\0&0&0&0&-3&-2&1\end{array}\right)\xrightarrow{r_1+r_2}\left(\begin{array}{cccc|ccc}1&0&-1&-1&-1&-1&0\\0&1&-4&-1&-2&-1&0\\0&0&0&0&-3&-2&1\end{array}\right)=(\boldsymbol{PA},\boldsymbol{P})$，

于是 $\boldsymbol{P}=\begin{pmatrix}-1&-1&0\\-2&-1&0\\-3&-2&1\end{pmatrix}$．

12．解：由 $\begin{pmatrix}0&1&0\\1&0&0\\0&0&1\end{pmatrix}\boldsymbol{X}\begin{pmatrix}1&0&0\\-2&1&0\\0&0&1\end{pmatrix}=\begin{pmatrix}1&-4&3\\2&0&-1\\0&-2&1\end{pmatrix}$，得 $\boldsymbol{X}=\begin{pmatrix}0&1&0\\1&0&0\\0&0&1\end{pmatrix}^{-1}\begin{pmatrix}1&-4&3\\2&0&-1\\0&-2&1\end{pmatrix}\begin{pmatrix}1&0&0\\-2&1&0\\0&0&1\end{pmatrix}^{-1}=$

$\begin{pmatrix}0&1&0\\1&0&0\\0&0&1\end{pmatrix}\begin{pmatrix}1&-4&3\\2&0&-1\\0&-2&1\end{pmatrix}\begin{pmatrix}1&0&0\\2&1&0\\0&0&1\end{pmatrix}=\begin{pmatrix}2&0&-1\\-7&-4&3\\-4&-2&1\end{pmatrix}$．

13．解：由 $\boldsymbol{AXA}+\boldsymbol{BXB}=\boldsymbol{AXB}+\boldsymbol{BXA}+\boldsymbol{E}$，得 $\boldsymbol{AX}(\boldsymbol{A}-\boldsymbol{B})+\boldsymbol{BX}(\boldsymbol{B}-\boldsymbol{A})=\boldsymbol{E}$，于是 $(\boldsymbol{A}-\boldsymbol{B})\boldsymbol{X}(\boldsymbol{A}-\boldsymbol{B})=\boldsymbol{E}$，

从而 $\boldsymbol{X}=[(\boldsymbol{A}-\boldsymbol{B})^{-1}]^2=\left[\begin{pmatrix}1&-1&-1\\0&1&-1\\0&0&1\end{pmatrix}^{-1}\right]^2=\begin{pmatrix}1&1&2\\0&1&1\\0&0&1\end{pmatrix}^2=\begin{pmatrix}1&2&5\\0&1&2\\0&0&1\end{pmatrix}$．

14．解：（1）由 $\boldsymbol{A}^3=\boldsymbol{O}$，得 $|\boldsymbol{A}^3|=0$，$|\boldsymbol{A}|=0$，即 $|\boldsymbol{A}|=\begin{vmatrix}a&1&0\\1&a&-1\\0&1&a\end{vmatrix}\overset{r_3+ar_2}{=\!=\!=}\begin{vmatrix}a&1&0\\1&a&-1\\a&1+a^2&0\end{vmatrix}=-1\times(-1)^{2+3}\cdot$

$\begin{vmatrix}a&1\\a&1+a^2\end{vmatrix}=a^3=0$，所以 $a=0$，此时矩阵 $\boldsymbol{A}=\begin{pmatrix}0&1&0\\1&0&-1\\0&1&0\end{pmatrix}$．

（2）由 $\boldsymbol{X}-\boldsymbol{X}\boldsymbol{A}^2-\boldsymbol{AX}+\boldsymbol{AXA}^2=\boldsymbol{E}$，得 $(\boldsymbol{E}-\boldsymbol{A})\boldsymbol{X}-(\boldsymbol{E}-\boldsymbol{A})\boldsymbol{XA}^2=\boldsymbol{E}$，$(\boldsymbol{E}-\boldsymbol{A})\boldsymbol{X}(\boldsymbol{E}-\boldsymbol{A}^2)=\boldsymbol{E}$，则 $\boldsymbol{X}=$ $(\boldsymbol{E}-\boldsymbol{A})^{-1}(\boldsymbol{E}-\boldsymbol{A}^2)^{-1}$．由 $\boldsymbol{A}=\begin{pmatrix}0&1&0\\1&0&-1\\0&1&0\end{pmatrix}$，得 $\boldsymbol{A}^2=\begin{pmatrix}1&0&-1\\0&0&0\\1&0&-1\end{pmatrix}$，$\boldsymbol{E}-\boldsymbol{A}=\begin{pmatrix}1&-1&0\\-1&1&1\\0&-1&1\end{pmatrix}$，$\boldsymbol{E}-\boldsymbol{A}^2=\begin{pmatrix}0&0&1\\0&1&0\\-1&0&2\end{pmatrix}$．因为 $(\boldsymbol{E}-\boldsymbol{A},\boldsymbol{E})=\left(\begin{array}{ccc|ccc}1&-1&0&1&0&0\\-1&1&1&0&1&0\\0&-1&1&0&0&1\end{array}\right)\xrightarrow{r_2+r_1}\left(\begin{array}{ccc|ccc}1&-1&0&1&0&0\\0&0&1&1&1&0\\0&-1&1&0&0&1\end{array}\right)\xrightarrow{r_2\leftrightarrow r_3}\left(\begin{array}{ccc|ccc}1&-1&0&1&0&0\\0&-1&1&0&0&1\\0&0&1&1&1&0\end{array}\right)\xrightarrow{-r_2,\,r_1+r_2}$

$\left(\begin{array}{ccc|ccc}1&0&-1&1&0&-1\\0&1&-1&0&0&-1\\0&0&1&1&1&0\end{array}\right)\xrightarrow[r_2+r_3]{r_1+r_3}\left(\begin{array}{ccc|ccc}1&0&0&2&1&-1\\0&1&0&1&1&-1\\0&0&1&1&1&0\end{array}\right)$，所以 $(\boldsymbol{E}-\boldsymbol{A})^{-1}=\begin{pmatrix}2&1&-1\\1&1&-1\\1&1&0\end{pmatrix}$．因为 $(\boldsymbol{E}-\boldsymbol{A}^2,\boldsymbol{E})=$

$\left(\begin{array}{ccc|ccc}0&0&1&1&0&0\\0&1&0&0&1&0\\-1&0&2&0&0&1\end{array}\right)\xrightarrow{r_1\leftrightarrow r_3}\left(\begin{array}{ccc|ccc}-1&0&2&0&0&1\\0&1&0&0&1&0\\0&0&1&1&0&0\end{array}\right)\xrightarrow[r_1+2r_3]{-r_1}\left(\begin{array}{ccc|ccc}1&0&0&2&0&-1\\0&1&0&0&1&0\\0&0&1&1&0&0\end{array}\right)$，所以 $(\boldsymbol{E}-\boldsymbol{A}^2)^{-1}=$

$\begin{pmatrix}2&0&-1\\0&1&0\\1&0&0\end{pmatrix}$，于是 $\boldsymbol{X}=(\boldsymbol{E}-\boldsymbol{A})^{-1}(\boldsymbol{E}-\boldsymbol{A}^2)^{-1}=\begin{pmatrix}2&1&-1\\1&1&-1\\1&1&0\end{pmatrix}\begin{pmatrix}2&0&-1\\0&1&0\\1&0&0\end{pmatrix}=\begin{pmatrix}3&1&-2\\1&1&-1\\2&1&-1\end{pmatrix}$．

第二节　矩阵的秩

一、单项选择题

1. A【解析】因为矩阵 $\boldsymbol{A}$ 经过有限次初等行变换变为 $\boldsymbol{B}$，初等行变换不改变矩阵的秩，所以 $R(\boldsymbol{A})=R(\boldsymbol{B})$．故选 A.

2. C【解析】根据矩阵的秩的定义，若矩阵 $\boldsymbol{A}$ 的秩是 r，则 $\boldsymbol{A}$ 中至少有一个 r 阶子式不等于零，$\boldsymbol{A}$ 中所有 $r+1$ 阶子式都等于零．故选 C.

3. B【解析】因为 $\boldsymbol{A}$ 和 $\boldsymbol{B}$ 均为 n 阶非零矩阵，且 $\boldsymbol{AB}=\boldsymbol{O}$，所以 $R(\boldsymbol{A})+R(\boldsymbol{B})\leqslant n$．因为 $\boldsymbol{A}\neq\boldsymbol{O}$，$\boldsymbol{B}\neq\boldsymbol{O}$，则 $R(\boldsymbol{A})\geqslant 1$，$R(\boldsymbol{B})\geqslant 1$，所以 $R(\boldsymbol{A})<n$．故选 B.

4. C【解析】矩阵 $\boldsymbol{A}=\begin{pmatrix}1&2&-2\\4&t&3\\3&-1&1\end{pmatrix}\xrightarrow[r_3-3r_1]{r_2-4r_1}\begin{pmatrix}1&2&-2\\0&t-8&11\\0&-7&7\end{pmatrix}\xrightarrow{r_2\leftrightarrow r_3}\begin{pmatrix}1&2&-2\\0&-7&7\\0&t-8&11\end{pmatrix}\xrightarrow{-\frac{1}{7}r_2}\begin{pmatrix}1&2&-2\\0&1&-1\\0&t-8&11\end{pmatrix}$

$\xrightarrow{r_3+(8-t)r_2}\begin{pmatrix}1&2&-2\\0&1&-1\\0&0&t+3\end{pmatrix}$，且 $R(\boldsymbol{A})=2$，所以 $t+3=0$，$t=-3$．故选 C.

5. A【解析】$\boldsymbol{AB}-\boldsymbol{B}=\begin{pmatrix}2&0&0\\3&4&-1\\2&4&5\end{pmatrix}\begin{pmatrix}-1&2&3\\2&-4&-6\\-3&6&9\end{pmatrix}-\begin{pmatrix}-1&2&3\\2&-4&-6\\-3&6&9\end{pmatrix}=\begin{pmatrix}-2&4&6\\8&-16&-24\\-9&18&27\end{pmatrix}-\begin{pmatrix}-1&2&3\\2&-4&-6\\-3&6&9\end{pmatrix}=$

$\begin{pmatrix}-1&2&3\\6&-12&-18\\-6&12&18\end{pmatrix}$，且 $\begin{pmatrix}-1&2&3\\6&-12&-18\\-6&12&18\end{pmatrix}\xrightarrow[r_3-6r_1]{r_2+6r_1}\begin{pmatrix}-1&2&3\\0&0&0\\0&0&0\end{pmatrix}$，所以 $R(\boldsymbol{AB}-\boldsymbol{B})=1$．故选 A.

6. A【解析】由 $\boldsymbol{AB}=\boldsymbol{O}$，得 $R(\boldsymbol{A})+R(\boldsymbol{B})\leqslant 3$．$\boldsymbol{B}$ 是非零矩阵，则 $R(\boldsymbol{B})\geqslant 1$．矩阵 $\boldsymbol{A}=\begin{pmatrix}1&2&t\\3&t&18\\2&4&2t\\1&8-t&4t-18\end{pmatrix}$

$\xrightarrow[r_4-r_1]{\substack{r_2-3r_1\\r_3-2r_1}}\begin{pmatrix}1&2&t\\0&t-6&18-3t\\0&0&0\\0&6-t&3t-18\end{pmatrix}\xrightarrow{r_4+r_2}\begin{pmatrix}1&2&t\\0&t-6&18-3t\\0&0&0\\0&0&0\end{pmatrix}$，当 $t\neq 6$ 时，$R(\boldsymbol{A})=2$，于是 $R(\boldsymbol{B})=1$，A 选项成立，C 选项不成立．当 $t=6$ 时，$R(\boldsymbol{A})=1$，于是 $R(\boldsymbol{B})=1$ 或 2，B 和 D 选项不成立．故选 A.

二、填空题

1. $r+1$【解析】因为 $R(\boldsymbol{A})=r$，所以矩阵 $\boldsymbol{B}=\begin{pmatrix}\boldsymbol{A}&\boldsymbol{O}\\\boldsymbol{O}&1\end{pmatrix}$ 的秩为 $r+1$.

2. 2【解析】由 $|\boldsymbol{B}|=\begin{vmatrix}2&0&2\\0&2&0\\-2&0&3\end{vmatrix}=20\neq 0$，得矩阵 $\boldsymbol{B}$ 可逆，所以 $R(\boldsymbol{AB})=R(\boldsymbol{A})=2$.

3. -2【解析】矩阵 $\boldsymbol{B}$ 的行列式 $|\boldsymbol{B}|=\begin{vmatrix}k&1&1\\1&k&1\\1&1&k\end{vmatrix}=(k+2)(k-1)^2$．由 $R(\boldsymbol{B})=2$，得 $|\boldsymbol{B}|=0$，即 $(k+2)\cdot(k-1)^2=0$，解得 $k=-2$，$k=1$．当 $k=1$ 时，$R(\boldsymbol{B})=1$，与题干矛盾，故舍去．当 $k=-2$ 时，$R(\boldsymbol{B})=2$，符合题意，所以 $k=-2$.

4．0，2【解析】矩阵 $A=\begin{pmatrix}1&1&1&-1\\1&3&x&1\\-3&-5&-2&1\\3&5&y&-1\end{pmatrix}\xrightarrow[r_4-3r_1]{\substack{r_2-r_1\\r_3+3r_1}}\begin{pmatrix}1&1&1&-1\\0&2&x-1&2\\0&-2&1&-2\\0&2&y-3&2\end{pmatrix}\xrightarrow{r_2\leftrightarrow r_3}\begin{pmatrix}1&1&1&-1\\0&-2&1&-2\\0&2&x-1&2\\0&2&y-3&2\end{pmatrix}$

$\xrightarrow[r_4+r_2]{r_3+r_2}\begin{pmatrix}1&1&1&-1\\0&-2&1&-2\\0&0&x&0\\0&0&y-2&0\end{pmatrix}$，且 $R(A)=2$，则 $x=0$，$y=2$．

5．1 或 3【解析】由 $R(A^*)=1$，得 $R(A)=4-1=3$，从而 $|A|=0$，即 $|A|=\begin{vmatrix}1&1&1&1\\0&1&-1&a\\2&3&a&4\\3&5&1&9\end{vmatrix}\overset{\substack{r_3-2r_1\\r_4-3r_1}}{=\!=}$

$\begin{vmatrix}1&1&1&1\\0&1&-1&a\\0&1&a-2&2\\0&2&-2&6\end{vmatrix}\overset{\substack{r_3-r_2\\r_4-2r_2}}{=\!=}\begin{vmatrix}1&1&1&1\\0&1&-1&a\\0&0&a-1&2-a\\0&0&0&6-2a\end{vmatrix}=(a-1)(6-2a)=0$，解得 $a=1$ 或 3.

思路点拨：若 A 为 n 阶方阵，则其伴随矩阵 A^* 的秩 $R(A^*)=\begin{cases}n, & R(A)=n,\\1, & R(A)=n-1,\\0, & R(A)<n-1.\end{cases}$

6. 1【解析】因为 $AB=\begin{pmatrix}1&1&0\\1&0&1\\0&1&1\end{pmatrix}\begin{pmatrix}a&1&1\\2&1&a\\1&1&a\end{pmatrix}=\begin{pmatrix}a+2&2&a+1\\a+1&2&a+1\\3&2&2a\end{pmatrix}$，且 $R(AB)=2$，所以 $|AB|=\begin{vmatrix}a+2&2&a+1\\a+1&2&a+1\\3&2&2a\end{vmatrix}$

$\overset{r_1-r_2}{=\!=}\begin{vmatrix}1&0&0\\a+1&2&a+1\\3&2&2a\end{vmatrix}=4a-2a-2=2a-2=0$，解得 $a=1$．

三、解答题

1．解：因为矩阵 $A=\begin{pmatrix}a&-1&-1\\-1&a&-1\\-1&-1&a\end{pmatrix}$ 与矩阵 $B=\begin{pmatrix}1&1&0\\0&-1&1\\1&0&1\end{pmatrix}$ 等价，所以 $R(A)=R(B)$．矩阵 $B=\begin{pmatrix}1&1&0\\0&-1&1\\1&0&1\end{pmatrix}$

$\xrightarrow{r_3-r_1}\begin{pmatrix}1&1&0\\0&-1&1\\0&-1&1\end{pmatrix}\xrightarrow{r_3-r_2}\begin{pmatrix}1&1&0\\0&-1&1\\0&0&0\end{pmatrix}$，则 $R(B)=2$，$R(A)=2$，所以 $|A|=\begin{vmatrix}a&-1&-1\\-1&a&-1\\-1&-1&a\end{vmatrix}\overset{r_1+r_2+r_3}{=\!=}$

$(a-2)\begin{vmatrix}1&1&1\\-1&a&-1\\-1&-1&a\end{vmatrix}\overset{\substack{c_2-c_1\\c_3-c_1}}{=\!=}(a-2)\begin{vmatrix}1&0&0\\-1&a+1&0\\-1&0&a+1\end{vmatrix}=(a-2)(a+1)^2=0$，得到 $a=-1$ 或 $a=2$．当 $a=-1$ 时，

$A=\begin{pmatrix}-1&-1&-1\\-1&-1&-1\\-1&-1&-1\end{pmatrix}\xrightarrow[r_3-r_1]{r_2-r_1}\begin{pmatrix}-1&-1&-1\\0&0&0\\0&0&0\end{pmatrix}$，$R(A)=1$，与题干矛盾，故舍去．当 $a=2$ 时，$A=\begin{pmatrix}2&-1&-1\\-1&2&-1\\-1&-1&2\end{pmatrix}\xrightarrow[r_3-r_1]{\substack{r_2\leftrightarrow r_1\\r_2+2r_1}}$

$\begin{pmatrix}-1&2&-1\\0&3&-3\\0&-3&3\end{pmatrix}\xrightarrow{r_3+r_2}\begin{pmatrix}-1&2&-1\\0&3&-3\\0&0&0\end{pmatrix}$，$R(A)=2$，符合题意，所以 $a=2$．

2．解：A 的二阶子式 $\begin{vmatrix} 1 & 3 \\ 0 & -3 \end{vmatrix} = -3 \neq 0$，且 $\begin{vmatrix} 1 & 3 & 2 \\ 0 & -3 & -5 \\ 3 & 9 & 6 \end{vmatrix} = 0$，$\begin{vmatrix} 1 & 3 & -1 \\ 0 & -3 & 4 \\ 3 & 9 & -3 \end{vmatrix} = 0$，$\begin{vmatrix} 1 & 2 & -1 \\ 0 & -5 & 4 \\ 3 & 6 & -3 \end{vmatrix} = 0$，$\begin{vmatrix} 3 & 2 & -1 \\ -3 & -5 & 4 \\ 9 & 6 & -3 \end{vmatrix} = 0$，所以 $R(A) = 2$．

思路点拨：注意观察，矩阵第 1 行与第 3 行的元素对应成比例，所以矩阵的三阶子式均为零．

3．解：（1）$A = \begin{pmatrix} 1 & 3 & -9 & 3 \\ 1 & 4 & -12 & 7 \\ -1 & 0 & 0 & 9 \end{pmatrix} \xrightarrow[r_3 + r_1]{r_2 - r_1} \begin{pmatrix} 1 & 3 & -9 & 3 \\ 0 & 1 & -3 & 4 \\ 0 & 3 & -9 & 12 \end{pmatrix} \xrightarrow{r_3 - 3r_2} \begin{pmatrix} 1 & 3 & -9 & 3 \\ 0 & 1 & -3 & 4 \\ 0 & 0 & 0 & 0 \end{pmatrix}$，所以 $R(A) = 2$．

（2）$A = \begin{pmatrix} 1 & 3 & -1 & -2 \\ 2 & -1 & 2 & 3 \\ 3 & 2 & 1 & 1 \\ 1 & -4 & 3 & 5 \end{pmatrix} \xrightarrow[\substack{r_3 - 3r_1 \\ r_4 - r_1}]{r_2 - 2r_1} \begin{pmatrix} 1 & 3 & -1 & -2 \\ 0 & -7 & 4 & 7 \\ 0 & -7 & 4 & 7 \\ 0 & -7 & 4 & 7 \end{pmatrix} \xrightarrow[r_4 - r_2]{r_3 - r_2} \begin{pmatrix} 1 & 3 & -1 & -2 \\ 0 & -7 & 4 & 7 \\ 0 & 0 & 0 & 0 \\ 0 & 0 & 0 & 0 \end{pmatrix}$，所以 $R(A) = 2$．

（3）$A = \begin{pmatrix} 1 & 2 & 2 & 4 \\ 0 & 1 & 1 & 1 \\ 3 & 6 & 8 & 8 \\ 0 & 2 & 4 & 5 \end{pmatrix} \xrightarrow{r_3 - 3r_1} \begin{pmatrix} 1 & 2 & 2 & 4 \\ 0 & 1 & 1 & 1 \\ 0 & 0 & 2 & -4 \\ 0 & 2 & 4 & 5 \end{pmatrix} \xrightarrow{r_4 - 2r_2} \begin{pmatrix} 1 & 2 & 2 & 4 \\ 0 & 1 & 1 & 1 \\ 0 & 0 & 2 & -4 \\ 0 & 0 & 2 & 3 \end{pmatrix} \xrightarrow{r_4 - r_3} \begin{pmatrix} 1 & 2 & 2 & 4 \\ 0 & 1 & 1 & 1 \\ 0 & 0 & 2 & -4 \\ 0 & 0 & 0 & 7 \end{pmatrix}$，所以 $R(A) = 4$．

（4）$A = \begin{pmatrix} 2 & 3 & 1 & -3 & 7 \\ 1 & 2 & 0 & -2 & -4 \\ 3 & -2 & 8 & 3 & 0 \\ 2 & -3 & 7 & 4 & 3 \end{pmatrix} \xrightarrow{r_2 \leftrightarrow r_1} \begin{pmatrix} 1 & 2 & 0 & -2 & -4 \\ 2 & 3 & 1 & -3 & 7 \\ 3 & -2 & 8 & 3 & 0 \\ 2 & -3 & 7 & 4 & 3 \end{pmatrix} \xrightarrow[\substack{r_3 - 3r_1 \\ r_4 - 2r_1}]{r_2 - 2r_1} \begin{pmatrix} 1 & 2 & 0 & -2 & -4 \\ 0 & -1 & 1 & 1 & 15 \\ 0 & -8 & 8 & 9 & 12 \\ 0 & -7 & 7 & 8 & 11 \end{pmatrix} \xrightarrow[r_4 - 7r_2]{r_3 - 8r_2}$

$\begin{pmatrix} 1 & 2 & 0 & -2 & -4 \\ 0 & -1 & 1 & 1 & 15 \\ 0 & 0 & 0 & 1 & -108 \\ 0 & 0 & 0 & 1 & -94 \end{pmatrix} \xrightarrow{r_4 - r_3} \begin{pmatrix} 1 & 2 & 0 & -2 & -4 \\ 0 & -1 & 1 & 1 & 15 \\ 0 & 0 & 0 & 1 & -108 \\ 0 & 0 & 0 & 0 & 14 \end{pmatrix}$，所以 $R(A) = 4$．

4．解：$A = \begin{pmatrix} 1 & 2 & 2 & a \\ 2 & 3 & b & 3 \\ 1 & 1 & 3 & 1 \end{pmatrix} \xrightarrow[r_3 - r_1]{r_2 - 2r_1} \begin{pmatrix} 1 & 2 & 2 & a \\ 0 & -1 & b-4 & 3-2a \\ 0 & -1 & 1 & 1-a \end{pmatrix} \xrightarrow{r_3 - r_2} \begin{pmatrix} 1 & 2 & 2 & a \\ 0 & -1 & b-4 & 3-2a \\ 0 & 0 & 5-b & a-2 \end{pmatrix}$，因为 $R(A) = 2$，所以 $a = 2$，$b = 5$．

5．解：$A = \begin{pmatrix} 1 & -2 & 3k \\ -1 & 2k & -3 \\ k & -2 & 3 \\ -2 & 4k & -6 \end{pmatrix} \xrightarrow[\substack{r_3 - kr_1 \\ r_4 + 2r_1}]{r_2 + r_1} \begin{pmatrix} 1 & -2 & 3k \\ 0 & 2k-2 & 3k-3 \\ 0 & 2k-2 & 3-3k^2 \\ 0 & 4k-4 & 6k-6 \end{pmatrix} \xrightarrow[r_3 - r_2]{r_4 - 2r_2} \begin{pmatrix} 1 & -2 & 3k \\ 0 & 2k-2 & 3k-3 \\ 0 & 0 & 6-3k-3k^2 \\ 0 & 0 & 0 \end{pmatrix} \xrightarrow{\frac{r_3}{3}}$

$\begin{pmatrix} 1 & -2 & 3k \\ 0 & 2k-2 & 3k-3 \\ 0 & 0 & -(k-1)(k+2) \\ 0 & 0 & 0 \end{pmatrix}$，所以，当 $k = 1$ 时，$R(A) = 1$；当 $k = -2$ 时，$R(A) = 2$；当 $k \neq 1$ 且 $k \neq -2$ 时，$R(A) = 3$．

6．解：$|A_n| = \begin{vmatrix} a & 1 & \cdots & 1 \\ 1 & a & \cdots & 1 \\ \vdots & \vdots & & \vdots \\ 1 & 1 & \cdots & a \end{vmatrix} \xlongequal{r_1 + r_2 + \cdots + r_n} [a + (n-1)] \begin{vmatrix} 1 & 1 & \cdots & 1 \\ 1 & a & \cdots & 1 \\ \vdots & \vdots & & \vdots \\ 1 & 1 & \cdots & a \end{vmatrix} \xlongequal{r_i - r_1\ (i=2,\cdots,n)} [a + (n-1)] \begin{vmatrix} 1 & 1 & \cdots & 1 \\ 0 & a-1 & \cdots & 0 \\ \vdots & \vdots & & \vdots \\ 0 & 0 & \cdots & a-1 \end{vmatrix} = [a + (n-1)](a-1)^{n-1}$．

（1）当$|A_n|\neq 0$时，矩阵A_n满秩，即$R(A_n)=n$，此时$a\neq 1$且$a\neq 1-n$．

（2）当$a=1$时，矩阵A_n的元素均为1，此时$R(A_n)=1$．

（3）当$a=1-n$时，$A_n=\begin{pmatrix}1-n & 1 & \cdots & 1\\ 1 & 1-n & \cdots & 1\\ \vdots & \vdots & & \vdots\\ 1 & 1 & \cdots & 1-n\end{pmatrix}\xrightarrow{r_1+r_i\ (i=2,3,\cdots,n)}\begin{pmatrix}0 & 0 & \cdots & 0\\ 1 & 1-n & \cdots & 1\\ \vdots & \vdots & & \vdots\\ 1 & 1 & \cdots & 1-n\end{pmatrix}$，矩阵$A_n$的$n-1$阶子式$\begin{vmatrix}1 & 1-n & 1 & \cdots & 1\\ 1 & 1 & 1-n & \cdots & 1\\ \vdots & \vdots & \vdots & & \vdots\\ 1 & 1 & 1 & \cdots & 1-n\\ 1 & 1 & 1 & \cdots & 1\end{vmatrix}\overset{c_i-c_1\ (i=2,\cdots,n)}{=\!=\!=}\begin{vmatrix}1 & -n & 0 & \cdots & 0\\ 1 & 0 & -n & \cdots & 0\\ \vdots & \vdots & \vdots & & \vdots\\ 1 & 0 & 0 & \cdots & -n\\ 1 & 0 & 0 & \cdots & 0\end{vmatrix}=(-1)^n\cdot(-n)^{n-2}\neq 0$，此时$R(A_n)=n-1$．

7. **解：**（1）$A=\begin{pmatrix}3 & 0 & 1\\ 1 & \lambda & 0\\ 5 & 4 & 1\end{pmatrix}\xrightarrow{r_2\leftrightarrow r_1}\begin{pmatrix}1 & \lambda & 0\\ 3 & 0 & 1\\ 5 & 4 & 1\end{pmatrix}\xrightarrow[r_3-5r_1]{r_2-3r_1}\begin{pmatrix}1 & \lambda & 0\\ 0 & -3\lambda & 1\\ 0 & 4-5\lambda & 1\end{pmatrix}\xrightarrow{r_3-r_2}\begin{pmatrix}1 & \lambda & 0\\ 0 & -3\lambda & 1\\ 0 & 4-2\lambda & 0\end{pmatrix}$，所以，当$\lambda=2$时，$R(A)=2$；当$\lambda\neq 2$时，$R(A)=3$．

（2）$A=\begin{pmatrix}1 & \lambda & -1 & 2\\ 2 & -1 & \lambda & 5\\ 1 & 10 & -6 & 1\end{pmatrix}\xrightarrow[r_3-r_1]{r_2-2r_1}\begin{pmatrix}1 & \lambda & -1 & 2\\ 0 & -1-2\lambda & \lambda+2 & 1\\ 0 & 10-\lambda & -5 & -1\end{pmatrix}\xrightarrow{r_3+r_2}\begin{pmatrix}1 & \lambda & -1 & 2\\ 0 & -1-2\lambda & \lambda+2 & 1\\ 0 & 3(3-\lambda) & \lambda-3 & 0\end{pmatrix}$，所以，当$\lambda=3$时，$R(A)=2$；当$\lambda\neq 3$时，$R(A)=3$．

8．**解：**（1）若矩阵A与B等价，则$R(A)=R(B)$．因为$R(B)=2$，所以$R(A)=2$，$|A|=0$，即$|A|=\begin{vmatrix}1 & 0 & 1\\ -1 & -1 & 1\\ 0 & 2 & a\end{vmatrix}\overset{r_2+r_1}{=\!=}\begin{vmatrix}1 & 0 & 1\\ 0 & -1 & 2\\ 0 & 2 & a\end{vmatrix}\overset{r_3+2r_2}{=\!=}\begin{vmatrix}1 & 0 & 1\\ 0 & -1 & 2\\ 0 & 0 & a+4\end{vmatrix}=-(a+4)=0$，解得$a=-4$．所以，当$a=-4$时，$R(A)=R(B)=2$，矩阵$A$与$B$等价．

（2）当$a=-4$时，$A=\begin{pmatrix}1 & 0 & 1\\ -1 & -1 & 1\\ 0 & 2 & -4\end{pmatrix}\xrightarrow{r_2+r_1}\begin{pmatrix}1 & 0 & 1\\ 0 & -1 & 2\\ 0 & 2 & -4\end{pmatrix}\xrightarrow{r_3+2r_2}\begin{pmatrix}1 & 0 & 1\\ 0 & -1 & 2\\ 0 & 0 & 0\end{pmatrix}=B$．所以，可取$P=\begin{pmatrix}1 & 0 & 0\\ 0 & 1 & 0\\ 0 & 2 & 1\end{pmatrix}\begin{pmatrix}1 & 0 & 0\\ 1 & 1 & 0\\ 0 & 0 & 1\end{pmatrix}=\begin{pmatrix}1 & 0 & 0\\ 1 & 1 & 0\\ 2 & 2 & 1\end{pmatrix}$，使得$PA=B$．

9. **解：**（1）$A=\begin{pmatrix}3 & 1 & 0 & 2\\ 1 & -1 & 2 & -1\\ 1 & 3 & -4 & 4\end{pmatrix}\xrightarrow{r_2\leftrightarrow r_1}\begin{pmatrix}1 & -1 & 2 & -1\\ 3 & 1 & 0 & 2\\ 1 & 3 & -4 & 4\end{pmatrix}\xrightarrow[r_3-r_1]{r_2-3r_1}\begin{pmatrix}1 & -1 & 2 & -1\\ 0 & 4 & -6 & 5\\ 0 & 4 & -6 & 5\end{pmatrix}\xrightarrow{r_3-r_2}\begin{pmatrix}1 & -1 & 2 & -1\\ 0 & 4 & -6 & 5\\ 0 & 0 & 0 & 0\end{pmatrix}$，所以$R(A)=2$．取矩阵$A$的前两行和前两列，得最高阶非零子式$\begin{vmatrix}3 & 1\\ 1 & -1\end{vmatrix}=-4$．

（2）$A=\begin{pmatrix}2 & -1 & 0 & 3\\ 3 & 1 & 1 & 3\\ 1 & 2 & 1 & 0\\ 5 & 0 & 1 & 6\end{pmatrix}\xrightarrow{r_3\leftrightarrow r_1}\begin{pmatrix}1 & 2 & 1 & 0\\ 3 & 1 & 1 & 3\\ 2 & -1 & 0 & 3\\ 5 & 0 & 1 & 6\end{pmatrix}\xrightarrow[\substack{r_3-2r_1\\ r_4-5r_1}]{r_2-3r_1}\begin{pmatrix}1 & 2 & 1 & 0\\ 0 & -5 & -2 & 3\\ 0 & -5 & -2 & 3\\ 0 & -10 & -4 & 6\end{pmatrix}\xrightarrow[r_4-2r_2]{r_3-r_2}\begin{pmatrix}1 & 2 & 1 & 0\\ 0 & -5 & -2 & 3\\ 0 & 0 & 0 & 0\\ 0 & 0 & 0 & 0\end{pmatrix}$，所以$R(A)=2$．取矩阵$A$的前两行和前两列，得最高阶非零子式$\begin{vmatrix}2 & -1\\ 3 & 1\end{vmatrix}=5$．

（3）$A=\begin{pmatrix}1 & -1 & 2 & 1 & 0\\ 2 & -2 & 4 & 2 & 0\\ 3 & 0 & 6 & -1 & 1\\ 0 & 3 & 0 & 0 & 1\end{pmatrix}\xrightarrow[r_3-3r_1]{r_2-2r_1}\begin{pmatrix}1 & -1 & 2 & 1 & 0\\ 0 & 0 & 0 & 0 & 0\\ 0 & 3 & 0 & -4 & 1\\ 0 & 3 & 0 & 0 & 1\end{pmatrix}\xrightarrow{r_4\leftrightarrow r_2}\begin{pmatrix}1 & -1 & 2 & 1 & 0\\ 0 & 3 & 0 & 0 & 1\\ 0 & 3 & 0 & -4 & 1\\ 0 & 0 & 0 & 0 & 0\end{pmatrix}\xrightarrow{r_3-r_2}$

$\begin{pmatrix} 1 & -1 & 2 & 1 & 0 \\ 0 & 3 & 0 & 0 & 1 \\ 0 & 0 & 0 & -4 & 0 \\ 0 & 0 & 0 & 0 & 0 \end{pmatrix}$，所以 $R(A)=3$．取矩阵 A 的第 1,3,4 行，第 1,4,5 列，得最高阶非零子式 $\begin{vmatrix} 1 & 1 & 0 \\ 3 & -1 & 1 \\ 0 & 0 & 1 \end{vmatrix}=-4$．

（4）$A=\begin{pmatrix} 1 & 1 & 1 & 1 & 1 & 1 \\ 0 & 1 & 2 & 2 & 6 & 3 \\ 3 & 2 & 1 & 1 & -3 & 0 \\ 5 & 4 & 3 & 3 & -1 & 2 \end{pmatrix} \xrightarrow[r_4-5r_1]{r_3-3r_1} \begin{pmatrix} 1 & 1 & 1 & 1 & 1 & 1 \\ 0 & 1 & 2 & 2 & 6 & 3 \\ 0 & -1 & -2 & -2 & -6 & -3 \\ 0 & -1 & -2 & -2 & -6 & -3 \end{pmatrix} \xrightarrow[r_4+r_2]{r_3+r_2} \begin{pmatrix} 1 & 1 & 1 & 1 & 1 & 1 \\ 0 & 1 & 2 & 2 & 6 & 3 \\ 0 & 0 & 0 & 0 & 0 & 0 \\ 0 & 0 & 0 & 0 & 0 & 0 \end{pmatrix}$，所以 $R(A)=2$．取矩阵 A 的前两行和前两列，得最高阶非零子式 $\begin{vmatrix} 1 & 1 \\ 0 & 1 \end{vmatrix}=1$．

10．**证**：设 $R(A)=r$，$R(B)=s$，则存在 n 阶可逆方阵 P_1，Q_1，P_2，Q_2，使得 $P_1AQ_1=\begin{pmatrix} E_r & O \\ O & O \end{pmatrix}$，$P_2BQ_2=\begin{pmatrix} E_s & O \\ O & O \end{pmatrix}$．于是 $P_1ABQ_2=P_1AQ_1(Q_1^{-1}P_2^{-1})P_2BQ_2$，令 $C=Q_1^{-1}P_2^{-1}=(c_{ij})_{n\times n}$，则 $P_1ABQ_2=\begin{pmatrix} E_r & O \\ O & O \end{pmatrix}$．$\begin{pmatrix} c_{11} & \cdots & c_{1n} \\ \cdots & \cdots & \cdots \\ c_{n1} & \cdots & c_{nn} \end{pmatrix}\begin{pmatrix} E_s & O \\ O & O \end{pmatrix}=\begin{pmatrix} C_{r\times s} & O \\ O & O \end{pmatrix}$．因为任一矩阵每去掉一行（或列），其秩减少不超过 1，且 $R(C)=n$，矩阵 $C_{r\times s}$ 为矩阵 C 去掉下方的 $n-r$ 行，去掉右侧的 $n-s$ 列，所以 $R(AB)=R(P_1ABQ_2)\geqslant n-(n-r)-(n-s)=r+s-n=R(A)+R(B)-n$，即 $R(AB)\geqslant R(A)+R(B)-n$，得证．

11．**证**：由 $ABA=B^{-1}$，得 $ABAB=E$，于是 $(E-AB)(E+AB)=O$，所以 $R(E-AB)+R(E+AB)\leqslant n$．又因为 $(E-AB)+(E+AB)=2E$，则 $R(E-AB)+R(E+AB)\geqslant R(2E)=n$，所以 $R(E-AB)+R(E+AB)=n$，得证．

第三节　线性方程组的解

一、单项选择题

1．C【解析】n 元齐次线性方程组 $Ax=0$ 只有零解的充分必要条件是 $R(A)=n$．故选 C．

2．D【解析】$A_{m\times n}B_{n\times m}$ 是 m 阶方阵．当 $m>n$ 时，$R(AB)\leqslant n<m$，则 $|AB|=0$，从而线性方程组 $ABx=0$ 必有非零解．故选 D．

3．D【解析】x_1，x_2 是齐次线性方程组 $Ax=0$ 的两个不同的解，则 $Ax_1=0$，$Ax_2=0$，从而 $Ax_1+Ax_2=A(x_1+x_2)=0$，即 x_1+x_2 是 $Ax=0$ 的解，A 选项的说法正确．同理，B 选项的说法正确．C 选项中，由于 η 是对应非齐次方程组 $Ax=b$ 的一个特解，则 $A\eta=b$，从而 $A(x_1+\eta)=Ax_1+A\eta=0+b=b$，即 $x_1+\eta$ 是 $Ax=b$ 的解，C 选项的说法正确．同理，$x_1-\eta$ 不是 $Ax=b$ 的解，D 选项的说法不正确．故选 D．

4．D【解析】A 选项中，n 元方程组是指方程组中未知数的个数为 n，但系数矩阵 A 不一定是方阵，也可能 $R(A)=R(A,b)<n$，方程组有无限多解，A 选项错误．B 选项中，$Ax=0$ 有非零解的充分必要条件是 $R(A)<n$，但系数矩阵 A 不一定是方阵，所以 $|A|=0$ 不一定成立，B 选项错误．C 选项中，$Ax=b$ 有唯一解的充分必要条件是 $R(A)=R(A,b)=n$，C 选项错误．D 选项中，若 $A\xi_1=b$，$A\xi_2=b$，则 $Ak(\xi_1-\xi_2)=0$ 成立，k 是任意常数，即 $Ax=0$ 有无限多解，D 选项正确．故选 D．

5．D【解析】若 $Ax=0$ 只有零解，则 $R(A)=n$，但 $Ax=b$ 的系数矩阵 A 不一定是方阵，可能 $R(A)=R(A,b)=n$，也可能 $R(A)=R(A,b)<n$，所以 $Ax=b$ 可能有唯一解，也可能有无限多解，所以 A，B 和 C 选项错误．故选 D．

6．C【解析】若 $m<n$，则必有 $R(A)\leqslant m<n$，于是 $Ax=0$ 必有非零解．故选 C．

7．C【解析】n 元齐次线性方程组 $Ax=0$ 有非零解的充分必要条件是 $R(A)<n$，则 $|A|=0$，即

$$|A|=\begin{vmatrix} \lambda & 1 & 1 \\ 1 & \lambda & 1 \\ 1 & 1 & \lambda \end{vmatrix} \xlongequal{r_1+r_2+r_3} (\lambda+2)\begin{vmatrix} 1 & 1 & 1 \\ 1 & \lambda & 1 \\ 1 & 1 & \lambda \end{vmatrix} \xlongequal[r_3-r_1]{r_2-r_1} (\lambda+2)\begin{vmatrix} 1 & 1 & 1 \\ 0 & \lambda-1 & 0 \\ 0 & 0 & \lambda-1 \end{vmatrix}=(\lambda+2)(\lambda-1)^2=0$$，解得 $\lambda=-2$ 或 $\lambda=1$．

故选 C.

8．A【解析】n 元非齐次线性方程组有唯一解的充分必要条件是 $R(\boldsymbol{A})=R(\boldsymbol{A},\boldsymbol{b})=n$，则 $|\boldsymbol{A}|\neq 0$，即

$$|\boldsymbol{A}|=\begin{vmatrix}k&1&1\\1&k&1\\1&1&k\end{vmatrix}\xlongequal{r_1+r_2+r_3}(k+2)\begin{vmatrix}1&1&1\\1&k&1\\1&1&k\end{vmatrix}\xlongequal[r_3-r_1]{r_2-r_1}(k+2)\begin{vmatrix}1&1&1\\0&k-1&0\\0&0&k-1\end{vmatrix}=(k+2)(k-1)^2\neq 0$$

，解得 $k\neq -2$ 且 $k\neq 1$．故选 A.

9．C【解析】由 $\boldsymbol{B}\neq\boldsymbol{O}$，$\boldsymbol{AB}=\boldsymbol{O}$，得 $\boldsymbol{Ax}=\boldsymbol{0}$ 有非零解，则 $|\boldsymbol{A}|=0$，即 $|\boldsymbol{A}|=\begin{vmatrix}\lambda&1&\lambda^2\\1&\lambda&1\\1&1&\lambda\end{vmatrix}\xlongequal{r_1-\lambda r_3}\begin{vmatrix}0&1-\lambda&0\\1&\lambda&1\\1&1&\lambda\end{vmatrix}$

$=(\lambda-1)^2=0$，解得 $\lambda=1$．当 $\lambda=1$ 时，$R(\boldsymbol{A})=1$．由 $\boldsymbol{AB}=\boldsymbol{O}$，得 $R(\boldsymbol{A})+R(\boldsymbol{B})\leqslant 3$，则 $R(\boldsymbol{B})\leqslant 2$，$|\boldsymbol{B}|=0$．故选 C.

二、填空题

1．$R(\boldsymbol{A})<n$【解析】n 元齐次线性方程组 $\boldsymbol{Ax}=\boldsymbol{0}$ 有非零解的充分必要条件是 $R(\boldsymbol{A})<n$．

2．$R(\boldsymbol{A})=R(\boldsymbol{A},\boldsymbol{b})\leqslant n$；$R(\boldsymbol{A})=R(\boldsymbol{A},\boldsymbol{b})<n$【解析】非齐次线性方程组 $\boldsymbol{Ax}=\boldsymbol{b}$ 有解的充分必要条件是 $R(\boldsymbol{A})=R(\boldsymbol{A},\boldsymbol{b})\leqslant n$；非齐次线性方程组 $\boldsymbol{Ax}=\boldsymbol{b}$ 有无限多解的充分必要条件是 $R(\boldsymbol{A})=R(\boldsymbol{A},\boldsymbol{b})<n$．

3．-1【解析】非齐次线性方程组 $\boldsymbol{Ax}=\boldsymbol{b}$ 无解的充分必要条件是 $R(\boldsymbol{A})<R(\boldsymbol{A},\boldsymbol{b})$，当 $a+1=0$，即 $a=-1$ 时，$R(\boldsymbol{A})=1<R(\boldsymbol{A},\boldsymbol{b})=2$，符合题意.

4．3【解析】$\boldsymbol{B}$ 为非零矩阵，则 $R(\boldsymbol{B})\geqslant 1$．又 $\boldsymbol{AB}=\boldsymbol{O}$，则 $R(\boldsymbol{A})+R(\boldsymbol{B})\leqslant 3$，于是 $R(\boldsymbol{A})\leqslant 2$，$\boldsymbol{A}=\begin{pmatrix}1&2&3\\-1&3&2\\2&1&t\\-2&1&-1\end{pmatrix}$

$$\xrightarrow[r_4+2r_1]{\substack{r_2+r_1\\r_3-2r_1}}\begin{pmatrix}1&2&3\\0&5&5\\0&-3&t-6\\0&5&5\end{pmatrix}\xrightarrow{\frac{r_2}{5}}\begin{pmatrix}1&2&3\\0&1&1\\0&-3&t-6\\0&5&5\end{pmatrix}\xrightarrow[r_4-5r_2]{r_3+3r_2}\begin{pmatrix}1&2&3\\0&1&1\\0&0&t-3\\0&0&0\end{pmatrix}$$

，所以 $t-3=0$，解得 $t=3$．

5．（1）$a\neq -1$ 且 $a\neq 3$；（2）$a=-1$

【解析】增广矩阵 $(\boldsymbol{A},\boldsymbol{b})=\left(\begin{array}{ccc|c}1&2&1&1\\2&3&a+2&3\\1&a&-2&0\end{array}\right)\xrightarrow[r_3-r_1]{r_2-2r_1}\left(\begin{array}{ccc|c}1&2&1&1\\0&-1&a&1\\0&a-2&-3&-1\end{array}\right)\xrightarrow{r_3+(a-2)r_2}$

$$\left(\begin{array}{ccc|c}1&2&1&1\\0&-1&a&1\\0&0&(a-3)(a+1)&a-3\end{array}\right).$$

（1）若 $\boldsymbol{Ax}=\boldsymbol{0}$ 只有零解，则 $|\boldsymbol{A}|\neq 0$，即 $-(a-3)(a+1)\neq 0$，解得 $a\neq -1$ 且 $a\neq 3$．

（2）若 $\boldsymbol{Ax}=\boldsymbol{b}$ 无解，则 $R(\boldsymbol{A})<R(\boldsymbol{A},\boldsymbol{b})$，当 $a=-1$ 时，$R(\boldsymbol{A})=2<R(\boldsymbol{A},\boldsymbol{b})=3$，符合题意.

6．-2【解析】将方程组写成矩阵 $\boldsymbol{Ax}=\boldsymbol{b}$，则增广矩阵 $(\boldsymbol{A},\boldsymbol{b})=\left(\begin{array}{ccc|c}a&1&1&1\\1&a&1&1\\1&1&a&-2\end{array}\right)\xrightarrow{r_3\leftrightarrow r_1}\left(\begin{array}{ccc|c}1&1&a&-2\\1&a&1&1\\a&1&1&1\end{array}\right)$

$$\xrightarrow[r_3-ar_1]{r_2-r_1}\left(\begin{array}{ccc|c}1&1&a&-2\\0&a-1&1-a&3\\0&1-a&1-a^2&1+2a\end{array}\right)\xrightarrow{r_3+r_2}\left(\begin{array}{ccc|c}1&1&a&-2\\0&a-1&1-a&3\\0&0&(1-a)(a+2)&2(2+a)\end{array}\right)$$

，由方程组有无限多解，得 $R(\boldsymbol{A})=R(\boldsymbol{A},\boldsymbol{b})<3$，则 $(1-a)(a+2)=0$，解得 $a=1$ 或 $a=-2$．当 $a=1$ 时，$R(\boldsymbol{A})=1$，$R(\boldsymbol{A},\boldsymbol{b})=2$，$R(\boldsymbol{A})<R(\boldsymbol{A},\boldsymbol{b})$，方程组无解．当 $a=-2$ 时，$R(\boldsymbol{A})=R(\boldsymbol{A},\boldsymbol{b})=2<3$，方程组有无限多解．所以，$a=-2$ 符合题意.

7．$k\neq\frac{3}{5}$【解析】三元齐次线性方程组 $\boldsymbol{Ax}=\boldsymbol{0}$ 只有零解的充分必要条件是 $R(\boldsymbol{A})=n$，则 $|\boldsymbol{A}|\neq 0$，即

$$|A|=\begin{vmatrix}1 & k & 1\\ 2 & 1 & 1\\ 0 & k & 3\end{vmatrix}=3-k-2(3k-k)=3-5k\neq 0，解得 k\neq\frac{3}{5}.$$

8．$\sum_{i=1}^{5}a_i=0$ 【解析】将方程组写成矩阵 $\boldsymbol{Ax}=\boldsymbol{b}$，则增广矩阵 $(\boldsymbol{A},\boldsymbol{b})=\left(\begin{array}{ccccc|c}1 & -1 & 0 & 0 & 0 & a_1\\ 0 & 1 & -1 & 0 & 0 & a_2\\ 0 & 0 & 1 & -1 & 0 & a_3\\ 0 & 0 & 0 & 1 & -1 & a_4\\ -1 & 0 & 0 & 0 & 1 & a_5\end{array}\right)$

$$\xrightarrow{r_5+r_4+r_3+r_2+r_1}\left(\begin{array}{ccccc|c}1 & -1 & 0 & 0 & 0 & a_1\\ 0 & 1 & -1 & 0 & 0 & a_2\\ 0 & 0 & 1 & -1 & 0 & a_3\\ 0 & 0 & 0 & 1 & -1 & a_4\\ 0 & 0 & 0 & 0 & 0 & \sum_{i=1}^{5}a_i\end{array}\right)$$，由方程组有解，得 $R(\boldsymbol{A})=R(\boldsymbol{A},\boldsymbol{b})$，所以 $\sum_{i=1}^{5}a_i=0$．

三、解答题

1．解：(1) 系数矩阵 $\boldsymbol{A}=\begin{pmatrix}2 & 2 & -1\\ 1 & -2 & 4\\ 5 & 8 & 2\end{pmatrix}\xrightarrow{r_2\leftrightarrow r_1}\begin{pmatrix}1 & -2 & 4\\ 2 & 2 & -1\\ 5 & 8 & 2\end{pmatrix}\xrightarrow[r_3-5r_1]{r_2-2r_1}\begin{pmatrix}1 & -2 & 4\\ 0 & 6 & -9\\ 0 & 18 & -18\end{pmatrix}\xrightarrow{r_3-3r_2}\begin{pmatrix}1 & -2 & 4\\ 0 & 6 & -9\\ 0 & 0 & 9\end{pmatrix}$，

$R(\boldsymbol{A})=3$，则方程组只有零解，方程组的解为 $x_1=x_2=x_3=0$ ．

(2) 系数矩阵 $\boldsymbol{A}=\begin{pmatrix}1 & -1 & -1 & 1\\ 1 & -1 & 1 & -3\\ 1 & -1 & -2 & 3\end{pmatrix}\xrightarrow[r_3-r_1]{r_2-r_1}\begin{pmatrix}1 & -1 & -1 & 1\\ 0 & 0 & 2 & -4\\ 0 & 0 & -1 & 2\end{pmatrix}\xrightarrow{\frac{r_2}{2}}\begin{pmatrix}1 & -1 & -1 & 1\\ 0 & 0 & 1 & -2\\ 0 & 0 & -1 & 2\end{pmatrix}\xrightarrow[r_3+r_2]{r_1+r_2}\begin{pmatrix}1 & -1 & 0 & -1\\ 0 & 0 & 1 & -2\\ 0 & 0 & 0 & 0\end{pmatrix}$，

$R(\boldsymbol{A})=2<4$，则方程组有无限多解，其同解方程组为 $\begin{cases}x_1-x_2-x_4=0,\\ x_3-2x_4=0,\end{cases}$ 即 $\begin{cases}x_1=x_2+x_4,\\ x_3=2x_4,\end{cases}$ 其中 x_2，x_4 为自由未知数，令 $x_2=c_1$，$x_4=c_2$，于是方程组的通解为 $\begin{pmatrix}x_1\\ x_2\\ x_3\\ x_4\end{pmatrix}=c_1\begin{pmatrix}1\\ 1\\ 0\\ 0\end{pmatrix}+c_2\begin{pmatrix}1\\ 0\\ 2\\ 1\end{pmatrix}(c_1,c_2\in\mathbb{R})$．

(3) 系数矩阵 $\boldsymbol{A}=\begin{pmatrix}1 & 2 & -3 & 4\\ 2 & 3 & 2 & -1\\ 4 & 7 & -4 & 7\\ 3 & 5 & -1 & 3\end{pmatrix}\xrightarrow[\substack{r_3-4r_1\\ r_4-3r_1}]{r_2-2r_1}\begin{pmatrix}1 & 2 & -3 & 4\\ 0 & -1 & 8 & -9\\ 0 & -1 & 8 & -9\\ 0 & -1 & 8 & -9\end{pmatrix}\xrightarrow[\substack{r_3+r_2\\ r_4+r_2}]{-r_2}\begin{pmatrix}1 & 2 & -3 & 4\\ 0 & 1 & -8 & 9\\ 0 & 0 & 0 & 0\\ 0 & 0 & 0 & 0\end{pmatrix}\xrightarrow{r_1-2r_2}\begin{pmatrix}1 & 0 & 13 & -14\\ 0 & 1 & -8 & 9\\ 0 & 0 & 0 & 0\\ 0 & 0 & 0 & 0\end{pmatrix}$，

$R(\boldsymbol{A})=2<4$，则方程组有无限多解，其同解方程组为 $\begin{cases}x_1+13x_3-14x_4=0,\\ x_2-8x_3+9x_4=0,\end{cases}$ 即 $\begin{cases}x_1=-13x_3+14x_4,\\ x_2=8x_3-9x_4,\end{cases}$ 其中 x_3，x_4 为自由未知数，令 $x_3=c_1$，$x_4=c_2$，于是方程组的通解为 $\begin{pmatrix}x_1\\ x_2\\ x_3\\ x_4\end{pmatrix}=c_1\begin{pmatrix}-13\\ 8\\ 1\\ 0\end{pmatrix}+c_2\begin{pmatrix}14\\ -9\\ 0\\ 1\end{pmatrix}(c_1,c_2\in\mathbb{R})$．

(4) 系数矩阵 $\boldsymbol{A}=\begin{pmatrix}1 & 2 & -2 & 2 & -1\\ 1 & 2 & -1 & 3 & -2\\ 2 & 4 & -7 & 1 & 1\end{pmatrix}\xrightarrow[r_3-2r_1]{r_2-r_1}\begin{pmatrix}1 & 2 & -2 & 2 & -1\\ 0 & 0 & 1 & 1 & -1\\ 0 & 0 & -3 & -3 & 3\end{pmatrix}\xrightarrow{r_3+3r_2}\begin{pmatrix}1 & 2 & -2 & 2 & -1\\ 0 & 0 & 1 & 1 & -1\\ 0 & 0 & 0 & 0 & 0\end{pmatrix}\xrightarrow{r_1+2r_2}$

$\begin{pmatrix}1 & 2 & 0 & 4 & -3\\ 0 & 0 & 1 & 1 & -1\\ 0 & 0 & 0 & 0 & 0\end{pmatrix}$，$R(\boldsymbol{A})=2<5$，则方程组有无限多解，其同解方程组为 $\begin{cases}x_1=-2x_2-4x_4+3x_5,\\ x_3=-x_4+x_5,\end{cases}$ 其中

x_2，x_4，x_5 为自由未知数，于是方程组的通解为 $\begin{pmatrix} x_1 \\ x_2 \\ x_3 \\ x_4 \\ x_5 \end{pmatrix} = c_1\begin{pmatrix} -2 \\ 1 \\ 0 \\ 0 \\ 0 \end{pmatrix} + c_2\begin{pmatrix} -4 \\ 0 \\ -1 \\ 1 \\ 0 \end{pmatrix} + c_3\begin{pmatrix} 3 \\ 0 \\ 1 \\ 0 \\ 1 \end{pmatrix} (c_1, c_2, c_3 \in \mathbb{R})$.

（5）系数矩阵 $A = \begin{pmatrix} 1 & 2 & -3 & -1 \\ 2 & 3 & 1 & 2 \\ -1 & -2 & 4 & 3 \\ 2 & 3 & 2 & 4 \end{pmatrix} \xrightarrow[\substack{r_3+r_1 \\ r_4-2r_1}]{r_2-2r_1} \begin{pmatrix} 1 & 2 & -3 & -1 \\ 0 & -1 & 7 & 4 \\ 0 & 0 & 1 & 2 \\ 0 & -1 & 8 & 6 \end{pmatrix} \xrightarrow[r_4-r_2]{r_1+2r_2} \begin{pmatrix} 1 & 0 & 11 & 7 \\ 0 & -1 & 7 & 4 \\ 0 & 0 & 1 & 2 \\ 0 & 0 & 1 & 2 \end{pmatrix} \xrightarrow{r_4-r_3}$

$\begin{pmatrix} 1 & 0 & 11 & 7 \\ 0 & -1 & 7 & 4 \\ 0 & 0 & 1 & 2 \\ 0 & 0 & 0 & 0 \end{pmatrix} \xrightarrow[r_2-7r_3]{r_1-11r_3} \begin{pmatrix} 1 & 0 & 0 & -15 \\ 0 & -1 & 0 & -10 \\ 0 & 0 & 1 & 2 \\ 0 & 0 & 0 & 0 \end{pmatrix} \xrightarrow{-r_2} \begin{pmatrix} 1 & 0 & 0 & -15 \\ 0 & 1 & 0 & 10 \\ 0 & 0 & 1 & 2 \\ 0 & 0 & 0 & 0 \end{pmatrix}$，$R(A) = 3 < 4$，则方程组有无限多解，其同

解方程组为 $\begin{cases} x_1 = 15x_4, \\ x_2 = -10x_4, \\ x_3 = -2x_4, \end{cases}$ 其中 x_4 为自由未知数，于是方程组的通解为 $\begin{pmatrix} x_1 \\ x_2 \\ x_3 \\ x_4 \end{pmatrix} = c\begin{pmatrix} 15 \\ -10 \\ -2 \\ 1 \end{pmatrix} (c \in \mathbb{R})$.

（6）系数矩阵 $A = \begin{pmatrix} 1 & -2 & 1 & -1 & 1 \\ 2 & 1 & -1 & 2 & -3 \\ 3 & -2 & -1 & 1 & -2 \\ 2 & -5 & 1 & -2 & 2 \end{pmatrix} \xrightarrow[\substack{r_3-3r_1 \\ r_4-2r_1}]{r_2-2r_1} \begin{pmatrix} 1 & -2 & 1 & -1 & 1 \\ 0 & 5 & -3 & 4 & -5 \\ 0 & 4 & -4 & 4 & -5 \\ 0 & -1 & -1 & 0 & 0 \end{pmatrix} \xrightarrow{r_2 \leftrightarrow r_4} \begin{pmatrix} 1 & -2 & 1 & -1 & 1 \\ 0 & -1 & -1 & 0 & 0 \\ 0 & 4 & -4 & 4 & -5 \\ 0 & 5 & -3 & 4 & -5 \end{pmatrix}$

$\xrightarrow[r_4+5r_2]{r_3+4r_2} \begin{pmatrix} 1 & -2 & 1 & -1 & 1 \\ 0 & -1 & -1 & 0 & 0 \\ 0 & 0 & -8 & 4 & -5 \\ 0 & 0 & -8 & 4 & -5 \end{pmatrix} \xrightarrow[r_4-r_3]{-r_2} \begin{pmatrix} 1 & -2 & 1 & -1 & 1 \\ 0 & 1 & 1 & 0 & 0 \\ 0 & 0 & -8 & 4 & -5 \\ 0 & 0 & 0 & 0 & 0 \end{pmatrix} \xrightarrow{-\frac{r_3}{8}} \begin{pmatrix} 1 & -2 & 1 & -1 & 1 \\ 0 & 1 & 1 & 0 & 0 \\ 0 & 0 & 1 & -\frac{1}{2} & \frac{5}{8} \\ 0 & 0 & 0 & 0 & 0 \end{pmatrix} \xrightarrow[r_2-r_3]{r_1-r_3}$

$\begin{pmatrix} 1 & -2 & 0 & -\frac{1}{2} & \frac{3}{8} \\ 0 & 1 & 0 & \frac{1}{2} & -\frac{5}{8} \\ 0 & 0 & 1 & -\frac{1}{2} & \frac{5}{8} \\ 0 & 0 & 0 & 0 & 0 \end{pmatrix} \xrightarrow{r_1+2r_2} \begin{pmatrix} 1 & 0 & 0 & \frac{1}{2} & -\frac{7}{8} \\ 0 & 1 & 0 & \frac{1}{2} & -\frac{5}{8} \\ 0 & 0 & 1 & -\frac{1}{2} & \frac{5}{8} \\ 0 & 0 & 0 & 0 & 0 \end{pmatrix}$，$R(A) = 3 < 5$，则方程组有无限多解，其同解方程组为

$\begin{cases} x_1 = -\frac{1}{2}x_4 + \frac{7}{8}x_5, \\ x_2 = -\frac{1}{2}x_4 + \frac{5}{8}x_5, \\ x_3 = \frac{1}{2}x_4 - \frac{5}{8}x_5, \end{cases}$ 其中 x_4，x_5 为自由未知数，于是方程组的通解为 $\begin{pmatrix} x_1 \\ x_2 \\ x_3 \\ x_4 \\ x_5 \end{pmatrix} = c_1\begin{pmatrix} -\frac{1}{2} \\ -\frac{1}{2} \\ \frac{1}{2} \\ 1 \\ 0 \end{pmatrix} + c_2\begin{pmatrix} \frac{7}{8} \\ \frac{5}{8} \\ -\frac{5}{8} \\ 0 \\ 1 \end{pmatrix} (c_1, c_2 \in \mathbb{R})$.

2. 解（1）增广矩阵 $(A, b) = \left(\begin{array}{cccc|c} 1 & -1 & -1 & 1 & 0 \\ 1 & -1 & 1 & -3 & 1 \\ 2 & -2 & 0 & -2 & 1 \end{array}\right) \xrightarrow[r_3-2r_1]{r_2-r_1} \left(\begin{array}{cccc|c} 1 & -1 & -1 & 1 & 0 \\ 0 & 0 & 2 & -4 & 1 \\ 0 & 0 & 2 & -4 & 1 \end{array}\right) \xrightarrow{r_3-r_2} \left(\begin{array}{cccc|c} 1 & -1 & -1 & 1 & 0 \\ 0 & 0 & 2 & -4 & 1 \\ 0 & 0 & 0 & 0 & 0 \end{array}\right)$

$\xrightarrow{\frac{r_2}{2},\, r_1+r_2}\left(\begin{array}{cccc:c} 1 & -1 & 0 & -1 & \frac{1}{2} \\ 0 & 0 & 1 & -2 & \frac{1}{2} \\ 0 & 0 & 0 & 0 & 0 \end{array}\right)$，$R(\boldsymbol{A})=R(\boldsymbol{A},\boldsymbol{b})=2<4$，则方程组有无限多解，其同解方程组为

$\begin{cases} x_1 = x_2 + x_4 + \dfrac{1}{2}, \\ x_3 = 2x_4 + \dfrac{1}{2}, \end{cases}$ 其中 x_2，x_4 为自由未知数，于是方程组的通解为 $\begin{pmatrix} x_1 \\ x_2 \\ x_3 \\ x_4 \end{pmatrix} = c_1\begin{pmatrix} 1 \\ 1 \\ 0 \\ 0 \end{pmatrix} + c_2\begin{pmatrix} 1 \\ 0 \\ 2 \\ 1 \end{pmatrix} + \begin{pmatrix} \frac{1}{2} \\ 0 \\ \frac{1}{2} \\ 0 \end{pmatrix} (c_1, c_2 \in \mathbb{R})$.

（2）增广矩阵 $(\boldsymbol{A},\boldsymbol{b}) = \left(\begin{array}{cccc:c} 2 & 2 & 3 & 3 & 0 \\ 1 & 1 & 1 & 1 & 1 \\ 6 & 6 & 5 & 5 & 8 \end{array}\right) \xrightarrow{r_1 \leftrightarrow r_2} \left(\begin{array}{cccc:c} 1 & 1 & 1 & 1 & 1 \\ 2 & 2 & 3 & 3 & 0 \\ 6 & 6 & 5 & 5 & 8 \end{array}\right) \xrightarrow{\substack{r_2-2r_1 \\ r_3-6r_1}} \left(\begin{array}{cccc:c} 1 & 1 & 1 & 1 & 1 \\ 0 & 0 & 1 & 1 & -2 \\ 0 & 0 & -1 & -1 & 2 \end{array}\right) \xrightarrow{\substack{r_1-r_2 \\ r_3+r_2}}$

$\left(\begin{array}{cccc:c} 1 & 1 & 0 & 0 & 3 \\ 0 & 0 & 1 & 1 & -2 \\ 0 & 0 & 0 & 0 & 0 \end{array}\right)$，$R(\boldsymbol{A})=R(\boldsymbol{A},\boldsymbol{b})=2<4$，则方程组有无限多解，其同解方程组为 $\begin{cases} x_1 = -x_2 + 3, \\ x_3 = -x_4 - 2, \end{cases}$ 其中 x_2，x_4 为自由未知数，于是方程组的通解为

$$\begin{pmatrix} x_1 \\ x_2 \\ x_3 \\ x_4 \end{pmatrix} = c_1\begin{pmatrix} -1 \\ 1 \\ 0 \\ 0 \end{pmatrix} + c_2\begin{pmatrix} 0 \\ 0 \\ -1 \\ 1 \end{pmatrix} + \begin{pmatrix} 3 \\ 0 \\ -2 \\ 0 \end{pmatrix} (c_1, c_2 \in \mathbb{R}).$$

（3）增广矩阵 $(\boldsymbol{A},\boldsymbol{b}) = \left(\begin{array}{cccc:c} 1 & 2 & 0 & 1 & 3 \\ 1 & 2 & 1 & -3 & 8 \\ 2 & 4 & 0 & 2 & 6 \\ 1 & 2 & -1 & 5 & -2 \end{array}\right) \xrightarrow{\substack{r_2-r_1 \\ r_3-2r_1 \\ r_4-r_1}} \left(\begin{array}{cccc:c} 1 & 2 & 0 & 1 & 3 \\ 0 & 0 & 1 & -4 & 5 \\ 0 & 0 & 0 & 0 & 0 \\ 0 & 0 & -1 & 4 & -5 \end{array}\right) \xrightarrow{r_4+r_2} \left(\begin{array}{cccc:c} 1 & 2 & 0 & 1 & 3 \\ 0 & 0 & 1 & -4 & 5 \\ 0 & 0 & 0 & 0 & 0 \\ 0 & 0 & 0 & 0 & 0 \end{array}\right)$，

$R(\boldsymbol{A})=R(\boldsymbol{A},\boldsymbol{b})=2<4$，则方程组有无限多解，其同解方程组为 $\begin{cases} x_1 = -2x_2 - x_4 + 3, \\ x_3 = 4x_4 + 5, \end{cases}$ 其中 x_2，x_4 为自由未知数，

于是方程组的通解为 $\begin{pmatrix} x_1 \\ x_2 \\ x_3 \\ x_4 \end{pmatrix} = c_1\begin{pmatrix} -2 \\ 1 \\ 0 \\ 0 \end{pmatrix} + c_2\begin{pmatrix} -1 \\ 0 \\ 4 \\ 1 \end{pmatrix} + \begin{pmatrix} 3 \\ 0 \\ 5 \\ 0 \end{pmatrix} (c_1, c_2 \in \mathbb{R})$.

（4）增广矩阵 $(\boldsymbol{A},\boldsymbol{b}) = \left(\begin{array}{cccc:c} 1 & 1 & 1 & 1 & 1 \\ 3 & 2 & 1 & 1 & -3 \\ 0 & 1 & 3 & 2 & 5 \\ 5 & 4 & 3 & 3 & -1 \end{array}\right) \xrightarrow{\substack{r_2-3r_1 \\ r_4-5r_1}} \left(\begin{array}{cccc:c} 1 & 1 & 1 & 1 & 1 \\ 0 & -1 & -2 & -2 & -6 \\ 0 & 1 & 3 & 2 & 5 \\ 0 & -1 & -2 & -2 & -6 \end{array}\right) \xrightarrow{\substack{r_3+r_2 \\ r_4-r_2}} \left(\begin{array}{cccc:c} 1 & 1 & 1 & 1 & 1 \\ 0 & -1 & -2 & -2 & -6 \\ 0 & 0 & 1 & 0 & -1 \\ 0 & 0 & 0 & 0 & 0 \end{array}\right)$

$\xrightarrow{-r_2} \left(\begin{array}{cccc:c} 1 & 1 & 1 & 1 & 1 \\ 0 & 1 & 2 & 2 & 6 \\ 0 & 0 & 1 & 0 & -1 \\ 0 & 0 & 0 & 0 & 0 \end{array}\right) \xrightarrow{\substack{r_1-r_3 \\ r_2-2r_3}} \left(\begin{array}{cccc:c} 1 & 1 & 0 & 1 & 2 \\ 0 & 1 & 0 & 2 & 8 \\ 0 & 0 & 1 & 0 & -1 \\ 0 & 0 & 0 & 0 & 0 \end{array}\right) \xrightarrow{r_1-r_2} \left(\begin{array}{cccc:c} 1 & 0 & 0 & -1 & -6 \\ 0 & 1 & 0 & 2 & 8 \\ 0 & 0 & 1 & 0 & -1 \\ 0 & 0 & 0 & 0 & 0 \end{array}\right)$，$R(\boldsymbol{A})=R(\boldsymbol{A},\boldsymbol{b})=3<4$，则方

程组有无限多解，其同解方程组为 $\begin{cases} x_1 = x_4 - 6, \\ x_2 = -2x_4 + 8, \\ x_3 = -1, \end{cases}$ 其中 x_4 为自由未知数，于是所求通解为 $\begin{pmatrix} x_1 \\ x_2 \\ x_3 \\ x_4 \end{pmatrix} = c\begin{pmatrix} 1 \\ -2 \\ 0 \\ 1 \end{pmatrix} +$

$\begin{pmatrix}-6\\8\\-1\\0\end{pmatrix}(c\in\mathbb{R})$.

（5）增广矩阵 $(\boldsymbol{A},\boldsymbol{b})=\left(\begin{array}{cccc|c}1&-1&-1&-1&1\\1&-2&1&3&-3\\3&-4&-1&1&-1\\1&-3&3&7&-7\end{array}\right)\xrightarrow[r_4-r_1]{\substack{r_2-r_1\\r_3-3r_1}}\left(\begin{array}{cccc|c}1&-1&-1&-1&1\\0&-1&2&4&-4\\0&-1&2&4&-4\\0&-2&4&8&-8\end{array}\right)\xrightarrow[r_1-r_2]{\substack{r_3-r_2\\r_4-2r_2}}\left(\begin{array}{cccc|c}1&0&-3&-5&5\\0&-1&2&4&-4\\0&0&0&0&0\\0&0&0&0&0\end{array}\right)$

$\xrightarrow{-r_2}\left(\begin{array}{cccc|c}1&0&-3&-5&5\\0&1&-2&-4&4\\0&0&0&0&0\\0&0&0&0&0\end{array}\right)$，$R(\boldsymbol{A})=R(\boldsymbol{A},\boldsymbol{b})=2<4$，则方程组有无限多解，其同解方程组为

$\begin{cases}x_1=3x_3+5x_4+5,\\x_2=2x_3+4x_4+4,\end{cases}$ 其中 x_3，x_4 为自由未知数，于是所求通解为 $\begin{pmatrix}x_1\\x_2\\x_3\\x_4\end{pmatrix}=c_1\begin{pmatrix}3\\2\\1\\0\end{pmatrix}+c_2\begin{pmatrix}5\\4\\0\\1\end{pmatrix}+\begin{pmatrix}5\\4\\0\\0\end{pmatrix}(c_1,c_2\in\mathbb{R})$.

（6）增广矩阵 $(\boldsymbol{A},\boldsymbol{b})=\left(\begin{array}{ccccc|c}2&-1&1&-1&-2&6\\1&-1&2&1&-1&3\\1&-3&4&3&-1&11\end{array}\right)\xrightarrow{r_2\leftrightarrow r_1}\left(\begin{array}{ccccc|c}1&-1&2&1&-1&3\\2&-1&1&-1&-2&6\\1&-3&4&3&-1&11\end{array}\right)\xrightarrow[r_3-r_1]{r_2-2r_1}$

$\left(\begin{array}{ccccc|c}1&-1&2&1&-1&3\\0&1&-3&-3&0&0\\0&-2&2&2&0&8\end{array}\right)\xrightarrow[r_3+2r_2]{r_1+r_2}\left(\begin{array}{ccccc|c}1&0&-1&-2&-1&3\\0&1&-3&-3&0&0\\0&0&-4&-4&0&8\end{array}\right)\xrightarrow{-\frac{1}{4}r_3,\,r_1+r_3,\,r_2+3r_3}\left(\begin{array}{ccccc|c}1&0&0&-1&-1&1\\0&1&0&0&0&-6\\0&0&1&1&0&-2\end{array}\right)$，$R(\boldsymbol{A})=$

$R(\boldsymbol{A},\boldsymbol{b})=3<5$，则方程组有无限多解，其同解方程组为 $\begin{cases}x_1=x_4+x_5+1,\\x_2=-6,\\x_3=-x_4-2,\end{cases}$ 其中 x_4，x_5 为自由未知数，于是所求

通解为 $\begin{pmatrix}x_1\\x_2\\x_3\\x_4\\x_5\end{pmatrix}=c_1\begin{pmatrix}1\\0\\-1\\1\\0\end{pmatrix}+c_2\begin{pmatrix}1\\0\\0\\0\\1\end{pmatrix}+\begin{pmatrix}1\\-6\\-2\\0\\0\end{pmatrix}(c_1,c_2\in\mathbb{R})$.

3．**解**：将方程组写成矩阵 $\boldsymbol{Ax}=\boldsymbol{b}$，则增广矩阵 $(\boldsymbol{A},\boldsymbol{b})=\left(\begin{array}{cccc|c}1&1&-2&3&0\\3&2&a&7&1\\1&-1&-6&-1&2b\end{array}\right)\xrightarrow[r_3-r_1]{r_2-3r_1}$

$\left(\begin{array}{cccc|c}1&1&-2&3&0\\0&-1&a+6&-2&1\\0&-2&-4&-4&2b\end{array}\right)\xrightarrow{-\frac{1}{2}r_3,\,r_2\leftrightarrow r_3}\left(\begin{array}{cccc|c}1&1&-2&3&0\\0&1&2&2&-b\\0&-1&a+6&-2&1\end{array}\right)\xrightarrow[r_3+r_2]{r_1-r_2}\left(\begin{array}{cccc|c}1&0&-4&1&b\\0&1&2&2&-b\\0&0&a+8&0&1-b\end{array}\right)$.

（1）当 $a\neq-8$ 时，$R(\boldsymbol{A})=(\boldsymbol{A},\boldsymbol{b})=3<4$，方程组有无限多解.

（2）当 $a=-8$，$b=1$ 时，$R(\boldsymbol{A})=R(\boldsymbol{B})=2<4$，方程组有无限多解.

（3）当 $a=-8$，$b\neq1$ 时，$R(\boldsymbol{A})=2$，$R(\boldsymbol{A},\boldsymbol{b})=3$，$R(\boldsymbol{A})<R(\boldsymbol{A},\boldsymbol{b})$，方程组无解.

4．**解**：将方程组写成矩阵 $\boldsymbol{Ax}=\boldsymbol{b}$，则增广矩阵 $(\boldsymbol{A},\boldsymbol{b})=\left(\begin{array}{cccc|c}1&-2&3&-1&1\\3&-5&5&-3&2\\2&-3&2&-2&1\end{array}\right)\xrightarrow[r_3-2r_1]{r_2-3r_1}\left(\begin{array}{cccc|c}1&-2&3&-1&1\\0&1&-4&0&-1\\0&1&-4&0&-1\end{array}\right)$

$\xrightarrow[r_1+2r_2]{r_3-r_2}\left(\begin{array}{cccc|c}1&0&-5&-1&-1\\0&1&-4&0&-1\\0&0&0&0&0\end{array}\right)$，$R(\boldsymbol{A})=R(\boldsymbol{A},\boldsymbol{b})=2<4$，则该方程组有解，且有无限多解. 原方程组的同解方

程组为$\begin{cases}x_1=5x_3+x_4-1,\\x_2=4x_3-1,\end{cases}$其中$x_3$，$x_4$为自由未知数，于是所求通解为$\begin{pmatrix}x_1\\x_2\\x_3\\x_4\end{pmatrix}=c_1\begin{pmatrix}5\\4\\1\\0\end{pmatrix}+c_2\begin{pmatrix}1\\0\\0\\1\end{pmatrix}+\begin{pmatrix}-1\\-1\\0\\0\end{pmatrix}(c_1,c_2\in\mathbb{R})$.

5．**解**：将方程组写成矩阵$\boldsymbol{Ax}=\boldsymbol{b}$，则增广矩阵$(\boldsymbol{A},\boldsymbol{b})=\left(\begin{array}{ccc|c}1&0&1&\lambda\\4&1&2&\lambda+2\\6&1&4&2\lambda+3\end{array}\right)\xrightarrow[r_3-6r_1]{r_2-4r_1}\left(\begin{array}{ccc|c}1&0&1&\lambda\\0&1&-2&2-3\lambda\\0&1&-2&3-4\lambda\end{array}\right)$

$\xrightarrow{r_3-r_2}\left(\begin{array}{ccc|c}1&0&1&\lambda\\0&1&-2&2-3\lambda\\0&0&0&1-\lambda\end{array}\right)$.

（1）当$\lambda\neq1$时，$R(\boldsymbol{A})=2$，$R(\boldsymbol{A},\boldsymbol{b})=3$，$R(\boldsymbol{A})<R(\boldsymbol{A},\boldsymbol{b})$，方程组无解.

（2）当$\lambda=1$时，$R(\boldsymbol{A})=R(\boldsymbol{A},\boldsymbol{b})=2<3$，则方程组有无限多解，其同解方程组为$\begin{cases}x_1=-x_3+1,\\x_2=2x_3-1,\end{cases}$其中$x_3$为自由未知数，于是所求通解为$\begin{pmatrix}x_1\\x_2\\x_3\end{pmatrix}=c\begin{pmatrix}-1\\2\\1\end{pmatrix}+\begin{pmatrix}1\\-1\\0\end{pmatrix}(c\in\mathbb{R})$.

6．**解**：将方程组写成矩阵$\boldsymbol{Ax}=\boldsymbol{b}$，则增广矩阵$(\boldsymbol{A},\boldsymbol{b})=\left(\begin{array}{ccc|c}-2&1&1&-2\\1&-2&1&\lambda\\1&1&-2&\lambda^2\end{array}\right)\xrightarrow{r_2\leftrightarrow r_1}\left(\begin{array}{ccc|c}1&-2&1&\lambda\\-2&1&1&-2\\1&1&-2&\lambda^2\end{array}\right)$

$\xrightarrow[r_3-r_1]{r_2+2r_1}\left(\begin{array}{ccc|c}1&-2&1&\lambda\\0&-3&3&2\lambda-2\\0&3&-3&\lambda^2-\lambda\end{array}\right)\xrightarrow{r_3+r_2}\left(\begin{array}{ccc|c}1&-2&1&\lambda\\0&-3&3&2\lambda-2\\0&0&0&(\lambda+2)(\lambda-1)\end{array}\right)$．由方程组有解，得$R(\boldsymbol{A})=R(\boldsymbol{A},\boldsymbol{b})=2$，所以$(\lambda+2)(\lambda-1)=0$，解得$\lambda=1$或$-2$.

（1）当$\lambda=1$时，$R(\boldsymbol{A})=R(\boldsymbol{A},\boldsymbol{b})=2<3$，方程组有无限多解，此时增广矩阵$(\boldsymbol{A},\boldsymbol{b})\sim\left(\begin{array}{ccc|c}1&-2&1&1\\0&-3&3&0\\0&0&0&0\end{array}\right)$

$\xrightarrow{-\frac{1}{3}r_2,\ r_1+2r_2}\left(\begin{array}{ccc|c}1&0&-1&1\\0&1&-1&0\\0&0&0&0\end{array}\right)$，则原方程组的同解方程组为$\begin{cases}x_1=x_3+1,\\x_2=x_3,\end{cases}$其中$x_3$为自由未知数，此时原方程组的通解为$\begin{pmatrix}x_1\\x_2\\x_3\end{pmatrix}=c\begin{pmatrix}1\\1\\1\end{pmatrix}+\begin{pmatrix}1\\0\\0\end{pmatrix}(c\in\mathbb{R})$.

（2）当$\lambda=-2$时，$R(\boldsymbol{A})=R(\boldsymbol{A},\boldsymbol{b})=2<3$，方程组有无限多解，此时增广矩阵$(\boldsymbol{A},\boldsymbol{b})\sim\left(\begin{array}{ccc|c}1&-2&1&-2\\0&-3&3&-6\\0&0&0&0\end{array}\right)$

$\xrightarrow{-\frac{r_2}{3},\ r_1+2r_2}\left(\begin{array}{ccc|c}1&0&-1&2\\0&1&-1&2\\0&0&0&0\end{array}\right)$，则原方程组的同解方程组为$\begin{cases}x_1=x_3+2,\\x_2=x_3+2,\end{cases}$其中$x_3$为自由未知数，此时原方程组的通解为$\begin{pmatrix}x_1\\x_2\\x_3\end{pmatrix}=c\begin{pmatrix}1\\1\\1\end{pmatrix}+\begin{pmatrix}2\\2\\0\end{pmatrix}(c\in\mathbb{R})$.

7．**解**：（1）将方程组写成矩阵 $\boldsymbol{Ax}=\boldsymbol{b}$，则增广矩阵 $(\boldsymbol{A},\boldsymbol{b})=\left(\begin{array}{ccc|c}\lambda & 1 & 1 & \lambda-3\\ 1 & \lambda & 1 & -2\\ 1 & 1 & \lambda & -2\end{array}\right)\xrightarrow{r_3\leftrightarrow r_1}\left(\begin{array}{ccc|c}1 & 1 & \lambda & -2\\ 1 & \lambda & 1 & -2\\ \lambda & 1 & 1 & \lambda-3\end{array}\right)$

$\xrightarrow[r_3-\lambda r_1]{r_2-r_1}\left(\begin{array}{ccc|c}1 & 1 & \lambda & -2\\ 0 & \lambda-1 & 1-\lambda & 0\\ 0 & 1-\lambda & 1-\lambda^2 & 3\lambda-3\end{array}\right)\xrightarrow{r_3+r_2}\left(\begin{array}{ccc|c}1 & 1 & \lambda & -2\\ 0 & \lambda-1 & 1-\lambda & 0\\ 0 & 0 & 2-\lambda-\lambda^2 & 3\lambda-3\end{array}\right)$.

① 当 $\lambda=-2$ 时，$R(\boldsymbol{A})=2$，$R(\boldsymbol{A},\boldsymbol{b})=3$，$R(\boldsymbol{A})<R(\boldsymbol{A},\boldsymbol{b})$，方程组无解.

② 当 $\lambda\neq1$，且 $\lambda\neq-2$ 时，$R(\boldsymbol{A})=R(\boldsymbol{A},\boldsymbol{b})=3$，方程组有唯一解.

③ 当 $\lambda=1$ 时，$R(\boldsymbol{A})=R(\boldsymbol{A},\boldsymbol{b})=1<3$，方程组有无限多解.

（2）当方程组有无限多解时，$\lambda=1$．此时，增广矩阵 $(\boldsymbol{A},\boldsymbol{b})\sim\left(\begin{array}{ccc|c}1 & 1 & 1 & -2\\ 0 & 0 & 0 & 0\\ 0 & 0 & 0 & 0\end{array}\right)$，则原方程组的同解方程为

$x_1=-x_2-x_3-2$，其中 x_2，x_3 为自由未知数，于是所求通解为

$$\begin{pmatrix}x_1\\x_2\\x_3\end{pmatrix}=c_1\begin{pmatrix}-1\\1\\0\end{pmatrix}+c_2\begin{pmatrix}-1\\0\\1\end{pmatrix}+\begin{pmatrix}-2\\0\\0\end{pmatrix}(c_1,c_2\in\mathbb{R}).$$

8．**解**：将方程组写成矩阵 $\boldsymbol{Ax}=\boldsymbol{b}$，则增广矩阵 $(\boldsymbol{A},\boldsymbol{b})=\left(\begin{array}{cccc|c}1 & -2 & 1 & 1 & 1\\ 1 & -1 & -1 & 1 & \lambda\\ 1 & -4 & 5 & 1 & -\lambda\end{array}\right)\xrightarrow[r_3-r_1]{r_2-r_1}\left(\begin{array}{cccc|c}1 & -2 & 1 & 1 & 1\\ 0 & 1 & -2 & 0 & \lambda-1\\ 0 & -2 & 4 & 0 & -\lambda-1\end{array}\right)$

$\xrightarrow{r_3+2r_2}\left(\begin{array}{cccc|c}1 & -2 & 1 & 1 & 1\\ 0 & 1 & -2 & 0 & \lambda-1\\ 0 & 0 & 0 & 0 & \lambda-3\end{array}\right)$.

（1）当 $\lambda\neq3$ 时，$R(\boldsymbol{A})=2$，$R(\boldsymbol{A},\boldsymbol{b})=3$，$R(\boldsymbol{A})<R(\boldsymbol{A},\boldsymbol{b})$，方程组无解．当 $\lambda=3$ 时，$R(\boldsymbol{A})=R(\boldsymbol{A},\boldsymbol{b})=2<4$，方程组有无限多解.

（2）当方程组有无限多解时，$\lambda=3$．此时，增广矩阵 $(\boldsymbol{A},\boldsymbol{b})\sim\left(\begin{array}{cccc|c}1 & -2 & 1 & 1 & 1\\ 0 & 1 & -2 & 0 & 2\\ 0 & 0 & 0 & 0 & 0\end{array}\right)\xrightarrow{r_1+2r_2}$

$\left(\begin{array}{cccc|c}1 & 0 & -3 & 1 & 5\\ 0 & 1 & -2 & 0 & 2\\ 0 & 0 & 0 & 0 & 0\end{array}\right)$，则原方程组的同解方程组为 $\begin{cases}x_1=3x_3-x_4+5,\\ x_2=2x_3+2,\end{cases}$ 其中 x_3，x_4 为自由未知数，于是所求通解为

$$\begin{pmatrix}x_1\\x_2\\x_3\\x_4\end{pmatrix}=c_1\begin{pmatrix}3\\2\\1\\0\end{pmatrix}+c_2\begin{pmatrix}-1\\0\\0\\1\end{pmatrix}+\begin{pmatrix}5\\2\\0\\0\end{pmatrix}(c_1,c_2\in\mathbb{R}).$$

9．**解**：（1）将方程组写成矩阵 $\boldsymbol{Ax}=\boldsymbol{b}$，则增广矩阵 $(\boldsymbol{A},\boldsymbol{b})=\left(\begin{array}{ccc|c}1 & -1 & 3 & 1\\ 1 & -2 & 4 & 2\\ 2 & -1 & a & b\end{array}\right)\xrightarrow[r_3-2r_1]{r_2-r_1}\left(\begin{array}{ccc|c}1 & -1 & 3 & 1\\ 0 & -1 & 1 & 1\\ 0 & 1 & a-6 & b-2\end{array}\right)$

$\xrightarrow{r_3+r_2}\left(\begin{array}{ccc|c}1 & -1 & 3 & 1\\ 0 & -1 & 1 & 1\\ 0 & 0 & a-5 & b-1\end{array}\right)$.

① 当 $a=5$，$b\neq1$ 时，$R(\boldsymbol{A})=2$，$R(\boldsymbol{A},\boldsymbol{b})=3$，$R(\boldsymbol{A})<R(\boldsymbol{A},\boldsymbol{b})$，方程组无解.

② 当 $a\neq5$ 时，$R(\boldsymbol{A})=R(\boldsymbol{A},\boldsymbol{b})=3$，方程组有唯一解.

③ 当 $a=5$，$b=1$ 时，$R(\boldsymbol{A})=R(\boldsymbol{A},\boldsymbol{b})=2<3$，方程组有无限多解.

（2）当方程组有无限多解时，$a=5$，$b=1$．此时，增广矩阵 $(\boldsymbol{A},\boldsymbol{b})\sim\left(\begin{array}{ccc|c}1&-1&3&1\\0&-1&1&1\\0&0&0&0\end{array}\right)\xrightarrow[-r_2]{r_1-r_2}$ $\left(\begin{array}{ccc|c}1&0&2&0\\0&1&-1&-1\\0&0&0&0\end{array}\right)$，则原方程组的同解方程组为 $\begin{cases}x_1=-2x_3,\\x_2=x_3-1,\end{cases}$ 其中 x_3 为自由未知数，于是所求通解为 $\begin{pmatrix}x_1\\x_2\\x_3\end{pmatrix}=c\begin{pmatrix}-2\\1\\1\end{pmatrix}+\begin{pmatrix}0\\-1\\0\end{pmatrix}(c\in\mathbb{R})$．

10．**解**：将方程组写成矩阵 $\boldsymbol{Ax}=\boldsymbol{b}$，则增广矩阵 $(\boldsymbol{A},\boldsymbol{b})=\left(\begin{array}{ccccc|c}1&1&1&1&1&1\\3&2&1&1&-3&a\\0&1&2&2&6&3\\5&4&3&3&-1&b\end{array}\right)\xrightarrow[r_4-5r_1]{r_2-3r_1}$ $\left(\begin{array}{ccccc|c}1&1&1&1&1&1\\0&-1&-2&-2&-6&a-3\\0&1&2&2&6&3\\0&-1&-2&-2&-6&b-5\end{array}\right)\xrightarrow{r_3\leftrightarrow r_2}\left(\begin{array}{ccccc|c}1&1&1&1&1&1\\0&1&2&2&6&3\\0&-1&-2&-2&-6&a-3\\0&-1&-2&-2&-6&b-5\end{array}\right)\xrightarrow[r_4+r_2]{r_3+r_2}\left(\begin{array}{ccccc|c}1&1&1&1&1&1\\0&1&2&2&6&3\\0&0&0&0&0&a\\0&0&0&0&0&b-2\end{array}\right)$．当 $a=0$，$b=2$ 时，$R(\boldsymbol{A})=R(\boldsymbol{A},\boldsymbol{b})=2<5$，方程组有无限多解．此时，增广矩阵 $(\boldsymbol{A},\boldsymbol{b})\sim\left(\begin{array}{ccccc|c}1&1&1&1&1&1\\0&1&2&2&6&3\\0&0&0&0&0&0\\0&0&0&0&0&0\end{array}\right)\xrightarrow{r_1-r_2}$ $\left(\begin{array}{ccccc|c}1&0&-1&-1&-5&-2\\0&1&2&2&6&3\\0&0&0&0&0&0\\0&0&0&0&0&0\end{array}\right)$，则原方程组的同解方程组为 $\begin{cases}x_1=x_3+x_4+5x_5-2,\\x_2=-2x_3-2x_4-6x_5+3,\end{cases}$ 其中 x_3，x_4，x_5 为自由未知数，于是所求通解为 $\begin{pmatrix}x_1\\x_2\\x_3\\x_4\\x_5\end{pmatrix}=c_1\begin{pmatrix}1\\-2\\1\\0\\0\end{pmatrix}+c_2\begin{pmatrix}1\\-2\\0\\1\\0\end{pmatrix}+c_3\begin{pmatrix}5\\-6\\0\\0\\1\end{pmatrix}+\begin{pmatrix}-2\\3\\0\\0\\0\end{pmatrix}(c_1,c_2,c_3\in\mathbb{R})$．

11．**解**：对方程组的增广矩阵施以初等行变换，得 $(\boldsymbol{A},\boldsymbol{b})\xrightarrow{r_1-r_2}\left(\begin{array}{cccc|c}1&0&0&4&0\\0&1&2&-1&1\\0&0&a+2&2&4\\0&0&0&3&b+5\end{array}\right)$．

（1）当 $a\neq-2$ 时，$R(\boldsymbol{A})=R(\boldsymbol{A},\boldsymbol{b})=4$，原方程组有唯一解；当 $a=-2$ 时，增广矩阵 $(\boldsymbol{A},\boldsymbol{b})\xrightarrow{r_4-r_3,\ \frac{1}{2}r_3}$ $\left(\begin{array}{cccc|c}1&0&0&4&0\\0&1&2&-1&1\\0&0&0&1&2\\0&0&0&1&b+1\end{array}\right)\xrightarrow{r_4-r_3}\left(\begin{array}{cccc|c}1&0&0&4&0\\0&1&2&-1&1\\0&0&0&1&2\\0&0&0&0&b-1\end{array}\right)$，当 $b-1\neq0$，即 $b\neq1$ 时，$R(\boldsymbol{A})=3$，$R(\boldsymbol{A},\boldsymbol{b})=4$，$R(\boldsymbol{A})<R(\boldsymbol{A},\boldsymbol{b})$，原方程组无解；当 $b-1=0$，即 $b=1$ 时，$R(\boldsymbol{A})=R(\boldsymbol{A},\boldsymbol{b})=3<4$，原方程组有无限多解．

（2）当方程组有无限多解时，$a=-2$，$b=1$．此时，增广矩阵 $(\boldsymbol{A},\boldsymbol{b})\sim\left(\begin{array}{cccc|c}1&0&0&4&0\\0&1&2&-1&1\\0&0&0&1&2\\0&0&0&0&0\end{array}\right)\xrightarrow[r_2+r_3]{r_1-4r_3}$

$\left(\begin{array}{cccc|c}1&0&0&0&-8\\0&1&2&0&3\\0&0&0&1&2\\0&0&0&0&0\end{array}\right)$，则原方程组的同解方程组为$\begin{cases}x_1=-8,\\x_2=-2x_3+3,\\x_4=2,\end{cases}$其中 x_3 为自由未知数，于是所求通解为

$$\begin{pmatrix}x_1\\x_2\\x_3\\x_4\end{pmatrix}=c\begin{pmatrix}0\\-2\\1\\0\end{pmatrix}+\begin{pmatrix}-8\\3\\0\\2\end{pmatrix}(c\in\mathbb{R}).$$

12．**解**：（1）由方程组 $\boldsymbol{Ax}=\boldsymbol{\beta}$ 无解，得 $|\boldsymbol{A}|=0$，即 $|\boldsymbol{A}|=\begin{vmatrix}1&1&1-a\\1&0&a\\a+1&1&a+1\end{vmatrix}\xlongequal{r_3-r_1}\begin{vmatrix}1&1&1-a\\1&0&a\\a&0&2a\end{vmatrix}=1\times(-1)^{1+2}\cdot$ $\begin{vmatrix}1&a\\a&2a\end{vmatrix}=a^2-2a=a(a-2)=0$，解得 $a=0$ 或 $a=2$．

① 当 $a=0$ 时，增广矩阵 $(\boldsymbol{A},\boldsymbol{\beta})=\left(\begin{array}{ccc|c}1&1&1&0\\1&0&0&1\\1&1&1&-2\end{array}\right)\xrightarrow[r_3-r_1]{r_2-r_1}\left(\begin{array}{ccc|c}1&1&1&0\\0&-1&-1&1\\0&0&0&-2\end{array}\right)$，则 $R(\boldsymbol{A})=2$，$R(\boldsymbol{A},\boldsymbol{\beta})=3$，$R(\boldsymbol{A})<R(\boldsymbol{A},\boldsymbol{\beta})$，此时方程组 $\boldsymbol{Ax}=\boldsymbol{\beta}$ 无解，符合题意．

② 当 $a=2$ 时，增广矩阵 $(\boldsymbol{A},\boldsymbol{\beta})=\left(\begin{array}{ccc|c}1&1&-1&0\\1&0&2&1\\3&1&3&2\end{array}\right)\xrightarrow[r_3-3r_1]{r_2-r_1}\left(\begin{array}{ccc|c}1&1&-1&0\\0&-1&3&1\\0&-2&6&2\end{array}\right)\xrightarrow{r_3-2r_2}\left(\begin{array}{ccc|c}1&1&-1&0\\0&-1&3&1\\0&0&0&0\end{array}\right)$，则 $R(\boldsymbol{A})=R(\boldsymbol{A},\boldsymbol{\beta})=2<3$，此时方程组 $\boldsymbol{Ax}=\boldsymbol{\beta}$ 有无限多解，不符合题意，故舍去．

综上所述，a 的值为0.

（2）当 $a=0$ 时，矩阵 $\boldsymbol{A}=\begin{pmatrix}1&1&1\\1&0&0\\1&1&1\end{pmatrix}$，则 $\boldsymbol{A}^{\mathrm{T}}\boldsymbol{A}=\begin{pmatrix}1&1&1\\1&0&0\\1&1&1\end{pmatrix}^{\mathrm{T}}\begin{pmatrix}1&1&1\\1&0&0\\1&1&1\end{pmatrix}=\begin{pmatrix}1&1&1\\1&0&1\\1&0&1\end{pmatrix}\begin{pmatrix}1&1&1\\1&0&0\\1&1&1\end{pmatrix}=\begin{pmatrix}3&2&2\\2&2&2\\2&2&2\end{pmatrix}$，

$\boldsymbol{A}^{\mathrm{T}}\boldsymbol{\beta}=\begin{pmatrix}1&1&1\\1&0&0\\1&1&1\end{pmatrix}^{\mathrm{T}}\begin{pmatrix}0\\1\\-2\end{pmatrix}=\begin{pmatrix}1&1&1\\1&0&1\\1&0&1\end{pmatrix}\begin{pmatrix}0\\1\\-2\end{pmatrix}=\begin{pmatrix}-1\\-2\\-2\end{pmatrix}$，于是方程 $\boldsymbol{A}^{\mathrm{T}}\boldsymbol{Ax}=\boldsymbol{A}^{\mathrm{T}}\boldsymbol{\beta}$ 的增广矩阵 $(\boldsymbol{A}^{\mathrm{T}}\boldsymbol{A},\boldsymbol{A}^{\mathrm{T}}\boldsymbol{\beta})=$

$\left(\begin{array}{ccc|c}3&2&2&-1\\2&2&2&-2\\2&2&2&-2\end{array}\right)\xrightarrow{r_3-r_2,\frac{1}{2}r_2,r_1\leftrightarrow r_2}\left(\begin{array}{ccc|c}1&1&1&-1\\3&2&2&-1\\0&0&0&0\end{array}\right)\xrightarrow{r_2-3r_1}\left(\begin{array}{ccc|c}1&1&1&-1\\0&-1&-1&2\\0&0&0&0\end{array}\right)\xrightarrow{r_1+r_2,-r_2}\left(\begin{array}{ccc|c}1&0&0&1\\0&1&1&-2\\0&0&0&0\end{array}\right)$，则原方程组的同解方程组为$\begin{cases}x_1=1,\\x_2=-x_3-2,\end{cases}$其中 x_3 为自由未知数，于是所求通解为 $\boldsymbol{x}=c\begin{pmatrix}0\\-1\\1\end{pmatrix}+\begin{pmatrix}1\\-2\\0\end{pmatrix}(c\in\mathbb{R})$．

第四章 向量组的线性相关性

第一节 向量组及其线性组合

一、单项选择题

1. A【解析】若向量组 $\boldsymbol{\beta}_1$，$\boldsymbol{\beta}_2$ 可由向量组 $\boldsymbol{\alpha}_1$，$\boldsymbol{\alpha}_2$ 线性表示，则 $\begin{cases} x_1\boldsymbol{\alpha}_1+x_2\boldsymbol{\alpha}_2=\boldsymbol{\beta}_1, \\ x_1\boldsymbol{\alpha}_1+x_2\boldsymbol{\alpha}_2=\boldsymbol{\beta}_2 \end{cases}$ 有解，又 $\begin{pmatrix} 1 & -2 & 4 & 7 \\ 2 & 1 & -2 & b \\ 3 & -1 & a & 4 \end{pmatrix}$

$\xrightarrow[r_3-3r_1]{r_2-2r_1}\begin{pmatrix} 1 & -2 & 4 & 7 \\ 0 & 5 & -10 & b-14 \\ 0 & 5 & a-12 & -17 \end{pmatrix}\xrightarrow{r_3-r_2}\begin{pmatrix} 1 & -2 & 4 & 7 \\ 0 & 5 & -10 & b-14 \\ 0 & 0 & a-2 & -b-3 \end{pmatrix}$，所以 $a=2$，$b=-3$．故选 A.

2. C【解析】$\boldsymbol{\alpha}_1$，$\boldsymbol{\alpha}_2$ 的线性组合可表示为 $k_1\boldsymbol{\alpha}_1+k_2\boldsymbol{\alpha}_2=(k_1,0,5k_2)^{\mathrm{T}}$，若 $\boldsymbol{\beta}$ 为 $\boldsymbol{\alpha}_1$，$\boldsymbol{\alpha}_2$ 的线性组合，则 $\boldsymbol{\beta}$ 的第 2 个分量为 0．故选 C.

3. A【解析】矩阵 $(\boldsymbol{\alpha}_1,\boldsymbol{\alpha}_2,\boldsymbol{\alpha}_3,\boldsymbol{\alpha}_4)=\begin{pmatrix} 1 & 1 & 1 & 1 \\ 1 & 2 & -1 & 0 \\ 2 & 1 & 4 & 3 \\ 2 & 3 & 0 & 1 \end{pmatrix}\xrightarrow[\substack{r_3-2r_1\\ r_4-2r_1}]{r_2-r_1}\begin{pmatrix} 1 & 1 & 1 & 1 \\ 0 & 1 & -2 & -1 \\ 0 & -1 & 2 & 1 \\ 0 & 1 & -2 & -1 \end{pmatrix}\xrightarrow[\substack{r_3+r_2\\ r_4-r_2}]{r_1-r_2}\begin{pmatrix} 1 & 0 & 3 & 2 \\ 0 & 1 & -2 & -1 \\ 0 & 0 & 0 & 0 \\ 0 & 0 & 0 & 0 \end{pmatrix}$，则

$\boldsymbol{\alpha}_4=2\boldsymbol{\alpha}_1-\boldsymbol{\alpha}_2$．故选 A.

二、填空题

1. $a\neq-1$ 且 $a\neq3$【解析】由题可知，$R(\boldsymbol{\alpha}_1,\boldsymbol{\alpha}_2,\boldsymbol{\alpha}_3)=R(\boldsymbol{\alpha}_1,\boldsymbol{\alpha}_2,\boldsymbol{\alpha}_3,\boldsymbol{\beta})=3$，又 $\begin{pmatrix} 1 & 2 & 1 & 1 \\ 2 & 3 & a+2 & 3 \\ 1 & a & -2 & 0 \end{pmatrix}\xrightarrow[r_3-r_1]{r_2-2r_1}$

$\begin{pmatrix} 1 & 2 & 1 & 1 \\ 0 & -1 & a & 1 \\ 0 & a-2 & -3 & -1 \end{pmatrix}$，所以 $\dfrac{-1}{a-2}\neq\dfrac{a}{-3}$，$a^2-2a-3=(a-3)(a+1)\neq0$，解得 $a\neq-1$ 且 $a\neq3$．

2. $(11,8,7,14)^{\mathrm{T}}$【解析】由 $3(\boldsymbol{\alpha}_1-\boldsymbol{\alpha})+2(\boldsymbol{\alpha}_2+\boldsymbol{\alpha})=\boldsymbol{\alpha}_3+\boldsymbol{\alpha}$，得 $\boldsymbol{\alpha}=\dfrac{1}{2}(3\boldsymbol{\alpha}_1+2\boldsymbol{\alpha}_2-\boldsymbol{\alpha}_3)=(11,8,7,14)^{\mathrm{T}}$．

3. $a\neq0$【解析】向量 $\boldsymbol{\beta}$ 不能 $\boldsymbol{\alpha}_1,\boldsymbol{\alpha}_2,\boldsymbol{\alpha}_3$ 线性表示，则方程组 $x_1\boldsymbol{\alpha}_1+x_2\boldsymbol{\alpha}_2+x_3\boldsymbol{\alpha}_3=\boldsymbol{\beta}$ 无解，$R(\boldsymbol{\alpha}_1,\boldsymbol{\alpha}_2,\boldsymbol{\alpha}_3)<R(\boldsymbol{\alpha}_1,\boldsymbol{\alpha}_2,\boldsymbol{\alpha}_3,\boldsymbol{\beta})$，又因为 $\left(\begin{array}{ccc:c} 1 & 2 & 5 & 7 \\ 3 & -1 & 1 & a \\ 2 & 4 & 6 & 14 \\ 0 & 1 & 2 & 3 \end{array}\right)\xrightarrow[r_3-2r_1]{r_2-3r_1}\left(\begin{array}{ccc:c} 1 & 2 & 5 & 7 \\ 0 & -7 & -14 & a-21 \\ 0 & 0 & -4 & 0 \\ 0 & 1 & 2 & 3 \end{array}\right)\xrightarrow[r_3\leftrightarrow r_4]{r_2\leftrightarrow r_4}\left(\begin{array}{ccc:c} 1 & 2 & 5 & 7 \\ 0 & 1 & 2 & 3 \\ 0 & -7 & -14 & a-21 \\ 0 & 0 & -4 & 0 \end{array}\right)$

$\xrightarrow[r_3\leftrightarrow r_4]{r_3+7r_2}\left(\begin{array}{ccc:c} 1 & 2 & 5 & 7 \\ 0 & 1 & 2 & 3 \\ 0 & 0 & -4 & 0 \\ 0 & 0 & 0 & a \end{array}\right)$，所以 $a\neq0$．

三、解答题

1. 解：$\boldsymbol{v}_1-\boldsymbol{v}_2=\begin{pmatrix}1\\1\\0\end{pmatrix}-\begin{pmatrix}0\\1\\1\end{pmatrix}=\begin{pmatrix}1\\0\\-1\end{pmatrix}$，$3\boldsymbol{v}_1+2\boldsymbol{v}_2-\boldsymbol{v}_3=3\begin{pmatrix}1\\1\\0\end{pmatrix}+2\begin{pmatrix}0\\1\\1\end{pmatrix}-\begin{pmatrix}3\\4\\0\end{pmatrix}=\begin{pmatrix}0\\1\\2\end{pmatrix}$.

2. 解：由 $5\boldsymbol{\alpha}-3\boldsymbol{\gamma}=2\boldsymbol{\beta}$，得 $\boldsymbol{\gamma}=\frac{1}{3}(5\boldsymbol{\alpha}-2\boldsymbol{\beta})=\frac{1}{3}\left(5\begin{pmatrix}2\\1\\2\\-2\end{pmatrix}-2\begin{pmatrix}3\\2\\-1\\-5\end{pmatrix}\right)=\frac{1}{3}\left(\begin{pmatrix}10\\5\\10\\-10\end{pmatrix}-\begin{pmatrix}6\\4\\-2\\-10\end{pmatrix}\right)=\frac{1}{3}\begin{pmatrix}4\\1\\12\\0\end{pmatrix}$.

3. 证：因为 $\boldsymbol{\beta}$ 可由 $\boldsymbol{\alpha}_1$，$\boldsymbol{\alpha}_2$，$\boldsymbol{\alpha}_3$，$\boldsymbol{\alpha}_4$ 线性表示，即存在数 k_1，k_2，k_3，k_4，使得 $\boldsymbol{\beta}=k_1\boldsymbol{\alpha}_1+k_2\boldsymbol{\alpha}_2+k_3\boldsymbol{\alpha}_3+k_4\boldsymbol{\alpha}_4$，又因为 $\boldsymbol{\beta}$ 不能由 $\boldsymbol{\alpha}_1$，$\boldsymbol{\alpha}_2$，$\boldsymbol{\alpha}_3$ 线性表示，所以 $k_4\neq 0$，否则，当 $k_4=0$ 时，有 $\boldsymbol{\beta}=k_1\boldsymbol{\alpha}_1+k_2\boldsymbol{\alpha}_2+k_3\boldsymbol{\alpha}_3$，与已知矛盾. 因此，有 $\boldsymbol{\alpha}_4=\frac{1}{k_4}(\boldsymbol{\beta}-k_1\boldsymbol{\alpha}_1-k_2\boldsymbol{\alpha}_2-k_3\boldsymbol{\alpha}_3)$，即 $\boldsymbol{\alpha}_4$ 可由 $\boldsymbol{\alpha}_1$，$\boldsymbol{\alpha}_2$，$\boldsymbol{\alpha}_3$，$\boldsymbol{\beta}$ 线性表示，得证.

4. 证：设 $x_1\boldsymbol{\alpha}_1+x_2\boldsymbol{\alpha}_2+x_3\boldsymbol{\alpha}_3=\boldsymbol{\alpha}$，得方程组 $\begin{cases}x_1+3x_2+9x_3=5,\\2x_1+6x_3=1,\\-3x_1+x_2-6x_3=0,\end{cases}$ 解得 $x_1=\frac{1}{2}$，$x_2=\frac{3}{2}$，$x_3=0$，于是 $\boldsymbol{\alpha}$ 可由 $\boldsymbol{\alpha}_1$，$\boldsymbol{\alpha}_2$，$\boldsymbol{\alpha}_3$ 线性表示，且唯一表示为 $\boldsymbol{\alpha}=\frac{1}{2}\boldsymbol{\alpha}_1+\frac{3}{2}\boldsymbol{\alpha}_2+0\boldsymbol{\alpha}_3$，得证.

5. 解：将向量组写成矩阵 $\boldsymbol{A}=(\boldsymbol{\beta}_1,\boldsymbol{\beta}_2,\boldsymbol{\beta}_3,\boldsymbol{\beta}_4)=\begin{pmatrix}1&1&3&5\\0&1&1&3\\1&1&1&1\end{pmatrix}\xrightarrow{-\frac{1}{2}(r_3-r_1)}\begin{pmatrix}1&1&3&5\\0&1&1&3\\0&0&1&2\end{pmatrix}\xrightarrow[r_1-r_2-3r_3]{r_2-r_3}\begin{pmatrix}1&0&0&-2\\0&1&0&1\\0&0&1&2\end{pmatrix}$，则 $R(\boldsymbol{\beta}_1,\boldsymbol{\beta}_2,\boldsymbol{\beta}_3)=R(\boldsymbol{\beta}_1,\boldsymbol{\beta}_2,\boldsymbol{\beta}_3,\boldsymbol{\beta}_4)=3$，所以 $\boldsymbol{\beta}_4$ 可由 $\boldsymbol{\beta}_1$，$\boldsymbol{\beta}_2$，$\boldsymbol{\beta}_3$ 线性表示，且表示式唯一.

6. 解：设 $\boldsymbol{b}=k_1\boldsymbol{a}_1+k_2\boldsymbol{a}_2+k_3\boldsymbol{a}_3$，得方程组 $\begin{cases}k_1+2k_2+3k_3=2,\\k_1+k_2=-3,\\k_1=4,\end{cases}$ 解得 $k_1=4$，$k_2=-7$，$k_3=4$，所以 $\boldsymbol{b}$ 可由向量组 $\boldsymbol{a}_1$，$\boldsymbol{a}_2$，$\boldsymbol{a}_3$ 线性表示，且 $\boldsymbol{b}=4\boldsymbol{a}_1-7\boldsymbol{a}_2+4\boldsymbol{a}_3$.

7. 解：设 $x_1\boldsymbol{\alpha}_1+x_2\boldsymbol{\alpha}_2+x_3\boldsymbol{\alpha}_3=\boldsymbol{\beta}$，得方程组 $\begin{cases}x_1+x_2+x_3=1,\\x_2-x_3=b,\\2x_1+3x_2+ax_3=4,\\3x_1+5x_2+x_3=7,\end{cases}$ 则增广矩阵 $(\boldsymbol{A},\boldsymbol{\beta})=\left(\begin{array}{ccc:c}1&1&1&1\\0&1&-1&b\\2&3&a&4\\3&5&1&7\end{array}\right)$

$\xrightarrow[r_4-3r_1]{r_3-2r_1}\left(\begin{array}{ccc:c}1&1&1&1\\0&1&-1&b\\0&1&a-2&2\\0&2&-2&4\end{array}\right)\xrightarrow[r_4-2r_2]{r_3-r_2}\left(\begin{array}{ccc:c}1&1&1&1\\0&1&-1&b\\0&0&a-1&2-b\\0&0&0&4-2b\end{array}\right)$.

(1) 若向量 $\boldsymbol{\beta}$ 不能由向量组 $\boldsymbol{\alpha}_1$，$\boldsymbol{\alpha}_2$，$\boldsymbol{\alpha}_3$ 线性表示，则方程组无解，$R(\boldsymbol{A})<R(\boldsymbol{A},\boldsymbol{\beta})$，即 $4-2b\neq 0$，$b\neq 2$，a 为任意常数.

(2) 若向量 $\boldsymbol{\beta}$ 可由向量组 $\boldsymbol{\alpha}_1$，$\boldsymbol{\alpha}_2$，$\boldsymbol{\alpha}_3$ 线性表示，则方程组有解，$R(\boldsymbol{A})=R(\boldsymbol{A},\boldsymbol{\beta})$.

① 当 $b=2$，$a=1$ 时，$R(\boldsymbol{A})=R(\boldsymbol{A},\boldsymbol{\beta})=2$，方程组有无限多解，此时增广矩阵 $(\boldsymbol{A},\boldsymbol{\beta})\xrightarrow{r}\left(\begin{array}{ccc:c}1&1&1&1\\0&1&-1&2\\0&0&0&0\\0&0&0&0\end{array}\right)\xrightarrow{r_1-r_2}\left(\begin{array}{ccc:c}1&0&2&-1\\0&1&-1&2\\0&0&0&0\\0&0&0&0\end{array}\right)$，则原方程组的同解方程组为 $\begin{cases}x_1=-2x_3-1,\\x_2=x_3+2,\end{cases}$ 其中 x_3 为自由未知数，令 $x_3=t$，则 $x_1=-2t-1$，$x_2=t+2$，其中 t 为任意常数，所以 $\boldsymbol{\beta}=(-1-2t)\boldsymbol{\alpha}_1+(2+t)\boldsymbol{\alpha}_2+t\boldsymbol{\alpha}_3$，$t\in\mathbb{R}$.

② 当 $b=2$，$a\neq 1$ 时，$R(\boldsymbol{A})=R(\boldsymbol{A},\boldsymbol{\beta})=3$，方程组有唯一解，此时增广矩阵 $(\boldsymbol{A},\boldsymbol{\beta})\xrightarrow{r}\left(\begin{array}{ccc:c}1&1&1&1\\0&1&-1&2\\0&0&a-1&0\\0&0&0&0\end{array}\right)$

$$\xrightarrow{r_1-r_2}\left(\begin{array}{ccc|c}1&0&2&-1\\0&1&-1&2\\0&0&a-1&0\\0&0&0&0\end{array}\right)$$，则方程组的解为 $(-1,2,0)^{\mathrm{T}}$，所以 $\boldsymbol{\beta}=-\boldsymbol{\alpha}_1+2\boldsymbol{\alpha}_2$，且线性表示式唯一.

8．**解**：设 $x_1\boldsymbol{\alpha}_3+x_2\boldsymbol{\alpha}_2+x_3\boldsymbol{\alpha}_1=\boldsymbol{\beta}$，得方程组 $\begin{cases}-x_1-2x_2+ax_3=1,\\x_1+x_2+2x_3=b,\\4x_1+5x_2+10x_3=c,\end{cases}$ 则增广矩阵 $(\boldsymbol{A},\boldsymbol{\beta})=\left(\begin{array}{ccc|c}-1&-2&a&1\\1&1&2&b\\4&5&10&c\end{array}\right)$

$$\xrightarrow[r_3+4r_1]{r_2+r_1}\left(\begin{array}{ccc|c}-1&-2&a&1\\0&-1&a+2&b+1\\0&-3&4a+10&c+4\end{array}\right)\xrightarrow[r_3-3r_2]{-r_1}\left(\begin{array}{ccc|c}1&2&-a&-1\\0&-1&a+2&b+1\\0&0&a+4&c-3b+1\end{array}\right).$$

（1）若向量 $\boldsymbol{\beta}$ 可由向量组 $\boldsymbol{\alpha}_1$，$\boldsymbol{\alpha}_2$，$\boldsymbol{\alpha}_3$ 线性表示，且表示式唯一，则 $R(\boldsymbol{A})=R(\boldsymbol{A},\boldsymbol{\beta})=3$，所以 $a+4\neq0$，解得 $a\neq-4$.

（2）若向量 $\boldsymbol{\beta}$ 可由向量组 $\boldsymbol{\alpha}_1$，$\boldsymbol{\alpha}_2$，$\boldsymbol{\alpha}_3$ 线性表示，但表示式不唯一，则 $R(\boldsymbol{A})=R(\boldsymbol{A},\boldsymbol{\beta})=2<3$，所以 a，b，c 满足 $\begin{cases}a+4=0,\\c-3b+1=0,\end{cases}$ 此时增广矩阵 $(\boldsymbol{A},\boldsymbol{\beta})\xrightarrow{r}\begin{pmatrix}1&2&4&-1\\0&-1&-2&b+1\\0&0&0&0\end{pmatrix}\xrightarrow[-r_2]{r_1+2r_2}\begin{pmatrix}1&0&0&2b+1\\0&1&2&-b-1\\0&0&0&0\end{pmatrix}$，则原方程组的同解方程组为 $\begin{cases}x_1=2b+1,\\x_2=-2x_3-b-1,\end{cases}$ 其中 x_3 为自由未知数，令 $x_3=t$，则 $x_1=2b+1$，$x_2=-2t-b-1$，其中 t 为任意常数，所以 $\boldsymbol{\beta}=t\boldsymbol{\alpha}_1+(-2t-b-1)\boldsymbol{\alpha}_2+(2b+1)\boldsymbol{\alpha}_3$，$t\in\mathbb{R}$.

（3）若向量 $\boldsymbol{\beta}$ 不能由向量组 $\boldsymbol{\alpha}_1$，$\boldsymbol{\alpha}_2$，$\boldsymbol{\alpha}_3$ 线性表示，则 $R(\boldsymbol{A})<R(\boldsymbol{A},\boldsymbol{\beta})$，所以 a，b，c 满足 $\begin{cases}a=-4,\\c-3b+1\neq0.\end{cases}$

9．**解**：设矩阵 $\boldsymbol{A}=(\boldsymbol{a}_1,\boldsymbol{a}_2,\boldsymbol{a}_3)$，将矩阵 $(\boldsymbol{A},\boldsymbol{b})$ 化为阶梯形矩阵，$(\boldsymbol{A},\boldsymbol{b})=\begin{pmatrix}1&1&1&1\\1&2&-1&0\\2&1&4&3\\2&3&0&1\end{pmatrix}$

$$\xrightarrow[r_4-2r_1]{\substack{r_2-r_1\\r_3-2r_1}}\begin{pmatrix}1&1&1&1\\0&1&-2&-1\\0&-1&2&1\\0&1&-2&-1\end{pmatrix}\xrightarrow[r_4-r_2]{r_3+r_2}\begin{pmatrix}1&1&1&1\\0&1&-2&-1\\0&0&0&0\\0&0&0&0\end{pmatrix}\xrightarrow{r_1-r_2}\begin{pmatrix}1&0&3&2\\0&1&-2&-1\\0&0&0&0\\0&0&0&0\end{pmatrix}$$，可见 $R(\boldsymbol{A})=(\boldsymbol{A},\boldsymbol{b})$，所以向量 $\boldsymbol{b}$ 能由向量组 $\boldsymbol{a}_1$，$\boldsymbol{a}_2$，$\boldsymbol{a}_3$ 线性表示. 解方程组 $\boldsymbol{b}=x_1\boldsymbol{a}_1+x_2\boldsymbol{a}_2+x_3\boldsymbol{a}_3$，得通解为 $\begin{pmatrix}x_1\\x_2\\x_3\end{pmatrix}=c\begin{pmatrix}-3\\2\\1\end{pmatrix}+\begin{pmatrix}2\\-1\\0\end{pmatrix}=\begin{pmatrix}-3c+2\\2c-1\\c\end{pmatrix}$，其中 c 为任意常数，所以向量 $\boldsymbol{b}=x_1\boldsymbol{a}_1+x_2\boldsymbol{a}_2+x_3\boldsymbol{a}_3=(-3c+2)\boldsymbol{a}_1+(2c-1)\boldsymbol{a}_2+c\boldsymbol{a}_3$.

第二节　向量组的线性相关性

一、单项选择题

1．D【解析】由 $\boldsymbol{\alpha}_1$，$\boldsymbol{\alpha}_2$，$\boldsymbol{\alpha}_3$ 线性无关，得 $\boldsymbol{\alpha}_1$，$\boldsymbol{\alpha}_2$ 必线性无关，又因为 $\boldsymbol{\alpha}_1$，$\boldsymbol{\alpha}_2$，$\boldsymbol{\alpha}_4$ 线性相关，所以 $\boldsymbol{\alpha}_4$ 必可由 $\boldsymbol{\alpha}_1$，$\boldsymbol{\alpha}_2$ 线性表示，因此 $\boldsymbol{\alpha}_4$ 必可由 $\boldsymbol{\alpha}_1$，$\boldsymbol{\alpha}_2$，$\boldsymbol{\alpha}_3$ 线性表示．故选 D.

2．B【解析】由 $\boldsymbol{\alpha}_1$，$\boldsymbol{\alpha}_2$，$\boldsymbol{\alpha}_3$ 线性无关，$\boldsymbol{\beta}_2$ 不能由 $\boldsymbol{\alpha}_1$，$\boldsymbol{\alpha}_2$，$\boldsymbol{\alpha}_3$ 线性表示，得 $\boldsymbol{\alpha}_1$，$\boldsymbol{\alpha}_2$，$\boldsymbol{\alpha}_3$，$\boldsymbol{\beta}_2$ 线性无关，从而部分组 $\boldsymbol{\alpha}_1$，$\boldsymbol{\alpha}_2$，$\boldsymbol{\beta}_2$ 线性无关．故选 B.

3．D【解析】证明必要性（反证法）：若 $\boldsymbol{\alpha}_i=k_1\boldsymbol{\alpha}_1+\cdots+k_{i-1}\boldsymbol{\alpha}_{i-1}+k_{i+1}\boldsymbol{\alpha}_{i+1}+\cdots+k_s\boldsymbol{\alpha}_s$，则 $k_1\boldsymbol{\alpha}_1+\cdots+k_{i-1}\boldsymbol{\alpha}_{i-1}-\boldsymbol{\alpha}_i+k_{i+1}\boldsymbol{\alpha}_{i+1}+\cdots+k_s\boldsymbol{\alpha}_s=\boldsymbol{0}$，其中 $k_1,\cdots,k_{i-1},-1,k_{i+1},\cdots,k_s$ 不全为零，于是 $\boldsymbol{\alpha}_1,\boldsymbol{\alpha}_2,\cdots,\boldsymbol{\alpha}_s$ 线性相关，与题干矛盾．证明充分性（反证法）：若 $\boldsymbol{\alpha}_1,\boldsymbol{\alpha}_2,\cdots,\boldsymbol{\alpha}_s$ 线性相关，则存在不全为零的 $k_1,k_2,\cdots,k_s$，使 $k_1\boldsymbol{\alpha}_1+k_2\boldsymbol{\alpha}_2+\cdots+$

$k_s\boldsymbol{\alpha}_s=\mathbf{0}$，不妨设 $k_s\neq 0$，则有 $\boldsymbol{\alpha}_s=-\frac{1}{k_s}(k_1\boldsymbol{\alpha}_1+k_2\boldsymbol{\alpha}_2+\cdots+k_{s-1}\boldsymbol{\alpha}_{s-1})$，与D选项矛盾．故选D.

4. A【解析】若 $\boldsymbol{\alpha}_1,\boldsymbol{\alpha}_2,\cdots,\boldsymbol{\alpha}_s$ 线性相关，则 $R(\boldsymbol{\alpha}_1,\boldsymbol{\alpha}_2,\cdots,\boldsymbol{\alpha}_s)<s$，且 $\boldsymbol{A\alpha}_1,\boldsymbol{A\alpha}_2,\cdots,\boldsymbol{A\alpha}_s=\boldsymbol{A}(\boldsymbol{\alpha}_1,\boldsymbol{\alpha}_2,\cdots,\boldsymbol{\alpha}_s)$，所以 $R(\boldsymbol{A\alpha}_1,\boldsymbol{A\alpha}_2,\cdots,\boldsymbol{A\alpha}_s)=R[\boldsymbol{A}(\boldsymbol{\alpha}_1,\boldsymbol{\alpha}_2,\cdots,\boldsymbol{\alpha}_s)]\leqslant R(\boldsymbol{\alpha}_1,\boldsymbol{\alpha}_2,\cdots,\boldsymbol{\alpha}_s)<s$，从而 $\boldsymbol{A\alpha}_1,\boldsymbol{A\alpha}_2,\cdots,\boldsymbol{A\alpha}_s$ 线性相关．故选A.

5. B【解析】因为向量组 $\boldsymbol{\alpha}_1$，$\boldsymbol{\alpha}_2$，$\boldsymbol{\alpha}_3$ 与 $\boldsymbol{\alpha}_1$，$\boldsymbol{\alpha}_2$，$\boldsymbol{\alpha}_1-2\boldsymbol{\alpha}_2+\boldsymbol{\alpha}_3$ 可以相互线性表示，则这两个向量组的秩相同，所以 $\boldsymbol{\alpha}_1$，$\boldsymbol{\alpha}_2$，$\boldsymbol{\alpha}_3$ 线性无关．故选B.

6. C【解析】因为 $|\boldsymbol{A}|=0$，则 $R(\boldsymbol{A})<n$，方阵 $\boldsymbol{A}$ 的 n 个列向量线性相关，所以 $\boldsymbol{A}$ 中至少有一个列向量可由其余列向量线性表示．故选C.

二、填空题

1. -2【解析】$\boldsymbol{\alpha}_1$，$\boldsymbol{\alpha}_2$，$\boldsymbol{\alpha}_3$ 线性相关 $\Leftrightarrow|\boldsymbol{\alpha}_1,\boldsymbol{\alpha}_2,\boldsymbol{\alpha}_3|=0\Leftrightarrow\begin{vmatrix}1&1&t\\1&t&1\\t&1&1\end{vmatrix}=-(t+2)(t-1)^2=0$，解得 $t=1$ 或 -2．$\boldsymbol{\beta}_1$，$\boldsymbol{\beta}_2$，$\boldsymbol{\beta}_3$ 线性无关 $\Leftrightarrow|\boldsymbol{\beta}_1,\boldsymbol{\beta}_2,\boldsymbol{\beta}_3|\neq 0\Leftrightarrow\begin{vmatrix}1&2&0\\3&7&t+2\\2&t+4&3\end{vmatrix}=3-t^2-2t=-(t+3)(t-1)\neq 0$，解得 $t\neq -3$ 且 $t\neq 1$．综上，t 的值为 -2．

2. $a\neq\frac{1}{9}$【解析】因为 $\boldsymbol{\alpha}_1-3\boldsymbol{\alpha}_3$，$a\boldsymbol{\alpha}_1+\boldsymbol{\alpha}_2+2\boldsymbol{\alpha}_3$，$2\boldsymbol{\alpha}_1+3\boldsymbol{\alpha}_2+\boldsymbol{\alpha}_3$ 线性无关，所以 $R(\boldsymbol{\alpha}_1-3\boldsymbol{\alpha}_3,a\boldsymbol{\alpha}_1+\boldsymbol{\alpha}_2+2\boldsymbol{\alpha}_3,2\boldsymbol{\alpha}_1+3\boldsymbol{\alpha}_2+\boldsymbol{\alpha}_3)=3$．又因为向量组 $\boldsymbol{\alpha}_1$，$\boldsymbol{\alpha}_2$，$\boldsymbol{\alpha}_3$ 线性无关，且 $(\boldsymbol{\alpha}_1-3\boldsymbol{\alpha}_3,a\boldsymbol{\alpha}_1+\boldsymbol{\alpha}_2+2\boldsymbol{\alpha}_3,2\boldsymbol{\alpha}_1+3\boldsymbol{\alpha}_2+\boldsymbol{\alpha}_3)=(\boldsymbol{\alpha}_1,\boldsymbol{\alpha}_2,\boldsymbol{\alpha}_3)\begin{pmatrix}1&a&2\\0&1&3\\-3&2&1\end{pmatrix}$，所以矩阵 $\begin{pmatrix}1&a&2\\0&1&3\\-3&2&1\end{pmatrix}$ 可逆，于是行列式 $\begin{vmatrix}1&a&2\\0&1&3\\-3&2&1\end{vmatrix}=1-9a\neq 0$，解得 $a\neq\frac{1}{9}$．

3. -1 或 -2【解析】由 $\boldsymbol{\alpha}_1$，$\boldsymbol{\alpha}_2$，$\boldsymbol{\alpha}_3$ 线性相关，得 $|\boldsymbol{\alpha}_1,\boldsymbol{\alpha}_2,\boldsymbol{\alpha}_3|=0$，即 $\begin{vmatrix}a+1&a&a-1\\1&-2&-3\\a&2-a&4-a\end{vmatrix}=-2(a+1)(a+2)=0$，解得 $a=-1$ 或 -2．

4. 2【解析】因为 $\boldsymbol{\alpha}_1$，$\boldsymbol{\alpha}_2$，$\boldsymbol{\alpha}_3$ 线性无关，所以 $R(\boldsymbol{\alpha}_1,\boldsymbol{\alpha}_2,\boldsymbol{\alpha}_3)=3$．又因为 $(\boldsymbol{\alpha}_1+\boldsymbol{\alpha}_2,a\boldsymbol{\alpha}_2-\boldsymbol{\alpha}_3,\boldsymbol{\alpha}_1-\boldsymbol{\alpha}_2+\boldsymbol{\alpha}_3)=(\boldsymbol{\alpha}_1,\boldsymbol{\alpha}_2,\boldsymbol{\alpha}_3)\begin{pmatrix}1&0&1\\1&a&-1\\0&-1&1\end{pmatrix}$，且 $\boldsymbol{\alpha}_1+\boldsymbol{\alpha}_2$，$a\boldsymbol{\alpha}_2-\boldsymbol{\alpha}_3$，$\boldsymbol{\alpha}_1-\boldsymbol{\alpha}_2+\boldsymbol{\alpha}_3$ 线性相关，所以 $R(\boldsymbol{\alpha}_1+\boldsymbol{\alpha}_2,a\boldsymbol{\alpha}_2-\boldsymbol{\alpha}_3,\boldsymbol{\alpha}_1-\boldsymbol{\alpha}_2+\boldsymbol{\alpha}_3)<3$，于是行列式 $\begin{vmatrix}1&0&1\\1&a&-1\\0&-1&1\end{vmatrix}=a-2=0$，解得 $a=2$．

5. 6【解析】将向量组写成矩阵 $\boldsymbol{A}=(\boldsymbol{\alpha}_1,\boldsymbol{\alpha}_2,\boldsymbol{\alpha}_3)=\begin{pmatrix}1&2&-2\\2&-1&k\\3&1&4\end{pmatrix}\xrightarrow[r_3-3r_1]{r_2-2r_1}\begin{pmatrix}1&2&-2\\0&-5&k+4\\0&-5&10\end{pmatrix}\xrightarrow{r_3-r_2}\begin{pmatrix}1&2&-2\\0&-5&k+4\\0&0&6-k\end{pmatrix}$，由 $\boldsymbol{\alpha}_1$，$\boldsymbol{\alpha}_2$，$\boldsymbol{\alpha}_3$ 线性相关，则 $R(\boldsymbol{A})<3$，故 $k=6$．

思路点拨： 本题也可利用行列式进行计算，即 $|\boldsymbol{\alpha}_1,\boldsymbol{\alpha}_2,\boldsymbol{\alpha}_3|=\begin{vmatrix}1&2&-2\\2&-1&k\\3&1&4\end{vmatrix}=0$，解得 $k=6$．

6. 3 或 -4【解析】因为对于任何 a，向量 $\boldsymbol{\alpha}_1$，$\boldsymbol{\alpha}_2$ 的分量不成比例，故 $\boldsymbol{\alpha}_1$，$\boldsymbol{\alpha}_2$ 线性无关，所以 $\boldsymbol{\beta}$ 可由 $\boldsymbol{\alpha}_1$，$\boldsymbol{\alpha}_2$ 线性表示的充分必要条件是 $\boldsymbol{\alpha}_1$，$\boldsymbol{\alpha}_2$，$\boldsymbol{\beta}$ 线性相关. 又因为 $\boldsymbol{\alpha}_1$，$\boldsymbol{\alpha}_2$，$\boldsymbol{\beta}$ 是 3 个三维向量，所以 $\boldsymbol{\alpha}_1$，$\boldsymbol{\alpha}_2$，$\boldsymbol{\beta}$ 线性相关的充分必要条件是 $|\boldsymbol{\alpha}_1,\boldsymbol{\alpha}_2,\boldsymbol{\beta}|=0$，即 $|\boldsymbol{\alpha}_1,\boldsymbol{\alpha}_2,\boldsymbol{\beta}|=\begin{vmatrix} a+2 & 1 & 1 \\ 7 & -1 & a \\ 1 & 2 & -1 \end{vmatrix} \xlongequal[c_3+c_1]{c_2-2c_1} \begin{vmatrix} a+2 & -2a-3 & a+3 \\ 7 & -15 & a+7 \\ 1 & 0 & 0 \end{vmatrix} = -2(a+4)(a-3)=0$，解得 $a=3$ 或 -4.

7. -5【解析】由 $\boldsymbol{\alpha}_1$，$\boldsymbol{\alpha}_2$，$\boldsymbol{\alpha}_3$ 线性相关，得 $|\boldsymbol{\alpha}_1,\boldsymbol{\alpha}_2,\boldsymbol{\alpha}_3|=0$，即 $|\boldsymbol{\alpha}_1,\boldsymbol{\alpha}_2,\boldsymbol{\alpha}_3|=\begin{vmatrix} 1 & 2 & k-1 \\ k+2 & -1 & 1 \\ 3 & 1 & -1 \end{vmatrix}$ $\xlongequal{r_3+r_2} \begin{vmatrix} 1 & 2 & k-1 \\ k+2 & -1 & 1 \\ k+5 & 0 & 0 \end{vmatrix} = (k+1)(k+5)=0$，解得 $k=-1$ 或 -5. 当 $k=-1$ 时，$\boldsymbol{\alpha}_2$ 与 $\boldsymbol{\alpha}_3$ 线性相关，故舍去. 所以 $k=-5$.

三、解答题

1. 解：（1）$\begin{vmatrix} -1 & 2 & 1 \\ 3 & 1 & 4 \\ 1 & 0 & 1 \end{vmatrix} \xlongequal[r_3+r_1]{r_2+3r_1} \begin{vmatrix} -1 & 2 & 1 \\ 0 & 7 & 7 \\ 0 & 2 & 2 \end{vmatrix} = 0$，所以该向量组线性相关.

（2）$\begin{vmatrix} 2 & -1 & 0 \\ 3 & 4 & 0 \\ 0 & 0 & 2 \end{vmatrix} = 2\times 11 = 22 \neq 0$，所以该向量组线性无关.

2. 解：将向量组写成矩阵 $\boldsymbol{A}=(\boldsymbol{\alpha}_1,\boldsymbol{\alpha}_2,\boldsymbol{\alpha}_3)=\begin{pmatrix} 3 & 3 & 3 \\ 2 & -1 & 5 \\ -5 & 3 & -13 \\ 4 & -3 & 11 \end{pmatrix} \xrightarrow[\substack{r_1-r_2 \\ r_4-2r_2}]{r_3+r_1+r_2} \begin{pmatrix} 1 & 4 & -2 \\ 2 & -1 & 5 \\ 0 & 5 & -5 \\ 0 & -1 & 1 \end{pmatrix} \xrightarrow{r_2-2r_1,\ \frac{1}{5}r_3} \begin{pmatrix} 1 & 4 & -2 \\ 0 & -9 & 9 \\ 0 & 1 & -1 \\ 0 & -1 & 1 \end{pmatrix}$

$\xrightarrow[\substack{r_3+9r_2 \\ r_4+r_2}]{r_2\leftrightarrow r_3} \begin{pmatrix} 1 & 4 & -2 \\ 0 & 1 & -1 \\ 0 & 0 & 0 \\ 0 & 0 & 0 \end{pmatrix}$，$R(A)=2<3$，所以向量组 $\boldsymbol{\alpha}_1$，$\boldsymbol{\alpha}_2$，$\boldsymbol{\alpha}_3$ 线性相关.

3. 解：将向量组写成矩阵，$(\boldsymbol{a}_1,\boldsymbol{a}_2,\boldsymbol{a}_3)=\begin{pmatrix} 1 & 0 & 1 \\ 0 & 1 & 0 \\ 1 & 1 & 1 \\ 0 & 0 & 1 \end{pmatrix} \xrightarrow[r_3\leftrightarrow r_4]{r_3-r_1-r_2} \begin{pmatrix} 1 & 0 & 1 \\ 0 & 1 & 0 \\ 0 & 0 & 1 \\ 0 & 0 & 0 \end{pmatrix}$，$R(\boldsymbol{a}_1,\boldsymbol{a}_2,\boldsymbol{a}_3)=3$，所以向量组 $\boldsymbol{a}_1$，$\boldsymbol{a}_2$，$\boldsymbol{a}_3$ 线性无关，向量组 $\boldsymbol{a}_1^{\mathrm{T}}$，$\boldsymbol{a}_2^{\mathrm{T}}$，$\boldsymbol{a}_3^{\mathrm{T}}$ 也线性无关.

4. 解：因为 $\boldsymbol{\alpha}_1$，$\boldsymbol{\alpha}_2$，$\boldsymbol{\alpha}_3$ 线性无关，所以 $R(\boldsymbol{\alpha}_1,\boldsymbol{\alpha}_2,\boldsymbol{\alpha}_3)=3$. 又因为 $(\boldsymbol{\alpha}_1+2\boldsymbol{\alpha}_2+\boldsymbol{\alpha}_3, a\boldsymbol{\alpha}_1+a\boldsymbol{\alpha}_2+2\boldsymbol{\alpha}_3, 3\boldsymbol{\alpha}_2+\boldsymbol{\alpha}_3)=(\boldsymbol{\alpha}_1,\boldsymbol{\alpha}_2,\boldsymbol{\alpha}_3)\begin{pmatrix} 1 & a & 0 \\ 2 & a & 3 \\ 1 & 2 & 1 \end{pmatrix}$，且 $\boldsymbol{\alpha}_1+2\boldsymbol{\alpha}_2+\boldsymbol{\alpha}_3$，$a\boldsymbol{\alpha}_1+a\boldsymbol{\alpha}_2+2\boldsymbol{\alpha}_3$，$3\boldsymbol{\alpha}_2+\boldsymbol{\alpha}_3$ 线性相关，所以 $R(\boldsymbol{\alpha}_1+2\boldsymbol{\alpha}_2+\boldsymbol{\alpha}_3, a\boldsymbol{\alpha}_1+a\boldsymbol{\alpha}_2+2\boldsymbol{\alpha}_3, 3\boldsymbol{\alpha}_2+\boldsymbol{\alpha}_3)<3$，于是行列式 $\begin{vmatrix} 1 & a & 0 \\ 2 & a & 3 \\ 1 & 2 & 1 \end{vmatrix} \xlongequal{r_2-r_1} \begin{vmatrix} 1 & a & 0 \\ 1 & 0 & 3 \\ 1 & 2 & 1 \end{vmatrix} \xlongequal{c_3-3c_1} \begin{vmatrix} 1 & a & -3 \\ 1 & 0 & 0 \\ 1 & 2 & -2 \end{vmatrix} = -(-2a+6)=0$，解得 $a=3$.

5. 证：因为 $\boldsymbol{\alpha}_1$，$\boldsymbol{\alpha}_2$，$\boldsymbol{\alpha}_3$ 线性无关，所以 $R(\boldsymbol{\alpha}_1,\boldsymbol{\alpha}_2,\boldsymbol{\alpha}_3)=3$. 又因为 $(\boldsymbol{\beta}_1,\boldsymbol{\beta}_2,\boldsymbol{\beta}_3)=(\boldsymbol{\alpha}_1,\boldsymbol{\alpha}_2,\boldsymbol{\alpha}_3)\begin{pmatrix} 1 & 0 & 1 \\ 1 & 1 & 0 \\ 0 & 1 & 1 \end{pmatrix}$，

矩阵$\begin{pmatrix}1&0&1\\1&1&0\\0&1&1\end{pmatrix}\xrightarrow{r_2-r_1}\begin{pmatrix}1&0&1\\0&1&-1\\0&1&1\end{pmatrix}\xrightarrow{r_3-r_2}\begin{pmatrix}1&0&1\\0&1&-1\\0&0&2\end{pmatrix}$，该矩阵的秩为 3，所以矩阵$(\boldsymbol{\beta}_1,\boldsymbol{\beta}_2,\boldsymbol{\beta}_3)$的秩为 3，即向量组$\boldsymbol{\beta}_1$，$\boldsymbol{\beta}_2$，$\boldsymbol{\beta}_3$线性无关，得证.

6．**证**：利用反证法．假设$\boldsymbol{\alpha}_4$能由$\boldsymbol{\alpha}_1$，$\boldsymbol{\alpha}_2$，$\boldsymbol{\alpha}_3$线性表示，而$\boldsymbol{\alpha}_1$，$\boldsymbol{\alpha}_2$，$\boldsymbol{\alpha}_3$线性相关，即$\boldsymbol{\alpha}_1$能由$\boldsymbol{\alpha}_2$，$\boldsymbol{\alpha}_3$线性表示，因此$\boldsymbol{\alpha}_4$能由$\boldsymbol{\alpha}_2$，$\boldsymbol{\alpha}_3$线性表示，这与$\boldsymbol{\alpha}_2$，$\boldsymbol{\alpha}_3$，$\boldsymbol{\alpha}_4$线性无关相矛盾，所以$\boldsymbol{\alpha}_4$不能由$\boldsymbol{\alpha}_1$，$\boldsymbol{\alpha}_2$，$\boldsymbol{\alpha}_3$线性表示，得证.

7．**证**：设存在k_1，k_2，k_3使得$k_1\boldsymbol{\beta}_1+k_2\boldsymbol{\beta}_2+k_3\boldsymbol{\beta}_3=\boldsymbol{0}$成立，即$k_1(2\boldsymbol{\alpha}_1-\boldsymbol{\alpha}_2)+k_2(\boldsymbol{\alpha}_1+\boldsymbol{\alpha}_2)+k_3(-\boldsymbol{\alpha}_1+3\boldsymbol{\alpha}_2)=\boldsymbol{0}$，整理得$(2k_1+k_2-k_3)\boldsymbol{\alpha}_1+(-k_1+k_2+3k_3)\boldsymbol{\alpha}_2=\boldsymbol{0}$，于是$\begin{cases}2k_1+k_2-k_3=0,\\-k_1+k_2+3k_3=0,\end{cases}$该方程组中方程的个数小于未知数的个数，则方程组必有非零解，所以至少存在一组不全为零的k_1，k_2，k_3使得$k_1\boldsymbol{\beta}_1+k_2\boldsymbol{\beta}_2+k_3\boldsymbol{\beta}_3=\boldsymbol{0}$成立，即$\boldsymbol{\beta}_1$，$\boldsymbol{\beta}_2$，$\boldsymbol{\beta}_3$线性相关，得证.

8．**解**：记矩阵$\boldsymbol{A}=(\boldsymbol{\alpha}_1,\boldsymbol{\alpha}_2,\boldsymbol{\alpha}_3)$，$\boldsymbol{B}=(\boldsymbol{\beta}_1,\boldsymbol{\beta}_2,\boldsymbol{\beta}_3)$，由于向量组$\boldsymbol{\beta}_1$，$\boldsymbol{\beta}_2$，$\boldsymbol{\beta}_3$不能由向量组$\boldsymbol{\alpha}_1$，$\boldsymbol{\alpha}_2$，$\boldsymbol{\alpha}_3$线性表示，故$R(\boldsymbol{A})<3$，从而$|\boldsymbol{A}|=\begin{vmatrix}1&1&a\\1&a&1\\a&1&1\end{vmatrix}=-(a-1)^2(a+2)=0$，解得$a=1$或$-2$．当$a=1$时，$\boldsymbol{\alpha}_1=\boldsymbol{\alpha}_2=\boldsymbol{\alpha}_3=\boldsymbol{\beta}_1=(1,1,1)^{\mathrm{T}}$，故$\boldsymbol{\alpha}_1$，$\boldsymbol{\alpha}_2$，$\boldsymbol{\alpha}_3$可由$\boldsymbol{\beta}_1$，$\boldsymbol{\beta}_2$，$\boldsymbol{\beta}_3$线性表示，但是$\boldsymbol{\beta}_2=(-2,1,4)^{\mathrm{T}}$，不能由$\boldsymbol{\alpha}_1$，$\boldsymbol{\alpha}_2$，$\boldsymbol{\alpha}_3$线性表示，所以$a=1$符合题意．当$a=-2$时，$(\boldsymbol{B},\boldsymbol{A})=\left(\begin{array}{ccc|ccc}1&-2&-2&1&1&-2\\1&-2&-2&1&-2&1\\-2&4&-2&-2&1&1\end{array}\right)\xrightarrow[r_3+2r_1]{r_2-r_1}\left(\begin{array}{ccc|ccc}1&-2&-2&1&1&-2\\0&0&0&0&-3&3\\0&0&-6&0&3&-3\end{array}\right)$，$R(\boldsymbol{B})=2$，$R(\boldsymbol{B},\boldsymbol{A})=3$，所以线性方程组$\boldsymbol{Bx}=\boldsymbol{\alpha}_2$无解，即$\boldsymbol{\alpha}_2$不能由$\boldsymbol{\beta}_1$，$\boldsymbol{\beta}_2$，$\boldsymbol{\beta}_3$线性表示，与题干矛盾，故$a=-2$舍弃．所以常数$a$的值为 1.

9．**证**：由矩阵$\boldsymbol{AB}=\boldsymbol{E}_n$，得$R(\boldsymbol{B})\geqslant R(\boldsymbol{E}_n)=n$．另一方面，因为$\boldsymbol{B}$是$m\times n$矩阵，所以$R(\boldsymbol{B})\leqslant n$，综合两个不等式，得$R(\boldsymbol{B})=n$，于是矩阵$\boldsymbol{B}$的列向量组线性无关，得证.

10．**解**：因为 4 个三维向量$\boldsymbol{\alpha}_1,\boldsymbol{\alpha}_2,\boldsymbol{\alpha}_3,\boldsymbol{\beta}_i\ (i=1,2,3)$　若$\boldsymbol{\beta}_1$，$\boldsymbol{\beta}_2$，$\boldsymbol{\beta}_3$线性无关，则$\boldsymbol{\alpha}_i(i=1,2,3)$可由$\boldsymbol{\beta}_1$，$\boldsymbol{\beta}_2$，$\boldsymbol{\beta}_3$线性表示，与题干矛盾，于是$\boldsymbol{\beta}_1$，$\boldsymbol{\beta}_2$，$\boldsymbol{\beta}_3$线性相关，从而$|\boldsymbol{\beta}_1,\boldsymbol{\beta}_2,\boldsymbol{\beta}_3|=\begin{vmatrix}1&1&3\\1&2&4\\1&3&a\end{vmatrix}=a-5=0$，解得$a=5$．将向量组写成矩阵，$(\boldsymbol{\alpha}_1,\boldsymbol{\alpha}_2,\boldsymbol{\alpha}_3,\boldsymbol{\beta}_1,\boldsymbol{\beta}_2,\boldsymbol{\beta}_3)=\begin{pmatrix}1&0&1&1&1&3\\0&1&3&1&2&4\\1&1&5&1&3&5\end{pmatrix}\xrightarrow{r_3-r_2-r_1}\begin{pmatrix}1&0&1&1&1&3\\0&1&3&1&2&4\\0&0&1&-1&0&-2\end{pmatrix}$

$\xrightarrow[r_2-3r_3]{r_1-r_3}\begin{pmatrix}1&0&0&2&1&5\\0&1&0&4&2&10\\0&0&1&-1&0&-2\end{pmatrix}$，所以$\boldsymbol{\beta}_1=2\boldsymbol{\alpha}_1+4\boldsymbol{\alpha}_2-\boldsymbol{\alpha}_3$，$\boldsymbol{\beta}_2=\boldsymbol{\alpha}_1+2\boldsymbol{\alpha}_2$，$\boldsymbol{\beta}_3=5\boldsymbol{\alpha}_1+10\boldsymbol{\alpha}_2-2\boldsymbol{\alpha}_3$.

11．**解**：因为向量组线性相关，所以由向量组所构成矩阵的行列式为 0，即$\begin{vmatrix}0&2&1-k\\4&3-k&2\\2-k&1&3\end{vmatrix}\overset{r_3+r_1+r_2}{=\!=}$

$(6-k)\begin{vmatrix}0&2&1-k\\4&3-k&2\\1&1&1\end{vmatrix}\overset{\substack{c_2-c_1\\c_3-c_1}}{=\!=}(6-k)\begin{vmatrix}0&2&1-k\\4&-1-k&-2\\1&0&0\end{vmatrix}=-(6-k)(k^2+3)=0$，解得$k=6$.

12．**解**：因为$\boldsymbol{A\alpha}$与$\boldsymbol{\alpha}$线性相关，所以$\boldsymbol{A\alpha}$与$\boldsymbol{\alpha}$对应成比例，令$\boldsymbol{A\alpha}=k\boldsymbol{\alpha}$，即$\begin{pmatrix}1&2&-2\\2&1&2\\3&0&4\end{pmatrix}\begin{pmatrix}a\\1\\1\end{pmatrix}=k\begin{pmatrix}a\\1\\1\end{pmatrix}$，有

方程组$\begin{cases}a=ka,\\2a+3=k,\\3a+4=k,\end{cases}$解得$a=-1$.

13. **解**：因为向量组线性无关，所以由向量组所构成矩阵的行列式不为0，即$\begin{vmatrix}a&b&0\\0&c&a\\c&0&b\end{vmatrix}=2abc\neq0$，所以$a$，$b$，$c$应满足的关系为$abc\neq0$.

14. **证**：令矩阵$\boldsymbol{A}=(\boldsymbol{\alpha}_1,\boldsymbol{\alpha}_2,\boldsymbol{\alpha}_3)$，$\boldsymbol{B}=(\boldsymbol{\alpha}_1+\boldsymbol{\alpha}_2+\boldsymbol{\alpha}_3,\boldsymbol{\alpha}_1+2\boldsymbol{\alpha}_2+3\boldsymbol{\alpha}_3,\boldsymbol{\alpha}_1+4\boldsymbol{\alpha}_2+9\boldsymbol{\alpha}_3)$，则$\boldsymbol{B}=\boldsymbol{A}\begin{pmatrix}1&1&1\\1&2&4\\1&3&9\end{pmatrix}$. 又因为矩阵$\begin{pmatrix}1&1&1\\1&2&4\\1&3&9\end{pmatrix}\xrightarrow[r_3-r_1]{r_2-r_1}\begin{pmatrix}1&1&1\\0&1&3\\0&2&8\end{pmatrix}\xrightarrow{r_3-2r_2}\begin{pmatrix}1&1&1\\0&1&3\\0&0&2\end{pmatrix}$，矩阵满秩，则该矩阵可逆，所以$R(\boldsymbol{B})=R(\boldsymbol{A})=3$，故$\boldsymbol{\alpha}_1+\boldsymbol{\alpha}_2+\boldsymbol{\alpha}_3$，$\boldsymbol{\alpha}_1+2\boldsymbol{\alpha}_2+3\boldsymbol{\alpha}_3$，$\boldsymbol{\alpha}_1+4\boldsymbol{\alpha}_2+9\boldsymbol{\alpha}_3$线性无关，得证.

15. **证**：令矩阵$\boldsymbol{A}=(\boldsymbol{\alpha}_1,\boldsymbol{\alpha}_2,\cdots,\boldsymbol{\alpha}_n)$，则$R(\boldsymbol{A})\leqslant\min\{m,n\}$，又$m<n$，所以$R(\boldsymbol{A})\leqslant m$. 因为矩阵的秩与矩阵的行向量和列向量组的秩相等，所以向量组$\boldsymbol{\alpha}_1,\boldsymbol{\alpha}_2,\cdots,\boldsymbol{\alpha}_n$的秩不超过$m$，于是向量组$\boldsymbol{\alpha}_1,\boldsymbol{\alpha}_2,\cdots,\boldsymbol{\alpha}_n$线性相关，得证.

16. **解**：向量组$\boldsymbol{\alpha}_1$，$\boldsymbol{\alpha}_2$，$\boldsymbol{\alpha}_3$线性相关的充分必要条件是行列式$|\boldsymbol{\alpha}_1,\boldsymbol{\alpha}_2,\boldsymbol{\alpha}_3|=0$，即$|\boldsymbol{\alpha}_1,\boldsymbol{\alpha}_2,\boldsymbol{\alpha}_3|=\begin{vmatrix}1&2&t-1\\t+2&-1&1\\3&1&-1\end{vmatrix}\overset{r_2+r_3}{=\!=}\begin{vmatrix}1&2&t-1\\t+5&0&0\\3&1&-1\end{vmatrix}=(t+1)(t+5)=0$，解得$t=-1$或$-5$. 当$t=-1$时，向量$\boldsymbol{\alpha}_2=\begin{pmatrix}2\\-1\\1\end{pmatrix}$与$\boldsymbol{\alpha}_3=\begin{pmatrix}-2\\1\\-1\end{pmatrix}$线性相关，故舍去$t=-1$；当$t=-5$时，$\boldsymbol{\alpha}_1$，$\boldsymbol{\alpha}_2$，$\boldsymbol{\alpha}_3$中任意两个向量线性无关，所以$t=-5$符合题意.

17. **证**：令矩阵$\boldsymbol{B}=(\boldsymbol{\alpha}_1,\boldsymbol{\alpha}_2,\cdots,\boldsymbol{\alpha}_n)$，因为$\boldsymbol{\alpha}_1,\boldsymbol{\alpha}_2,\cdots,\boldsymbol{\alpha}_n$为$n$个$n$维线性无关的向量，所以$R(\boldsymbol{B})=n$，即矩阵$\boldsymbol{B}$可逆. $\boldsymbol{AB}=(\boldsymbol{A\alpha}_1,\boldsymbol{A\alpha}_2,\cdots,\boldsymbol{A\alpha}_n)$，则$R(\boldsymbol{AB})=R(\boldsymbol{A})$，所以$\boldsymbol{A\alpha}_1,\boldsymbol{A\alpha}_2,\cdots,\boldsymbol{A\alpha}_n$线性无关的充分必要条件是$R(\boldsymbol{A})=n$，即矩阵$\boldsymbol{A}$可逆，得证.

18. (1) **证**：因为$\boldsymbol{\alpha}_1$，$\boldsymbol{\alpha}_2$，$\boldsymbol{\beta}_1$，$\boldsymbol{\beta}_2$线性相关，所以存在不全为零的常数k_1，k_2，l_1，l_2，使得$k_1\boldsymbol{\alpha}_1+k_2\boldsymbol{\alpha}_2+l_1\boldsymbol{\beta}_1+l_2\boldsymbol{\beta}_2=\boldsymbol{0}$. 令$\boldsymbol{\gamma}=k_1\boldsymbol{\alpha}_1+k_2\boldsymbol{\alpha}_2=-l_1\boldsymbol{\beta}_1-l_2\boldsymbol{\beta}_2$，因为$\boldsymbol{\alpha}_1$，$\boldsymbol{\alpha}_2$与$\boldsymbol{\beta}_1$，$\boldsymbol{\beta}_2$都线性无关，所以$k_1$，$k_2$与$l_1$，$l_2$都不全为零，所以$\boldsymbol{\gamma}\neq\boldsymbol{0}$，即存在非零向量组可同时由$\boldsymbol{\alpha}_1$，$\boldsymbol{\alpha}_2$与$\boldsymbol{\beta}_1$，$\boldsymbol{\beta}_2$线性表示，得证.

(2) **解**：令$k_1\boldsymbol{\alpha}_1+k_2\boldsymbol{\alpha}_2+l_1\boldsymbol{\beta}_1+l_2\boldsymbol{\beta}_2=\boldsymbol{0}$，则矩阵$\boldsymbol{A}=(\boldsymbol{\alpha}_1,\boldsymbol{\alpha}_2,\boldsymbol{\beta}_1,\boldsymbol{\beta}_2)=\begin{pmatrix}1&1&2&1\\1&0&-1&-1\\0&1&3&1\end{pmatrix}\xrightarrow{-(r_2-r_1)}\begin{pmatrix}1&1&2&1\\0&1&3&2\\0&1&3&1\end{pmatrix}\xrightarrow[\substack{r_3-r_2\\r_1-r_2}]{r_2\leftrightarrow r_3}\begin{pmatrix}1&0&-1&0\\0&1&3&1\\0&0&0&1\end{pmatrix}$，则$\begin{pmatrix}k_1\\k_2\\l_1\\l_2\end{pmatrix}=k\begin{pmatrix}1\\-3\\1\\0\end{pmatrix}(k\in\mathbb{R})$，所以可由两组向量同时线性表示的向量$\boldsymbol{\gamma}=k\boldsymbol{\alpha}_1-3k\boldsymbol{\alpha}_2=-k\boldsymbol{\beta}_1+0\boldsymbol{\beta}_2$.

19. **解**：令$k_1\begin{pmatrix}1\\1\\1\end{pmatrix}+k_2\begin{pmatrix}0\\2\\5\end{pmatrix}+k_3\begin{pmatrix}2\\4\\7\end{pmatrix}=\begin{pmatrix}k_1+2k_3\\k_1+2k_2+4k_3\\k_1+5k_2+7k_3\end{pmatrix}=\boldsymbol{0}$，有方程组$\begin{cases}k_1+2k_3=0,\\k_1+2k_2+4k_3=0,\\k_1+5k_2+7k_3=0.\end{cases}$矩阵$\boldsymbol{A}=\begin{pmatrix}1&0&2\\1&2&4\\1&5&7\end{pmatrix}\xrightarrow[r_3-r_1]{r_2-r_1}\begin{pmatrix}1&0&2\\0&2&2\\0&5&5\end{pmatrix}\xrightarrow{\frac{r_2}{2},r_3-5r_2}\begin{pmatrix}1&0&2\\0&1&1\\0&0&0\end{pmatrix}$，$R(\boldsymbol{A})=2<3$，所以方程组有非零解，向量组$\boldsymbol{a}_1$，$\boldsymbol{a}_2$，$\boldsymbol{a}_3$线性相关. 再

令 $k_1\begin{pmatrix}1\\1\\1\end{pmatrix}+k_2\begin{pmatrix}0\\2\\5\end{pmatrix}=\begin{pmatrix}k_1\\k_1+2k_2\\k_1+5k_2\end{pmatrix}=\mathbf{0}$，有方程组 $\begin{cases}k_1=0,\\k_1+2k_2=0,\\k_1+5k_2=0,\end{cases}$ 解得 $k_1=k_2=0$，所以向量组 $\boldsymbol{a}_1,\boldsymbol{a}_2$ 线性无关.

20．**解：** n 维单位坐标向量组构成的矩阵 $\boldsymbol{E}=(\boldsymbol{e}_1,\boldsymbol{e}_2,\cdots,\boldsymbol{e}_n)$ 是 n 阶单位矩阵．由 $|\boldsymbol{E}|=1\neq0$，得 $R(\boldsymbol{E})=n$，即 $R(\boldsymbol{E})$ 等于向量组中向量的个数，因此 n 维单位坐标向量组是线性无关的.

第三节　向量组的秩

一、单项选择题

1．D【解析】根据向量组秩的定义，$R(\boldsymbol{\alpha}_1,\boldsymbol{\alpha}_2,\cdots,\boldsymbol{\alpha}_s)=r$，则向量组 $\boldsymbol{\alpha}_1,\boldsymbol{\alpha}_2,\cdots,\boldsymbol{\alpha}_s$ 的最大无关组有 r 个向量，所以向量组 $\boldsymbol{\alpha}_1,\boldsymbol{\alpha}_2,\cdots,\boldsymbol{\alpha}_s$ 中存在 r 个向量线性无关，而任意 $r+1$ 个向量必线性相关．故选 D.

2．B【解析】$(\boldsymbol{\alpha}_1,\boldsymbol{\alpha}_2,\boldsymbol{\alpha}_3,\boldsymbol{\alpha}_4)=\begin{pmatrix}1&1&a&-2\\1&a&1&-2\\a&1&1&a+6\end{pmatrix}\xrightarrow[r_3-ar_1]{r_2-r_1}\begin{pmatrix}1&1&a&-2\\0&a-1&1-a&0\\0&1-a&1-a^2&3a+6\end{pmatrix}\xrightarrow{r_3+r_2}$

$\begin{pmatrix}1&1&a&-2\\0&a-1&1-a&0\\0&0&(1-a)(a+2)&3a+6\end{pmatrix}$，当 $a=1$ 时，秩 $R(\boldsymbol{\alpha}_1,\boldsymbol{\alpha}_2,\boldsymbol{\alpha}_3,\boldsymbol{\alpha}_4)=2$；当 $a=-2$ 时，秩 $R(\boldsymbol{\alpha}_1,\boldsymbol{\alpha}_2,\boldsymbol{\alpha}_3,\boldsymbol{\alpha}_4)=2$，所以 $a=1$ 是秩 $R(\boldsymbol{\alpha}_1,\boldsymbol{\alpha}_2,\boldsymbol{\alpha}_3,\boldsymbol{\alpha}_4)=2$ 的充分不必要条件．故选 B.

3．C【解析】将向量关系写成矩阵，$(\boldsymbol{\beta}_1,\boldsymbol{\beta}_2,\boldsymbol{\beta}_3,\boldsymbol{\beta}_4,\boldsymbol{\beta}_5)=(\boldsymbol{\alpha}_1,\boldsymbol{\alpha}_2,\boldsymbol{\alpha}_4,\boldsymbol{\alpha}_4)\begin{pmatrix}1&0&0&0&2\\0&1&0&1&1\\1&0&1&1&1\\1&-1&1&0&0\end{pmatrix}=\boldsymbol{AC}$．因为四维向量组 $\boldsymbol{\alpha}_1$，$\boldsymbol{\alpha}_2$，$\boldsymbol{\alpha}_3$，$\boldsymbol{\alpha}_4$ 线性无关，则矩阵 $\boldsymbol{A}$ 满秩，$\boldsymbol{A}=(\boldsymbol{\alpha}_1,\boldsymbol{\alpha}_2,\boldsymbol{\alpha}_3,\boldsymbol{\alpha}_4)$ 是可逆矩阵，于是 $\boldsymbol{AC}$ 为对矩阵 $\boldsymbol{C}$ 作若干次初等行变换，故有 $R(\boldsymbol{C})=R(\boldsymbol{AC})=R(\boldsymbol{\beta}_1,\boldsymbol{\beta}_2,\boldsymbol{\beta}_3,\boldsymbol{\beta}_4,\boldsymbol{\beta}_5)$．矩阵 $\boldsymbol{C}=\begin{pmatrix}1&0&0&0&2\\0&1&0&1&1\\1&0&1&1&1\\1&-1&1&0&0\end{pmatrix}\xrightarrow[r_4-r_1]{r_3-r_1}$

$\begin{pmatrix}1&0&0&0&2\\0&1&0&1&1\\0&0&1&1&-1\\0&-1&1&0&-2\end{pmatrix}\xrightarrow{r_4+r_2-r_3}\begin{pmatrix}1&0&0&0&2\\0&1&0&1&1\\0&0&1&1&-1\\0&0&0&0&0\end{pmatrix}$，$R(\boldsymbol{C})=3$，所以 $R(\boldsymbol{\beta}_1,\boldsymbol{\beta}_2,\boldsymbol{\beta}_3,\boldsymbol{\beta}_4,\boldsymbol{\beta}_5)=3$．故选 C.

4．A【解析】因为矩阵的秩等于矩阵的行秩，且方阵 $\boldsymbol{A}$ 的行秩为 r，所以 $\boldsymbol{A}$ 的行向量组中，存在 r 个行向量线性无关．故选 A.

5．D【解析】因为向量组 $\boldsymbol{\beta}_1,\boldsymbol{\beta}_2,\cdots,\boldsymbol{\beta}_s$ 可由向量组 $\boldsymbol{\alpha}_1,\boldsymbol{\alpha}_2,\cdots,\boldsymbol{\alpha}_s$ 线性表示，则向量组 $\boldsymbol{\alpha}_1,\boldsymbol{\alpha}_2,\cdots,\boldsymbol{\alpha}_s$ 与向量组 $\boldsymbol{\alpha}_1,\boldsymbol{\alpha}_2,\cdots,\boldsymbol{\alpha}_s,\boldsymbol{\beta}_1,\boldsymbol{\beta}_2,\cdots,\boldsymbol{\beta}_s$ 等价，所以这两个向量组的秩均为 r_1．故选 D.

二、填空题

1．$-\dfrac{1}{2}$【解析】由 $R(\boldsymbol{\alpha}_1,\boldsymbol{\alpha}_2,\boldsymbol{\alpha}_3)=2$，得向量组 $\boldsymbol{\alpha}_1$，$\boldsymbol{\alpha}_2$，$\boldsymbol{\alpha}_3$ 线性相关，则 $|\boldsymbol{\alpha}_1,\boldsymbol{\alpha}_2,\boldsymbol{\alpha}_3|=0$，即 $|\boldsymbol{\alpha}_1,\boldsymbol{\alpha}_2,\boldsymbol{\alpha}_3|=\begin{vmatrix}a&a&1\\a&1&a\\1&a&a\end{vmatrix}\xlongequal{r_1+r_2+r_3}(2a+1)\begin{vmatrix}1&1&1\\a&1&a\\1&a&a\end{vmatrix}=-(2a+1)(a-1)^2=0$，解得 $a=1$ 或 $-\dfrac{1}{2}$．当 $a=1$ 时，$\boldsymbol{\alpha}_1=\boldsymbol{\alpha}_2=\boldsymbol{\alpha}_3$，$R(\boldsymbol{\alpha}_1,\boldsymbol{\alpha}_2,\boldsymbol{\alpha}_3)=1$，与题干矛盾，故 $a=1$ 舍弃；当 $a=-\dfrac{1}{2}$ 时，向量组 $\boldsymbol{\alpha}_1$，$\boldsymbol{\alpha}_2$，$\boldsymbol{\alpha}_3$ 线性相关，秩为 2.

2. $\boldsymbol{\alpha}_1$，$\boldsymbol{\alpha}_2$，$\boldsymbol{\alpha}_5$【解析】将向量组写成矩阵，$(\boldsymbol{\alpha}_1,\boldsymbol{\alpha}_2,\boldsymbol{\alpha}_3,\boldsymbol{\alpha}_4,\boldsymbol{\alpha}_5)=\begin{pmatrix}2&1&3&5&0\\1&2&3&1&0\\3&1&4&8&2\end{pmatrix}\xrightarrow{r_2\leftrightarrow r_1}\begin{pmatrix}1&2&3&1&0\\2&1&3&5&0\\3&1&4&8&2\end{pmatrix}$

$\xrightarrow{-\frac{1}{3}(r_2-2r_1),\,r_3-3r_1+5r_2}\begin{pmatrix}1&2&3&1&0\\0&1&1&-1&0\\0&0&0&0&2\end{pmatrix}$，第 1，2，5 列构成的三阶子式不为 0，故最大无关组可以是 $\boldsymbol{\alpha}_1$，$\boldsymbol{\alpha}_2$，$\boldsymbol{\alpha}_5$．（本题答案也可为 $\boldsymbol{\alpha}_1$，$\boldsymbol{\alpha}_3$，$\boldsymbol{\alpha}_5$ 或 $\boldsymbol{\alpha}_1$，$\boldsymbol{\alpha}_4$，$\boldsymbol{\alpha}_5$）

3. 1 或 −3【解析】由 $\boldsymbol{\alpha}_1$，$\boldsymbol{\alpha}_2$ 是向量组 $\boldsymbol{\alpha}_1$，$\boldsymbol{\alpha}_2$，$\boldsymbol{\alpha}_3$ 的最大无关组，得 $R(\boldsymbol{\alpha}_1,\boldsymbol{\alpha}_2,\boldsymbol{\alpha}_3)=2$，$|\boldsymbol{\alpha}_1,\boldsymbol{\alpha}_2,\boldsymbol{\alpha}_3|=0$，即 $|\boldsymbol{\alpha}_1,\boldsymbol{\alpha}_2,\boldsymbol{\alpha}_3|=\begin{vmatrix}1&2&a+1\\4&a&3\\3&-1&1\end{vmatrix}\overset{r_2-4r_1}{\underset{r_3-3r_1}{=\!=}}\begin{vmatrix}1&2&a+1\\0&a-8&-4a-1\\0&-7&-3a-2\end{vmatrix}=(a-8)(-3a-2)+7(-4a-1)=-3(a+3)(a-1)=0$，解得 $a=1$ 或 -3．

4. 2【解析】因为矩阵的秩等于矩阵的列秩．由 $\boldsymbol{\alpha}_1$，$\boldsymbol{\alpha}_2$ 坐标不成比例，得 $\boldsymbol{\alpha}_1$，$\boldsymbol{\alpha}_2$ 线性无关，于是 $R(\boldsymbol{A})\geqslant 2$．又三维向量 $\boldsymbol{\alpha}_4$ 不能由 $\boldsymbol{\alpha}_1$，$\boldsymbol{\alpha}_2$，$\boldsymbol{\alpha}_3$ 线性表示，必有 $\boldsymbol{\alpha}_1$，$\boldsymbol{\alpha}_2$，$\boldsymbol{\alpha}_3$ 线性相关，于是 $R(\boldsymbol{A})<3$．综合两个不等式，得 $R(\boldsymbol{A})=2$．

三、解答题

1. **解**：将向量组写成矩阵，$\boldsymbol{A}=\begin{pmatrix}1&2&a&2\\2&3&4&b\\1&1&1&3\end{pmatrix}\xrightarrow[r_3-r_1]{r_2-2r_1}\begin{pmatrix}1&2&a&2\\0&-1&4-2a&b-4\\0&-1&1-a&1\end{pmatrix}\xrightarrow{r_3-r_2}\begin{pmatrix}1&2&a&2\\0&-1&4-2a&b-4\\0&0&a-3&5-b\end{pmatrix}$，向量组的秩为 2，则 $R(\boldsymbol{A})=2$，所以 $a=3$，$b=5$．

2. **解**：将向量组写成矩阵，$\boldsymbol{A}=\begin{pmatrix}1&2&a&2\\2&3&3&b\\1&1&1&3\end{pmatrix}\xrightarrow[r_3-r_1]{r_2-2r_1}\begin{pmatrix}1&2&a&2\\0&-1&3-2a&b-4\\0&-1&1-a&1\end{pmatrix}\xrightarrow{r_3-r_2}\begin{pmatrix}1&2&a&2\\0&-1&3-2a&b-4\\0&0&a-2&5-b\end{pmatrix}$，因为向量组的秩为 2，则 $R(\boldsymbol{A})=2$，所以 $a=2$，$b=5$．

3. **解**：令矩阵 $\boldsymbol{A}=(\boldsymbol{\alpha}_1,\boldsymbol{\alpha}_2,\boldsymbol{\alpha}_3)$，并对矩阵 $\boldsymbol{A}$ 施以初等行变换，$\boldsymbol{A}=\begin{pmatrix}1&3&9\\2&0&6\\-3&1&-7\end{pmatrix}\xrightarrow[r_3+3r_1]{r_2-2r_1}\begin{pmatrix}1&3&9\\0&-6&-12\\0&10&20\end{pmatrix}$

$\xrightarrow{-\frac{1}{6}r_2,\,r_3-10r_2}\begin{pmatrix}1&3&9\\0&1&2\\0&0&0\end{pmatrix}$，所以 $R(\boldsymbol{\alpha}_1,\boldsymbol{\alpha}_2,\boldsymbol{\alpha}_3)=2$，$\boldsymbol{\alpha}_1$，$\boldsymbol{\alpha}_2$ 线性无关，$\boldsymbol{\alpha}_1$，$\boldsymbol{\alpha}_2$，$\boldsymbol{\alpha}_3$ 线性相关．因为 $\boldsymbol{\beta}_1$，$\boldsymbol{\beta}_2$，$\boldsymbol{\beta}_3$ 与 $\boldsymbol{\alpha}_1$，$\boldsymbol{\alpha}_2$，$\boldsymbol{\alpha}_3$ 的秩相同，所以 $R(\boldsymbol{\beta}_1,\boldsymbol{\beta}_2,\boldsymbol{\beta}_3)=2$，则 $|\boldsymbol{\beta}_1,\boldsymbol{\beta}_2,\boldsymbol{\beta}_3|=\begin{vmatrix}0&a&b\\1&2&1\\-1&1&0\end{vmatrix}=3b-a=0$，即 $a=3b$．又因为向量 $\boldsymbol{\beta}_3$ 可由 $\boldsymbol{\alpha}_1$，$\boldsymbol{\alpha}_2$，$\boldsymbol{\alpha}_3$ 线性表示，则向量 $\boldsymbol{\beta}_3$ 可由 $\boldsymbol{\alpha}_1$，$\boldsymbol{\alpha}_2$ 线性表示，所以 $\boldsymbol{\alpha}_1$，$\boldsymbol{\alpha}_2$，$\boldsymbol{\beta}_3$ 线性相关，得 $|\boldsymbol{\alpha}_1,\boldsymbol{\alpha}_2,\boldsymbol{\beta}_3|=\begin{vmatrix}1&3&b\\2&0&1\\-3&1&0\end{vmatrix}=2b-10=0$，解得 $b=5$，所以 $a=15$，$b=5$．

4. **解**：将向量组写成矩阵，$(\boldsymbol{\alpha}_1,\boldsymbol{\alpha}_2,\boldsymbol{\alpha}_3,\boldsymbol{\alpha}_4)=\begin{pmatrix}0&1&-2&-1\\4&1&4&1\\2&0&3&1\end{pmatrix}\xrightarrow{r_1\leftrightarrow r_3}\begin{pmatrix}2&0&3&1\\4&1&4&1\\0&1&-2&-1\end{pmatrix}\xrightarrow[r_3-r_2]{r_2-2r_1}$

$\begin{pmatrix}2&0&3&1\\0&1&-2&-1\\0&0&0&0\end{pmatrix}\xrightarrow{\frac{1}{2}r_1}\begin{pmatrix}1&0&\frac{3}{2}&\frac{1}{2}\\0&1&-2&-1\\0&0&0&0\end{pmatrix}$，所以向量组的秩为 2，$\boldsymbol{\alpha}_1$，$\boldsymbol{\alpha}_2$ 为该向量组的一个最大线性无关组，且

向量$\boldsymbol{\alpha}_3=\dfrac{3}{2}\boldsymbol{\alpha}_1-2\boldsymbol{\alpha}_2$，$\boldsymbol{\alpha}_4=\dfrac{1}{2}\boldsymbol{\alpha}_1-\boldsymbol{\alpha}_2$．

5．**解**：将向量组写成矩阵，$(\boldsymbol{\alpha}_1,\boldsymbol{\alpha}_2,\boldsymbol{\alpha}_3,\boldsymbol{\alpha}_4,\boldsymbol{\alpha}_5)=\begin{pmatrix}1&0&3&1&2\\-1&3&0&-2&1\\2&1&7&2&5\\4&2&14&4&10\end{pmatrix}\xrightarrow[r_4-4r_1]{\substack{r_2+r_1\\r_3-2r_1}}\begin{pmatrix}1&0&3&1&2\\0&3&3&-1&3\\0&1&1&0&1\\0&2&2&0&2\end{pmatrix}$

$\xrightarrow[r_4-2r_2]{\substack{r_2\leftrightarrow r_3\\-(r_3-3r_2)}}\begin{pmatrix}1&0&3&1&2\\0&1&1&0&1\\0&0&0&1&0\\0&0&0&0&0\end{pmatrix}$，所以向量组的秩为 3，$\boldsymbol{\alpha}_1$，$\boldsymbol{\alpha}_2$，$\boldsymbol{\alpha}_4$为该向量组的一个最大线性无关组，且向量$\boldsymbol{\alpha}_3=3\boldsymbol{\alpha}_1+\boldsymbol{\alpha}_2$，$\boldsymbol{\alpha}_5=2\boldsymbol{\alpha}_1+\boldsymbol{\alpha}_2$．

6．**解**：（1）令$(\boldsymbol{\beta}_1,\boldsymbol{\beta}_2,\boldsymbol{\beta}_3,\boldsymbol{\beta}_4)=\begin{pmatrix}25&31&17&43\\75&94&53&132\\75&94&54&134\\25&32&20&48\end{pmatrix}\xrightarrow[r_4-r_1]{\substack{r_2-3r_1\\r_3-3r_1}}\begin{pmatrix}25&31&17&43\\0&1&2&3\\0&1&3&5\\0&1&3&5\end{pmatrix}\xrightarrow[r_3-r_2]{r_4-r_3}\begin{pmatrix}25&31&17&43\\0&1&2&3\\0&0&1&2\\0&0&0&0\end{pmatrix}$

$\xrightarrow{r_2-2r_3}\begin{pmatrix}25&31&17&43\\0&1&0&-1\\0&0&1&2\\0&0&0&0\end{pmatrix}\xrightarrow{\frac{r_1-31r_2-17r_3}{25}}\begin{pmatrix}1&0&0&\frac{8}{5}\\0&1&0&-1\\0&0&1&2\\0&0&0&0\end{pmatrix}$，则列向量组的秩为 3，列向量的一个最大无关组为$\boldsymbol{\beta}_1$，$\boldsymbol{\beta}_2$，$\boldsymbol{\beta}_3$，且列向量$\boldsymbol{\beta}_4=\dfrac{8}{5}\boldsymbol{\beta}_1-\boldsymbol{\beta}_2+2\boldsymbol{\beta}_3$．

（2）令$(\boldsymbol{\beta}_1,\boldsymbol{\beta}_2,\boldsymbol{\beta}_3,\boldsymbol{\beta}_4,\boldsymbol{\beta}_5)=\begin{pmatrix}1&1&2&2&1\\0&2&1&5&-1\\2&0&3&-1&3\\1&1&0&4&-1\end{pmatrix}\xrightarrow[r_4-r_1]{r_3-2r_1}\begin{pmatrix}1&1&2&2&1\\0&2&1&5&-1\\0&-2&-1&-5&1\\0&0&-2&2&-2\end{pmatrix}\xrightarrow[-\frac{1}{2}r_3]{\substack{r_3+r_2\\r_3\leftrightarrow r_4}}\begin{pmatrix}1&1&2&2&1\\0&2&1&5&-1\\0&0&1&-1&1\\0&0&0&0&0\end{pmatrix}$

$\xrightarrow{\frac{r_2-r_3}{2}}\begin{pmatrix}1&1&2&2&1\\0&1&0&3&-1\\0&0&1&-1&1\\0&0&0&0&0\end{pmatrix}\xrightarrow{r_1-r_2-2r_3}\begin{pmatrix}1&0&0&1&0\\0&1&0&3&-1\\0&0&1&-1&1\\0&0&0&0&0\end{pmatrix}$，则列向量组的秩为3，列向量的一个最大无关组为$\boldsymbol{\beta}_1$，$\boldsymbol{\beta}_2$，$\boldsymbol{\beta}_3$，且列向量$\boldsymbol{\beta}_4=\boldsymbol{\beta}_1+3\boldsymbol{\beta}_2-\boldsymbol{\beta}_3$，$\boldsymbol{\beta}_5=\boldsymbol{\beta}_3-\boldsymbol{\beta}_2$．

7．**解**：将向量组写成矩阵，$\boldsymbol{A}=\begin{pmatrix}1&-1&0&-1&-2\\-1&2&1&3&6\\0&1&1&2&4\\0&-1&-1&1&1\end{pmatrix}\xrightarrow[r_3\leftrightarrow r_4]{\substack{r_2+r_1\\r_3-r_2\\r_4+r_2}}\begin{pmatrix}1&-1&0&-1&-2\\0&1&1&2&4\\0&0&0&3&5\\0&0&0&0&0\end{pmatrix}\xrightarrow{\frac{1}{3}r_3,\,r_2-2r_3}$

$\begin{pmatrix}1&-1&0&-1&-2\\0&1&1&0&\frac{2}{3}\\0&0&0&1&\frac{5}{3}\\0&0&0&0&0\end{pmatrix}\xrightarrow{r_1+r_2+r_3}\begin{pmatrix}1&0&1&0&\frac{1}{3}\\0&1&1&0&\frac{2}{3}\\0&0&0&1&\frac{5}{3}\\0&0&0&0&0\end{pmatrix}$．

（1）矩阵的秩$R(\boldsymbol{A})=3$，则向量组的秩为3．

（2）向量组的一个最大无关组为$\boldsymbol{\alpha}_1$，$\boldsymbol{\alpha}_2$，$\boldsymbol{\alpha}_4$．

（3）向量$\boldsymbol{\alpha}_3=\boldsymbol{\alpha}_1+\boldsymbol{\alpha}_2$，$\boldsymbol{\alpha}_5=\dfrac{1}{3}\boldsymbol{\alpha}_1+\dfrac{2}{3}\boldsymbol{\alpha}_2+\dfrac{5}{3}\boldsymbol{\alpha}_3$．

8．**解**：(1) 将向量组写成矩阵，$(\boldsymbol{a}_1,\boldsymbol{a}_2,\boldsymbol{a}_3)=\begin{pmatrix}1&9&-2\\2&100&-4\\-1&10&2\\4&4&-8\end{pmatrix}\xrightarrow[r_4-4r_1]{r_2-2r_1,\ r_3+r_1}\begin{pmatrix}1&9&-2\\0&82&0\\0&19&0\\0&-32&0\end{pmatrix}\xrightarrow{\frac{r_2}{82},\ r_3-19r_2,\ r_4+32r_2}$

$\begin{pmatrix}1&9&-2\\0&1&0\\0&0&0\\0&0&0\end{pmatrix}$，则 $R(\boldsymbol{a}_1,\boldsymbol{a}_2,\boldsymbol{a}_3)=2$，向量组的一个最大无关组为 $\boldsymbol{a}_1$，$\boldsymbol{a}_2$.

(2) 将向量组写成矩阵，$(\boldsymbol{a}_1,\boldsymbol{a}_2,\boldsymbol{a}_3)=\begin{pmatrix}1&4&1\\2&-1&-3\\1&-5&-4\\3&-6&-7\end{pmatrix}\xrightarrow[r_4-3r_1]{r_2-2r_1,\ r_3-r_1}\begin{pmatrix}1&4&1\\0&-9&-5\\0&-9&-5\\0&-18&-10\end{pmatrix}\xrightarrow[r_4-2r_2]{r_3-r_2}\begin{pmatrix}1&4&1\\0&-9&-5\\0&0&0\\0&0&0\end{pmatrix}$，则 $R(\boldsymbol{a}_1,\boldsymbol{a}_2,\boldsymbol{a}_3)=2$，向量组的一个最大无关组为 $\boldsymbol{a}_1$，$\boldsymbol{a}_2$.

9．**解**：因为矩阵 $\boldsymbol{A}=\begin{pmatrix}2&-1&-1&1&2\\1&2&-2&1&4\\4&-2&2&-2&4\\3&6&-9&7&9\end{pmatrix}\xrightarrow{r_1\leftrightarrow r_2}\begin{pmatrix}1&2&-2&1&4\\2&-1&-1&1&2\\4&-2&2&-2&4\\3&6&-9&7&9\end{pmatrix}\xrightarrow[r_4-3r_1]{r_2-2r_1,\ r_3-4r_1}\begin{pmatrix}1&2&-2&1&4\\0&-5&3&-1&-6\\0&-10&10&-6&-12\\0&0&-3&4&-3\end{pmatrix}$

$\xrightarrow{r_3-2r_2}\begin{pmatrix}1&2&-2&1&4\\0&-5&3&-1&-6\\0&0&4&-4&0\\0&0&-3&4&-3\end{pmatrix}\xrightarrow[r_4+\frac{4}{3}r_3]{r_3\leftrightarrow r_4}\begin{pmatrix}1&2&-2&1&4\\0&-5&3&-1&-6\\0&0&-3&4&-3\\0&0&0&\frac{4}{3}&-4\end{pmatrix}$，知 $R(\boldsymbol{A})=4$，于是向量组 $\boldsymbol{a}_1,\boldsymbol{a}_2,\cdots,\boldsymbol{a}_5$ 和 $\boldsymbol{b}_1$，$\boldsymbol{b}_2$，$\boldsymbol{b}_3$，$\boldsymbol{b}_4$ 的秩均为4，原矩阵的第 1，2，3，4 列为向量组 $\boldsymbol{a}_1,\boldsymbol{a}_2,\cdots,\boldsymbol{a}_5$ 的一个最大无关组，原矩阵的 1，2，3，4 行为向量组 $\boldsymbol{b}_1$，$\boldsymbol{b}_2$，$\boldsymbol{b}_3$，$\boldsymbol{b}_4$ 的一个最大无关组.

10．**解**：方程组 $\boldsymbol{A}\boldsymbol{x}=\boldsymbol{0}$ 的通解为 $\boldsymbol{x}=k(1,0,1,0)^{\mathrm{T}}$，即含有 1 个自由未知数，则 $R(\boldsymbol{A})=3$，即向量组 $\boldsymbol{\alpha}_1$，$\boldsymbol{\alpha}_2$，$\boldsymbol{\alpha}_3$，$\boldsymbol{\alpha}_4$ 的最大无关组含 3 个向量．又 $\boldsymbol{A}(1,0,1,0)^{\mathrm{T}}=\boldsymbol{0}$，即 $\boldsymbol{\alpha}_1+\boldsymbol{\alpha}_3=0$，所以 $\boldsymbol{\alpha}_1$，$\boldsymbol{\alpha}_3$ 线性相关，最大无关组不能同时包含 $\boldsymbol{\alpha}_1$，$\boldsymbol{\alpha}_3$，因此最大无关组只能是 $\boldsymbol{\alpha}_1$，$\boldsymbol{\alpha}_2$，$\boldsymbol{\alpha}_4$ 或 $\boldsymbol{\alpha}_2$，$\boldsymbol{\alpha}_3$，$\boldsymbol{\alpha}_4$.

11．**解**：因为向量组 $\boldsymbol{\alpha}_1$，$\boldsymbol{\alpha}_2$，$\boldsymbol{\alpha}_3$ 线性相关，则向量组 $\boldsymbol{\alpha}_1$，$\boldsymbol{\alpha}_2$，$\boldsymbol{\alpha}_3$，$\boldsymbol{\alpha}_4$ 线性相关．又因为向量组 $\boldsymbol{\alpha}_2$，$\boldsymbol{\alpha}_3$，$\boldsymbol{\alpha}_4$ 线性无关，则 $\boldsymbol{\alpha}_2$，$\boldsymbol{\alpha}_3$，$\boldsymbol{\alpha}_4$ 是向量组 $\boldsymbol{\alpha}_1$，$\boldsymbol{\alpha}_2$，$\boldsymbol{\alpha}_3$，$\boldsymbol{\alpha}_4$ 的一个最大无关组，因此向量组 $\boldsymbol{\alpha}_1$，$\boldsymbol{\alpha}_2$，$\boldsymbol{\alpha}_3$，$\boldsymbol{\alpha}_4$ 的秩为 3.

12．**证**：令矩阵 $\boldsymbol{A}=(\boldsymbol{\alpha}_1,\boldsymbol{\alpha}_2,\boldsymbol{\alpha}_3)$，$\boldsymbol{B}=(\boldsymbol{\beta}_1,\boldsymbol{\beta}_2,\boldsymbol{\beta}_3,\boldsymbol{\beta}_4)$，并对矩阵施以初等行变换，则 $\boldsymbol{A}=\begin{pmatrix}2&0&1\\3&1&0\\5&2&0\end{pmatrix}$

$\xrightarrow[r_1-2r_3]{r_1\leftrightarrow r_3}\begin{pmatrix}1&2&-2\\3&1&0\\2&0&1\end{pmatrix}\xrightarrow[r_3-2r_1]{r_2-3r_1}\begin{pmatrix}1&2&-2\\0&-5&6\\0&-4&5\end{pmatrix}\xrightarrow{-(r_2-r_3)}\begin{pmatrix}1&2&-2\\0&1&-1\\0&-4&5\end{pmatrix}\xrightarrow{r_3+4r_2}\begin{pmatrix}1&2&-2\\0&1&-1\\0&0&1\end{pmatrix}$，$R(\boldsymbol{A})=3$；$\boldsymbol{B}=$

$\begin{pmatrix}3&1&1&2\\1&1&1&1\\2&1&-1&0\end{pmatrix}\xrightarrow{r_1\leftrightarrow r_2}\begin{pmatrix}1&1&1&1\\3&1&1&2\\2&1&-1&0\end{pmatrix}\xrightarrow[r_3-2r_1]{r_2-3r_1}\begin{pmatrix}1&1&1&1\\0&-2&-2&-1\\0&-1&-3&-2\end{pmatrix}\xrightarrow{r_2\leftrightarrow r_3}\begin{pmatrix}1&1&1&1\\0&-1&-3&-2\\0&-2&-2&-1\end{pmatrix}\xrightarrow{r_3-2r_2}$

$\begin{pmatrix}1&1&1&1\\0&-1&-3&-2\\0&0&4&3\end{pmatrix}$，$R(\boldsymbol{B})=3$，则 $R(\boldsymbol{A})=R(\boldsymbol{B})$，又因为 A 与 B 都是三维列向量组，所以向量组 A 与 B 等价，得证.

13．**证**：由题可知，每一个向量 $\boldsymbol{\alpha}_i$ 可由 $\boldsymbol{\beta}_1,\boldsymbol{\beta}_2,\cdots,\boldsymbol{\beta}_k$ 线性表示．令 $\boldsymbol{\alpha}_i=a_{i1}\boldsymbol{\beta}_1+a_{i2}\boldsymbol{\beta}_2+\cdots+a_{ik}\boldsymbol{\beta}_k$，即

$$(\boldsymbol{\alpha}_1,\boldsymbol{\alpha}_2,\cdots,\boldsymbol{\alpha}_k)=(\boldsymbol{\beta}_1,\boldsymbol{\beta}_2,\cdots,\boldsymbol{\beta}_k)\begin{pmatrix} a_{11} & a_{21} & \cdots & a_{k1} \\ a_{12} & a_{22} & \cdots & a_{k2} \\ \vdots & \vdots & \ddots & \vdots \\ a_{1k} & a_{2k} & \cdots & a_{kk} \end{pmatrix}$$. 记矩阵 $\boldsymbol{C}=(a_{ij})_{k\times k}$，则 $k\geqslant R(\boldsymbol{C})\geqslant R(\boldsymbol{\alpha}_1,\boldsymbol{\alpha}_2,\cdots,\boldsymbol{\alpha}_k)=k$，所以 $R(\boldsymbol{C})=k$，矩阵 $\boldsymbol{C}$ 可逆，于是 $\boldsymbol{\beta}_1,\boldsymbol{\beta}_2,\cdots,\boldsymbol{\beta}_k$ 可由 $\boldsymbol{\alpha}_1,\boldsymbol{\alpha}_2,\cdots,\boldsymbol{\alpha}_k$ 线性表示，所以向量组 A 与 B 等价，得证.

14．**证**：利用向量组的秩证明．由 $R_A=R_B=3$，得向量 $\boldsymbol{\alpha}_4$ 可由 $\boldsymbol{\alpha}_1$，$\boldsymbol{\alpha}_2$，$\boldsymbol{\alpha}_3$ 线性表示．由 $R_C=4$，得 $\boldsymbol{\alpha}_5$ 不能由 $\boldsymbol{\alpha}_1$，$\boldsymbol{\alpha}_2$，$\boldsymbol{\alpha}_3$ 线性表示，所以 $\boldsymbol{\alpha}_5-\boldsymbol{\alpha}_4$ 也不能由 $\boldsymbol{\alpha}_1$，$\boldsymbol{\alpha}_2$，$\boldsymbol{\alpha}_3$ 线性表示，$R(\boldsymbol{\alpha}_1,\boldsymbol{\alpha}_2,\boldsymbol{\alpha}_3,\boldsymbol{\alpha}_5-\boldsymbol{\alpha}_4)=R(\boldsymbol{\alpha}_1,\boldsymbol{\alpha}_2,\boldsymbol{\alpha}_3)+1=3+1=4$，得证.

15．**证**：由 $R_B=3$，得 $\boldsymbol{\alpha}_1$，$\boldsymbol{\alpha}_2$，$\boldsymbol{\alpha}_4$ 线性无关，$\boldsymbol{\alpha}_4$ 不能由 $\boldsymbol{\alpha}_1$，$\boldsymbol{\alpha}_2$ 线性表示．因为 $R_A=2$，则 $\boldsymbol{\alpha}_3$ 可由 $\boldsymbol{\alpha}_1$，$\boldsymbol{\alpha}_2$ 线性表示，所以 $\boldsymbol{\alpha}_3+\boldsymbol{\alpha}_4$ 不能由 $\boldsymbol{\alpha}_1$，$\boldsymbol{\alpha}_2$ 线性表示，即 $\boldsymbol{\alpha}_1$，$\boldsymbol{\alpha}_2$，$\boldsymbol{\alpha}_3+\boldsymbol{\alpha}_4$ 的秩等于 3，得证.

第四节　向量空间

一、单项选择题

1．D【解析】A 选项中，在 V_1 中任取 $\boldsymbol{\alpha}=(a_1,a_2,\cdots,a_n)^{\mathrm{T}}$，$\boldsymbol{\beta}=(b_1,b_2,\cdots,b_n)^{\mathrm{T}}$，$\lambda\in\mathbb{R}$，则 $\boldsymbol{\alpha}+\boldsymbol{\beta}=(a_1+b_1,a_2+b_2,\cdots,a_n+b_n)^{\mathrm{T}}\in V_1$，$\lambda\boldsymbol{\alpha}=(\lambda a_1,\lambda a_2,\cdots,\lambda a_n)^{\mathrm{T}}\in V_1$，所以 V_1 是向量空间．B 选项中，在 V_2 中任取 $\boldsymbol{\alpha}=(0,a_2,\cdots,a_n)^{\mathrm{T}}$，$\boldsymbol{\beta}=(0,b_2,\cdots,b_n)^{\mathrm{T}}$，$\lambda\in\mathbb{R}$，则 $\boldsymbol{\alpha}+\boldsymbol{\beta}=(0,a_2+b_2,\cdots,a_n+b_n)^{\mathrm{T}}\in V_2$，$\lambda\boldsymbol{\alpha}=(0,\lambda a_2,\cdots,\lambda a_n)^{\mathrm{T}}\in V_2$，所以 V_2 是向量空间．C 选项中，在 V_3 中任取 $\boldsymbol{\alpha}=(a_1,a_2,\cdots,0)^{\mathrm{T}}$，$\boldsymbol{\beta}=(b_1,b_2,\cdots,0)^{\mathrm{T}}$，$\lambda\in\mathbb{R}$，则 $\boldsymbol{\alpha}+\boldsymbol{\beta}=(a_1+b_1,a_2+b_2,\cdots,0)^{\mathrm{T}}\in V_3$，$\lambda\boldsymbol{\alpha}=(\lambda a_1,\lambda a_2,\cdots,0)^{\mathrm{T}}\in V_3$，所以 V_3 是向量空间．D 选项中，在 V_4 中任取 $\boldsymbol{\alpha}=(1,a_2,\cdots,a_n)^{\mathrm{T}}$，$\boldsymbol{\beta}=(1,b_2,\cdots,b_n)^{\mathrm{T}}$，$\lambda\in\mathbb{R}$，则 $\boldsymbol{\alpha}+\boldsymbol{\beta}=(2,a_2+b_2,\cdots,a_n+b_n)^{\mathrm{T}}\notin V_4$，$\lambda\boldsymbol{\alpha}=(\lambda,\lambda a_2,\cdots,\lambda a_n)^{\mathrm{T}}\notin V_4$，所以 V_4 不构成向量空间．综上，故选 D.

2．B【解析】A 选项中，若集合 $\{\boldsymbol{\alpha}_1,\boldsymbol{\alpha}_2,\cdots,\boldsymbol{\alpha}_n\}\subseteq\{\boldsymbol{\beta}_1,\boldsymbol{\beta}_2,\cdots,\boldsymbol{\beta}_m\}$，则 $V\subseteq W$，但反之不一定成立．例如，取 $\boldsymbol{\alpha}_1=(1,0)^{\mathrm{T}}$，$\boldsymbol{\alpha}_2=(0,1)^{\mathrm{T}}$，$\boldsymbol{\beta}_1=(-1,0)^{\mathrm{T}}$，$\boldsymbol{\beta}_2=(0,-1)^{\mathrm{T}}$，则 $V\subseteq W$，但是 $\{\boldsymbol{\alpha}_1,\boldsymbol{\alpha}_2\}\subseteq\{\boldsymbol{\beta}_1,\boldsymbol{\beta}_2\}$ 不成立，A 选项错误．B 选项中，若 $V\subseteq W$，则 $\{\boldsymbol{\alpha}_1,\boldsymbol{\alpha}_2,\cdots,\boldsymbol{\alpha}_n\}\subseteq V\subseteq W$，所以向量组 $\boldsymbol{\alpha}_1,\boldsymbol{\alpha}_2,\cdots,\boldsymbol{\alpha}_n$ 可由向量组 $\boldsymbol{\beta}_1,\boldsymbol{\beta}_2,\cdots,\boldsymbol{\beta}_m$ 线性表示，B 选项正确．C 选项中，若 V 的基都是 W 的基，则 $V\subseteq W$ 成立，但反之不一定成立．例如，取 $\boldsymbol{\alpha}_1=(1,0,0)^{\mathrm{T}}$，$\boldsymbol{\alpha}_2=(0,1,0)^{\mathrm{T}}$，$\boldsymbol{\beta}_1=(1,0,0)^{\mathrm{T}}$，$\boldsymbol{\beta}_2=(0,1,0)^{\mathrm{T}}$，$\boldsymbol{\beta}_3=(0,0,1)^{\mathrm{T}}$，则 $V\subseteq W$ 但是 V 的基由两个向量组成，而 W 的基由三个向量组成，C 选项错误．D 选项中，由 $V\subseteq W$，得 $\dim V\leqslant\dim W$，但反之不一定成立．例如，取 $\boldsymbol{\alpha}_1=(1,0,0)^{\mathrm{T}}$，$\boldsymbol{\alpha}_2=(2,0,0)^{\mathrm{T}}$，$\boldsymbol{\beta}_1=(0,1,0)^{\mathrm{T}}$，$\boldsymbol{\beta}_2=(0,0,1)^{\mathrm{T}}$，则 $\dim V\leqslant\dim W$，但是 $V\subseteq W$ 不成立，D 选项错误．综上，故选 B.

3．C【解析】由 $k_1k_3\neq0$，得 $\boldsymbol{\alpha}_1$ 可由 $\boldsymbol{\alpha}_2$，$\boldsymbol{\alpha}_3$ 线性表示，即 $\boldsymbol{\alpha}_1=-\dfrac{k_2}{k_1}\boldsymbol{\alpha}_2-\dfrac{k_3}{k_1}\boldsymbol{\alpha}_3$；同理，$\boldsymbol{\alpha}_3$ 可由 $\boldsymbol{\alpha}_1$，$\boldsymbol{\alpha}_2$ 线性表示，所以 $\boldsymbol{\alpha}_1$，$\boldsymbol{\alpha}_2$ 与 $\boldsymbol{\alpha}_2$，$\boldsymbol{\alpha}_3$ 等价．故选 C.

二、填空题

1．$a\neq1$【解析】由 $\boldsymbol{\alpha}_1$，$\boldsymbol{\alpha}_2$，$\boldsymbol{\alpha}_3$ 可表示任一三维向量，得 $\boldsymbol{\alpha}_1$，$\boldsymbol{\alpha}_2$，$\boldsymbol{\alpha}_3$ 与单位向量 $\boldsymbol{e}_1=(1,0,0)^{\mathrm{T}}$，$\boldsymbol{e}_2=(0,1,0)^{\mathrm{T}}$，$\boldsymbol{e}_3=(0,0,1)^{\mathrm{T}}$ 等价，于是 $R(\boldsymbol{\alpha}_1,\boldsymbol{\alpha}_2,\boldsymbol{\alpha}_3)=3$，行列式 $|\boldsymbol{\alpha}_1,\boldsymbol{\alpha}_2,\boldsymbol{\alpha}_3|\neq0$，即 $\begin{vmatrix} 1 & 2 & 0 \\ 4 & 7 & 1 \\ 2 & 3 & a \end{vmatrix}\xlongequal{c_2-2c_1}\begin{vmatrix} 1 & 0 & 0 \\ 4 & -1 & 1 \\ 2 & -1 & a \end{vmatrix}=1-a\neq0$，解得 $a\neq1$.

2．2【解析】因为单位向量 $\boldsymbol{e}_1=(1,0,0)^{\mathrm{T}}$，$\boldsymbol{e}_2=(0,1,0)^{\mathrm{T}}$ 是线性无关的，且对任意 $\boldsymbol{\alpha}=(x,y,0)^{\mathrm{T}}$，有 $\boldsymbol{\alpha}=x\boldsymbol{e}_1+y\boldsymbol{e}_2$，即 $\boldsymbol{\alpha}$ 可由 $\boldsymbol{e}_1$，$\boldsymbol{e}_2$ 线性表示，所以 $\boldsymbol{e}_1$，$\boldsymbol{e}_2$ 是 V 的一个基，从而 V 的维数为 2.

3．$n-1$【解析】由向量空间 V 中的向量 $(x_1,x_2,\cdots,x_n)^{\mathrm{T}}$ 满足 $\sum\limits_{i=1}^{n}x_i=0$，得 $x_n=-x_1-x_2-\cdots-x_{n-1}$，于是

$V=\{(x_1,x_2,\cdots,-x_1-x_2-\cdots-x_{n-1})^{\mathrm T}\mid x_1,x_2,\cdots,x_{n-1}\in\mathbb{R}\}$，注意到 $(x_1,x_2,\cdots,-x_1-x_2-\cdots-x_{n-1})^{\mathrm T}=x_1(\boldsymbol{\varepsilon}_1-\boldsymbol{\varepsilon}_n)+x_2(\boldsymbol{\varepsilon}_2-\boldsymbol{\varepsilon}_n)+\cdots+x_{n-1}(\boldsymbol{\varepsilon}_{n-1}-\boldsymbol{\varepsilon}_n)$，这表明 V 中的向量均可由向量组 $\boldsymbol{\varepsilon}_1-\boldsymbol{\varepsilon}_n,\boldsymbol{\varepsilon}_2-\boldsymbol{\varepsilon}_n,\cdots,\boldsymbol{\varepsilon}_{n-1}-\boldsymbol{\varepsilon}_n$ 线性表示.而向量组 $\boldsymbol{\varepsilon}_1-\boldsymbol{\varepsilon}_n,\boldsymbol{\varepsilon}_2-\boldsymbol{\varepsilon}_n,\cdots,\boldsymbol{\varepsilon}_{n-1}-\boldsymbol{\varepsilon}_n\in V$，且线性无关，所以 $\boldsymbol{\varepsilon}_1-\boldsymbol{\varepsilon}_n,\boldsymbol{\varepsilon}_2-\boldsymbol{\varepsilon}_n,\cdots,\boldsymbol{\varepsilon}_{n-1}-\boldsymbol{\varepsilon}_n$ 是 V 的一个基，因此向量空间 V 的维数是 $n-1$.

三、解答题

1．**解**：因为行列式 $|\boldsymbol\alpha_1,\boldsymbol\alpha_2,\boldsymbol\alpha_3|=\begin{vmatrix}1&1&0\\1&0&1\\0&1&1\end{vmatrix}\overset{r_2-r_1}{=\!=}\begin{vmatrix}1&1&0\\0&-1&1\\0&1&1\end{vmatrix}=-2\neq0$，则向量组 $\boldsymbol\alpha_1,\boldsymbol\alpha_2,\boldsymbol\alpha_3$ 线性无关，所以 $\boldsymbol\alpha_1,\boldsymbol\alpha_2,\boldsymbol\alpha_3$ 是一个基．设 $x_1\boldsymbol\alpha_1+x_2\boldsymbol\alpha_2+x_3\boldsymbol\alpha_3=\boldsymbol\beta$，记为 $\boldsymbol{Ax}=\boldsymbol\beta$，由 $(\boldsymbol A,\boldsymbol\beta)=\left(\begin{array}{ccc|c}1&1&0&2\\1&0&1&0\\0&1&1&0\end{array}\right)\xrightarrow{-(r_2-r_1)}$

$$\left(\begin{array}{ccc|c}1&1&0&2\\0&1&-1&2\\0&1&1&0\end{array}\right)\xrightarrow[\frac{1}{2}(r_3-r_2)]{r_1-r_2}\left(\begin{array}{ccc|c}1&0&1&0\\0&1&-1&2\\0&0&1&-1\end{array}\right)\xrightarrow[r_2+r_3]{r_1-r_3}\left(\begin{array}{ccc|c}1&0&0&1\\0&1&0&1\\0&0&1&-1\end{array}\right)$$

，得 $\boldsymbol\beta=\boldsymbol\alpha_1+\boldsymbol\alpha_2-\boldsymbol\alpha_3$，所以 $\boldsymbol\beta$ 在基 $\boldsymbol\alpha_1,\boldsymbol\alpha_2,\boldsymbol\alpha_3$ 中的坐标为 $(1,1,-1)$.

2．**解**：（1）由向量 $\boldsymbol\beta_1$ 在基 $\boldsymbol\alpha_1,\boldsymbol\alpha_2$ 中的坐标为 $(-2,3)^{\mathrm T}$，得向量 $\boldsymbol\beta_1=-2\begin{pmatrix}1\\0\end{pmatrix}+3\begin{pmatrix}1\\2\end{pmatrix}=\begin{pmatrix}1\\6\end{pmatrix}$.

（2）设向量 $\boldsymbol\beta_2$ 在基 $\boldsymbol\alpha_1,\boldsymbol\alpha_2$ 中的坐标分别为 x_1，x_2，则 $\begin{pmatrix}4\\5\end{pmatrix}=x_1\begin{pmatrix}1\\0\end{pmatrix}+x_2\begin{pmatrix}1\\2\end{pmatrix}$，解得 $x_1=\frac{3}{2}$，$x_2=\frac{5}{2}$，因此 $\boldsymbol\beta_2$ 在基 $\boldsymbol\alpha_1,\boldsymbol\alpha_2$ 中的坐标分别为 $\frac{3}{2}$，$\frac{5}{2}$.

3．**证**：令矩阵 $\boldsymbol A=(\boldsymbol\alpha_1,\boldsymbol\alpha_2,\boldsymbol\alpha_3)$，要证明 $\boldsymbol\alpha_1,\boldsymbol\alpha_2,\boldsymbol\alpha_3$ 是 $\mathbb{R}^3$ 的一个基，只需证明 $\boldsymbol A\sim\boldsymbol E$；又令 $x_1\boldsymbol\alpha_1+x_2\boldsymbol\alpha_2+x_3\boldsymbol\alpha_3=\boldsymbol\beta$，即 $\boldsymbol{Ax}=\boldsymbol\beta$，则增广矩阵 $(\boldsymbol A,\boldsymbol\beta)=\left(\begin{array}{ccc|c}-2&-1&2&1\\4&3&-3&1\\1&5&1&3\end{array}\right)\xrightarrow[r_2+2r_3]{r_1\leftrightarrow r_3}\left(\begin{array}{ccc|c}1&5&1&3\\0&1&1&3\\-2&-1&2&1\end{array}\right)\xrightarrow{r_3+2r_1}$

$$\left(\begin{array}{ccc|c}1&5&1&3\\0&1&1&3\\0&9&4&7\end{array}\right)\xrightarrow{-\frac{r_3-9r_2}{5}}\left(\begin{array}{ccc|c}1&5&1&3\\0&1&1&3\\0&0&1&4\end{array}\right)\xrightarrow[r_1-5r_2-r_3]{r_2-r_3}\left(\begin{array}{ccc|c}1&0&0&4\\0&1&0&-1\\0&0&1&4\end{array}\right)$$

，可见 $\boldsymbol A\sim\boldsymbol E$，故 $\boldsymbol\alpha_1,\boldsymbol\alpha_2,\boldsymbol\alpha_3$ 是 $\mathbb{R}^3$ 的一个基，且向量 $\boldsymbol\beta=4\boldsymbol\alpha_1-\boldsymbol\alpha_2+4\boldsymbol\alpha_3$，得证.

4．**解**：令矩阵 $\boldsymbol A=(\boldsymbol\alpha_1,\boldsymbol\alpha_2,\boldsymbol\alpha_3)=\begin{pmatrix}1&1&1\\1&0&0\\1&-1&1\end{pmatrix}$，$\boldsymbol B=(\boldsymbol\beta_1,\boldsymbol\beta_2,\boldsymbol\beta_3)=\begin{pmatrix}1&2&3\\2&3&4\\1&4&3\end{pmatrix}$. 因为 $\boldsymbol\alpha_1,\boldsymbol\alpha_2,\boldsymbol\alpha_3$ 与 $\boldsymbol\beta_1,\boldsymbol\beta_2,\boldsymbol\beta_3$ 均为 $\mathbb{R}^3$ 的基，所以矩阵 $\boldsymbol A$ 和 $\boldsymbol B$ 均为三阶可逆方阵．由过渡矩阵定义，得 $\boldsymbol B=\boldsymbol{AP}$，$\boldsymbol P=\boldsymbol A^{-1}\boldsymbol B$，而

$$(\boldsymbol A,\boldsymbol E)=\left(\begin{array}{ccc|ccc}1&1&1&1&0&0\\1&0&0&0&1&0\\1&-1&1&0&0&1\end{array}\right)\xrightarrow[r_3-r_1]{-(r_2-r_1)}\left(\begin{array}{ccc|ccc}1&1&1&1&0&0\\0&1&1&1&-1&0\\0&-2&0&-1&0&1\end{array}\right)\xrightarrow{r_3+2r_2,\ \frac{1}{2}r_3}\left(\begin{array}{ccc|ccc}1&1&1&1&0&0\\0&1&1&1&-1&0\\0&0&1&\frac{1}{2}&-1&\frac{1}{2}\end{array}\right)\xrightarrow[r_2-r_3]{r_1-r_3}$$

$$\left(\begin{array}{ccc|ccc}1&1&0&\frac{1}{2}&1&-\frac{1}{2}\\0&1&0&\frac{1}{2}&0&-\frac{1}{2}\\0&0&1&\frac{1}{2}&-1&\frac{1}{2}\end{array}\right)\xrightarrow{r_1-r_2}\left(\begin{array}{ccc|ccc}1&0&0&0&1&0\\0&1&0&\frac{1}{2}&0&-\frac{1}{2}\\0&0&1&\frac{1}{2}&-1&\frac{1}{2}\end{array}\right)=(\boldsymbol E,\boldsymbol A^{-1})$$

，所以由基 $\boldsymbol\alpha_1,\boldsymbol\alpha_2,\boldsymbol\alpha_3$ 到基 $\boldsymbol\beta_1,\boldsymbol\beta_2,\boldsymbol\beta_3$ 的过

渡矩阵，$\boldsymbol{P}=\boldsymbol{A}^{-1}\boldsymbol{B}=\begin{pmatrix}0&1&0\\ \frac{1}{2}&0&-\frac{1}{2}\\ \frac{1}{2}&-1&\frac{1}{2}\end{pmatrix}\begin{pmatrix}1&2&3\\2&3&4\\1&4&3\end{pmatrix}=\begin{pmatrix}2&3&4\\0&-1&0\\-1&0&-1\end{pmatrix}$.

5.（1）证：向量之间的关系可表示为$(\boldsymbol{\beta}_1,\boldsymbol{\beta}_2,\boldsymbol{\beta}_3)\begin{pmatrix}1&1&0\\0&1&1\\1&0&1\end{pmatrix}=(\boldsymbol{\alpha}_1,\boldsymbol{\alpha}_2,\boldsymbol{\alpha}_3)\begin{pmatrix}1&0&1\\1&1&0\\1&1&1\end{pmatrix}$，于是$(\boldsymbol{\beta}_1,\boldsymbol{\beta}_2,\boldsymbol{\beta}_3)=$

$(\boldsymbol{\alpha}_1,\boldsymbol{\alpha}_2,\boldsymbol{\alpha}_3)\begin{pmatrix}1&0&1\\1&1&0\\1&1&1\end{pmatrix}\begin{pmatrix}1&1&0\\0&1&1\\1&0&1\end{pmatrix}^{-1}=(\boldsymbol{\alpha}_1,\boldsymbol{\alpha}_2,\boldsymbol{\alpha}_3)\begin{pmatrix}1&0&1\\1&1&0\\1&1&1\end{pmatrix}\begin{pmatrix}\frac{1}{2}&-\frac{1}{2}&\frac{1}{2}\\ \frac{1}{2}&\frac{1}{2}&-\frac{1}{2}\\ -\frac{1}{2}&\frac{1}{2}&\frac{1}{2}\end{pmatrix}=(\boldsymbol{\alpha}_1,\boldsymbol{\alpha}_2,\boldsymbol{\alpha}_3)\begin{pmatrix}0&0&1\\1&0&0\\ \frac{1}{2}&\frac{1}{2}&\frac{1}{2}\end{pmatrix}$. 而

$(\boldsymbol{\alpha}_1,\boldsymbol{\alpha}_2,\boldsymbol{\alpha}_3)=(\boldsymbol{\beta}_1,\boldsymbol{\beta}_2,\boldsymbol{\beta}_3)\begin{pmatrix}1&1&0\\0&1&1\\1&0&1\end{pmatrix}\begin{pmatrix}1&0&1\\1&1&0\\1&1&1\end{pmatrix}^{-1}=(\boldsymbol{\beta}_1,\boldsymbol{\beta}_2,\boldsymbol{\beta}_3)\begin{pmatrix}1&1&0\\0&1&1\\1&0&1\end{pmatrix}\begin{pmatrix}1&1&-1\\-1&0&1\\0&-1&1\end{pmatrix}=(\boldsymbol{\beta}_1,\boldsymbol{\beta}_2,\boldsymbol{\beta}_3)\cdot$

$\begin{pmatrix}0&1&0\\-1&-1&2\\1&0&0\end{pmatrix}$，可见向量组$\boldsymbol{\beta}_1$，$\boldsymbol{\beta}_2$，$\boldsymbol{\beta}_3$与向量组$\boldsymbol{\alpha}_1$，$\boldsymbol{\alpha}_2$，$\boldsymbol{\alpha}_3$等价，从而向量组$\boldsymbol{\beta}_1$，$\boldsymbol{\beta}_2$，$\boldsymbol{\beta}_3$的秩为3，且线性无关，是$\mathbb{R}^3$的一个基，得证.

（2）解：由（1）可知，由基$\boldsymbol{\beta}_1$，$\boldsymbol{\beta}_2$，$\boldsymbol{\beta}_3$到基$\boldsymbol{\alpha}_1$，$\boldsymbol{\alpha}_2$，$\boldsymbol{\alpha}_3$的过渡矩阵为$\begin{pmatrix}0&1&0\\-1&-1&2\\1&0&0\end{pmatrix}$.

（3）解：向量$\boldsymbol{\alpha}=(\boldsymbol{\alpha}_1,\boldsymbol{\alpha}_2,\boldsymbol{\alpha}_3)\begin{pmatrix}1\\2\\-1\end{pmatrix}=(\boldsymbol{\beta}_1,\boldsymbol{\beta}_2,\boldsymbol{\beta}_3)\begin{pmatrix}0&1&0\\-1&-1&2\\1&0&0\end{pmatrix}\begin{pmatrix}1\\2\\-1\end{pmatrix}=(\boldsymbol{\beta}_1,\boldsymbol{\beta}_2,\boldsymbol{\beta}_3)\begin{pmatrix}2\\-5\\1\end{pmatrix}$，所以向量$\boldsymbol{\alpha}$在基$\boldsymbol{\beta}_1$，$\boldsymbol{\beta}_2$，$\boldsymbol{\beta}_3$中的坐标依次为2，−5，1.

第五节　线性方程组的解的结构

一、单项选择题

1. C【解析】因为$R(A)=3$，$n-R(A)=5-3=2$，所以未知数有2个自由未知数．去掉第3和第5列所得三阶矩阵的行列式$\begin{vmatrix}1&-1&3\\0&0&5\\0&0&2\end{vmatrix}=0$，故$x_3$，$x_5$不能做自由未知数．而$\begin{vmatrix}1&2&3\\0&1&5\\0&0&2\end{vmatrix}\neq0$，$\begin{vmatrix}-1&2&3\\0&1&5\\0&0&2\end{vmatrix}\neq0$，$\begin{vmatrix}1&3&-4\\0&5&-2\\0&2&0\end{vmatrix}\neq0$，说明$x_2$，$x_5$或$x_1$，$x_5$或$x_2$，$x_3$都可做自由未知数．故选C.

2. B【解析】由$\boldsymbol{A\alpha}_1=\boldsymbol{b}$，$\boldsymbol{A\alpha}_2=\boldsymbol{b}$，得$\boldsymbol{A}(\boldsymbol{\alpha}_1-\boldsymbol{\alpha}_2)=\boldsymbol{A\alpha}_1-\boldsymbol{A\alpha}_2=\boldsymbol{b}-\boldsymbol{b}=\boldsymbol{0}$，所以$\boldsymbol{\alpha}_1-\boldsymbol{\alpha}_2$是$\boldsymbol{Ax}=\boldsymbol{0}$的解，不是$\boldsymbol{Ax}=\boldsymbol{b}$的解．又$\boldsymbol{A}(3\boldsymbol{\alpha}_1-2\boldsymbol{\alpha}_2)=3\boldsymbol{A\alpha}_1-2\boldsymbol{A\alpha}_2=3\boldsymbol{b}-2\boldsymbol{b}=\boldsymbol{b}$，$\frac{\boldsymbol{A}}{3}(\boldsymbol{\alpha}_1+2\boldsymbol{\alpha}_2)=\frac{1}{3}(\boldsymbol{A\alpha}_1+2\boldsymbol{A\alpha}_2)=\frac{1}{3}(\boldsymbol{b}+2\boldsymbol{b})=\boldsymbol{b}$，$\frac{\boldsymbol{A}}{2}(\boldsymbol{\alpha}_1+\boldsymbol{\alpha}_2)=\frac{1}{2}(\boldsymbol{A\alpha}_1+\boldsymbol{A\alpha}_2)=\frac{1}{2}(\boldsymbol{b}+\boldsymbol{b})=\boldsymbol{b}$，所以$3\boldsymbol{\alpha}_1-2\boldsymbol{\alpha}_2$，$\frac{1}{3}(\boldsymbol{\alpha}_1+2\boldsymbol{\alpha}_2)$和$\frac{1}{2}(\boldsymbol{\alpha}_1+\boldsymbol{\alpha}_2)$都是线性方程组$\boldsymbol{Ax}=\boldsymbol{b}$的特解．故选B.

3. A【解析】由$\boldsymbol{A\alpha}_1=\boldsymbol{b}$，$\boldsymbol{A\alpha}_2=\boldsymbol{b}$，$\boldsymbol{A\alpha}_3=\boldsymbol{b}$，得$\boldsymbol{A}(\boldsymbol{\alpha}_1-\boldsymbol{\alpha}_2)=\boldsymbol{A\alpha}_1-\boldsymbol{A\alpha}_2=\boldsymbol{b}-\boldsymbol{b}=\boldsymbol{0}$，$\boldsymbol{A}(\boldsymbol{\alpha}_1+\boldsymbol{\alpha}_2-2\boldsymbol{\alpha}_3)=$

$A\boldsymbol{\alpha}_1+A\boldsymbol{\alpha}_2-2A\boldsymbol{\alpha}_3=\boldsymbol{b}+\boldsymbol{b}-2\boldsymbol{b}=\boldsymbol{0}$， $A\left[\frac{2}{3}(\boldsymbol{\alpha}_2-\boldsymbol{\alpha}_1)\right]=\frac{2}{3}(A\boldsymbol{\alpha}_2-A\boldsymbol{\alpha}_1)=\frac{2}{3}(\boldsymbol{b}-\boldsymbol{b})=\boldsymbol{0}$， $A(\boldsymbol{\alpha}_1-3\boldsymbol{\alpha}_2+2\boldsymbol{\alpha}_3)=A\boldsymbol{\alpha}_1-3A\boldsymbol{\alpha}_2+2A\boldsymbol{\alpha}_3=\boldsymbol{b}-3\boldsymbol{b}+2\boldsymbol{b}=\boldsymbol{0}$，所以$\boldsymbol{\alpha}_1-\boldsymbol{\alpha}_2$，$\boldsymbol{\alpha}_1+\boldsymbol{\alpha}_2-2\boldsymbol{\alpha}_3$，$\frac{2}{3}(\boldsymbol{\alpha}_2-\boldsymbol{\alpha}_1)$，$\boldsymbol{\alpha}_1-3\boldsymbol{\alpha}_2+2\boldsymbol{\alpha}_3$都是导出组$\boldsymbol{Ax}=\boldsymbol{0}$的解．故选A.

4. C【解析】由方程组有非零解，得系数行列式$\begin{vmatrix}1&2&-2\\2&-1&a\\3&1&-1\end{vmatrix}\overset{c_3+c_2}{=\!=}\begin{vmatrix}1&2&0\\2&-1&a-1\\3&1&0\end{vmatrix}=5(a-1)=0$，解得$a=1$．故选C.

5. C【解析】由$\boldsymbol{A}$是$m\times n$矩阵，得$\boldsymbol{A}^{\mathrm{T}}$是$n\times m$矩阵，则$\boldsymbol{A}^{\mathrm{T}}\boldsymbol{x}=\boldsymbol{0}$是含$n$个方程，$m$个未知数的齐次线性方程组，从而$m-R(\boldsymbol{A}^{\mathrm{T}})=t$．又因为$R(\boldsymbol{A})=R(\boldsymbol{A}^{\mathrm{T}})$，所以$R(\boldsymbol{A})=m-t$．故选C.

6. A【解析】增广矩阵的秩大于等于系数矩阵的秩，即$R(\boldsymbol{A},\boldsymbol{b})\geqslant R(\boldsymbol{A})$，当$r=m$时，$R(\boldsymbol{A},\boldsymbol{b})\geqslant R(\boldsymbol{A})=m$．又$R(\boldsymbol{A},\boldsymbol{b})\leqslant m$，所以$R(\boldsymbol{A},\boldsymbol{b})=R(\boldsymbol{A})=m$，则$\boldsymbol{Ax}=\boldsymbol{b}$有解．故选A.

7. C【解析】因为$\boldsymbol{Ax}=\boldsymbol{0}$的任一非零解均可由$\boldsymbol{\alpha}$线性表示，所以$\boldsymbol{Ax}=\boldsymbol{0}$的基础解系只含1个线性无关的解向量，则$R(\boldsymbol{A})=3-1=2$．由矩阵$\boldsymbol{A}=\begin{pmatrix}3&a+2&4\\5&a&a+5\\1&-1&2\end{pmatrix}\xrightarrow[r_3-3r_1]{r_1\leftrightarrow r_3,\ r_2-5r_1}\begin{pmatrix}1&-1&2\\0&a+5&a-5\\0&a+5&-2\end{pmatrix}$，得$a-5=-2$或$a+5=0$，解得$a=3$或$-5$．故选C.

8. C【解析】由题可知，$\boldsymbol{A}\begin{pmatrix}1\\0\\1\end{pmatrix}=0$，$\boldsymbol{A}\begin{pmatrix}-2\\0\\1\end{pmatrix}=0$．又$\boldsymbol{\alpha}_1$，$\boldsymbol{\alpha}_2$线性无关，则$\boldsymbol{Ax}=\boldsymbol{0}$的基础解系含至少2个线性无关的解向量，从而$R(\boldsymbol{A})\leqslant 1$，所以系数矩阵$\boldsymbol{A}$可为$\begin{pmatrix}0&-1&0\\0&2&0\end{pmatrix}$．故选C.

9. A【解析】若$R(\boldsymbol{A})=s$，则$\boldsymbol{A}$是列满秩矩阵，方程组$\boldsymbol{Ax}=\boldsymbol{0}$只有零解，即方程组$\boldsymbol{A}(\boldsymbol{Bx})=\boldsymbol{0}$只有零解，所以$\boldsymbol{Bx}=\boldsymbol{0}$只有零解，此时方程组$\boldsymbol{Bx}=\boldsymbol{0}$与$\boldsymbol{ABx}=\boldsymbol{0}$同解．故选A.

10. A【解析】$\boldsymbol{AB}$为m阶方阵，当$m>n$时，因为$R(\boldsymbol{A})\leqslant n$，$R(\boldsymbol{B})\leqslant n$，且$R(\boldsymbol{AB})\leqslant\min\{R(\boldsymbol{A}),R(\boldsymbol{B})\}$，所以$R(\boldsymbol{AB})<m$，于是方程组$\boldsymbol{ABx}=\boldsymbol{0}$有非零解．故选A.

二、填空题

1. 2【解析】方程组$\boldsymbol{Ax}=\boldsymbol{0}$的基础解系中，解向量的个数为$n-R(\boldsymbol{A})$．由$n-R(\boldsymbol{A})=4-R(\boldsymbol{A})=2$，得$R(\boldsymbol{A})=2$，所以$R(\boldsymbol{A}^{\mathrm{T}})=R(\boldsymbol{A})=2$．

2. $(-1,-1,1,0)^{\mathrm{T}}$，$(1,-1,0,1)^{\mathrm{T}}$【解析】系数矩阵$\boldsymbol{A}=\begin{pmatrix}1&2&3&1\\2&-1&1&-3\\1&0&1&-1\end{pmatrix}\xrightarrow[r_3-r_1]{r_2-2r_1}\begin{pmatrix}1&2&3&1\\0&-5&-5&-5\\0&-2&-2&-2\end{pmatrix}\xrightarrow{-\frac{1}{5}r_2,\ r_1-2r_2,\ r_3+2r_2}\begin{pmatrix}1&0&1&-1\\0&1&1&1\\0&0&0&0\end{pmatrix}$，取$\begin{pmatrix}x_3\\x_4\end{pmatrix}=\begin{pmatrix}1\\0\end{pmatrix}$和$\begin{pmatrix}0\\1\end{pmatrix}$，得方程组的基础解系$(-1,-1,1,0)^{\mathrm{T}}$，$(1,-1,0,1)^{\mathrm{T}}$．

3. $(0,2,1,0)^{\mathrm{T}}$【解析】系数矩阵$\boldsymbol{A}=\begin{pmatrix}1&-2&4&-7\\2&1&-2&1\\3&-1&2&-4\end{pmatrix}\xrightarrow[r_3-3r_1]{r_2-2r_1}\begin{pmatrix}1&-2&4&-7\\0&5&-10&15\\0&5&-10&17\end{pmatrix}\xrightarrow{\frac{1}{5}r_2,\ r_1+2r_2,\ r_3-5r_2}\begin{pmatrix}1&0&0&-1\\0&1&-2&3\\0&0&0&2\end{pmatrix}\xrightarrow{\frac{1}{2}r_3,\ r_2-3r_3,\ r_1+r_3}\begin{pmatrix}1&0&0&0\\0&1&-2&0\\0&0&0&1\end{pmatrix}$，$R(\boldsymbol{A})=3$，$n-R(\boldsymbol{A})=4-3=1$，则基础解系中只有1个解向量．又$x_3$为自由变量，令$x_3=1$，得基础解系为$(0,2,1,0)^{\mathrm{T}}$．

4. -5 或 -6【解析】方程组 $A_{3\times3}x=0$ 有无限多解的充分必要条件是 $|A|=0$，则系数行列式 $\begin{vmatrix} a & -3 & 3 \\ 1 & a+2 & 3 \\ 2 & 1 & -1 \end{vmatrix}$

$\xlongequal{c_2+c_3}\begin{vmatrix} a & 0 & 3 \\ 1 & a+5 & 3 \\ 2 & 0 & -1 \end{vmatrix}=(a+5)(-a-6)=0$，解得 $a=-5$ 或 -6.

5. 0 或 -1【解析】将方程组写成矩阵形式 $Ax=b$，则增广矩阵 $(A,b)=\left(\begin{array}{ccc|c} 1 & 2 & 1 & 3 \\ 2 & k+4 & -5 & 6 \\ -1 & -2 & k & -3 \end{array}\right)\xrightarrow[r_3+r_1]{r_2-2r_1}$

$\left(\begin{array}{ccc|c} 1 & 2 & 1 & 3 \\ 0 & k & -7 & 0 \\ 0 & 0 & k+1 & 0 \end{array}\right)$，由方程组有无限多解，得 $R(A)=R(A,b)<3$，所以 $k=0$ 或 -1.

6. 1；0【解析】将方程组写成矩阵形式 $Ax=0$，因为方阵 B 的列向量为方程组的解，且 $B\neq O$，所以方程组 $Ax=0$ 有非零解，故 $\begin{vmatrix} 1 & 2 & -2 \\ 3 & -1 & k \\ 3 & 1 & -1 \end{vmatrix}\xlongequal{r_1-2r_3}\begin{vmatrix} -5 & 0 & 0 \\ 3 & -1 & k \\ 3 & 1 & -1 \end{vmatrix}=-5(1-k)=0$，解得 $k=1$．因为 $AB=O$，则 $R(A)+R(B)\leqslant 3$，且 $R(A)\geqslant 1$，所以 $R(B)\leqslant 2<3$，$|B|=0$.

7. $x=c\begin{pmatrix} -3 \\ 5 \\ -1 \\ -10 \end{pmatrix}+\begin{pmatrix} -1 \\ 2 \\ 1 \\ -4 \end{pmatrix}(c\in\mathbb{R})$【解析】因为 $R(A)=3$，$n-R(A)=4-3=1$，则基础解系中只有 1 个解向量，

所以方程组 $Ax=b$ 的通解为 $k\xi+\eta$，其中 $\xi=\alpha_3-\alpha_1=(\alpha_2+\alpha_3)-(\alpha_1+\alpha_2)=\begin{pmatrix} -2 \\ 4 \\ 2 \\ -8 \end{pmatrix}-\begin{pmatrix} 1 \\ -1 \\ 3 \\ 2 \end{pmatrix}=\begin{pmatrix} -3 \\ 5 \\ -1 \\ -10 \end{pmatrix}$，

$\eta=\frac{1}{2}(\alpha_2+\alpha_3)=\begin{pmatrix} -1 \\ 2 \\ 1 \\ -4 \end{pmatrix}$，于是方程组的通解为 $x=c\begin{pmatrix} -3 \\ 5 \\ -1 \\ -10 \end{pmatrix}+\begin{pmatrix} -1 \\ 2 \\ 1 \\ -4 \end{pmatrix}(c\in\mathbb{R})$.

8. 3；$x=c\begin{pmatrix} -3 \\ 1 \\ 2 \end{pmatrix}(c\in\mathbb{R})$【解析】矩阵 $A=\begin{pmatrix} 1 & -3 & 3 \\ 2 & 4 & 1 \\ 3 & 3a+2 & -1 \end{pmatrix}\xrightarrow[r_3-3r_1]{r_2-2r_1}\begin{pmatrix} 1 & -3 & 3 \\ 0 & 10 & -5 \\ 0 & 3a+11 & -10 \end{pmatrix}\xrightarrow{\frac{1}{5}r_2}$

$\begin{pmatrix} 1 & -3 & 3 \\ 0 & 2 & -1 \\ 0 & 3a+11 & -10 \end{pmatrix}$，由 $Ax=0$ 有非零解，得 $R(A)<3$，所以 $3a+11=20$，解得 $a=3$．于是矩阵

$A\sim\begin{pmatrix} 1 & -3 & 3 \\ 0 & 2 & -1 \\ 0 & 20 & -10 \end{pmatrix}\xrightarrow{r_3-10r_2,\ r_1+3r_2}\begin{pmatrix} 1 & 3 & 0 \\ 0 & 2 & -1 \\ 0 & 0 & 0 \end{pmatrix}$，令 $x_2=1$，得方程组的基础解系 $(-3,1,2)^{\mathrm{T}}$，于是方程组的通解为 $x=c\begin{pmatrix} -3 \\ 1 \\ 2 \end{pmatrix}(c\in\mathbb{R})$.

三、解答题

1. **解**：设矩阵 $B=(\beta_1,\beta_2,\beta_3)$，其中 $\beta_i\ (i=1,2,3)$ 为三维列向量，由于 $B\neq O$，所以方阵 B 至少有一个非零的列向量，不妨设 $\beta_1\neq 0$，由于 $AB=A(\beta_1,\beta_2,\beta_3)=(A\beta_1,A\beta_2,A\beta_3)=O$，则 $A\beta_1=0$，β_1 为齐次线性方

程组 $\boldsymbol{Ax}=\boldsymbol{0}$ 的非零解，于是系数矩阵的行列式必为 0，即 $|\boldsymbol{A}|=\begin{vmatrix}1&2&-2\\2&-1&\lambda\\3&1&-1\end{vmatrix}\xlongequal[r_3-3r_1]{r_2-2r_1}\begin{vmatrix}1&2&-2\\0&-5&\lambda+4\\0&-5&5\end{vmatrix}\xlongequal{r_3-r_2}$

$\begin{vmatrix}1&2&-2\\0&-5&\lambda+4\\0&0&1-\lambda\end{vmatrix}=5(\lambda-1)=0$，解得 $\lambda=1$.

2．**解**：系数矩阵 $\boldsymbol{A}=\begin{pmatrix}-1&0&1\\k&0&l\\1&0&-1\end{pmatrix}\xrightarrow[r_3+r_1]{r_2+kr_1}\begin{pmatrix}-1&0&1\\0&0&l+k\\0&0&0\end{pmatrix}$．若齐次线性方程组的基础解系含 2 个解向量，则 $R(\boldsymbol{A})=3-2=1$，于是 $l+k=0$，所以 k 和 l 满足的关系是 $l+k=0$．

3．**解**：根据齐次线性方程组解的性质，$\boldsymbol{\beta}_2-\boldsymbol{\beta}_1=(1,2,-1,2)^{\mathrm{T}}$，$\boldsymbol{\beta}_3-\boldsymbol{\beta}_1=(3,6,-3,9)^{\mathrm{T}}$ 是对应的齐次线性方程组的解，且 $\boldsymbol{\beta}_2-\boldsymbol{\beta}_1$，$\boldsymbol{\beta}_3-\boldsymbol{\beta}_1$ 线性无关，所以系数矩阵的秩 $R(\boldsymbol{A})\leqslant 2$．又系数矩阵 $\begin{pmatrix}a_1&2&a_2&a_4\\4&b_2&3&b_4\\3&c_2&5&c_4\end{pmatrix}$ 的二阶子式 $\begin{vmatrix}4&3\\3&5\end{vmatrix}\neq 0$，则系数矩阵的秩 $R(\boldsymbol{A})\geqslant 2$，所以系数矩阵的秩为 2，齐次线性方程组的基础解系含 2 个解向量，即 $\boldsymbol{\beta}_2-\boldsymbol{\beta}_1$，$\boldsymbol{\beta}_3-\boldsymbol{\beta}_1$ 是齐次线性方程组的基础解系，该方程组的通解为 $\boldsymbol{x}=c_1(\boldsymbol{\beta}_2-\boldsymbol{\beta}_1)+c_2(\boldsymbol{\beta}_3-\boldsymbol{\beta}_1)+\boldsymbol{\beta}_1$，其中 $c_1,c_2\in\mathbb{R}$．

4．**解**：(1) 系数矩阵 $\boldsymbol{A}=\begin{pmatrix}1&1&-1&-1\\2&-5&3&2\\7&-7&3&1\end{pmatrix}\xrightarrow[r_3-7r_1]{r_2-2r_1}\begin{pmatrix}1&1&-1&-1\\0&-7&5&4\\0&-14&10&8\end{pmatrix}\xrightarrow{r_3-2r_1}\begin{pmatrix}1&1&-1&-1\\0&-7&5&4\\0&0&0&0\end{pmatrix}\xrightarrow{-\frac{1}{7}r_2,\ r_1-r_2}$

$\begin{pmatrix}1&0&-\frac{2}{7}&-\frac{3}{7}\\0&1&-\frac{5}{7}&-\frac{4}{7}\\0&0&0&0\end{pmatrix}$，得同解方程组 $\begin{cases}x_1=\frac{2}{7}x_3+\frac{3}{7}x_4,\\x_2=\frac{5}{7}x_3+\frac{4}{7}x_4.\end{cases}$ 取 $\begin{pmatrix}x_3\\x_4\end{pmatrix}=\begin{pmatrix}1\\0\end{pmatrix}$ 和 $\begin{pmatrix}0\\1\end{pmatrix}$，得方程组的基础解系 $\boldsymbol{\xi}_1=\begin{pmatrix}\frac{2}{7}\\\frac{5}{7}\\1\\0\end{pmatrix}$，

$\boldsymbol{\xi}_2=\begin{pmatrix}\frac{3}{7}\\\frac{4}{7}\\0\\1\end{pmatrix}$，于是方程组的通解为 $\begin{pmatrix}x_1\\x_2\\x_3\\x_4\end{pmatrix}=c_1\boldsymbol{\xi}_1+c_2\boldsymbol{\xi}_2=c_1\begin{pmatrix}\frac{2}{7}\\\frac{5}{7}\\1\\0\end{pmatrix}+c_2\begin{pmatrix}\frac{3}{7}\\\frac{4}{7}\\0\\1\end{pmatrix}(c_1,c_2\in\mathbb{R})$．

(2) 系数矩阵 $\boldsymbol{A}=\begin{pmatrix}1&1&1&4&-3\\2&1&3&5&-5\\1&-1&3&-2&-1\\3&1&5&6&-7\end{pmatrix}\xrightarrow[\substack{r_3-r_1\\r_4-3r_1}]{r_2-2r_1}\begin{pmatrix}1&1&1&4&-3\\0&-1&1&-3&1\\0&-2&2&-6&2\\0&-2&2&-6&2\end{pmatrix}\xrightarrow{-r_2,\ r_3+2r_2,\ r_4+2r_2,\ r_1-r_2}$

$\begin{pmatrix}1&0&2&1&-2\\0&1&-1&3&-1\\0&0&0&0&0\\0&0&0&0&0\end{pmatrix}$，得同解方程组 $\begin{cases}x_1=-2x_3-x_4+2x_5,\\x_2=x_3-3x_4+x_5.\end{cases}$ 取 $\begin{pmatrix}x_3\\x_4\\x_5\end{pmatrix}=\begin{pmatrix}1\\0\\0\end{pmatrix}$，$\begin{pmatrix}0\\1\\0\end{pmatrix}$ 和 $\begin{pmatrix}0\\0\\1\end{pmatrix}$，得方程组的基础解系

$\boldsymbol{\xi}_1=\begin{pmatrix}-2\\1\\1\\0\\0\end{pmatrix}$，$\boldsymbol{\xi}_2=\begin{pmatrix}-1\\-3\\0\\1\\0\end{pmatrix}$，$\boldsymbol{\xi}_3=\begin{pmatrix}2\\1\\0\\0\\1\end{pmatrix}$，于是方程组的通解为

$$x=c_1\boldsymbol{\xi}_1+c_2\boldsymbol{\xi}_2+c_3\boldsymbol{\xi}_3=c_1\begin{pmatrix}-2\\1\\1\\0\\0\end{pmatrix}+c_2\begin{pmatrix}-1\\-3\\0\\1\\0\end{pmatrix}+c_3\begin{pmatrix}2\\1\\0\\0\\1\end{pmatrix}(c_1,c_2,c_3\in\mathbb{R}).$$

5．**解**：（1）将方程组写成矩阵形式 $\boldsymbol{Ax}=\boldsymbol{b}$，则增广矩阵 $(\boldsymbol{A},\boldsymbol{b})=\left(\begin{array}{cccc|c}2&-1&4&-3&-4\\1&0&1&-1&-3\\3&1&1&0&1\\7&0&7&-3&3\end{array}\right)\xrightarrow[\substack{r_3-3r_1\\r_4-7r_1}]{\substack{r_1\leftrightarrow r_2\\-(r_2-2r_1)}}$

$$\left(\begin{array}{cccc|c}1&0&1&-1&-3\\0&1&-2&1&-2\\0&1&-2&3&10\\0&0&0&4&24\end{array}\right)\xrightarrow{r_3-r_2}\left(\begin{array}{cccc|c}1&0&1&-1&-3\\0&1&-2&1&-2\\0&0&0&2&12\\0&0&0&4&24\end{array}\right)\xrightarrow[r_4-4r_3]{\frac{1}{2}r_3}\left(\begin{array}{cccc|c}1&0&1&-1&-3\\0&1&-2&1&-2\\0&0&0&1&6\\0&0&0&0&0\end{array}\right)\xrightarrow[r_2-r_3]{r_1+r_3}\left(\begin{array}{cccc|c}1&0&1&0&3\\0&1&-2&0&-8\\0&0&0&1&6\\0&0&0&0&0\end{array}\right)$$，得

同解方程组 $\begin{cases}x_1=-x_3+3,\\x_2=2x_3-8,\\x_4=6.\end{cases}$ 取 $x_3=1$，得对应齐次线性方程组的基础解系 $\boldsymbol{\xi}=\begin{pmatrix}-1\\2\\1\\0\end{pmatrix}$；取 $x_3=0$，得原方程组的一个

特解为 $\boldsymbol{\eta}=\begin{pmatrix}3\\-8\\0\\6\end{pmatrix}$，于是方程组的通解为 $\begin{pmatrix}x_1\\x_2\\x_3\\x_4\end{pmatrix}=c\boldsymbol{\xi}+\boldsymbol{\eta}=c\begin{pmatrix}-1\\2\\1\\0\end{pmatrix}+\begin{pmatrix}3\\-8\\0\\6\end{pmatrix}(c\in\mathbb{R})$.

（2）将方程组写成矩阵形式 $\boldsymbol{Ax}=\boldsymbol{b}$，则增广矩阵 $(\boldsymbol{A},\boldsymbol{b})=\left(\begin{array}{cccc|c}1&-1&-2&3&0\\1&-3&-5&2&-1\\1&1&1&4&1\\1&7&10&7&4\end{array}\right)\xrightarrow[\substack{r_3-r_1\\r_4-r_1}]{r_2-r_1}$

$\left(\begin{array}{cccc|c}1&-1&-2&3&0\\0&-2&-3&-1&-1\\0&2&3&1&1\\0&8&12&4&4\end{array}\right)\xrightarrow[\substack{r_3-r_2\\r_4-4r_2}]{-r_2}\left(\begin{array}{cccc|c}1&-1&-2&3&0\\0&2&3&1&1\\0&0&0&0&0\\0&0&0&0&0\end{array}\right)$，得同解方程组 $\begin{cases}x_1-x_2-2x_3+3x_4=0,\\2x_2+3x_3+x_4=1.\end{cases}$ 取 $\begin{pmatrix}x_3\\x_4\end{pmatrix}=\begin{pmatrix}1\\0\end{pmatrix}$ 和

$\begin{pmatrix}0\\1\end{pmatrix}$，得对应齐次线性方程组的基础解系 $\boldsymbol{\xi}_1=\begin{pmatrix}\frac{1}{2}\\-\frac{3}{2}\\1\\0\end{pmatrix}$，$\boldsymbol{\xi}_2=\begin{pmatrix}-\frac{7}{2}\\-\frac{1}{2}\\0\\1\end{pmatrix}$；取 $\begin{pmatrix}x_3\\x_4\end{pmatrix}=\begin{pmatrix}0\\0\end{pmatrix}$，得原方程组的一个特解为

$\boldsymbol{\eta}=\begin{pmatrix}\frac{1}{2}\\\frac{1}{2}\\0\\0\end{pmatrix}$，于是方程组的通解为 $\begin{pmatrix}x_1\\x_2\\x_3\\x_4\end{pmatrix}=c_1\boldsymbol{\xi}_1+c_2\boldsymbol{\xi}_2+\boldsymbol{\eta}=c_1\begin{pmatrix}\frac{1}{2}\\-\frac{3}{2}\\1\\0\end{pmatrix}+c_2\begin{pmatrix}-\frac{7}{2}\\-\frac{1}{2}\\0\\1\end{pmatrix}+\begin{pmatrix}\frac{1}{2}\\\frac{1}{2}\\0\\0\end{pmatrix}(c_1,c_2\in\mathbb{R})$.

6．**解**：将 $\boldsymbol{A}$ 化为阶梯形矩阵，$\boldsymbol{A}=\begin{pmatrix}1&2&1&2\\0&1&t&t\\1&t&0&1\end{pmatrix}\xrightarrow{r_3-r_1}\begin{pmatrix}1&2&1&2\\0&1&t&t\\0&t-2&-1&-1\end{pmatrix}\xrightarrow[r_3-(t-2)r_2]{r_1-2r_2}$

$\begin{pmatrix}1&0&1-2t&2-2t\\0&1&t&t\\0&0&-(t-1)^2&-(t-1)^2\end{pmatrix}$. 由方程组 $\boldsymbol{Ax}=\boldsymbol{0}$ 的解空间的维数是2，得 $R(\boldsymbol{A})=4-2=2$，于是 $-(t-1)^2=0$，解得 $t=1$．此时，原方程组的同解方程组为 $\begin{cases}x_1=x_3,\\x_2=-x_3-x_4.\end{cases}$ 取 $\begin{pmatrix}x_3\\x_4\end{pmatrix}=\begin{pmatrix}1\\0\end{pmatrix}$ 和 $\begin{pmatrix}0\\1\end{pmatrix}$，则方程组的通解为 $\boldsymbol{x}=c_1(1,-1,1,0)^{\mathrm{T}}+c_2(0,-1,0,1)^{\mathrm{T}}$，其中 c_1，$c_2\in\mathbb{R}$．

7．**解**：（1）由I可得 $\begin{cases}x_1=-x_4,\\x_2=x_4,\end{cases}$ 则方程组I的基础解系为 $(0,0,1,0)^{\mathrm{T}}$，$(-1,1,0,1)^{\mathrm{T}}$．

（2）将方程组II的通解代入方程组I中，得 $\begin{cases}-c_2+c_1+2c_2=0,\\c_1+2c_2-c_2=0,\end{cases}$ 解得 $c_1=-c_2$，当 $c_1=-c_2\neq0$ 时，则向量 $c_1(0,1,1,0)^{\mathrm{T}}+c_2(-1,2,2,1)^{\mathrm{T}}=c_2(-1,1,1,1)^{\mathrm{T}}$ 满足方程组I，故方程组I和II有非零公共解，所有非零公共解可表示为 $c(-1,1,1,1)^{\mathrm{T}}$，其中 $c\in\mathbb{R}$．

8．**解**：由两线性方程组有公共解，得方程组 $\begin{cases}2x_1+x_3=1,\\x_1+ax_2+x_3=0,\\x_1+2x_2+x_3=0,\\ax_1+x_2=2\end{cases}$ 有解，将该方程组记为 $\boldsymbol{Ax}=\boldsymbol{b}$，则 $R(\boldsymbol{A})=R(\boldsymbol{A},\boldsymbol{b})$．因为系数矩阵只有3列，则系数矩阵的秩最多为3，而增广矩阵有4列，所以增广矩阵的行列式为0，即 $\begin{vmatrix}2&0&1&1\\1&a&1&0\\1&2&1&0\\a&1&0&2\end{vmatrix}\xlongequal{r_4-2r_1}\begin{vmatrix}2&0&1&1\\1&a&1&0\\1&2&1&0\\a-4&1&-2&0\end{vmatrix}\xlongequal{\text{按第4列展开}}-\begin{vmatrix}1&a&1\\1&2&1\\a-4&1&-2\end{vmatrix}\xlongequal{r_2-r_1}-\begin{vmatrix}1&a&1\\0&2-a&0\\a-4&1&-2\end{vmatrix}=-(2-a)^2=0$，解得 $a=2$．

9．**解**：将方程组写成矩阵形式 $\boldsymbol{Ax}=\boldsymbol{b}$，则增广矩阵 $(\boldsymbol{A},\boldsymbol{b})=\left(\begin{array}{ccc:c}1&0&1&\lambda\\4&1&2&\lambda+2\\6&1&4&2\lambda+3\end{array}\right)\xrightarrow[r_3-6r_1]{r_2-4r_1}\left(\begin{array}{ccc:c}1&0&1&\lambda\\0&1&-2&-3\lambda+2\\0&1&-2&-4\lambda+3\end{array}\right)\xrightarrow{r_3-r_2}\left(\begin{array}{ccc:c}1&0&1&\lambda\\0&1&-2&-3\lambda+2\\0&0&0&-\lambda+1\end{array}\right)$．当 $-\lambda+1=0$，$\lambda=1$ 时，$R(\boldsymbol{A})=R(\boldsymbol{B})=2<3$，方程组有无限多解，其同解方程组为 $\begin{cases}x_1=-x_3+1,\\x_2=2x_3-1.\end{cases}$ 取 $x_3=1$，得对应齐次线性方程组的基础解系 $\boldsymbol{\xi}=(-1,2,1)^{\mathrm{T}}$；取 $x_3=0$，得原方程组的一个特解为 $\boldsymbol{\eta}=(1,-1,0)^{\mathrm{T}}$，于是方程组的通解为 $\boldsymbol{x}=c\boldsymbol{\xi}+\boldsymbol{\eta}=c(-1,2,1)^{\mathrm{T}}+(1,-1,0)^{\mathrm{T}}$，其中 $c\in\mathbb{R}$．

10．**解**：将方程组写成矩阵形式 $\boldsymbol{Ax}=\boldsymbol{b}$，则增广矩阵 $\left(\begin{array}{cccc:c}1&1&0&0&a_1\\0&1&1&0&a_2\\0&0&1&1&a_3\\1&0&0&1&a_4\end{array}\right)\xrightarrow{r_4-r_1+r_2-r_3}\left(\begin{array}{cccc:c}1&1&0&0&a_1\\0&1&1&0&a_2\\0&0&1&1&a_3\\0&0&0&0&a_4-a_1+a_2-a_3\end{array}\right)$．若方程组有解，则 $R(\boldsymbol{A})=R(\boldsymbol{A},\boldsymbol{b})=3$，所以实数 a_1，a_2，a_3，a_4 应满足 $a_4-a_1+a_2-a_3=0$．

11．**解**：将方程组写成矩阵形式 $\boldsymbol{Ax}=\boldsymbol{b}$，则增广矩阵 $(\boldsymbol{A},\boldsymbol{b})=\left(\begin{array}{cccc:c}1&1&2&3&1\\1&3&6&1&3\\3&-1&-k_1&15&3\\1&-5&-10&12&k_2\end{array}\right)\xrightarrow[\substack{r_3-3r_1\\r_4-r_1}]{\frac{1}{2}(r_2-r_1)}$

$$\left(\begin{array}{cccc:c}1&1&2&3&1\\0&1&2&-1&1\\0&-4&-k_1-6&6&0\\0&-6&-12&9&k_2-1\end{array}\right)\xrightarrow[r_4+6r_2]{r_1-r_2,\ r_3+4r_2}\left(\begin{array}{cccc:c}1&0&0&4&0\\0&1&2&-1&1\\0&0&2-k_1&2&4\\0&0&0&3&k_2+5\end{array}\right).$$

（1）当 $k_1\neq 2$ 时，$R(\boldsymbol{A})=R(\boldsymbol{A},\boldsymbol{b})=4$，方程组有唯一解.

（2）当 $k_1=2$，增广矩阵 $(\boldsymbol{A},\boldsymbol{b})\sim\left(\begin{array}{cccc:c}1&0&0&4&0\\0&1&2&-1&1\\0&0&0&2&4\\0&0&0&3&k_2+5\end{array}\right)\xrightarrow{\frac{1}{2}r_3,\ r_4-3r_3}\left(\begin{array}{cccc:c}1&0&0&4&0\\0&1&2&-1&1\\0&0&0&1&2\\0&0&0&0&k_2-1\end{array}\right)$，若 $k_2\neq 1$，则 $R(\boldsymbol{A})<R(\boldsymbol{A},\boldsymbol{b})$，所以当 $k_1=2$ 且 $k_2\neq 1$ 时，方程组无解.

（3）当 $k_1=2$，$k_2=1$ 时，$(\boldsymbol{A},\boldsymbol{b})\sim\left(\begin{array}{cccc:c}1&0&0&4&0\\0&1&2&-1&1\\0&0&0&1&2\\0&0&0&0&0\end{array}\right)\xrightarrow[r_2+r_3]{r_1-4r_3}\left(\begin{array}{cccc:c}1&0&0&0&-8\\0&1&2&0&3\\0&0&0&1&2\\0&0&0&0&0\end{array}\right)$，此时 $R(\boldsymbol{A})=R(\boldsymbol{A},\boldsymbol{b})<4$，方程组有无限多解，于是方程组的通解为 $\boldsymbol{x}=c\begin{pmatrix}0\\-2\\1\\0\end{pmatrix}+\begin{pmatrix}-8\\3\\0\\2\end{pmatrix}(c\in\mathbb{R})$.

12．**解**：由矩阵 $\boldsymbol{A}$ 各行的元素之和为零，得 $\boldsymbol{A}\begin{pmatrix}1\\1\\\vdots\\1\end{pmatrix}=\boldsymbol{0}$，又因为 $R(\boldsymbol{A})=n-1$，所以方程组 $\boldsymbol{Ax}=\boldsymbol{0}$ 的基础解系含 1 个解向量，因此 $\begin{pmatrix}1\\1\\\vdots\\1\end{pmatrix}$ 即为方程组 $\boldsymbol{Ax}=\boldsymbol{0}$ 的基础解系，于是方程组的通解为 $\boldsymbol{x}=c\begin{pmatrix}1\\1\\\vdots\\1\end{pmatrix}(c\in\mathbb{R})$.

13．**解**：将方程组写成矩阵形式 $\boldsymbol{Ax}=\boldsymbol{b}$，则增广矩阵 $(\boldsymbol{A},\boldsymbol{b})=\left(\begin{array}{ccc:c}a&a+3&1&-2\\1&a&1&a\\1&1&a&a^2\end{array}\right)\xrightarrow[r_1\leftrightarrow r_2]{r_3-r_2,\ r_1-r_2}$

$$\left(\begin{array}{ccc:c}1&a&1&a\\a-1&3&0&-2-a\\0&1-a&a-1&a^2-a\end{array}\right)\xrightarrow{r_2-(a-1)r_1}\left(\begin{array}{ccc:c}1&a&1&a\\0&3-a(a-1)&1-a&-2-a^2\\0&1-a&a-1&a^2-a\end{array}\right)\xrightarrow{r_2+r_3}\left(\begin{array}{ccc:c}1&a&1&a\\0&4-a^2&0&-a-2\\0&1-a&a-1&a^2-a\end{array}\right).$$

由方程组有无限多解，得 $R(\boldsymbol{A})=R(\boldsymbol{A},\boldsymbol{b})<3$，则 $a=1$ 或 -2.

（1）当 $a=1$ 时，增广矩阵 $(\boldsymbol{A},\boldsymbol{b})\xrightarrow{r}\left(\begin{array}{ccc:c}1&1&1&1\\0&3&0&-3\\0&0&0&0\end{array}\right)\xrightarrow{\frac{1}{3}r_2,\ r_1-r_2}\left(\begin{array}{ccc:c}1&0&1&2\\0&1&0&-1\\0&0&0&0\end{array}\right)$，原方程组的通解为

$$\begin{pmatrix}x_1\\x_2\\x_3\end{pmatrix}=c\begin{pmatrix}-1\\0\\1\end{pmatrix}+\begin{pmatrix}2\\-1\\0\end{pmatrix}(c\in\mathbb{R}).$$

（2）当 $a=-2$ 时，增广矩阵 $(\boldsymbol{A},\boldsymbol{b})\xrightarrow{r}\left(\begin{array}{ccc:c}1&-2&1&-2\\0&0&0&0\\0&3&-3&6\end{array}\right)\xrightarrow{\frac{1}{3}r_3,\ r_2\leftrightarrow r_3}\left(\begin{array}{ccc:c}1&-2&1&-2\\0&1&-1&2\\0&0&0&0\end{array}\right)\xrightarrow{r_1+2r_2}$

$\left(\begin{array}{ccc:c}1&0&-1&2\\0&1&-1&2\\0&0&0&0\end{array}\right)$，原方程组的通解为 $\begin{pmatrix}x_1\\x_2\\x_3\end{pmatrix}=c\begin{pmatrix}1\\1\\1\end{pmatrix}+\begin{pmatrix}2\\2\\0\end{pmatrix}(c\in\mathbb{R})$.

14．解：由题可知，$R(A)=2$，则 $3-R(A)=1$，即方程组 $\boldsymbol{Ax}=\boldsymbol{0}$ 的基础解系含1个解向量．由 $3\boldsymbol{\alpha}_1+2\boldsymbol{\alpha}_2-\boldsymbol{\alpha}_3=0$，得 $\boldsymbol{\xi}=\begin{pmatrix}3\\2\\-1\end{pmatrix}$ 为方程组 $\boldsymbol{Ax}=\boldsymbol{0}$ 的一个基础解系．

15．解：方程组的系数行列式 $|\boldsymbol{A}|=\begin{vmatrix}a&b&\cdots&b\\b&a&\cdots&b\\\vdots&\vdots&&\vdots\\b&b&\cdots&a\end{vmatrix}\xlongequal{r_1+r_2+\cdots+r_n}[a+(n-1)b]\begin{vmatrix}1&1&\cdots&1\\b&a&\cdots&b\\\vdots&\vdots&&\vdots\\b&b&\cdots&a\end{vmatrix}\xlongequal[r_n-br_1]{r_2-br_1,\ r_3-br_1,\ \cdots}[a+(n-1)b]\cdot$

$\begin{vmatrix}1&1&\cdots&1\\0&a-b&\cdots&0\\\vdots&\vdots&&\vdots\\0&0&\cdots&a-b\end{vmatrix}=[a+(n-1)b](a-b)^{n-1}$．

（1）当 $|\boldsymbol{A}|\neq 0$，即 $a\neq b$ 且 $a\neq(1-n)b$ 时，方程组只有零解；当 $|\boldsymbol{A}|=0$，即 $a=b$ 或 $a=(1-n)b$ 时，方程组有无限多解．

（2）方程组有无限多解时，$a=b$ 或 $a=(1-n)b$．

① 当 $a=b$ 时，得同解方程 $x_1+x_2+\cdots+x_n=0$，于是原方程组的通解为

$$\boldsymbol{x}=c_1\begin{pmatrix}-1\\1\\0\\\vdots\\0\end{pmatrix}+c_2\begin{pmatrix}-1\\0\\1\\\vdots\\0\end{pmatrix}+\cdots+c_{n-1}\begin{pmatrix}-1\\0\\\vdots\\0\\1\end{pmatrix}(c_1,c_2,\cdots,c_{n-1}\in\mathbb{R})\text{．}$$

② 当 $a=(1-n)b$ 时，系数矩阵 $\boldsymbol{A}=\begin{pmatrix}(1-n)b&b&\cdots&b\\b&(1-n)b&\cdots&b\\\vdots&\vdots&&\vdots\\b&b&\cdots&(1-n)b\end{pmatrix}\xrightarrow{\frac{r_1}{b},\frac{r_2}{b},\cdots\frac{r_n}{b}}\begin{pmatrix}1-n&1&\cdots&1\\1&1-n&\cdots&1\\\vdots&\vdots&&\vdots\\1&1&\cdots&1-n\end{pmatrix}$

$\xrightarrow[r_{n-1}-r_n]{r_1-r_n,\ r_2-r_n,\ \cdots}\begin{pmatrix}-n&0&\cdots&n\\0&-n&\cdots&n\\\vdots&\vdots&&\vdots\\1&1&\cdots&1-n\end{pmatrix}\xrightarrow{r_n+\frac{r_1}{n}+\frac{r_2}{n}+\cdots+\frac{r_{n-1}}{n}}\begin{pmatrix}-n&0&\cdots&n\\0&-n&\cdots&n\\\vdots&\vdots&&\vdots\\0&0&\cdots&0\end{pmatrix}$，所以 $R(\boldsymbol{A})=n-1$，显然 $\begin{pmatrix}1\\1\\\vdots\\1\end{pmatrix}$ 为方程组的一个解，于是原方程组的通解为 $\boldsymbol{x}=c\begin{pmatrix}1\\1\\\vdots\\1\end{pmatrix}(c\in\mathbb{R})$．

16．证：方程组 $\begin{cases}\boldsymbol{Ax}=\boldsymbol{0},\\\boldsymbol{Bx}=\boldsymbol{0},\end{cases}$ 或 $\begin{pmatrix}\boldsymbol{A}\\\boldsymbol{B}\end{pmatrix}\boldsymbol{x}=\boldsymbol{0}$ 的解即为方程组 $\boldsymbol{Ax}=\boldsymbol{0}$ 与 $\boldsymbol{Bx}=\boldsymbol{0}$ 的公共解．因为 $R\begin{pmatrix}\boldsymbol{A}\\\boldsymbol{B}\end{pmatrix}\leqslant R(\boldsymbol{A})+R(\boldsymbol{B})<n$，所以方程组 $\begin{pmatrix}\boldsymbol{A}\\\boldsymbol{B}\end{pmatrix}\boldsymbol{x}=\boldsymbol{0}$ 有非零解，因此方程组 $\boldsymbol{Ax}=\boldsymbol{0}$ 与 $\boldsymbol{Bx}=\boldsymbol{0}$ 有公共的非零解，得证．

第五章　相似矩阵及二次型

第一节　向量的内积、长度及正交性

一、单项选择题

1．B【解析】由向量 $\boldsymbol{\alpha}=\begin{pmatrix}3\\5\\1\end{pmatrix}$，$\boldsymbol{\beta}=\begin{pmatrix}-1\\2\\3\end{pmatrix}$，得 $(\boldsymbol{\alpha},\boldsymbol{\beta})=3\times(-1)+5\times2+1\times3=10$．故选 B．

2．B【解析】由向量 $\boldsymbol{\alpha}=\begin{pmatrix}1\\2\\3\\4\end{pmatrix}$，$\lambda=2$，得 $\|\lambda\boldsymbol{\alpha}\|=2\sqrt{1^2+2^2+3^2+4^2}=2\sqrt{30}$．故选 B．

3．C【解析】A 选项中，矩阵第 1 列和第 3 列的两个列向量不是单位向量，故 A 选项不是正交矩阵．B 选项中，矩阵不可逆，故 B 选项不是正交矩阵．D 选项中，矩阵第 2 列和第 3 列的两个列向量不正交．故选 C．

4．D【解析】因为 $\boldsymbol{\alpha}_1$，$\boldsymbol{\alpha}_2$，$\boldsymbol{\alpha}_3$ 为向量空间 V 的一组标准正交基，所以 $\boldsymbol{\alpha}_1^2=\boldsymbol{\alpha}_2^2=\boldsymbol{\alpha}_3^2=1$，又 $\boldsymbol{\xi}=\boldsymbol{\alpha}_1-\boldsymbol{\alpha}_2+\boldsymbol{\alpha}_3$，$\boldsymbol{\eta}=a\boldsymbol{\alpha}_1+b\boldsymbol{\alpha}_2-c\boldsymbol{\alpha}_3$，若 $\boldsymbol{\xi}\perp\boldsymbol{\eta}$，则 $(\boldsymbol{\xi},\boldsymbol{\eta})=0$，于是 $a-b-c=0$．故选 D．

5．A【解析】令矩阵 $\boldsymbol{A}=\begin{pmatrix}\boldsymbol{\alpha}_1^{\mathrm T}\\\boldsymbol{\alpha}_2^{\mathrm T}\\\boldsymbol{\alpha}_3^{\mathrm T}\end{pmatrix}$，由 $\boldsymbol{\beta}_i$ 与 $\boldsymbol{\alpha}_1$，$\boldsymbol{\alpha}_2$，$\boldsymbol{\alpha}_3$ 正交，得 $\boldsymbol{\beta}_i$ 是方程组 $\boldsymbol{Ax}=\boldsymbol{0}$ 的非零解向量．由 $R(\boldsymbol{A})=3$，得 $\boldsymbol{Ax}=\boldsymbol{0}$ 的基础解系最多含一个非零解向量，故 $1\leqslant R(\boldsymbol{\beta}_1,\boldsymbol{\beta}_2,\boldsymbol{\beta}_3,\boldsymbol{\beta}_4)\leqslant n-R(\boldsymbol{A})=4-3=1$，从而 $R(\boldsymbol{\beta}_1,\boldsymbol{\beta}_2,\boldsymbol{\beta}_3,\boldsymbol{\beta}_4)=1$．故选 A．

二、填空题

1．$t+2s=0$【解析】由向量 $\boldsymbol{\alpha}_1=\begin{pmatrix}1\\s\end{pmatrix}$ 与 $\boldsymbol{\alpha}_2=\begin{pmatrix}t\\2\end{pmatrix}$ 正交，得 $(\boldsymbol{\alpha}_1,\boldsymbol{\alpha}_2)=0$，即 $t+2s=0$．

2．$\boldsymbol{\xi}_1=\dfrac{1}{3}\begin{pmatrix}1\\2\\2\end{pmatrix}$，$\boldsymbol{\xi}_2=\dfrac{\sqrt2}{6}\begin{pmatrix}4\\-1\\-1\end{pmatrix}$【解析】利用施密特正交化方法，将这个向量组正交化．取 $\boldsymbol{b}_1=\boldsymbol{a}_1=\begin{pmatrix}1\\2\\2\end{pmatrix}$，则 $\boldsymbol{b}_2=\boldsymbol{a}_2-\dfrac{(\boldsymbol{a}_2,\boldsymbol{b}_1)}{(\boldsymbol{b}_1,\boldsymbol{b}_1)}\boldsymbol{b}_1=\boldsymbol{a}_2-\dfrac{2}{3}\boldsymbol{b}_1=\dfrac{1}{3}\begin{pmatrix}4\\-1\\-1\end{pmatrix}$，再将 $\boldsymbol{b}_1$，$\boldsymbol{b}_2$ 单位化即为所求标准正交向量组，$\boldsymbol{\xi}_1=\dfrac{\boldsymbol{b}_1}{\|\boldsymbol{b}_1\|}=\dfrac{1}{3}\begin{pmatrix}1\\2\\2\end{pmatrix}$，$\boldsymbol{\xi}_2=\dfrac{\boldsymbol{b}_2}{\|\boldsymbol{b}_2\|}=\dfrac{\sqrt2}{6}\begin{pmatrix}4\\-1\\-1\end{pmatrix}$．

3．$a=-1$，$b=c=0$【解析】若 $\boldsymbol{A}$ 是正交矩阵，则根据定义 $\boldsymbol{AA}^{\mathrm T}=\boldsymbol{A}^{\mathrm T}\boldsymbol{A}=\boldsymbol{E}$，得 $\begin{cases}a^2+b^2=a^2+c^2=1,\\ab+c(a+2)=ac+b(a+2)=0,\\c^2+(a+2)^2=b^2+(a+2)^2=1,\end{cases}$ 解得 $a=-1$，$b=c=0$．

4．$\boldsymbol{\xi}_1=\dfrac{1}{\sqrt6}\begin{pmatrix}1\\2\\1\end{pmatrix}$，$\boldsymbol{\xi}_2=\dfrac{1}{\sqrt{66}}\begin{pmatrix}7\\-4\\1\end{pmatrix}$【解析】题中所给向量组是线性相关的，该向量组的一个最大无关组为

$\boldsymbol{\alpha}=\begin{pmatrix}1\\2\\1\end{pmatrix}$，$\boldsymbol{\beta}=\begin{pmatrix}2\\1\\1\end{pmatrix}$，利用施密特正交化方法将最大无关组正交化，取 $\boldsymbol{b}_1=\boldsymbol{\alpha}=\begin{pmatrix}1\\2\\1\end{pmatrix}$，则 $\boldsymbol{b}_2=\boldsymbol{\beta}-\dfrac{(\boldsymbol{\beta},\boldsymbol{b}_1)}{(\boldsymbol{b}_1,\boldsymbol{b}_1)}\boldsymbol{b}_1=\boldsymbol{\beta}-\dfrac{5}{6}\boldsymbol{b}_1=\dfrac{1}{6}\begin{pmatrix}7\\-4\\1\end{pmatrix}$，单位化得 $\boldsymbol{\xi}_1=\dfrac{\boldsymbol{b}_1}{\|\boldsymbol{b}_1\|}=\dfrac{1}{\sqrt{6}}\begin{pmatrix}1\\2\\1\end{pmatrix}$，$\boldsymbol{\xi}_2=\dfrac{\boldsymbol{b}_2}{\|\boldsymbol{b}_2\|}=\dfrac{1}{\sqrt{66}}\begin{pmatrix}7\\-4\\1\end{pmatrix}$.

5. $\left(\dfrac{\sqrt{3}}{2},\dfrac{\sqrt{3}}{2},-\dfrac{1}{2}\right)$ **【解析】**若 $\boldsymbol{A}$ 是正交矩阵，则根据定义 $\boldsymbol{A}\boldsymbol{A}^{\mathrm{T}}=\boldsymbol{A}^{\mathrm{T}}\boldsymbol{A}=\boldsymbol{E}$，得 $\begin{cases}\dfrac{1}{4}+a^2=\dfrac{1}{4}+b^2=1,\\ \dfrac{1}{2}a+bc=\dfrac{1}{2}b+ac=0,\\ b^2+c^2=a^2+c^2=1,\end{cases}$ 解得 $a=b=\dfrac{\sqrt{3}}{2}$，$c=-\dfrac{1}{2}$，所以向量 $(a,b,c)=\left(\dfrac{\sqrt{3}}{2},\dfrac{\sqrt{3}}{2},-\dfrac{1}{2}\right)$.

三、解答题

1. **解**：（1）取 $\boldsymbol{b}_1=\boldsymbol{a}_1=\begin{pmatrix}1\\1\\1\end{pmatrix}$，则 $\boldsymbol{b}_2=\boldsymbol{a}_2-\dfrac{(\boldsymbol{a}_2,\boldsymbol{b}_1)}{(\boldsymbol{b}_1,\boldsymbol{b}_1)}\boldsymbol{b}_1=\boldsymbol{a}_2-0\boldsymbol{b}_1=\begin{pmatrix}0\\1\\-1\end{pmatrix}$，$\boldsymbol{b}_3=\boldsymbol{a}_3-\dfrac{(\boldsymbol{a}_3,\boldsymbol{b}_1)}{(\boldsymbol{b}_1,\boldsymbol{b}_1)}\boldsymbol{b}_1-\dfrac{(\boldsymbol{a}_3,\boldsymbol{b}_2)}{(\boldsymbol{b}_2,\boldsymbol{b}_2)}\boldsymbol{b}_2=\boldsymbol{a}_3-\dfrac{4}{3}\boldsymbol{b}_1-\dfrac{1}{2}\boldsymbol{b}_2=\dfrac{1}{6}\begin{pmatrix}-2\\1\\1\end{pmatrix}$，单位化得 $\boldsymbol{\xi}_1=\dfrac{\boldsymbol{b}_1}{\|\boldsymbol{b}_1\|}=\dfrac{\sqrt{3}}{3}\begin{pmatrix}1\\1\\1\end{pmatrix}$，$\boldsymbol{\xi}_2=\dfrac{\boldsymbol{b}_2}{\|\boldsymbol{b}_2\|}=\dfrac{\sqrt{2}}{2}\begin{pmatrix}0\\1\\-1\end{pmatrix}$，$\boldsymbol{\xi}_3=\dfrac{\boldsymbol{b}_3}{\|\boldsymbol{b}_3\|}=\dfrac{\sqrt{6}}{6}\begin{pmatrix}-2\\1\\1\end{pmatrix}$.

（2）取 $\boldsymbol{b}_1=\boldsymbol{a}_1=\begin{pmatrix}1\\0\\1\\-1\end{pmatrix}$，则 $\boldsymbol{b}_2=\boldsymbol{a}_2-\dfrac{(\boldsymbol{a}_2,\boldsymbol{b}_1)}{(\boldsymbol{b}_1,\boldsymbol{b}_1)}\boldsymbol{b}_1=\boldsymbol{a}_2-\boldsymbol{b}_1=\begin{pmatrix}0\\-1\\0\\0\end{pmatrix}$，$\boldsymbol{b}_3=\boldsymbol{a}_3-\dfrac{(\boldsymbol{a}_3,\boldsymbol{b}_1)}{(\boldsymbol{b}_1,\boldsymbol{b}_1)}\boldsymbol{b}_1-\dfrac{(\boldsymbol{a}_3,\boldsymbol{b}_2)}{(\boldsymbol{b}_2,\boldsymbol{b}_2)}\boldsymbol{b}_2=\boldsymbol{a}_3-\dfrac{2}{3}\boldsymbol{b}_1+\boldsymbol{b}_2=\dfrac{1}{3}\begin{pmatrix}1\\0\\1\\2\end{pmatrix}$，单位化得 $\boldsymbol{\xi}_1=\dfrac{\boldsymbol{b}_1}{\|\boldsymbol{b}_1\|}=\dfrac{\sqrt{3}}{3}\begin{pmatrix}1\\0\\1\\-1\end{pmatrix}$，$\boldsymbol{\xi}_2=\dfrac{\boldsymbol{b}_2}{\|\boldsymbol{b}_2\|}=\begin{pmatrix}0\\-1\\0\\0\end{pmatrix}$，$\boldsymbol{\xi}_3=\dfrac{\boldsymbol{b}_3}{\|\boldsymbol{b}_3\|}=\dfrac{\sqrt{6}}{6}\begin{pmatrix}1\\0\\1\\2\end{pmatrix}$.

（3）取 $\boldsymbol{b}_1=\boldsymbol{a}_1=\begin{pmatrix}1\\1\\-1\\-1\end{pmatrix}$，则 $\boldsymbol{b}_2=\boldsymbol{a}_2-\dfrac{(\boldsymbol{a}_2,\boldsymbol{b}_1)}{(\boldsymbol{b}_1,\boldsymbol{b}_1)}\boldsymbol{b}_1=\boldsymbol{a}_2-\dfrac{0}{4}\boldsymbol{b}_1=\begin{pmatrix}1\\-1\\1\\-1\end{pmatrix}$，$\boldsymbol{b}_3=\boldsymbol{a}_3-\dfrac{(\boldsymbol{a}_3,\boldsymbol{b}_1)}{(\boldsymbol{b}_1,\boldsymbol{b}_1)}\boldsymbol{b}_1-\dfrac{(\boldsymbol{a}_3,\boldsymbol{b}_2)}{(\boldsymbol{b}_2,\boldsymbol{b}_2)}\boldsymbol{b}_2=\boldsymbol{a}_3-\dfrac{2}{4}\boldsymbol{b}_1-\dfrac{0}{4}\boldsymbol{b}_2=\dfrac{1}{2}\begin{pmatrix}1\\-1\\-1\\1\end{pmatrix}$，单位化得 $\boldsymbol{\xi}_1=\dfrac{\boldsymbol{b}_1}{\|\boldsymbol{b}_1\|}=\dfrac{1}{2}\begin{pmatrix}1\\1\\-1\\-1\end{pmatrix}$，$\boldsymbol{\xi}_2=\dfrac{\boldsymbol{b}_2}{\|\boldsymbol{b}_2\|}=\dfrac{1}{2}\begin{pmatrix}1\\-1\\1\\-1\end{pmatrix}$，$\boldsymbol{\xi}_3=\dfrac{\boldsymbol{b}_3}{\|\boldsymbol{b}_3\|}=\dfrac{1}{2}\begin{pmatrix}1\\-1\\-1\\1\end{pmatrix}$.

2. **证**：因为矩阵 $\boldsymbol{A}=\begin{pmatrix}\cos\varphi & \sin\varphi\\ -\sin\varphi & \cos\varphi\end{pmatrix}$，$\boldsymbol{A}^{\mathrm{T}}=\begin{pmatrix}\cos\varphi & -\sin\varphi\\ \sin\varphi & \cos\varphi\end{pmatrix}$，则 $\boldsymbol{A}^{\mathrm{T}}\boldsymbol{A}=\begin{pmatrix}\cos\varphi & -\sin\varphi\\ \sin\varphi & \cos\varphi\end{pmatrix}\cdot\begin{pmatrix}\cos\varphi & \sin\varphi\\ -\sin\varphi & \cos\varphi\end{pmatrix}=\begin{pmatrix}1 & 0\\ 0 & 1\end{pmatrix}=\boldsymbol{E}$，所以对于任意角度 φ，矩阵 $\boldsymbol{A}$ 都是正交矩阵，得证.

3. **解**：设向量 $\boldsymbol{\gamma}=(x,y,z)^{\mathrm{T}}$ 与向量 $\boldsymbol{\alpha}$，$\boldsymbol{\beta}$ 正交，有 $\begin{cases}x-z=0,\\ 2x+y+z=0,\end{cases}$ 解得 $x=z=c$，$y=-3c$，其中 c 为非

零实数，则向量$\boldsymbol{\gamma}=\begin{pmatrix} c \\ -3c \\ c \end{pmatrix}$，将其单位化，得$\dfrac{\boldsymbol{\gamma}}{\|\boldsymbol{\gamma}\|}=\dfrac{1}{\sqrt{11}\,|c|}\begin{pmatrix} c \\ -3c \\ c \end{pmatrix}=\pm\dfrac{1}{\sqrt{11}}\begin{pmatrix} 1 \\ -3 \\ 1 \end{pmatrix}$.

4．**证**：设矩阵$\boldsymbol{A}=\begin{pmatrix} \boldsymbol{\alpha}_1^{\mathrm{T}} \\ \boldsymbol{\alpha}_2^{\mathrm{T}} \\ \vdots \\ \boldsymbol{\alpha}_n^{\mathrm{T}} \end{pmatrix}$，因为向量$\boldsymbol{\alpha}_1,\boldsymbol{\alpha}_2,\cdots,\boldsymbol{\alpha}_n$与$\boldsymbol{\beta}$正交，所以$\boldsymbol{A\beta}=\boldsymbol{0}$，即$\boldsymbol{\beta}$为方程组$\boldsymbol{Ax}=\boldsymbol{0}$的解．又$\boldsymbol{\alpha}_1,\boldsymbol{\alpha}_2,\cdots,\boldsymbol{\alpha}_n$线性无关，所以$R(\boldsymbol{A})=n$，从而方程组$\boldsymbol{Ax}=\boldsymbol{0}$只有零解，即向量$\boldsymbol{\beta}$为零向量，得证．

5．**证**：令矩阵$\boldsymbol{A}=\begin{pmatrix} \boldsymbol{\alpha}_1^{\mathrm{T}} \\ \boldsymbol{\alpha}_2^{\mathrm{T}} \\ \vdots \\ \boldsymbol{\alpha}_{n-1}^{\mathrm{T}} \end{pmatrix}$，因为$\boldsymbol{\alpha}_1,\boldsymbol{\alpha}_2,\cdots,\boldsymbol{\alpha}_{n-1}$与$\boldsymbol{\beta}_1,\boldsymbol{\beta}_2$正交，所以$\boldsymbol{A\beta}_1=\boldsymbol{0}$，$\boldsymbol{A\beta}_2=\boldsymbol{0}$，即$\boldsymbol{\beta}_1$，$\boldsymbol{\beta}_2$为方程组$\boldsymbol{Ax}=\boldsymbol{0}$的两个非零解．因为$R(\boldsymbol{A})=n-1$，则方程组$\boldsymbol{Ax}=\boldsymbol{0}$的基础解系含一个解向量，所以向量组$\boldsymbol{\beta}_1$，$\boldsymbol{\beta}_2$线性相关，得证．

6．**证**：因为$\boldsymbol{A}^{\mathrm{T}}\boldsymbol{A}=\dfrac{1}{9}\begin{pmatrix} 1 & 2 & 2 \\ 2 & 1 & -2 \\ 2 & -2 & 1 \end{pmatrix}^{\mathrm{T}}\begin{pmatrix} 1 & 2 & 2 \\ 2 & 1 & -2 \\ 2 & -2 & 1 \end{pmatrix}=\dfrac{1}{9}\begin{pmatrix} 9 & 0 & 0 \\ 0 & 9 & 0 \\ 0 & 0 & 9 \end{pmatrix}=\begin{pmatrix} 1 & 0 & 0 \\ 0 & 1 & 0 \\ 0 & 0 & 1 \end{pmatrix}=\boldsymbol{E}$，所以$\boldsymbol{A}$为正交矩阵，得证．

7．**证**：若$\boldsymbol{A}$是正交矩阵，则$\boldsymbol{AA}^{\mathrm{T}}=\boldsymbol{A}^{\mathrm{T}}\boldsymbol{A}=\boldsymbol{E}$，矩阵$\boldsymbol{A}$可逆，$\boldsymbol{A}^{-1}=\boldsymbol{A}^{\mathrm{T}}$；又矩阵$\boldsymbol{A}$可逆，在等式$\boldsymbol{AA}^{\mathrm{T}}=\boldsymbol{A}^{\mathrm{T}}\boldsymbol{A}=\boldsymbol{E}$的各端同时取逆，可得$(\boldsymbol{AA}^{\mathrm{T}})^{-1}=(\boldsymbol{A}^{\mathrm{T}}\boldsymbol{A})^{-1}=\boldsymbol{E}$，所以$(\boldsymbol{A}^{-1})^{\mathrm{T}}\boldsymbol{A}^{-1}=\boldsymbol{A}^{-1}(\boldsymbol{A}^{-1})^{\mathrm{T}}=\boldsymbol{E}$，从而$\boldsymbol{A}^{\mathrm{T}}=\boldsymbol{A}^{-1}$是正交矩阵．等式$\boldsymbol{AA}^{\mathrm{T}}=\boldsymbol{E}$两边取行列式，有$|\boldsymbol{AA}^{\mathrm{T}}|=|\boldsymbol{A}||\boldsymbol{A}^{\mathrm{T}}|=|\boldsymbol{A}|^2=1$，于是$|\boldsymbol{A}|=\pm1$，得证．

8．**解**：因为$R(\boldsymbol{B})=2$，所以方程组$\boldsymbol{Bx}=\boldsymbol{0}$的解空间的维数是$4-2=2$．又$\boldsymbol{\alpha}_1$，$\boldsymbol{\alpha}_2$线性无关，且为方程组$\boldsymbol{Bx}=\boldsymbol{0}$的解，所以$\boldsymbol{\alpha}_1$，$\boldsymbol{\alpha}_2$是$\boldsymbol{Bx}=\boldsymbol{0}$的解空间的一组基．取$\boldsymbol{\beta}_1=\boldsymbol{\alpha}_1=(1,1,2,3)^{\mathrm{T}}$，则$\boldsymbol{\beta}_2=\boldsymbol{\alpha}_2-\dfrac{(\boldsymbol{\alpha}_2,\boldsymbol{\beta}_1)}{(\boldsymbol{\beta}_1,\boldsymbol{\beta}_1)}\boldsymbol{\beta}_1=\boldsymbol{\alpha}_2-\dfrac{1}{3}\boldsymbol{\beta}_1=\left(-\dfrac{4}{3},\dfrac{2}{3},\dfrac{10}{3},-2\right)^{\mathrm{T}}$，单位化得$\boldsymbol{\xi}_1=\dfrac{1}{\sqrt{15}}(1,1,2,3)^{\mathrm{T}}$，$\boldsymbol{\xi}_2=\dfrac{1}{\sqrt{39}}(-2,1,5,-3)^{\mathrm{T}}$，所以$\boldsymbol{\xi}_1$，$\boldsymbol{\xi}_2$为所求的一组标准正交基．

第二节　方阵的特征值与特征向量

一、单项选择题

1．A【**解析**】因为$|\boldsymbol{A}|=3\neq0$，所以矩阵$\boldsymbol{A}$可逆，则$\boldsymbol{A}^*=|\boldsymbol{A}|\boldsymbol{A}^{-1}$．又因为2是$\boldsymbol{A}$的特征值，则$\dfrac{1}{2}$是$\boldsymbol{A}^{-1}$的特征值，所以$\boldsymbol{A}^*$的一个特征值为$\dfrac{3}{2}$．故选A．

2．D【**解析**】因为1，-1，2是三阶矩阵$\boldsymbol{A}$的特征值，则$|\boldsymbol{A}-\boldsymbol{E}|=|\boldsymbol{A}+\boldsymbol{E}|=|\boldsymbol{A}-2\boldsymbol{E}|=0$，所以矩阵$\boldsymbol{E}-\boldsymbol{A}$，$\boldsymbol{E}+\boldsymbol{A}$，$2\boldsymbol{E}-\boldsymbol{A}$不可逆．由矩阵$\boldsymbol{A}$的特征值为1，$-1$，2，得$2\boldsymbol{E}+\boldsymbol{A}$的特征值为3，1，4，所以$|2\boldsymbol{E}+\boldsymbol{A}|=3\times1\times4=12$．故选D．

3．B【**解析**】因为λ_1，λ_2是矩阵$\boldsymbol{A}$的两个不同的特征值，$\boldsymbol{\alpha}_1$，$\boldsymbol{\alpha}_2$是对应的特征向量，所以$\boldsymbol{A\alpha}_1=\lambda_1\boldsymbol{\alpha}_1$，$\boldsymbol{A\alpha}_2=\lambda_2\boldsymbol{\alpha}_2$，$\boldsymbol{A}(\boldsymbol{\alpha}_1+\boldsymbol{\alpha}_2)=\lambda_1\boldsymbol{\alpha}_1+\lambda_2\boldsymbol{\alpha}_2$．若向量组$\boldsymbol{\alpha}_1$，$\boldsymbol{A}(\boldsymbol{\alpha}_1+\boldsymbol{\alpha}_2)$线性无关，且$[\boldsymbol{\alpha}_1,\boldsymbol{A}(\boldsymbol{\alpha}_1+\boldsymbol{\alpha}_2)]=(\boldsymbol{\alpha}_1,\lambda_1\boldsymbol{\alpha}_1+\lambda_2\boldsymbol{\alpha}_2)=(\boldsymbol{\alpha}_1,\boldsymbol{\alpha}_2)\begin{pmatrix} 1 & \lambda_1 \\ 0 & \lambda_2 \end{pmatrix}$，其中$\boldsymbol{\alpha}_1$，$\boldsymbol{\alpha}_2$线性无关，则行列式$\begin{vmatrix} 1 & \lambda_1 \\ 0 & \lambda_2 \end{vmatrix}\neq0$，所以$\lambda_2\neq0$．故选B．

4．B【**解析**】因为n维列向量$\boldsymbol{\alpha}$是$\boldsymbol{A}$的特征值λ对应的特征向量，且$\boldsymbol{A}$为n阶对称矩阵，则$\boldsymbol{A\alpha}=\lambda\boldsymbol{\alpha}$，$\boldsymbol{A}=\boldsymbol{A}^{\mathrm{T}}$，$(\boldsymbol{P}^{-1}\boldsymbol{AP})^{\mathrm{T}}=\boldsymbol{P}^{\mathrm{T}}\boldsymbol{A}^{\mathrm{T}}(\boldsymbol{P}^{\mathrm{T}})^{-1}$．等式$(\boldsymbol{P}^{-1}\boldsymbol{AP})^{\mathrm{T}}=\boldsymbol{P}^{\mathrm{T}}\boldsymbol{A}^{\mathrm{T}}(\boldsymbol{P}^{\mathrm{T}})^{-1}$的两边同时右乘$\boldsymbol{P}^{\mathrm{T}}\boldsymbol{\alpha}$，得$(\boldsymbol{P}^{-1}\boldsymbol{AP})^{\mathrm{T}}(\boldsymbol{P}^{\mathrm{T}}\boldsymbol{\alpha})=\boldsymbol{P}^{\mathrm{T}}\boldsymbol{A}^{\mathrm{T}}\boldsymbol{\alpha}=\lambda(\boldsymbol{P}^{\mathrm{T}}\boldsymbol{\alpha})$，即矩阵$(\boldsymbol{P}^{-1}\boldsymbol{AP})^{\mathrm{T}}$的特征值$\lambda$对应的特征向量是$\boldsymbol{P}^{\mathrm{T}}\boldsymbol{\alpha}$．故选B．

5．B【**解析**】由$\lambda=2$是可逆矩阵$\boldsymbol{A}$的一个特征值，得$\boldsymbol{A\alpha}=2\boldsymbol{\alpha}$，等式两边同时左乘$\boldsymbol{A}$，得$\boldsymbol{A}^2\boldsymbol{\alpha}=2\boldsymbol{A\alpha}=4\boldsymbol{\alpha}$，

所以 4 是 A^2 的一个特征值，于是 $\frac{1}{3}A^2$ 的一个特征值为 $\frac{4}{3}$，$\left(\frac{1}{3}A^2\right)^{-1}$ 的一个特征值为 $\frac{3}{4}$．故选 B.

二、填空题

1. $\begin{pmatrix}1\\3\end{pmatrix}$【解析】由 $\boldsymbol{\alpha}=\begin{pmatrix}1\\1\end{pmatrix}$ 是矩阵 $A=\begin{pmatrix}a&2\\0&b\end{pmatrix}$ 的特征值 $\lambda=3$ 对应的特征向量，得 $A\boldsymbol{\alpha}=3\boldsymbol{\alpha}$，即 $\begin{pmatrix}a&2\\0&b\end{pmatrix}\begin{pmatrix}1\\1\end{pmatrix}=3\begin{pmatrix}1\\1\end{pmatrix}$，解得 $\begin{pmatrix}a\\b\end{pmatrix}=\begin{pmatrix}1\\3\end{pmatrix}$.

2. $\lambda^{n-1}(\lambda-n)$【解析】因为 n 阶方阵 A 的元素全为 1，所以 $A=\begin{pmatrix}1&1&\cdots&1\\1&1&\cdots&1\\\vdots&\vdots&\ddots&\vdots\\1&1&\cdots&1\end{pmatrix}$，则 $|A-\lambda E|=$

$$\begin{vmatrix}1-\lambda&1&\cdots&1\\1&1-\lambda&\cdots&1\\\vdots&\vdots&\ddots&\vdots\\1&1&\cdots&1-\lambda\end{vmatrix}=(n-\lambda)(-\lambda)^{n-1}$$，即 A 的特征多项式是 $(n-\lambda)(-\lambda)^{n-1}$.

3. 5【解析】因为 $|A|=2$，所以矩阵 A 可逆，则 $A^*=|A|A^{-1}$．又因为 1 是 A 的特征值，所以 $(A^*)^2+E$ 的一个特征值是 $\left(2\times\frac{1}{1}\right)^2+1=5$.

4. -1 和 3【解析】由 $\mathrm{tr}(A)=2$，$|A|=-3$，得 $\begin{cases}\lambda_1+\lambda_2=2,\\\lambda_1\lambda_2=-3,\end{cases}$ 解得 $\begin{cases}\lambda_1=-1,\\\lambda_2=3.\end{cases}$

5. r【解析】设 A 的特征值为 λ，则有非零列向量 x 满足 $Ax=\lambda x$，$A^2x=\lambda^2x$．由矩阵 A 满足 $A^2=A$，得 $A^2-A=O$，$(A^2-A)x=0$，即 $\lambda^2x-\lambda x=0$，$(\lambda^2-\lambda)x=0$．因为 $x\neq 0$，所以 $\lambda^2-\lambda=0$，解得 $\lambda=0$ 或 1. 又因为 $R(A)=r$，所以矩阵 A 变换为标准形后，对角线上的元素有 r 个 1 和 $n-r$ 个 0，所以 A 的迹 $\mathrm{tr}(A)=r$.

三、解答题

1. 解：(1) 矩阵 $A=\begin{pmatrix}3&-1\\-1&3\end{pmatrix}$ 的特征多项式 $|A-\lambda E|=\begin{vmatrix}3-\lambda&-1\\-1&3-\lambda\end{vmatrix}=(3-\lambda)^2-1=(\lambda-2)(\lambda-4)$，所以 A 的特征值为 $\lambda_1=2$，$\lambda_2=4$.

① 当 $\lambda_1=2$ 时，有方程组 $(A-2E)x=0$，由 $A-2E=\begin{pmatrix}1&-1\\-1&1\end{pmatrix}\xrightarrow{r_2+r_1}\begin{pmatrix}1&-1\\0&0\end{pmatrix}$，得同解方程 $x_1=x_2$，取 $x_1=1$，得特征向量 $p_1=(1,1)^{\mathrm{T}}$.

② 当 $\lambda_2=4$ 时，有方程组 $(A-4E)x=0$，由 $A-4E=\begin{pmatrix}-1&-1\\-1&-1\end{pmatrix}\xrightarrow{r_2-r_1}\begin{pmatrix}-1&-1\\0&0\end{pmatrix}$，得同解方程 $x_1=-x_2$，取 $x_1=1$，得特征向量 $p_2=(1,-1)^{\mathrm{T}}$.

(2) 矩阵 $A=\begin{pmatrix}1&0&1\\0&2&0\\1&0&1\end{pmatrix}$ 的特征多项式 $|A-\lambda E|=\begin{vmatrix}1-\lambda&0&1\\0&2-\lambda&0\\1&0&1-\lambda\end{vmatrix}=-\lambda(2-\lambda)^2$，所以 A 的特征值为 $\lambda_1=0$，$\lambda_2=\lambda_3=2$.

① 当 $\lambda_1=0$ 时，有方程组 $Ax=0$，由 $\begin{pmatrix}1&0&1\\0&2&0\\1&0&1\end{pmatrix}\xrightarrow{r_3-r_1}\begin{pmatrix}1&0&1\\0&2&0\\0&0&0\end{pmatrix}$，得同解方程组 $\begin{cases}x_1+x_3=0,\\x_2=0,\end{cases}$ 取 $x_3=1$，得特征向量 $p_1=(-1,0,1)^{\mathrm{T}}$.

② 当 $\lambda_2=\lambda_3=2$ 时，有方程组 $(\boldsymbol{A}-2\boldsymbol{E})\boldsymbol{x}=\boldsymbol{0}$，由 $\boldsymbol{A}-2\boldsymbol{E}=\begin{pmatrix}-1&0&1\\0&0&0\\1&0&-1\end{pmatrix}\xrightarrow{r_3+r_1}\begin{pmatrix}-1&0&1\\0&0&0\\0&0&0\end{pmatrix}$，得同解方程 $x_1=x_3$，取 $\begin{pmatrix}x_2\\x_3\end{pmatrix}=\begin{pmatrix}1\\0\end{pmatrix}$ 和 $\begin{pmatrix}0\\1\end{pmatrix}$，得特征向量 $\boldsymbol{p}_2=(0,1,0)^{\mathrm{T}}$，$\boldsymbol{p}_3=(1,0,1)^{\mathrm{T}}$.

（3）矩阵 $\boldsymbol{A}=\begin{pmatrix}1&2&3\\0&2&0\\0&0&1\end{pmatrix}$ 的特征多项式 $|\boldsymbol{A}-\lambda\boldsymbol{E}|=\begin{vmatrix}1-\lambda&2&3\\0&2-\lambda&0\\0&0&1-\lambda\end{vmatrix}=(1-\lambda)^2(2-\lambda)$，所以 $\boldsymbol{A}$ 的特征值为 $\lambda_1=\lambda_2=1$，$\lambda_3=2$.

① 当 $\lambda_1=\lambda_2=1$ 时，有方程组 $(\boldsymbol{A}-\boldsymbol{E})\boldsymbol{x}=\boldsymbol{0}$，由 $\boldsymbol{A}-\boldsymbol{E}=\begin{pmatrix}0&2&3\\0&1&0\\0&0&0\end{pmatrix}\xrightarrow{\frac{r_1-2r_2}{3}}\begin{pmatrix}0&0&1\\0&1&0\\0&0&0\end{pmatrix}$，得同解方程组 $\begin{cases}x_2=0,\\x_3=0,\end{cases}$ 取 $x_1=1$，得特征向量 $\boldsymbol{p}_1=(1,0,0)^{\mathrm{T}}$.

② 当 $\lambda_3=2$ 时，有方程组 $(\boldsymbol{A}-2\boldsymbol{E})\boldsymbol{x}=\boldsymbol{0}$，由 $\boldsymbol{A}-2\boldsymbol{E}=\begin{pmatrix}-1&2&3\\0&0&0\\0&0&-1\end{pmatrix}\xrightarrow{r_1+3r_3}\begin{pmatrix}-1&2&0\\0&0&0\\0&0&-1\end{pmatrix}$，得同解方程组 $\begin{cases}x_1-2x_2=0,\\x_3=0,\end{cases}$ 取 $x_2=1$，得特征向量 $\boldsymbol{p}_2=(2,1,0)^{\mathrm{T}}$.

（4）矩阵 $\boldsymbol{A}=\begin{pmatrix}-1&1&0\\-4&3&0\\1&0&2\end{pmatrix}$ 的特征多项式 $|\boldsymbol{A}-\lambda\boldsymbol{E}|=\begin{vmatrix}-1-\lambda&1&0\\-4&3-\lambda&0\\1&0&2-\lambda\end{vmatrix}=(\lambda-1)^2(2-\lambda)$，所以 $\boldsymbol{A}$ 的特征值为 $\lambda_1=\lambda_2=1$，$\lambda_3=2$.

① 当 $\lambda_1=\lambda_2=1$ 时，有方程组 $(\boldsymbol{A}-\boldsymbol{E})\boldsymbol{x}=\boldsymbol{0}$，由 $\boldsymbol{A}-\boldsymbol{E}=\begin{pmatrix}-2&1&0\\-4&2&0\\1&0&1\end{pmatrix}\xrightarrow[\substack{r_2+4r_1\\r_3+2r_1}]{r_1\leftrightarrow r_3}\begin{pmatrix}1&0&1\\0&2&4\\0&1&2\end{pmatrix}\xrightarrow{\frac{r_2}{2},r_3-r_2}\begin{pmatrix}1&0&1\\0&1&2\\0&0&0\end{pmatrix}$，得同解方程组 $\begin{cases}x_1+x_3=0,\\x_2+2x_3=0,\end{cases}$ 取 $x_3=1$，得特征向量 $\boldsymbol{p}_1=(-1,-2,1)^{\mathrm{T}}$.

② 当 $\lambda_3=2$ 时，有方程组 $(\boldsymbol{A}-2\boldsymbol{E})\boldsymbol{x}=\boldsymbol{0}$，由 $\boldsymbol{A}-2\boldsymbol{E}=\begin{pmatrix}-3&1&0\\-4&1&0\\1&0&0\end{pmatrix}\xrightarrow[r_2+4r_3]{r_1+3r_3}\begin{pmatrix}0&1&0\\0&1&0\\1&0&0\end{pmatrix}\xrightarrow{r_2-r_1}\begin{pmatrix}0&1&0\\0&0&0\\1&0&0\end{pmatrix}$，得同解方程组 $\begin{cases}x_1=0,\\x_2=0,\end{cases}$ 取 $x_3=1$，得特征向量 $\boldsymbol{p}_2=(0,0,1)^{\mathrm{T}}$.

（5）矩阵 $\boldsymbol{A}=\begin{pmatrix}-2&1&1\\0&2&0\\-4&1&3\end{pmatrix}$ 的特征多项式 $|\boldsymbol{A}-\lambda\boldsymbol{E}|=\begin{vmatrix}-2-\lambda&1&1\\0&2-\lambda&0\\-4&1&3-\lambda\end{vmatrix}=-(2-\lambda)^2(\lambda+1)$，所以 $\boldsymbol{A}$ 的特征值为 $\lambda_1=-1$，$\lambda_2=\lambda_3=2$.

① 当 $\lambda_1=-1$ 时，有方程组 $(\boldsymbol{A}+\boldsymbol{E})\boldsymbol{x}=\boldsymbol{0}$，由 $\boldsymbol{A}+\boldsymbol{E}=\begin{pmatrix}-1&1&1\\0&3&0\\-4&1&4\end{pmatrix}\xrightarrow{r_3-4r_1}\begin{pmatrix}-1&1&1\\0&3&0\\0&-3&0\end{pmatrix}\xrightarrow[r_1-r_2]{\substack{r_3+r_2\\\frac{r_2}{3}}}\begin{pmatrix}-1&0&1\\0&1&0\\0&0&0\end{pmatrix}$，得同解方程组 $\begin{cases}x_1-x_3=0,\\x_2=0,\end{cases}$ 取 $x_3=1$，得特征向量 $\boldsymbol{p}_1=(1,0,1)^{\mathrm{T}}$.

② 当 $\lambda_2=\lambda_3=2$ 时，有方程组 $(\boldsymbol{A}-2\boldsymbol{E})\boldsymbol{x}=\boldsymbol{0}$，由 $\boldsymbol{A}-2\boldsymbol{E}=\begin{pmatrix}-4&1&1\\0&0&0\\-4&1&1\end{pmatrix}\xrightarrow{r_3-r_1}\begin{pmatrix}-4&1&1\\0&0&0\\0&0&0\end{pmatrix}$，得同解方程 $-4x_1+x_2+x_3=0$，取 $\begin{pmatrix}x_1\\x_2\end{pmatrix}=\begin{pmatrix}1\\0\end{pmatrix}$ 和 $\begin{pmatrix}0\\1\end{pmatrix}$，得特征向量 $\boldsymbol{p}_2=(1,0,4)^{\mathrm{T}}$，$\boldsymbol{p}_3=(0,1,-1)^{\mathrm{T}}$.

（6）矩阵 $\boldsymbol{A}=\begin{pmatrix}1&2&2\\2&1&2\\2&2&1\end{pmatrix}$ 的特征多项式 $|\boldsymbol{A}-\lambda\boldsymbol{E}|=\begin{vmatrix}1-\lambda&2&2\\2&1-\lambda&2\\2&2&1-\lambda\end{vmatrix}\overset{r_1+r_2+r_3}{=\!=\!=}(5-\lambda)\cdot\begin{vmatrix}1&1&1\\2&1-\lambda&2\\2&2&1-\lambda\end{vmatrix}\overset{c_2-c_1,\ c_3-c_1}{=\!=\!=}$ $(5-\lambda)\begin{vmatrix}1&0&0\\2&-1-\lambda&0\\2&0&-1-\lambda\end{vmatrix}=(5-\lambda)(\lambda+1)^2$，所以 $\boldsymbol{A}$ 的特征值为 $\lambda_1=\lambda_2=-1$，$\lambda_3=5$.

① 当 $\lambda_1=\lambda_2=-1$ 时，有方程组 $(\boldsymbol{A}+\boldsymbol{E})\boldsymbol{x}=\boldsymbol{0}$，由 $\boldsymbol{A}+\boldsymbol{E}=\begin{pmatrix}2&2&2\\2&2&2\\2&2&2\end{pmatrix}\xrightarrow{r_2-r_1,\ r_3-r_1,\ \frac{1}{2}r_1}\begin{pmatrix}1&1&1\\0&0&0\\0&0&0\end{pmatrix}$，得同解方程 $x_1+x_2+x_3=0$，取 $\begin{pmatrix}x_2\\x_3\end{pmatrix}=\begin{pmatrix}1\\0\end{pmatrix}$ 和 $\begin{pmatrix}0\\1\end{pmatrix}$，得特征向量 $\boldsymbol{p}_1=(-1,1,0)^{\mathrm{T}}$，$\boldsymbol{p}_2=(-1,0,1)^{\mathrm{T}}$.

② 当 $\lambda_3=5$ 时，有方程组 $(\boldsymbol{A}-5\boldsymbol{E})\boldsymbol{x}=\boldsymbol{0}$，由 $\boldsymbol{A}-5\boldsymbol{E}=\begin{pmatrix}-4&2&2\\2&-4&2\\2&2&-4\end{pmatrix}\xrightarrow[\frac{1}{2}r_1,\ r_2+r_1]{r_3+r_1+r_2}\begin{pmatrix}-2&1&1\\0&-3&3\\0&0&0\end{pmatrix}\xrightarrow{-\frac{1}{3}r_2,\ \frac{r_1-r_2}{2}}$ $\begin{pmatrix}-1&0&1\\0&1&-1\\0&0&0\end{pmatrix}$，得同解方程组 $\begin{cases}x_1-x_3=0,\\x_2-x_3=0,\end{cases}$ 取 $x_3=1$，得特征向量 $\boldsymbol{p}_3=(1,1,1)^{\mathrm{T}}$.

2. **解**：由矩阵 $\boldsymbol{E}-\boldsymbol{A}$ 不可逆，得 $|\boldsymbol{E}-\boldsymbol{A}|=0$，1 是 $\boldsymbol{A}$ 的特征值；由 $3\boldsymbol{E}+2\boldsymbol{A}$ 不可逆，得 $|3\boldsymbol{E}+2\boldsymbol{A}|=0$，$-\dfrac{3}{2}$ 是 $\boldsymbol{A}$ 的特征值；由 $2\boldsymbol{E}+3\boldsymbol{A}$ 不可逆，得 $|2\boldsymbol{E}+3\boldsymbol{A}|=0$，$-\dfrac{2}{3}$ 是 $\boldsymbol{A}$ 的特征值. 因此 $\mathrm{tr}(\boldsymbol{A})=1-\dfrac{3}{2}-\dfrac{2}{3}=-\dfrac{7}{6}$，行列式 $|\boldsymbol{A}|=1\times\left(-\dfrac{3}{2}\right)\times\left(-\dfrac{2}{3}\right)=1$.

3. **解**：因为矩阵 $\boldsymbol{A}$ 的特征值全不为零，所以矩阵 $\boldsymbol{A}$ 是可逆的，且 $|\boldsymbol{A}|=1\times(-1)\times2=-2$，$\boldsymbol{A}^{-1}$ 的特征值 λ 分别是 1，-1，$\dfrac{1}{2}$. 由 $(\boldsymbol{A}^*)^2+\boldsymbol{A}^*+3\boldsymbol{E}=(|\boldsymbol{A}|\boldsymbol{A}^{-1})^2+|\boldsymbol{A}|\boldsymbol{A}^{-1}+3\boldsymbol{E}=4(\boldsymbol{A}^{-1})^2-2\boldsymbol{A}^{-1}+3\boldsymbol{E}=f(\boldsymbol{A}^{-1})$，得 $f(\lambda)=4\lambda^2-2\lambda+3$，所以 $(\boldsymbol{A}^*)^2+\boldsymbol{A}^*+3\boldsymbol{E}$ 的特征值分别是 $f(1)=5$，$f(-1)=9$，$f\left(\dfrac{1}{2}\right)=3$，所以 $(\boldsymbol{A}^*)^2+\boldsymbol{A}^*+3\boldsymbol{E}$ 的行列式为 $5\times9\times3=135$.

4. **解**：（1）设 $\boldsymbol{A}$ 的特征值为 λ，则有非零列向量 $\boldsymbol{x}$ 满足 $\boldsymbol{A}\boldsymbol{x}=\lambda\boldsymbol{x}$，$\boldsymbol{A}^2\boldsymbol{x}=\lambda^2\boldsymbol{x}$，于是 $(\boldsymbol{A}^2+2\boldsymbol{A}+3\boldsymbol{E})\boldsymbol{x}=(\lambda^2+2\lambda+3)\boldsymbol{x}$，又 -1 是 n 阶矩阵 $\boldsymbol{A}$ 的特征值，所以 $\boldsymbol{A}^2+2\boldsymbol{A}+3\boldsymbol{E}$ 的一个特征值为 $(-1)^2+2\times(-1)+3=2$.

（2）因为矩阵 $\boldsymbol{A}$ 是可逆的，则 $\boldsymbol{A}^*=|\boldsymbol{A}|\boldsymbol{A}^{-1}$，所以 $\boldsymbol{A}^*$ 的一个特征值为 $\dfrac{|\boldsymbol{A}|}{-1}=-1$；$\boldsymbol{E}-\boldsymbol{A}^{-1}$ 的一个特征值为 $1-\dfrac{1}{-1}=2$.

5. **解**：由矩阵 $\boldsymbol{A}$ 的两个特征值 $\lambda_1=1$，$\lambda_2=2$，得 $|\boldsymbol{A}-\boldsymbol{E}|=\begin{vmatrix}4&\alpha&2\\6&\beta-1&4\\4&-4&4\end{vmatrix}=4\begin{vmatrix}4&\alpha&2\\6&\beta-1&4\\1&-1&1\end{vmatrix}\overset{r_1-2r_3,\ r_2-4r_3}{=\!=\!=}$ $4\begin{vmatrix}2&\alpha+2&0\\2&\beta+3&0\\1&-1&1\end{vmatrix}=8(\beta-\alpha+1)=0$，$|\boldsymbol{A}-2\boldsymbol{E}|=\begin{vmatrix}3&\alpha&2\\6&\beta-2&4\\4&-4&3\end{vmatrix}\overset{r_2-2r_1}{=\!=\!=}\begin{vmatrix}3&\alpha&2\\0&\beta-2\alpha-2&0\\4&-4&3\end{vmatrix}=\beta-2\alpha-2=0$，解得

$\alpha=-3$，$\beta=-4$．又$\sum_{i=1}^{3}\lambda_i=\mathrm{tr}(A)=5-4+5=6$，所以$\lambda_1+\lambda_2+\lambda_3=1+2+\lambda_3=6$，解得$\lambda_3=3$，即矩阵$A$的另一个特征值为3．

6．**证**：利用反证法．假设$\boldsymbol{\eta}_1+\boldsymbol{\eta}_2$是$A$的特征向量，则有数$\lambda$，使$A(\boldsymbol{\eta}_1+\boldsymbol{\eta}_2)=A\boldsymbol{\eta}_1+A\boldsymbol{\eta}_2=\lambda(\boldsymbol{\eta}_1+\boldsymbol{\eta}_2)$，而$A\boldsymbol{\eta}_1=\lambda_1\boldsymbol{\eta}_1$，$A\boldsymbol{\eta}_2=\lambda_2\boldsymbol{\eta}_2$，则有$(\lambda-\lambda_1)\boldsymbol{\eta}_1+(\lambda-\lambda_2)\boldsymbol{\eta}_2=0$．因为$\lambda_1\neq\lambda_2$，所以$\boldsymbol{\eta}_1$，$\boldsymbol{\eta}_2$线性无关，故$\lambda-\lambda_1=\lambda-\lambda_2=0$，即$\lambda_1=\lambda_2$，这与题干矛盾，所以$\boldsymbol{\eta}_1+\boldsymbol{\eta}_2$不是$A$的特征向量，得证．

7．**解**：令$f(x)=x+2$，因为2和1是矩阵A的特征值，所以$f(2)$和$f(1)$是$f(A)$的特征值，即4和3是$A+2E$的特征值．又$A+2E$是二阶矩阵，则4和3是$A+2E$的全部特征值，所以$|A+2E|=4\times3=12$．

8．**解**：由题可知，$A\boldsymbol{\xi}=\lambda\boldsymbol{\xi}$，等式两边同时左乘$P^{-1}$，得$P^{-1}A\boldsymbol{\xi}=P^{-1}(\lambda\boldsymbol{\xi})=\lambda P^{-1}\boldsymbol{\xi}$，于是$P^{-1}AP(P^{-1}\boldsymbol{\xi})=P^{-1}(A\boldsymbol{\xi})=\lambda(P^{-1}\boldsymbol{\xi})$．由此可见，$\lambda$为$P^{-1}AP$的一个特征值，$P^{-1}\boldsymbol{\xi}$为对应的特征向量．

9．**证**：设$\boldsymbol{\xi}$是矩阵A的特征值λ对应的特征向量，即$\boldsymbol{\xi}\neq\boldsymbol{0}$，则$A\boldsymbol{\xi}=\lambda\boldsymbol{\xi}$，于是$A^S\boldsymbol{\xi}=A^{S-1}(A\boldsymbol{\xi})=A^{S-1}(\lambda\boldsymbol{\xi})=\lambda A^{S-1}\boldsymbol{\xi}=\cdots=\lambda^S\boldsymbol{\xi}$，所以

$$\begin{aligned}\varphi(A)\boldsymbol{\xi}&=(a_mA^m+\cdots+a_1A+a_0E)\boldsymbol{\xi}\\&=a_mA^m\boldsymbol{\xi}+\cdots+a_1A\boldsymbol{\xi}+a_0E\boldsymbol{\xi}\\&=a_m\lambda^m\boldsymbol{\xi}+\cdots+a_1\lambda\boldsymbol{\xi}+a_0\boldsymbol{\xi}\\&=(a_m\lambda^m+\cdots+a_1\lambda+a_0)\boldsymbol{\xi}\\&=\varphi(\lambda)\boldsymbol{\xi},\end{aligned}$$

可见，$\varphi(\lambda)$为$\varphi(A)$的特征值，$\boldsymbol{\xi}$是$\varphi(A)$的特征值$\varphi(\lambda)$对应的特征向量，得证．

第三节　相似矩阵

一、单项选择题

1．A【解析】若矩阵$A\sim B$，则存在可逆矩阵P，使$P^{-1}AP=B$，即$A=PBP^{-1}$，所以$A-kE=PBP^{-1}-kPP^{-1}=P(B-kE)P^{-1}$．因此，若矩阵$A\sim B$，则$A-kE\sim B-kE$，取$k=1$即可验证A选项正确．故选A．

2．D【解析】因为n阶矩阵$A\sim B$，所以A与B的特征多项式、迹、行列式、特征值、秩都相同，即$|A-\lambda E|=|B-\lambda E|$，$\mathrm{tr}(A)=\mathrm{tr}(B)$，$|A|=|B|$，且$A-tE\sim B-tE$，$(A-tE)^k\sim(B-tE)^k$，$R(A-tE)^k=R(B-tE)^k$，所以D选项正确．故选D．

3．C【解析】因为A与B相似，则存在可逆矩阵P，使$A=P^{-1}BP$，所以$A^{\mathrm{T}}=(P^{-1}BP)^{\mathrm{T}}=P^{\mathrm{T}}B^{\mathrm{T}}(P^{-1})^{\mathrm{T}}=P^{\mathrm{T}}B^{\mathrm{T}}(P^{\mathrm{T}})^{-1}$，所以A选项说法正确．因为$A$，$B$均为可逆矩阵，所以$A^{-1}=(P^{-1}BP)^{-1}=P^{-1}B^{-1}P$，所以B选项说法正确．因为$P^{-1}(A+A^{\mathrm{T}})P=P^{-1}AP+P^{-1}A^{\mathrm{T}}P$，$P^{-1}AP=B$，但使得$A^{\mathrm{T}}\sim B^{\mathrm{T}}$的可逆矩阵为$P^{\mathrm{T}}$，则$P^{-1}A^{\mathrm{T}}P$不一定等于$B^{\mathrm{T}}$，所以C选项说法错误．因为$A+A^{-1}=P^{-1}BP+P^{-1}B^{-1}P=P^{-1}(B+B^{-1})P$，所以D选项说法正确．综上，故选C．

4．B【解析】若n阶矩阵A具有n个不同的特征值，则矩阵A有n个线性无关的特征向量，因此矩阵A一定相似于对角矩阵．反之，若矩阵A相似于对角矩阵，则矩阵A不一定有n个不同的特征值，有可能矩阵A的$s\,(s<n)$重特征值有s个特征向量．故选B．

二、填空题

1．$\begin{pmatrix}2\\1\end{pmatrix}$【解析】若矩阵$A=\begin{pmatrix}1&0\\3&a\end{pmatrix}$与$B=\begin{pmatrix}2&1\\0&b\end{pmatrix}$相似，则$|A|=|B|$，$\mathrm{tr}(A)=\mathrm{tr}(B)$，所以$\begin{cases}a=2b,\\1+a=2+b,\end{cases}$解得$\begin{cases}a=2,\\b=1,\end{cases}$所以$\begin{pmatrix}a\\b\end{pmatrix}=\begin{pmatrix}2\\1\end{pmatrix}$．

2．$\begin{pmatrix}1&0&0\\0&1&0\\0&0&1\end{pmatrix}$【解析】记矩阵$B=\begin{pmatrix}1&0&0\\0&-1&0\\0&0&1\end{pmatrix}$，则$A\sim B$，即存在一个可逆矩阵$P$，使$A=P^{-1}BP$，所以

$$A^? = P^{-1}BPP^{-1}BP = P^{-1}B^2P = P^{-1}\begin{pmatrix}1&0&0\\0&1&0\\0&0&1\end{pmatrix}P = \begin{pmatrix}1&0&0\\0&1&0\\0&0&1\end{pmatrix}.$$

3. 相似【解析】因为 A 为 n 阶矩阵，将 A 的第 i 行与第 j 行对换，再将第 i 列与第 j 列对换得到矩阵 B，即 $E(i,j)AE(i,j)^{-1}=B$，又初等矩阵都可逆，所以矩阵 A 与 B 相似.

4. $x\neq 2$【解析】若矩阵 $A=\begin{pmatrix}2&0\\1&x\end{pmatrix}$ 与某对角矩阵相似，则矩阵 A 有两个不同的特征向量，又特征多项式 $|A-\lambda E|=\begin{vmatrix}2-\lambda&0\\1&x-\lambda\end{vmatrix}=(2-\lambda)(x-\lambda)$，当 $x=2$ 时，矩阵 A 只有一个特征向量，A 不可相似对角化；当 $x\neq 2$ 时，矩阵 A 有两个不同的特征值，A 可以相似对角化，所以 $x\neq 2$.

5. 2【解析】因为向量 $\boldsymbol{\alpha}=(1,1,1)^{\mathrm T}$，$\boldsymbol{\beta}=(1,0,k)^{\mathrm T}$，所以 $\boldsymbol{\alpha\beta}^{\mathrm T}=\begin{pmatrix}1&0&k\\1&0&k\\1&0&k\end{pmatrix}$. 又因为 $\boldsymbol{\alpha\beta}^{\mathrm T}$ 相似于 $\begin{pmatrix}3&0&0\\0&0&0\\0&0&0\end{pmatrix}$，则 $\begin{pmatrix}1&0&k\\1&0&k\\1&0&k\end{pmatrix}$ 与 $\begin{pmatrix}3&0&0\\0&0&0\\0&0&0\end{pmatrix}$ 的迹相同，所以 $1+0+k=3$，解得 $k=2$.

三、解答题

1. **证**：因为 $A\sim B$，所以存在可逆矩阵 P，使得 $B=P^{-1}AP$，又 $A=kE$，所以 $B=P^{-1}AP=P^{-1}(kE)P=kP^{-1}EP=kE=A$，即 $B=A$，得证.

2. **解**：因为 $A\sim B$，所以 $\operatorname{tr}(A)=\operatorname{tr}(B)$，且 $|A|=|B|$，即 $\begin{cases}x+1=3+y,\\-2x+2=0,\end{cases}$ 解得 $\begin{cases}x=1,\\y=-1.\end{cases}$

3. **证**：设矩阵 A 可逆，则有 $A^{-1}(AB)A=(A^{-1}A)BA=E(BA)=BA$，从而 AB 与 BA 相似；同理，若矩阵 B 可逆，则有 $B^{-1}(BA)B=(B^{-1}B)AB=E(AB)=AB$，从而 AB 与 BA 相似，得证.

4. **解**：记矩阵 $P=(p_1,p_2,p_3)$，因为矩阵 A 的特征值互异，则向量组 p_1，p_2，p_3 线性无关，于是矩阵 P 可逆，且 $P^{-1}AP=\begin{pmatrix}2&0&0\\0&-2&0\\0&0&1\end{pmatrix}$，所以矩阵 $A=P\begin{pmatrix}2&0&0\\0&-2&0\\0&0&1\end{pmatrix}P^{-1}=\begin{pmatrix}0&1&1\\1&1&1\\1&1&0\end{pmatrix}\begin{pmatrix}2&0&0\\0&-2&0\\0&0&1\end{pmatrix}\begin{pmatrix}-1&1&0\\1&-1&1\\0&1&-1\end{pmatrix}=$
$\begin{pmatrix}0&-2&1\\2&-2&1\\2&-2&0\end{pmatrix}\begin{pmatrix}-1&1&0\\1&-1&1\\0&1&-1\end{pmatrix}=\begin{pmatrix}-2&3&-3\\-4&5&-3\\-4&4&-2\end{pmatrix}$.

5. **证**：因为 A_1 与 B_1 相似，A_2 与 B_2 相似，所以存在可逆矩阵 P，Q，使得 $P^{-1}A_1P=B_1$，$Q^{-1}A_2Q=B_2$ 成立. 因为矩阵 $\begin{pmatrix}P&O\\O&Q\end{pmatrix}$ 可逆，则 $\begin{pmatrix}P^{-1}&O\\O&Q^{-1}\end{pmatrix}\begin{pmatrix}A_1&O\\O&A_2\end{pmatrix}\begin{pmatrix}P&O\\O&Q\end{pmatrix}=\begin{pmatrix}P^{-1}A_1P&O\\O&Q^{-1}A_2Q\end{pmatrix}=\begin{pmatrix}B_1&O\\O&B_2\end{pmatrix}$，所以 $\begin{pmatrix}A_1&O\\O&A_2\end{pmatrix}$ 与 $\begin{pmatrix}B_1&O\\O&B_2\end{pmatrix}$ 相似，得证.

6. **解**：因为矩阵 A 与 B 相似，所以 $\operatorname{tr}(A)=\operatorname{tr}(B)$，且 $|A|=|B|$，即 $\begin{cases}a+2=b+3,\\a=2b,\end{cases}$ 解得 $\begin{cases}a=2,\\b=1,\end{cases}$ 所以参数 a，b，c 满足的条件是 $a=2$，$b=1$，c 为任意常数.

7. **证**：比较矩阵 A，B 可知，A 经过初等变换可化成 B，即 $A=\begin{pmatrix}\lambda_1&a\\0&\lambda_2\end{pmatrix}\xrightarrow{r_1\leftrightarrow r_2}\begin{pmatrix}0&\lambda_2\\\lambda_1&a\end{pmatrix}\xrightarrow{c_1\leftrightarrow c_2}\begin{pmatrix}\lambda_2&0\\a&\lambda_1\end{pmatrix}=B$，记矩阵 $P=\begin{pmatrix}0&1\\1&0\end{pmatrix}$，于是 $B=PAP=P^{-1}AP$，所以矩阵 A 与 B 相似，得证.

8. **解**：矩阵 A 的特征多项式 $|A-\lambda E|=\begin{vmatrix}3-\lambda&4\\5&2-\lambda\end{vmatrix}=(\lambda+2)(\lambda-7)$，则 A 的特征值为 $\lambda_1=-2$，$\lambda_2=7$.

① 当 $\lambda_1=-2$ 时，由 $A+2E=\begin{pmatrix}5&4\\5&4\end{pmatrix}\xrightarrow{r_2-r_1}\begin{pmatrix}5&4\\0&0\end{pmatrix}$，得特征向量 $p_1=(-4,5)^T$.

② 当 $\lambda_2=7$ 时，由 $A-7E=\begin{pmatrix}-4&4\\5&-5\end{pmatrix}\xrightarrow{\frac{1}{4}r_1,r_2+5r_1}\begin{pmatrix}-1&1\\0&0\end{pmatrix}$，得特征向量 $p_2=(1,1)^T$.

令 $P=(p_1,p_2)=\begin{pmatrix}-4&1\\5&1\end{pmatrix}$，则 $P^{-1}=\frac{1}{9}\begin{pmatrix}-1&1\\5&4\end{pmatrix}$，$P^{-1}AP=\Lambda=\mathrm{diag}(-2,7)$，所以 $A^n=P\Lambda^nP^{-1}=$ $P\begin{pmatrix}-2&\\&7\end{pmatrix}^nP^{-1}=\frac{1}{9}\begin{pmatrix}-4&1\\5&1\end{pmatrix}\begin{pmatrix}(-2)^n&\\&7^n\end{pmatrix}\begin{pmatrix}-1&1\\5&4\end{pmatrix}=\frac{1}{9}\begin{pmatrix}4(-2)^n+5\cdot7^n&-4(-2)^n+4\cdot7^n\\-5(-2)^n+5\cdot7^n&5(-2)^n+4\cdot7^n\end{pmatrix}$.

9．**解**：矩阵 A 的特征多项式 $|A-\lambda E|=\begin{vmatrix}-5-\lambda&-3&0\\6&4-\lambda&0\\6&3&1-\lambda\end{vmatrix}=-(1-\lambda)^2(\lambda+2)$，则 A 的特征值为 $\lambda_1=\lambda_2=1$，$\lambda_3=-2$.

① 当 $\lambda_1=\lambda_2=1$ 时，由 $A-E=\begin{pmatrix}-6&-3&0\\6&3&0\\6&3&0\end{pmatrix}\xrightarrow{r_2+r_1,r_3+r_1,-\frac{1}{3}r_1}\begin{pmatrix}2&1&0\\0&0&0\\0&0&0\end{pmatrix}$，得特征向量 $p_1=(-1,2,0)^T$，$p_2=(0,0,1)^T$.

② 当 $\lambda_3=-2$ 时，由 $A+2E=\begin{pmatrix}-3&-3&0\\6&6&0\\6&3&3\end{pmatrix}\xrightarrow{\frac{1}{3}r_1,r_2+6r_1,r_3+6r_1}\begin{pmatrix}-1&-1&0\\0&0&0\\0&-3&3\end{pmatrix}\xrightarrow{-r_1,\frac{1}{3}r_3}\begin{pmatrix}1&1&0\\0&0&0\\0&-1&1\end{pmatrix}$，得特征向量 $p_3=(-1,1,1)^T$.

矩阵 A 的三个特征向量线性无关，所以矩阵 A 可对角化．令 $P=(p_1,p_2,p_3)=\begin{pmatrix}-1&0&-1\\2&0&1\\0&1&1\end{pmatrix}$，则 $P^{-1}=\begin{pmatrix}1&1&0\\2&1&1\\-2&-1&0\end{pmatrix}$，$P^{-1}AP=\Lambda=\mathrm{diag}(1,1,-2)$，所以 $A^{100}=P\Lambda^{100}P^{-1}=P\begin{pmatrix}1&&\\&1&\\&&-2\end{pmatrix}^{100}P^{-1}=\begin{pmatrix}-1&0&-1\\2&0&1\\0&1&1\end{pmatrix}\cdot$ $\begin{pmatrix}1&&\\&1&\\&&2^{100}\end{pmatrix}\begin{pmatrix}1&1&0\\2&1&1\\-2&-1&0\end{pmatrix}=\begin{pmatrix}-1+2^{101}&-1+2^{100}&0\\2-2^{101}&2-2^{100}&0\\2-2^{101}&1-2^{100}&1\end{pmatrix}$.

10．**解**：(1) 因为矩阵 A 与 B 相似，且 B 为对角矩阵，所以矩阵 A 的特征值为 -1，2，y．由矩阵 A 的特征多项式 $|A-\lambda E|=\begin{vmatrix}-2-\lambda&0&0\\2&x-\lambda&2\\3&1&1-\lambda\end{vmatrix}=(-2-\lambda)\begin{vmatrix}x-\lambda&2\\1&1-\lambda\end{vmatrix}$ 可知，$\lambda=-2$ 也是矩阵 A 的特征值，即 $y=-2$．由 $\mathrm{tr}(A)=\mathrm{tr}(B)$，得 $-1+x=-1$，所以 $x=0$.

(2) 由 (1) 可知矩阵 $A=\begin{pmatrix}-2&0&0\\2&0&2\\3&1&1\end{pmatrix}$ 的特征值 $\lambda_1=-1$，$\lambda_2=2$，$\lambda_3=-2$ 对应的特征向量为 $p_1=\begin{pmatrix}0\\-2\\1\end{pmatrix}$，$p_2=\begin{pmatrix}0\\1\\1\end{pmatrix}$，$p_3=\begin{pmatrix}-1\\0\\1\end{pmatrix}$．令矩阵 $P=(p_1,p_2,p_3)=\begin{pmatrix}0&0&-1\\-2&1&0\\1&1&1\end{pmatrix}$，则 P 为可逆矩阵，且有 $P^{-1}AP=B$.

11．**解**：(1) 矩阵 A 的特征多项式 $|A-\lambda E|=\begin{vmatrix}1-\lambda&1&-2\\4&-\lambda&4\\1&-1&4-\lambda\end{vmatrix}\xlongequal{r_1+r_3}\begin{vmatrix}2-\lambda&0&2-\lambda\\4&-\lambda&4\\1&-1&4-\lambda\end{vmatrix}\xlongequal{c_1-c_3}$

$\begin{vmatrix} 0 & 0 & 2-\lambda \\ 0 & -\lambda & 4 \\ \lambda-3 & -1 & 4-\lambda \end{vmatrix}=\lambda(2-\lambda)(\lambda-3)$，则 $\boldsymbol{A}$ 的特征值为 $\lambda_1=0$，$\lambda_2=2$，$\lambda_3=3$，三个特征值互不相等，所以矩阵 $\boldsymbol{A}$ 可对角化.

① 当 $\lambda_1=0$ 时，由 $\boldsymbol{A}=\begin{pmatrix} 1 & 1 & -2 \\ 4 & 0 & 4 \\ 1 & -1 & 4 \end{pmatrix}\xrightarrow[r_3-r_1]{r_2-4r_1}\begin{pmatrix} 1 & 1 & -2 \\ 0 & -4 & 12 \\ 0 & -2 & 6 \end{pmatrix}\xrightarrow{-\frac{1}{4}r_2,\,r_1-r_2,\,r_3+2r_2}\begin{pmatrix} 1 & 0 & 1 \\ 0 & 1 & -3 \\ 0 & 0 & 0 \end{pmatrix}$，得特征向量 $\boldsymbol{p}_1=(-1,3,1)^{\mathrm{T}}$.

② 当 $\lambda_2=2$ 时，由 $\boldsymbol{A}-2\boldsymbol{E}=\begin{pmatrix} -1 & 1 & -2 \\ 4 & -2 & 4 \\ 1 & -1 & 2 \end{pmatrix}\xrightarrow[r_3+r_1]{r_2+4r_1}\begin{pmatrix} -1 & 1 & -2 \\ 0 & 2 & -4 \\ 0 & 0 & 0 \end{pmatrix}\xrightarrow{\frac{1}{2}r_2,\,r_1-r_2}\begin{pmatrix} -1 & 0 & 0 \\ 0 & 1 & -2 \\ 0 & 0 & 0 \end{pmatrix}$，得特征向量 $\boldsymbol{p}_2=(0,2,1)^{\mathrm{T}}$.

③ 当 $\lambda_3=3$ 时，由 $\boldsymbol{A}-3\boldsymbol{E}=\begin{pmatrix} -2 & 1 & -2 \\ 4 & -3 & 4 \\ 1 & -1 & 1 \end{pmatrix}\xrightarrow{\substack{r_1\leftrightarrow r_3 \\ r_2-4r_1 \\ r_3+2r_1}}\begin{pmatrix} 1 & -1 & 1 \\ 0 & 1 & 0 \\ 0 & -1 & 0 \end{pmatrix}\xrightarrow[r_3+r_2]{r_1+r_2}\begin{pmatrix} 1 & 0 & 1 \\ 0 & 1 & 0 \\ 0 & 0 & 0 \end{pmatrix}$，得特征向量 $\boldsymbol{p}_3=(-1,0,1)^{\mathrm{T}}$.

所以，变换矩阵 $\boldsymbol{P}=(\boldsymbol{p}_1,\boldsymbol{p}_2,\boldsymbol{p}_3)=\begin{pmatrix} -1 & 0 & -1 \\ 3 & 2 & 0 \\ 1 & 1 & 1 \end{pmatrix}$，且 $\boldsymbol{P}^{-1}\boldsymbol{AP}=\boldsymbol{\Lambda}=\begin{pmatrix} 0 & & \\ & 2 & \\ & & 3 \end{pmatrix}$.

（2）矩阵 $\boldsymbol{A}$ 的特征多项式 $|\boldsymbol{A}-\lambda\boldsymbol{E}|=\begin{vmatrix} 1-\lambda & 1 & 0 \\ 0 & 2-\lambda & 1 \\ 0 & 0 & 1-\lambda \end{vmatrix}=(2-\lambda)(1-\lambda)^2$，所以 $\boldsymbol{A}$ 的特征值为 $\lambda_1=\lambda_2=1$，$\lambda_3=2$. 当 $\lambda_1=\lambda_2=1$ 时，由 $\boldsymbol{A}-\boldsymbol{E}=\begin{pmatrix} 0 & 1 & 0 \\ 0 & 1 & 1 \\ 0 & 0 & 0 \end{pmatrix}\xrightarrow{r_2-r_1}\begin{pmatrix} 0 & 1 & 0 \\ 0 & 0 & 1 \\ 0 & 0 & 0 \end{pmatrix}$，得特征向量 $\boldsymbol{p}_1=(1,0,0)^{\mathrm{T}}$，此时特征值的重数大于基础解系中解向量的个数，所以矩阵 $\boldsymbol{A}$ 不可对角化.

第四节　对称矩阵的对角化

一、单项选择题

1．A【解析】因为三阶矩阵 $\boldsymbol{A}$ 的特征值 0，1，−1 互不相等，所以矩阵 $\boldsymbol{A}$ 可以相似对角化. 若取 $\boldsymbol{P}=(\boldsymbol{\xi}_3,\boldsymbol{\xi}_2,\boldsymbol{\xi}_1)$，则 $\boldsymbol{P}^{-1}\boldsymbol{AP}=\begin{pmatrix} -1 & 0 & 0 \\ 0 & 1 & 0 \\ 0 & 0 & 0 \end{pmatrix}$. 故选 A.

2．B【解析】因为 $\boldsymbol{Q}$ 是正交矩阵，则 $\boldsymbol{Q}^{\mathrm{T}}=\boldsymbol{Q}^{-1}$，又 $\boldsymbol{Q}^{\mathrm{T}}\boldsymbol{AQ}=\begin{pmatrix} 0 & 0 \\ 0 & 2 \end{pmatrix}$，所以 $\begin{pmatrix} 1 & 1 \\ 1 & 1 \end{pmatrix}\sim\begin{pmatrix} 0 & 0 \\ 0 & 2 \end{pmatrix}$，矩阵 $\boldsymbol{A}$ 的特征值为 0 和 2. 当特征值为 0 时，特征向量为 $\frac{1}{\sqrt{2}}\begin{pmatrix} -1 \\ 1 \end{pmatrix}$，当特征值为 2 时，特征向量为 $\frac{1}{\sqrt{2}}\begin{pmatrix} 1 \\ 1 \end{pmatrix}$，所以 $\boldsymbol{Q}=\frac{1}{\sqrt{2}}\begin{pmatrix} -1 & 1 \\ 1 & 1 \end{pmatrix}$. 故选 B.

3．B【解析】若矩阵 $\begin{pmatrix} 1 & a & 1 \\ a & b & a \\ 1 & a & 1 \end{pmatrix}$ 与 $\begin{pmatrix} 2 & 0 & 0 \\ 0 & b & 0 \\ 0 & 0 & 0 \end{pmatrix}$ 相似，则矩阵 $\boldsymbol{A}$ 与 $\boldsymbol{B}$ 的特征多项式相同，即 $|\boldsymbol{A}-\lambda\boldsymbol{E}|=$

$|\boldsymbol{B}-\lambda\boldsymbol{E}|$，$\begin{vmatrix}1-\lambda & a & 1\\ a & b-\lambda & a\\ 1 & a & 1-\lambda\end{vmatrix}=\begin{vmatrix}2-\lambda & 0 & 0\\ 0 & b-\lambda & 0\\ 0 & 0 & -\lambda\end{vmatrix}$，解得 $a=0$，b 为任意常数．故选 B.

4．D【解析】因为0，1，−1是三阶矩阵 $\boldsymbol{A}$ 的特征值，所以矩阵 $\boldsymbol{A}$ 的三个特征向量 $\boldsymbol{\xi}_1$，$\boldsymbol{\xi}_2$，$\boldsymbol{\xi}_3$ 是线性无关的，并且有矩阵 $\boldsymbol{Q}=(\boldsymbol{\xi}_1,\boldsymbol{\xi}_2,\boldsymbol{\xi}_3)$，使得 $\boldsymbol{Q}^{\mathrm{T}}\boldsymbol{A}\boldsymbol{Q}=\begin{pmatrix}0 & & \\ & 1 & \\ & & -1\end{pmatrix}$．又矩阵 $\boldsymbol{P}=(3\boldsymbol{\xi}_3,2\boldsymbol{\xi}_2,\boldsymbol{\xi}_1)$，则 $\boldsymbol{P}=\boldsymbol{Q}\begin{pmatrix}0 & 0 & 1\\ 0 & 2 & 0\\ 3 & 0 & 0\end{pmatrix}$，

所以 $\boldsymbol{P}^{-1}\boldsymbol{A}\boldsymbol{P}=\begin{pmatrix}0 & 0 & 1\\ 0 & 2 & 0\\ 3 & 0 & 0\end{pmatrix}^{-1}\boldsymbol{Q}^{\mathrm{T}}\boldsymbol{A}\boldsymbol{Q}\begin{pmatrix}0 & 0 & 1\\ 0 & 2 & 0\\ 3 & 0 & 0\end{pmatrix}=\begin{pmatrix}0 & 0 & \frac{1}{3}\\ 0 & \frac{1}{2} & 0\\ 1 & 0 & 0\end{pmatrix}\begin{pmatrix}0 & & \\ & 1 & \\ & & -1\end{pmatrix}\begin{pmatrix}0 & 0 & 1\\ 0 & 2 & 0\\ 3 & 0 & 0\end{pmatrix}=\begin{pmatrix}-1 & 0 & 0\\ 0 & 1 & 0\\ 0 & 0 & 0\end{pmatrix}$．故选 D.

5．B【解析】由题可知，$\boldsymbol{A}$ 是可相似对角化的矩阵，因而其相似变换矩阵 $\boldsymbol{P}$ 的列向量 $\boldsymbol{\alpha}_1$，$\boldsymbol{\alpha}_2$，$\boldsymbol{\alpha}_3$ 是 $\boldsymbol{A}$ 的特征值 $\lambda_1=1$，$\lambda_2=1$，$\lambda_3=2$ 分别对应的特征向量．由于 1 是 $\boldsymbol{A}$ 的二重特征值，所以 $\boldsymbol{\alpha}_1+\boldsymbol{\alpha}_2$ 仍是 $\boldsymbol{A}$ 的特征值 1 对应的特征向量，即 $\boldsymbol{A}(\boldsymbol{\alpha}_1+\boldsymbol{\alpha}_2)=(\boldsymbol{\alpha}_1+\boldsymbol{\alpha}_2)$，从而有 $\boldsymbol{Q}^{-1}\boldsymbol{A}\boldsymbol{Q}=\begin{pmatrix}1 & 0 & 0\\ 0 & 1 & 0\\ 0 & 0 & 2\end{pmatrix}$．故选 B.

二、填空题

1．$\begin{pmatrix}2 & 0\\ 0 & 1\end{pmatrix}$【解析】因为可逆矩阵 $\boldsymbol{P}=(\boldsymbol{\alpha},\boldsymbol{\beta})$，$\boldsymbol{Q}=(\boldsymbol{\beta},\boldsymbol{\alpha})$，则矩阵 $\boldsymbol{Q}=\boldsymbol{P}\begin{pmatrix}0 & 1\\ 1 & 0\end{pmatrix}$，所以 $\boldsymbol{Q}^{-1}\boldsymbol{A}\boldsymbol{Q}=\left(\boldsymbol{P}\begin{pmatrix}0 & 1\\ 1 & 0\end{pmatrix}\right)^{-1}\boldsymbol{A}\boldsymbol{P}\begin{pmatrix}0 & 1\\ 1 & 0\end{pmatrix}=\begin{pmatrix}0 & 1\\ 1 & 0\end{pmatrix}^{-1}\boldsymbol{P}^{-1}\boldsymbol{A}\boldsymbol{P}\begin{pmatrix}0 & 1\\ 1 & 0\end{pmatrix}=\begin{pmatrix}2 & 0\\ 0 & 1\end{pmatrix}$.

2．0【解析】因为矩阵 $\begin{pmatrix}\lambda_0 & a\\ 0 & \lambda_0\end{pmatrix}$ 相似于对角矩阵，则该矩阵有 2 个线性无关的特征向量，所以 $a=0$.

3．24【解析】因为四阶矩阵 $\boldsymbol{A}$ 与 $\boldsymbol{B}$ 相似，$\boldsymbol{A}$ 的特征值为 $\frac{1}{2}$，$\frac{1}{3}$，$\frac{1}{4}$，$\frac{1}{5}$，所以 $\boldsymbol{B}$ 的特征值也为 $\frac{1}{2}$，$\frac{1}{3}$，$\frac{1}{4}$，$\frac{1}{5}$，从而 $\boldsymbol{B}^{-1}$ 的特征值为 $2,3,4,5$，$\boldsymbol{B}^{-1}-\boldsymbol{E}$ 的特征值为 $1,2,3,4$，所以 $|\boldsymbol{B}^{-1}-\boldsymbol{E}|=1\times2\times3\times4=24$.

4．2【解析】由 $|\boldsymbol{A}|=0$，可知 $\boldsymbol{A}$ 是非满秩矩阵，即矩阵 $\boldsymbol{A}$ 的秩 $R(\boldsymbol{A})\leqslant 2$．由 $|\boldsymbol{A}|=0$，可得 0 是矩阵 $\boldsymbol{A}$ 的一个特征值，又矩阵 $\boldsymbol{A}$ 的特征值互不相同，所以矩阵 $\boldsymbol{A}$ 有两个非零特征值，从而 $R(\boldsymbol{A})\geqslant 2$．综上，$R(\boldsymbol{A})=2$.

三、解答题

1．**解:** 因为 $\boldsymbol{A}$ 是对称矩阵，所以矩阵 $\boldsymbol{A}$ 一定可以对角化．矩阵 $\boldsymbol{A}$ 的特征多项式 $|\boldsymbol{A}-\lambda\boldsymbol{E}|=\begin{vmatrix}2-\lambda & -1\\ -1 & 2-\lambda\end{vmatrix}=(\lambda-1)(\lambda-3)$，所以 $\boldsymbol{A}$ 的特征值为 $\lambda_1=1$，$\lambda_2=3$.

① 当 $\lambda_1=1$ 时，由 $\boldsymbol{A}-\boldsymbol{E}=\begin{pmatrix}1 & -1\\ -1 & 1\end{pmatrix}\xrightarrow{r_2+r_1}\begin{pmatrix}1 & -1\\ 0 & 0\end{pmatrix}$，得特征向量 $\boldsymbol{p}_1=(1,1)^{\mathrm{T}}$.

② 当 $\lambda_2=3$ 时，由 $\boldsymbol{A}-3\boldsymbol{E}=\begin{pmatrix}-1 & -1\\ -1 & -1\end{pmatrix}\xrightarrow{r_2-r_1}\begin{pmatrix}-1 & -1\\ 0 & 0\end{pmatrix}$，得特征向量 $\boldsymbol{p}_2=(1,-1)^{\mathrm{T}}$.

令 $\boldsymbol{P}=(\boldsymbol{p}_1,\boldsymbol{p}_2)=\begin{pmatrix}1 & 1\\ 1 & -1\end{pmatrix}$，则 $\boldsymbol{P}^{-1}=\frac{1}{2}\begin{pmatrix}1 & 1\\ 1 & -1\end{pmatrix}$，$\boldsymbol{P}^{-1}\boldsymbol{A}\boldsymbol{P}=\boldsymbol{\Lambda}=\mathrm{diag}(1,3)$，即 $\boldsymbol{A}=\boldsymbol{P}\boldsymbol{\Lambda}\boldsymbol{P}^{-1}$，所以 $\boldsymbol{A}^n=(\boldsymbol{P}\boldsymbol{\Lambda}\boldsymbol{P}^{-1})^n=\boldsymbol{P}\boldsymbol{\Lambda}^n\boldsymbol{P}^{-1}=\boldsymbol{P}\begin{pmatrix}1 & \\ & 3\end{pmatrix}^n\boldsymbol{P}^{-1}=\frac{1}{2}\begin{pmatrix}1 & 1\\ 1 & -1\end{pmatrix}\begin{pmatrix}1 & \\ & 3^n\end{pmatrix}\begin{pmatrix}1 & 1\\ 1 & -1\end{pmatrix}=\frac{1}{2}\begin{pmatrix}1+3^n & 1-3^n\\ 1-3^n & 1+3^n\end{pmatrix}$.

2．**解:** 矩阵 $\boldsymbol{A}$ 的特征多项式 $|\boldsymbol{A}-\lambda\boldsymbol{E}|=\begin{vmatrix}2-\lambda & -1\\ -1 & 2-\lambda\end{vmatrix}=(\lambda-1)(\lambda-3)$，所以 $\boldsymbol{A}$ 的特征值为 $\lambda_1=1$，$\lambda_2=3$．当

$\lambda_1=1$时，由$A-E=\begin{pmatrix}1&-1\\-1&1\end{pmatrix}\xrightarrow{r_2+r_1}\begin{pmatrix}1&-1\\0&0\end{pmatrix}$，得特征向量$p_1=(1,1)^T$，单位化得$\xi_1=\frac{1}{\sqrt{2}}(1,1)^T$；当$\lambda_2=3$时，由$A-3E=\begin{pmatrix}-1&-1\\-1&-1\end{pmatrix}\xrightarrow{r_2-r_1}\begin{pmatrix}-1&-1\\0&0\end{pmatrix}$，得特征向量$p_2=(1,-1)^T$，单位化得$\xi_2=\frac{1}{\sqrt{2}}(1,-1)^T$，则正交矩阵$P=(\xi_1,\xi_2)=\frac{1}{\sqrt{2}}\begin{pmatrix}1&1\\1&-1\end{pmatrix}$，使得$P^TAP=P^{-1}AP=\begin{pmatrix}\lambda_1&0\\0&\lambda_2\end{pmatrix}=\begin{pmatrix}1&0\\0&3\end{pmatrix}$.

3. **解**：矩阵A的特征多项式$|A-\lambda E|=\begin{vmatrix}1-\lambda&2&1\\2&4-\lambda&2\\1&2&1-\lambda\end{vmatrix}\overset{c_1-c_3}{=\!=}\begin{vmatrix}-\lambda&2&1\\0&4-\lambda&2\\\lambda&2&1-\lambda\end{vmatrix}\overset{r_3+r_1}{=\!=}\begin{vmatrix}-\lambda&2&1\\0&4-\lambda&2\\0&4&2-\lambda\end{vmatrix}=$ $-\lambda^2(\lambda-6)$，所以A的特征值为$\lambda_1=\lambda_2=0$，$\lambda_3=6$．当$\lambda_1=\lambda_2=0$时，由$A=\begin{pmatrix}1&2&1\\2&4&2\\1&2&1\end{pmatrix}\xrightarrow[r_3-r_1]{r_2-2r_1}\begin{pmatrix}1&2&1\\0&0&0\\0&0&0\end{pmatrix}$，得特征向量$p_1=(-2,1,0)^T$，$p_2=(-1,0,1)^T$，先正交化，取$b_1=p_1=(-2,1,0)^T$，则$b_2=p_2-\frac{(p_2,b_1)}{(b_1,b_1)}b_1=p_2-\frac{2}{5}b_1=\left(-\frac{1}{5},-\frac{2}{5},1\right)^T$，再单位化得$\xi_1=\frac{1}{\sqrt{5}}(-2,1,0)^T$，$\xi_2=\frac{1}{\sqrt{30}}(-1,-2,5)^T$；当$\lambda_3=6$时，由$A-6E=\begin{pmatrix}-5&2&1\\2&-2&2\\1&2&-5\end{pmatrix}\xrightarrow[\substack{r_2-2r_1\\r_3+5r_1}]{r_1\leftrightarrow r_3}\begin{pmatrix}1&2&-5\\0&-6&12\\0&12&-24\end{pmatrix}\xrightarrow{r_3+2r_2,\,-\frac{1}{6}r_2,\,r_1-2r_2}\begin{pmatrix}1&0&-1\\0&1&-2\\0&0&0\end{pmatrix}$，得特征向量$p_3=(1,2,1)^T$，单位化得$\xi_3=\frac{1}{\sqrt{6}}(1,2,1)^T$，则正交矩阵$P=(\xi_1,\xi_2,\xi_3)=\frac{1}{\sqrt{30}}\begin{pmatrix}-2\sqrt{6}&-1&\sqrt{5}\\\sqrt{6}&-2&2\sqrt{5}\\0&5&\sqrt{5}\end{pmatrix}$使得$P^TAP=P^{-1}AP=\begin{pmatrix}\lambda_1&0&0\\0&\lambda_2&0\\0&0&\lambda_3\end{pmatrix}=\begin{pmatrix}0&0&0\\0&0&0\\0&0&6\end{pmatrix}$.

4. **解**：（1）因为矩阵A与B相似，所以$\mathrm{tr}(A)=\mathrm{tr}(B)$，且$|A|=|B|$，即$\begin{cases}2+x=1+y,\\-2=-2y,\end{cases}$解得$\begin{cases}x=0,\\y=1.\end{cases}$

（2）由（1）可知，矩阵$A=\begin{pmatrix}2&0&0\\0&0&1\\0&1&0\end{pmatrix}$，$B=\begin{pmatrix}2&0&0\\0&1&0\\0&0&-1\end{pmatrix}$，其中$B$为对角矩阵，且矩阵$A$与$B$相似，所以矩阵$A$的特征值为$\lambda_1=2$，$\lambda_2=1$，$\lambda_3=-1$．依次求出特征值对应的特征向量，得$p_1=\begin{pmatrix}1\\0\\0\end{pmatrix}$，$p_2=\begin{pmatrix}0\\1\\1\end{pmatrix}$，$p_3=\begin{pmatrix}0\\1\\-1\end{pmatrix}$．令矩阵$P=(p_1,p_2,p_3)=\begin{pmatrix}1&0&0\\0&1&1\\0&1&-1\end{pmatrix}$，则$P$为可逆矩阵，且有$P^{-1}AP=B$．

第五节　二次型及其标准形

一、单项选择题

1. A【解析】对称矩阵A的特征多项式$|A-\lambda E|=\begin{vmatrix}1-\lambda&1&1&1\\1&1-\lambda&1&1\\1&1&1-\lambda&1\\1&1&1&1-\lambda\end{vmatrix}=(4-\lambda)(-\lambda)^3$，则矩阵$A$的

特征值为 0（三重），4，所以存在可逆矩阵 $\boldsymbol{P}$ 使 $\boldsymbol{P}^{-1}\boldsymbol{AP}=\boldsymbol{B}$，于是矩阵 $\boldsymbol{A}$ 与 $\boldsymbol{B}$ 合同且相似．故选 A．

2．D【解析】先将矩阵 $\boldsymbol{A}$ 的第二行乘以 -1，再将第二列乘以 -1，得 $\begin{pmatrix}1&-2\\-2&1\end{pmatrix}$，其他选项均无法由先进行行变换再进行一致的列变换得到．故选 D．

3．B【解析】矩阵 $\boldsymbol{A}=\begin{pmatrix}1&2&0\\2&1&0\\0&0&1\end{pmatrix}\xrightarrow[c_2-2c_1]{r_2-2r_1}\begin{pmatrix}1&0&0\\0&-3&0\\0&0&1\end{pmatrix}\xrightarrow[c_2\leftrightarrow c_3]{r_2\leftrightarrow r_3}\begin{pmatrix}1&0&0\\0&1&0\\0&0&-3\end{pmatrix}\xrightarrow{-\frac{\sqrt{3}}{3}r_3,-\frac{\sqrt{3}}{3}c_3}\begin{pmatrix}1&0&0\\0&1&0\\0&0&-1\end{pmatrix}$，所以矩阵 $\boldsymbol{A}$ 与 $\begin{pmatrix}1&0&0\\0&1&0\\0&0&-1\end{pmatrix}$ 合同．故选 B．

4．B【解析】由特征多项式 $|\boldsymbol{A}-\lambda\boldsymbol{E}|=(\lambda-2)(\lambda+3)\lambda$，得对称矩阵 $\boldsymbol{A}$ 的特征值为 2，-3，0，所以矩阵 $\boldsymbol{A}$ 与 $\begin{pmatrix}2&0&0\\0&-3&0\\0&0&0\end{pmatrix}$ 相似且合同．故选 B．

5．D【解析】由 $f(x_1,x_2,x_3)=(x_1+x_2)^2=x_1^2+x_2^2+2x_1x_2=(x_1,x_2,x_3)\begin{pmatrix}1&1&0\\1&1&0\\0&0&0\end{pmatrix}\begin{pmatrix}x_1\\x_2\\x_3\end{pmatrix}$，得该二次型的矩阵为 $\begin{pmatrix}1&1&0\\1&1&0\\0&0&0\end{pmatrix}$．故选 D．

二、填空题

1．$f(x_1,x_2,x_3)=x_1^2+x_2^2+2x_3^2-2x_1x_2+4x_1x_3+2x_2x_3$【解析】由矩阵 $\boldsymbol{A}=\begin{pmatrix}1&-1&2\\-1&1&1\\2&1&2\end{pmatrix}$，得 $f(x_1,x_2,x_3)=(x_1,x_2,x_3)\begin{pmatrix}1&-1&2\\-1&1&1\\2&1&2\end{pmatrix}\begin{pmatrix}x_1\\x_2\\x_3\end{pmatrix}=x_1^2+x_2^2+2x_3^2-2x_1x_2+4x_1x_3+2x_2x_3$．

2．$\begin{pmatrix}1&2\\2&2\end{pmatrix}$【解析】由 $f(x_1,x_2)=(x_1,x_2)\begin{pmatrix}1&5\\-1&2\end{pmatrix}\begin{pmatrix}x_1\\x_2\end{pmatrix}$，展开得 $f(x_1,x_2)=x_1^2+2x_2^2+4x_1x_2=(x_1,x_2)\begin{pmatrix}1&2\\2&2\end{pmatrix}\cdot\begin{pmatrix}x_1\\x_2\end{pmatrix}$，所以 $f(x_1,x_2)$ 对应的矩阵为 $\begin{pmatrix}1&2\\2&2\end{pmatrix}$．

3．$\begin{pmatrix}1&1&2\\1&1&1\\2&1&3\end{pmatrix}$【解析】由 $f(x_1,x_2,x_3)=(x_1,x_2,x_3)\begin{pmatrix}1&2&3\\0&1&2\\1&0&3\end{pmatrix}\begin{pmatrix}x_1\\x_2\\x_3\end{pmatrix}$，展开得 $f(x_1,x_2,x_3)=x_1^2+x_2^2+3x_3^2+2x_1x_2+4x_1x_3+2x_2x_3=(x_1,x_2,x_3)\begin{pmatrix}1&1&2\\1&1&1\\2&1&3\end{pmatrix}\begin{pmatrix}x_1\\x_2\\x_3\end{pmatrix}$，所以 $f(x_1,x_2,x_3)$ 对应的矩阵为 $\begin{pmatrix}1&1&2\\1&1&1\\2&1&3\end{pmatrix}$．

4．$\begin{pmatrix}a_1^2&a_1a_2&a_1a_3\\a_1a_2&a_2^2&a_2a_3\\a_1a_3&a_2a_3&a_3^2\end{pmatrix}$【解析】由 $f(x_1,x_2,x_3)=(a_1x_1+a_2x_2+a_3x_3)^2=a_1^2x_1^2+a_2^2x_2^2+a_3^2x_3^2+2a_1a_2x_1x_2+2a_1a_3x_1x_3+2a_2a_3x_2x_3=(x_1,x_2,x_3)\begin{pmatrix}a_1^2&a_1a_2&a_1a_3\\a_1a_2&a_2^2&a_2a_3\\a_1a_3&a_2a_3&a_3^2\end{pmatrix}\begin{pmatrix}x_1\\x_2\\x_3\end{pmatrix}$，得 $f(x_1,x_2,x_3)$ 对应的矩阵为 $\begin{pmatrix}a_1^2&a_1a_2&a_1a_3\\a_1a_2&a_2^2&a_2a_3\\a_1a_3&a_2a_3&a_3^2\end{pmatrix}$．

5．2【解析】由 $f(x_1,x_2,x_3)=(x_1+x_2)^2+(x_2-x_3)^2+(x_3+x_1)^2=2x_1^2+2x_2^2+2x_3^2+2x_1x_2-2x_2x_3+2x_1x_3$，得

$f(x_1,x_2,x_3)$ 对应的矩阵为 $\begin{pmatrix}2&1&1\\1&2&-1\\1&-1&2\end{pmatrix}$，对该矩阵施以初等变换 $\begin{pmatrix}2&1&1\\1&2&-1\\1&-1&2\end{pmatrix}\xrightarrow[r_3-r_1]{r_1\leftrightarrow r_2,\ r_2-2r_1}\begin{pmatrix}1&2&-1\\0&-3&3\\0&-3&3\end{pmatrix}\xrightarrow{r_3-r_2}$

$\begin{pmatrix}1&2&-1\\0&-3&3\\0&0&0\end{pmatrix}$，所以其秩为 2.

6. $3y_1^2$【解析】因为二次型 $f(x_1,x_2,x_3)=\boldsymbol{x}^{\mathrm T}\boldsymbol{A}\boldsymbol{x}$ 的秩为 1，所以 $R(\boldsymbol{A})=1$，于是 0 为矩阵 $\boldsymbol{A}$ 的二重特征值. 又矩阵 $\boldsymbol{A}$ 的各行元素之和为 3，则 3 为矩阵 $\boldsymbol{A}$ 的一个特征值，所以 f 在正交变换 $\boldsymbol{x}=\boldsymbol{Q}\boldsymbol{y}$ 下的标准形为 $3y_1^2$.

三、解答题

1．**证**：取矩阵 $\boldsymbol{P}=\begin{pmatrix}1&0&0\\0&0&1\\0&1&0\end{pmatrix}$，则 $\boldsymbol{P}$ 为可逆矩阵，于是 $\boldsymbol{P}^{\mathrm T}\begin{pmatrix}d_1&0&0\\0&d_2&0\\0&0&d_3\end{pmatrix}\boldsymbol{P}=\begin{pmatrix}d_1&0&0\\0&d_3&0\\0&0&d_2\end{pmatrix}$，所以矩阵 $\begin{pmatrix}d_1&0&0\\0&d_2&0\\0&0&d_3\end{pmatrix}$ 与 $\begin{pmatrix}d_1&0&0\\0&d_3&0\\0&0&d_2\end{pmatrix}$ 合同，得证.

2．**解**：二次型 $f(x_1,x_2,x_3)$ 的矩阵为 $\boldsymbol{A}=\begin{pmatrix}1&2&2\\2&1&2\\2&2&1\end{pmatrix}$，特征多项式 $|\boldsymbol{A}-\lambda\boldsymbol{E}|=\begin{vmatrix}1-\lambda&2&2\\2&1-\lambda&2\\2&2&1-\lambda\end{vmatrix}$

$\xlongequal{r_1+r_2+r_3}(5-\lambda)\begin{vmatrix}1&1&1\\2&1-\lambda&2\\2&2&1-\lambda\end{vmatrix}\xlongequal[c_3-c_1]{c_2-c_1}(5-\lambda)\begin{vmatrix}1&0&0\\2&-1-\lambda&0\\2&0&-1-\lambda\end{vmatrix}=(5-\lambda)(1+\lambda)^2$，所以 $\boldsymbol{A}$ 的特征值为 $\lambda_1=\lambda_2=-1$，$\lambda_3=5$.

① 当 $\lambda_1=\lambda_2=-1$ 时，由 $\boldsymbol{A}+\boldsymbol{E}=\begin{pmatrix}2&2&2\\2&2&2\\2&2&2\end{pmatrix}\xrightarrow{r_2-r_1,\ r_3-r_1,\ \frac{1}{2}r_1}\begin{pmatrix}1&1&1\\0&0&0\\0&0&0\end{pmatrix}$，得特征向量 $\boldsymbol{p}_1=(-1,1,0)^{\mathrm T}$，$\boldsymbol{p}_2=(-1,0,1)^{\mathrm T}$. 先正交化，取 $\boldsymbol{b}_1=\boldsymbol{p}_1=(-1,1,0)^{\mathrm T}$，则 $\boldsymbol{b}_2=\boldsymbol{p}_2-\dfrac{(\boldsymbol{p}_2,\boldsymbol{b}_1)}{(\boldsymbol{b}_1,\boldsymbol{b}_1)}\boldsymbol{b}_1=\boldsymbol{p}_2-\dfrac{1}{2}\boldsymbol{b}_1=\left(-\dfrac{1}{2},-\dfrac{1}{2},1\right)^{\mathrm T}$，再单位化得 $\boldsymbol{\xi}_1=\dfrac{1}{\sqrt2}(-1,1,0)^{\mathrm T}$，$\boldsymbol{\xi}_2=\dfrac{1}{\sqrt6}(-1,-1,2)^{\mathrm T}$.

② 当 $\lambda_3=5$ 时，由 $\boldsymbol{A}-5\boldsymbol{E}=\begin{pmatrix}-4&2&2\\2&-4&2\\2&2&-4\end{pmatrix}\xrightarrow{r_3+r_1+r_2,\ \frac{1}{2}r_1,\ r_2+r_1}\begin{pmatrix}-2&1&1\\0&-3&3\\0&0&0\end{pmatrix}\xrightarrow{\frac{1}{3}r_2,\ \frac{r_1+r_2}{2}}\begin{pmatrix}-1&0&1\\0&-1&1\\0&0&0\end{pmatrix}$，得特征向量 $\boldsymbol{p}_3=(1,1,1)^{\mathrm T}$，单位化得 $\boldsymbol{\xi}_3=\dfrac{1}{\sqrt3}(1,1,1)^{\mathrm T}$.

令矩阵 $\boldsymbol{Q}=(\boldsymbol{\xi}_1,\boldsymbol{\xi}_2,\boldsymbol{\xi}_3)=\dfrac{1}{\sqrt6}\begin{pmatrix}-\sqrt3&-1&\sqrt2\\\sqrt3&-1&\sqrt2\\0&2&\sqrt2\end{pmatrix}$，$\boldsymbol{\Lambda}=\begin{pmatrix}-1&0&0\\0&-1&0\\0&0&5\end{pmatrix}$，则 $\boldsymbol{Q}$ 为正交矩阵，且 $\boldsymbol{Q}^{-1}\boldsymbol{A}\boldsymbol{Q}=\boldsymbol{Q}^{\mathrm T}\boldsymbol{A}\boldsymbol{Q}=\boldsymbol{\Lambda}$.

于是，作正交变换 $\boldsymbol{x}=\boldsymbol{Q}\boldsymbol{y}$，即 $\begin{pmatrix}x_1\\x_2\\x_3\end{pmatrix}=\dfrac{1}{\sqrt6}\begin{pmatrix}-\sqrt3&-1&\sqrt2\\\sqrt3&-1&\sqrt2\\0&2&\sqrt2\end{pmatrix}\begin{pmatrix}y_1\\y_2\\y_3\end{pmatrix}$，可将二次型化为标准形 $f(x_1,x_2,x_3)=-y_1^2-y_2^2+5y_3^2$.

3．**解**：二次型 $f(x_1,x_2,x_3)$ 和 $y_2^2+4y_3^2$ 对应的矩阵分别为 $\boldsymbol{A}=\begin{pmatrix}1&b&1\\b&a&1\\1&1&1\end{pmatrix}$ 和 $\boldsymbol{\Lambda}=\begin{pmatrix}0&0&0\\0&1&0\\0&0&4\end{pmatrix}$，则矩阵 $\boldsymbol{A}$ 的特征值为 $\lambda_1=0$，$\lambda_2=1$，$\lambda_3=4$．当 $\lambda_1=0$ 时，特征多项式 $|\boldsymbol{A}|=\begin{vmatrix}1&b&1\\b&a&1\\1&1&1\end{vmatrix}\xlongequal[c_3-c_1]{c_2-c_1}\begin{vmatrix}1&b-1&0\\b&a-b&1-b\\1&0&0\end{vmatrix}=-(b-1)^2=0$，解得 $b=1$；当 $\lambda_2=1$ 时，特征多项式 $|\boldsymbol{A}-\boldsymbol{E}|=\begin{vmatrix}0&1&1\\1&a-1&1\\1&1&0\end{vmatrix}\xlongequal{c_2-c_3}\begin{vmatrix}0&0&1\\1&a-2&1\\1&1&0\end{vmatrix}=a-3=0$，解得 $a=3$．

① 当 $\lambda_1=0$ 时，由 $\boldsymbol{A}=\begin{pmatrix}1&1&1\\1&3&1\\1&1&1\end{pmatrix}\xrightarrow[r_3-r_1]{r_2-r_1}\begin{pmatrix}1&1&1\\0&2&0\\0&0&0\end{pmatrix}\xrightarrow{\frac{1}{2}r_2,\,r_1-r_2}\begin{pmatrix}1&0&1\\0&1&0\\0&0&0\end{pmatrix}$，得单位特征向量 $\boldsymbol{\xi}_1=\frac{1}{\sqrt{2}}(1,0,-1)^{\mathrm{T}}$．

② 当 $\lambda_2=1$ 时，由 $\boldsymbol{A}-\boldsymbol{E}=\begin{pmatrix}0&1&1\\1&2&1\\1&1&0\end{pmatrix}\xrightarrow[r_1\leftrightarrow r_3]{r_2-r_3}\begin{pmatrix}1&1&0\\0&1&1\\0&1&1\end{pmatrix}\xrightarrow{r_3-r_2}\begin{pmatrix}1&1&0\\0&1&1\\0&0&0\end{pmatrix}$，得单位特征向量 $\boldsymbol{\xi}_2=\frac{1}{\sqrt{3}}(1,-1,1)^{\mathrm{T}}$．

③ 当 $\lambda_3=4$ 时，由 $\boldsymbol{A}-4\boldsymbol{E}=\begin{pmatrix}-3&1&1\\1&-1&1\\1&1&-3\end{pmatrix}\xrightarrow[\substack{r_2-r_1\\r_3+3r_1}]{r_1\leftrightarrow r_3}\begin{pmatrix}1&1&-3\\0&-2&4\\0&4&-8\end{pmatrix}\xrightarrow{r_3+2r_2,\,\frac{1}{2}r_2,\,r_1+r_2}\begin{pmatrix}1&0&-1\\0&-1&2\\0&0&0\end{pmatrix}$，得单位特征向量 $\boldsymbol{\xi}_3=\frac{1}{\sqrt{6}}(1,2,1)^{\mathrm{T}}$．

令矩阵 $\boldsymbol{Q}=(\boldsymbol{\xi}_1,\boldsymbol{\xi}_2,\boldsymbol{\xi}_3)=\frac{1}{\sqrt{6}}\begin{pmatrix}\sqrt{3}&\sqrt{2}&1\\0&-\sqrt{2}&2\\-\sqrt{3}&\sqrt{2}&1\end{pmatrix}$，则 $\boldsymbol{Q}$ 为所求的正交矩阵.

4．**解**：（1）因为 $R(\boldsymbol{A}^{\mathrm{T}}\boldsymbol{A})=R(\boldsymbol{A})=2$，且 $\boldsymbol{A}=\begin{pmatrix}1&0&1\\0&1&1\\-1&0&a\\0&a&-1\end{pmatrix}\xrightarrow{r_3+r_1}\begin{pmatrix}1&0&1\\0&1&1\\0&0&a+1\\0&a&-1\end{pmatrix}$，所以 $a=-1$．

（2）因为 $a=-1$，则 $\boldsymbol{A}^{\mathrm{T}}\boldsymbol{A}=\begin{pmatrix}1&0&-1&0\\0&1&0&-1\\1&1&-1&-1\end{pmatrix}\begin{pmatrix}1&0&1\\0&1&1\\-1&0&-1\\0&-1&-1\end{pmatrix}=\begin{pmatrix}2&0&2\\0&2&2\\2&2&4\end{pmatrix}$，所以特征多项式 $|\boldsymbol{A}^{\mathrm{T}}\boldsymbol{A}-\lambda\boldsymbol{E}|=\begin{vmatrix}2-\lambda&0&2\\0&2-\lambda&2\\2&2&4-\lambda\end{vmatrix}=\lambda(2-\lambda)(\lambda-6)$，因此 $\boldsymbol{A}^{\mathrm{T}}\boldsymbol{A}$ 的特征值为 $\lambda_1=0$，$\lambda_2=2$，$\lambda_3=6$．

① 当 $\lambda_1=0$ 时，由 $\boldsymbol{A}^{\mathrm{T}}\boldsymbol{A}=\begin{pmatrix}2&0&2\\0&2&2\\2&2&4\end{pmatrix}\xrightarrow{r_3-r_1}\begin{pmatrix}2&0&2\\0&2&2\\0&2&2\end{pmatrix}\xrightarrow{r_3-r_2,\,\frac{1}{2}r_1,\,\frac{1}{2}r_2}\begin{pmatrix}1&0&1\\0&1&1\\0&0&0\end{pmatrix}$，得单位特征向量 $\boldsymbol{\xi}_1=\frac{1}{\sqrt{3}}(1,1,-1)^{\mathrm{T}}$．

② 当$\lambda_2=2$时，由$\boldsymbol{A}^{\mathrm{T}}\boldsymbol{A}-2\boldsymbol{E}=\begin{pmatrix}0&0&2\\0&0&2\\2&2&2\end{pmatrix}\xrightarrow{\frac{r_3-r_1}{2},\,r_2-r_1}\begin{pmatrix}0&0&2\\0&0&0\\1&1&0\end{pmatrix}$，得单位特征向量$\boldsymbol{\xi}_2=\frac{1}{\sqrt{2}}(-1,1,0)^{\mathrm{T}}$.

③ 当$\lambda_3=6$时，由$\boldsymbol{A}^{\mathrm{T}}\boldsymbol{A}-6\boldsymbol{E}=\begin{pmatrix}-4&0&2\\0&-4&2\\2&2&-2\end{pmatrix}\xrightarrow{\frac{r_1}{2},\frac{r_2}{2},\,r_3+r_1+r_2}\begin{pmatrix}-2&0&1\\0&-2&1\\0&0&0\end{pmatrix}$，得单位特征向量$\boldsymbol{\xi}_3=\frac{1}{\sqrt{6}}(1,1,2)^{\mathrm{T}}$.

令矩阵$\boldsymbol{Q}=(\boldsymbol{\xi}_1,\boldsymbol{\xi}_2,\boldsymbol{\xi}_3)=\frac{1}{\sqrt{6}}\begin{pmatrix}\sqrt{2}&-\sqrt{3}&1\\\sqrt{2}&\sqrt{3}&1\\-\sqrt{2}&0&2\end{pmatrix}$，$\boldsymbol{\Lambda}=\begin{pmatrix}0&0&0\\0&2&0\\0&0&6\end{pmatrix}$，则$\boldsymbol{Q}$为正交矩阵，且$\boldsymbol{Q}^{-1}\boldsymbol{A}\boldsymbol{Q}=\boldsymbol{Q}^{\mathrm{T}}\boldsymbol{A}\boldsymbol{Q}=\boldsymbol{\Lambda}$. 于是，作正交变换$\boldsymbol{x}=\boldsymbol{Q}\boldsymbol{y}$，即$\begin{pmatrix}x_1\\x_2\\x_3\end{pmatrix}=\frac{1}{\sqrt{6}}\begin{pmatrix}\sqrt{2}&-\sqrt{3}&1\\\sqrt{2}&\sqrt{3}&1\\-\sqrt{2}&0&2\end{pmatrix}\begin{pmatrix}y_1\\y_2\\y_3\end{pmatrix}$，可将二次型化为标准形$f(x_1,x_2,x_3)=2y_2^2+6y_3^2$.

5. **证**：(1) 记列向量$\boldsymbol{x}=\begin{pmatrix}x_1\\x_2\\x_3\end{pmatrix}$，则$a_1x_1+a_2x_2+a_3x_3=(x_1,x_2,x_3)\begin{pmatrix}a_1\\a_2\\a_3\end{pmatrix}=\boldsymbol{x}^{\mathrm{T}}\boldsymbol{\alpha}=\boldsymbol{\alpha}^{\mathrm{T}}\boldsymbol{x}$，$b_1x_1+b_2x_2+b_3x_3=(x_1,x_2,x_3)\begin{pmatrix}b_1\\b_2\\b_3\end{pmatrix}=\boldsymbol{x}^{\mathrm{T}}\boldsymbol{\beta}=\boldsymbol{\beta}^{\mathrm{T}}\boldsymbol{x}$，则$f(x_1,x_2,x_3)=2(a_1x_1+a_2x_2+a_3x_3)^2+(b_1x_1+b_2x_2+b_3x_3)^2=2(x_1,x_2,x_3)\begin{pmatrix}a_1\\a_2\\a_3\end{pmatrix}\cdot(a_1,a_2,a_3)\begin{pmatrix}x_1\\x_2\\x_3\end{pmatrix}+(x_1,x_2,x_3)\begin{pmatrix}b_1\\b_2\\b_3\end{pmatrix}(b_1,b_2,b_3)\begin{pmatrix}x_1\\x_2\\x_3\end{pmatrix}=2\boldsymbol{x}^{\mathrm{T}}\boldsymbol{\alpha}\boldsymbol{\alpha}^{\mathrm{T}}\boldsymbol{x}+\boldsymbol{x}^{\mathrm{T}}\boldsymbol{\beta}\boldsymbol{\beta}^{\mathrm{T}}\boldsymbol{x}=\boldsymbol{x}^{\mathrm{T}}(2\boldsymbol{\alpha}\boldsymbol{\alpha}^{\mathrm{T}}+\boldsymbol{\beta}\boldsymbol{\beta}^{\mathrm{T}})\boldsymbol{x}$，所以$f$对应的矩阵为$2\boldsymbol{\alpha}\boldsymbol{\alpha}^{\mathrm{T}}+\boldsymbol{\beta}\boldsymbol{\beta}^{\mathrm{T}}$，得证.

(2) 记矩阵$\boldsymbol{A}=2\boldsymbol{\alpha}\boldsymbol{\alpha}^{\mathrm{T}}+\boldsymbol{\beta}\boldsymbol{\beta}^{\mathrm{T}}$，因为$\boldsymbol{\alpha}$，$\boldsymbol{\beta}$正交且均为单位向量，则$\boldsymbol{\alpha}\boldsymbol{\alpha}^{\mathrm{T}}=\boldsymbol{\beta}\boldsymbol{\beta}^{\mathrm{T}}=1$，$\boldsymbol{\alpha}^{\mathrm{T}}\boldsymbol{\beta}=\boldsymbol{\beta}^{\mathrm{T}}\boldsymbol{\alpha}=0$，所以$\boldsymbol{A}\boldsymbol{\alpha}=(2\boldsymbol{\alpha}\boldsymbol{\alpha}^{\mathrm{T}}+\boldsymbol{\beta}\boldsymbol{\beta}^{\mathrm{T}})\boldsymbol{\alpha}=2\boldsymbol{\alpha}\boldsymbol{\alpha}^{\mathrm{T}}\boldsymbol{\alpha}+\boldsymbol{\beta}\boldsymbol{\beta}^{\mathrm{T}}\boldsymbol{\alpha}=2\boldsymbol{\alpha}$，$\boldsymbol{A}\boldsymbol{\beta}=(2\boldsymbol{\alpha}\boldsymbol{\alpha}^{\mathrm{T}}+\boldsymbol{\beta}\boldsymbol{\beta}^{\mathrm{T}})\boldsymbol{\beta}=2\boldsymbol{\alpha}\boldsymbol{\alpha}^{\mathrm{T}}\boldsymbol{\beta}+\boldsymbol{\beta}\boldsymbol{\beta}^{\mathrm{T}}\boldsymbol{\beta}=\boldsymbol{\beta}$，于是$\lambda_1=2$，$\lambda_2=1$是矩阵$\boldsymbol{A}$的特征值. 又因为$R(\boldsymbol{A})=R(2\boldsymbol{\alpha}\boldsymbol{\alpha}^{\mathrm{T}}+\boldsymbol{\beta}\boldsymbol{\beta}^{\mathrm{T}})\leqslant R(2\boldsymbol{\alpha}\boldsymbol{\alpha}^{\mathrm{T}})+R(\boldsymbol{\beta}\boldsymbol{\beta}^{\mathrm{T}})=2$，即$\boldsymbol{A}$不是满秩矩阵，所以$\lambda_3=0$也是矩阵$\boldsymbol{A}$的特征值，因此$f$在正交变换下的标准形为$2y_1^2+y_2^2$，得证.

6. **解**：(1) 因为矩阵$\boldsymbol{A}$的一个特征值为3，所以特征多项式$|\boldsymbol{A}-3\boldsymbol{E}|=\begin{vmatrix}-3&1&0&0\\1&-3&0&0\\0&0&y-3&1\\0&0&1&-1\end{vmatrix}=8(2-y)=0$，解得$y=2$.

(2) 由 (1) 可知，$\boldsymbol{A}^{\mathrm{T}}=\boldsymbol{A}$，则$(\boldsymbol{A}\boldsymbol{P})^{\mathrm{T}}\boldsymbol{A}\boldsymbol{P}=\boldsymbol{P}^{\mathrm{T}}\boldsymbol{A}^2\boldsymbol{P}=\boldsymbol{\Lambda}$，而$\boldsymbol{A}^2=\begin{pmatrix}1&0&0&0\\0&1&0&0\\0&0&5&4\\0&0&4&5\end{pmatrix}$是对称矩阵，则二次型$\boldsymbol{x}^{\mathrm{T}}\boldsymbol{A}^2\boldsymbol{x}=x_1^2+x_2^2+5x_3^2+5x_4^2+8x_3x_4=x_1^2+x_2^2+5\left(x_3+\frac{4}{5}x_4\right)^2+\frac{9}{5}x_4^2$，令$y_1=x_1$，$y_2=x_2$，$y_3=x_3+\frac{4}{5}x_4$，$y_4=x_4$，经坐标变换$\begin{pmatrix}x_1\\x_2\\x_3\\x_4\end{pmatrix}=\begin{pmatrix}1&0&0&0\\0&1&0&0\\0&0&1&\frac{4}{5}\\0&0&0&1\end{pmatrix}\begin{pmatrix}y_1\\y_2\\y_3\\y_4\end{pmatrix}$，得$\boldsymbol{x}^{\mathrm{T}}\boldsymbol{A}^2\boldsymbol{x}=y_1^2+y_2^2+5y_3^2+\frac{9}{5}y_4^2$，所以取矩阵$\boldsymbol{P}=\begin{pmatrix}1&0&0&0\\0&1&0&0\\0&0&1&\frac{4}{5}\\0&0&0&1\end{pmatrix}$，有

$$(\boldsymbol{AP})^{\mathrm{T}}\boldsymbol{AP}=\begin{pmatrix}1&&&\\&1&&\\&&5&\\&&&\frac{9}{5}\end{pmatrix}.$$

思路点拨：本题也可以运用前面第 3 题的方法，通过求矩阵 $\boldsymbol{A}^2$ 的特征值、特征向量，进而得到可逆矩阵 $\boldsymbol{P}$，使 $\boldsymbol{P}^{\mathrm{T}}\boldsymbol{A}^2\boldsymbol{P}$ 为对角矩阵.

7. **解**：（1）$\begin{pmatrix}1&2&1\\2&4&3\\1&3&1\end{pmatrix}$. （2）$\begin{pmatrix}1&-1&-2\\-1&1&-5\\-2&-5&-5\end{pmatrix}$. （3）$\begin{pmatrix}1&3&5\\3&5&7\\5&7&9\end{pmatrix}$. （4）$\begin{pmatrix}1&-1&0&\cdots&0&0\\-1&2&-1&\cdots&0&0\\0&-1&2&\ddots&0&0\\\vdots&\vdots&\ddots&\ddots&\ddots&\vdots\\0&0&0&\ddots&2&-1\\0&0&0&\cdots&-1&1\end{pmatrix}$.

8. **证**：根据矩阵的初等变换，有 $\boldsymbol{E}(1,3)^{\mathrm{T}}\boldsymbol{AE}(1,3)=\begin{pmatrix}3&0&0\\0&0&0\\0&0&-4\end{pmatrix}=\boldsymbol{B}$，则 $\boldsymbol{E}(2,3)^{\mathrm{T}}\boldsymbol{BE}(2,3)=\begin{pmatrix}3&0&0\\0&-4&0\\0&0&0\end{pmatrix}=\boldsymbol{C}$，可见矩阵 $\boldsymbol{A}$ 与 $\boldsymbol{C}$ 合同，又因为矩阵 $\boldsymbol{C}$ 与 $\boldsymbol{N}$ 合同，所以矩阵 $\boldsymbol{A}$ 与 $\boldsymbol{N}$ 合同，得证.

9. **解**：矩阵①的秩为 1，行列式为 0，特征值为 0，2.
矩阵②的秩为 2，行列式为 1，特征值为 1，1.
矩阵③的秩为 2，行列式为 −1，特征值为 1，−1.
矩阵④的秩为 1，行列式为 0，特征值为 0，1.
矩阵⑤的秩为 1，行列式为 0，特征值为 0，2.
矩阵⑥的秩为 2，行列式为 1，特征值为 1，1.
所以，矩阵①④⑤等价，矩阵②③⑥等价；矩阵①⑤相似，矩阵②⑥相似.

$\begin{pmatrix}1&1\\1&1\end{pmatrix}\xrightarrow[c_2-c_1]{r_2-r_1}\begin{pmatrix}1&0\\0&0\end{pmatrix}$，$\begin{pmatrix}0&0\\0&2\end{pmatrix}\xrightarrow[c_1\leftrightarrow c_2]{r_1\leftrightarrow r_2}\begin{pmatrix}2&0\\0&0\end{pmatrix}\xrightarrow{\frac{\sqrt{2}}{2}r_1,\ \frac{\sqrt{2}}{2}c_1}\begin{pmatrix}1&0\\0&0\end{pmatrix}$，所以矩阵①④⑤合同.

方法总结

（1）同型矩阵 $\boldsymbol{A}$ 与 $\boldsymbol{B}$ 等价的充分必要条件是 $R(\boldsymbol{A})=R(\boldsymbol{B})$.

（2）同阶方阵 $\boldsymbol{A}$ 与 $\boldsymbol{B}$ 相似，则 $R(\boldsymbol{A})=R(\boldsymbol{B})$，且 $|\boldsymbol{A}|=|\boldsymbol{B}|$，$\boldsymbol{A}$ 与 $\boldsymbol{B}$ 的特征值相同，$\mathrm{tr}(\boldsymbol{A})=\mathrm{tr}(\boldsymbol{B})$.

（3）矩阵 $\boldsymbol{A}$ 与 $\boldsymbol{B}$ 合同，则 $\boldsymbol{A}$ 与 $\boldsymbol{B}$ 的正、负惯性指数相同，$R(\boldsymbol{A})=R(\boldsymbol{B})$；若 $\boldsymbol{A}$ 为对称矩阵，则 $\boldsymbol{B}$ 也为对称矩阵，若 $\boldsymbol{A}$ 为非对称矩阵，则 $\boldsymbol{B}$ 也为非对称矩阵；对矩阵 $\boldsymbol{A}$ 的行、列施以相同的初等变换可得到矩阵 $\boldsymbol{B}$.

（4）对于实对称矩阵 $\boldsymbol{A}$ 和 $\boldsymbol{B}$，若 $\boldsymbol{A}$ 与 $\boldsymbol{B}$ 的特征值相同，则 $\boldsymbol{A}$ 与 $\boldsymbol{B}$ 相似且合同.

（5）
矩阵相似 ⇒
⇑ ⇓ 矩阵等价.
矩阵合同 ⇒

10. **解**：（1）令 $\boldsymbol{x}=\begin{pmatrix}x_1\\x_2\\x_3\end{pmatrix}$，则 $f(x_1,x_2,x_3)=\boldsymbol{x}^{\mathrm{T}}\boldsymbol{Ax}=\begin{pmatrix}x_1\\x_2\\x_3\end{pmatrix}^{\mathrm{T}}\begin{pmatrix}0&1&1\\1&0&1\\1&1&0\end{pmatrix}\begin{pmatrix}x_1\\x_2\\x_3\end{pmatrix}=2x_1x_2+2x_1x_3+2x_2x_3$.

（2）令 $\boldsymbol{x}=\begin{pmatrix}x_1\\x_2\\x_3\\x_4\end{pmatrix}$，则 $f(x_1,x_2,x_3,x_4)=\boldsymbol{x}^{\mathrm{T}}\boldsymbol{Ax}=\begin{pmatrix}x_1\\x_2\\x_3\\x_4\end{pmatrix}^{\mathrm{T}}\begin{pmatrix}0&&&\\&-1&&\\&&2&\\&&&-3\end{pmatrix}\begin{pmatrix}x_1\\x_2\\x_3\\x_4\end{pmatrix}=-x_2^2+2x_3^2-3x_4^2$.

11. **证**：二次型的矩阵为对称矩阵，取矩阵 $\boldsymbol{A}$ 和转置矩阵 $\boldsymbol{A}^{\mathrm{T}}$ 的平均可得对称矩阵，记矩阵 $\boldsymbol{M}=\frac{1}{2}(\boldsymbol{A}+\boldsymbol{A}^{\mathrm{T}})$．因为 f 为多项式，可看作一阶矩阵，则 $f=f^{\mathrm{T}}=(\boldsymbol{x}^{\mathrm{T}}\boldsymbol{A}\boldsymbol{x})^{\mathrm{T}}=\boldsymbol{x}^{\mathrm{T}}\boldsymbol{A}^{\mathrm{T}}\boldsymbol{x}$，且 $f=\boldsymbol{x}^{\mathrm{T}}\boldsymbol{A}\boldsymbol{x}$，所以 $\boldsymbol{x}^{\mathrm{T}}\boldsymbol{M}\boldsymbol{x}=\boldsymbol{x}^{\mathrm{T}}\frac{1}{2}(\boldsymbol{A}+\boldsymbol{A}^{\mathrm{T}})\boldsymbol{x}=\frac{1}{2}(\boldsymbol{x}^{\mathrm{T}}\boldsymbol{A}\boldsymbol{x}+\boldsymbol{x}^{\mathrm{T}}\boldsymbol{A}^{\mathrm{T}}\boldsymbol{x})=\frac{1}{2}\times 2f=f$，即二次型 $f(x_1,\cdots,x_n)=\boldsymbol{x}^{\mathrm{T}}\boldsymbol{A}\boldsymbol{x}$ 的矩阵为 $\frac{1}{2}(\boldsymbol{A}+\boldsymbol{A}^{\mathrm{T}})$，得证．

第六节　用配方法化二次型成标准形

一、单项选择题

B【解析】应用配方法，$f(x_1,x_2,x_3)=(x_1-x_2)^2+(x_2-x_3)^2+(x_3-x_1)^2=2x_1^2+2x_2^2+2x_3^2-2x_1x_2-2x_1x_3-2x_2x_3=2\left(x_1-\frac{1}{2}x_2-\frac{1}{2}x_3\right)^2+\frac{3}{2}(x_2-x_3)^2$，令 $\begin{cases}y_1=x_1-\frac{1}{2}x_2-\frac{1}{2}x_3,\\ y_2=x_2-x_3,\\ y_3=x_3,\end{cases}$ 则 f 的标准形为 $f(x_1,x_2,x_3)=2y_1^2+\frac{3}{2}y_2^2$．故选B．

二、解答题

1. **解**：因为 f 中含变量 x_1 的平方项，所以先将含 x_1 的项归并起来，对 x_1 配方，再对其他变量依次配方，得 $f(x_1,x_2,x_3)=(x_1^2-2x_1x_2+2x_1x_3)-3x_2^2-6x_2x_3=(x_1-x_2+x_3)^2-(2x_2+x_3)^2$，于是 f 可化为标准形 $f=y_1^2-y_2^2$，其中 $\begin{cases}y_1=x_1-x_2+x_3,\\ y_2=2x_2+x_3,\\ y_3=x_3,\end{cases}$ 即 $\begin{cases}x_1=y_1+\frac{1}{2}y_2-\frac{3}{2}y_3,\\ x_2=\frac{1}{2}y_2-\frac{1}{2}y_3,\\ x_3=y_3,\end{cases}$ 则所求线性变换为 $\begin{pmatrix}x_1\\x_2\\x_3\end{pmatrix}=\begin{pmatrix}1&\frac{1}{2}&-\frac{3}{2}\\0&\frac{1}{2}&-\frac{1}{2}\\0&0&1\end{pmatrix}\begin{pmatrix}y_1\\y_2\\y_3\end{pmatrix}$．

2. **解**：因为所给二次型不含平方项，不能直接配方，所以先作可逆线性变换使其出现平方项．令 $\begin{cases}x_1=y_1+y_2,\\ x_2=y_1-y_2,\\ x_3=y_3,\end{cases}$ 则 $f(x_1,x_2,x_3)=x_1x_2+x_1x_3-3x_2x_3=y_1^2-y_2^2-2y_1y_3+4y_2y_3=(y_1-y_3)^2-(y_2-2y_3)^2+3y_3^3$，于是 f 可化为标准形 $f=z_1^2-z_2^2+3z_3^2$，其中 $\begin{cases}z_1=y_1-y_3,\\ z_2=y_2-2y_3,\\ z_3=y_3,\end{cases}$ 即 $\begin{cases}x_1=z_1+z_2+3z_3,\\ x_2=z_1-z_2-z_3,\\ x_3=z_3,\end{cases}$ 则所求线性变换为 $\begin{pmatrix}x_1\\x_2\\x_3\end{pmatrix}=\begin{pmatrix}1&1&3\\1&-1&-1\\0&0&1\end{pmatrix}\begin{pmatrix}z_1\\z_2\\z_3\end{pmatrix}$．

3. **解**：(1) $f(x_1,x_2,x_3)=x_1^2-x_3^2+2x_1x_2+2x_2x_3=(x_1+x_2)^2-(x_2-x_3)^2$，于是 f 可化为标准形 $f(x_1,x_2,x_3)=y_1^2-y_2^2$，其中 $\begin{cases}y_1=x_1+x_2,\\ y_2=x_2-x_3,\\ y_3=x_3,\end{cases}$ 即 $\begin{cases}x_1=y_1-y_2-y_3,\\ x_2=y_2+y_3,\\ x_3=y_3,\end{cases}$ 则所求线性变换为 $\begin{pmatrix}x_1\\x_2\\x_3\end{pmatrix}=\begin{pmatrix}1&-1&-1\\0&1&1\\0&0&1\end{pmatrix}\begin{pmatrix}y_1\\y_2\\y_3\end{pmatrix}$．

(2) 令 $\begin{cases}x_1=y_1+y_2,\\ x_2=y_1-y_2,\\ x_3=y_3,\end{cases}$ 则 $f(x_1,x_2,x_3)=x_1x_2+x_1x_3+x_2x_3=y_1^2-y_2^2+2y_1y_3=(y_1+y_3)^2-y_2^2-y_3^2$，于是 f 可化为标准形 $f(x_1,x_2,x_3)=z_1^2-z_2^2-z_3^2$，其中 $\begin{cases}z_1=y_1+y_3,\\ z_2=y_2,\\ z_3=y_3,\end{cases}$ 即 $\begin{cases}x_1=z_1+z_2-z_3,\\ x_2=z_1-z_2-z_3,\\ x_3=z_3,\end{cases}$ 则所求线性变换为 $\begin{pmatrix}x_1\\x_2\\x_3\end{pmatrix}=$

$\begin{pmatrix}1 & 1 & -1\\1 & -1 & -1\\0 & 0 & 1\end{pmatrix}\begin{pmatrix}z_1\\z_2\\z_3\end{pmatrix}$.

（3）$f(x_1,x_2,x_3)=2x_1^2+x_2^2+4x_3^2+2x_1x_2-2x_2x_3=2\left(x_1+\frac{1}{2}x_2\right)^2+\frac{1}{2}(x_2-2x_3)^2+2x_3^2$，于是 f 可化为标准形 $f(x_1,x_2,x_3)=2y_1^2+\frac{1}{2}y_2^2+2y_3^2$，其中 $\begin{cases}y_1=x_1+\frac{1}{2}x_2,\\y_2=x_2-2x_3,\\y_3=x_3,\end{cases}$ 即 $\begin{cases}x_1=y_1-\frac{1}{2}y_2-y_3,\\x_2=y_2+2y_3,\\x_3=y_3,\end{cases}$ 则所求线性变换为 $\begin{pmatrix}x_1\\x_2\\x_3\end{pmatrix}=\begin{pmatrix}1 & -\frac{1}{2} & -1\\0 & 1 & 2\\0 & 0 & 1\end{pmatrix}\begin{pmatrix}y_1\\y_2\\y_3\end{pmatrix}$.

4. 解：$f(x_1,x_2,x_3)=4x_1^2+3x_2^2+3x_3^2+2x_2x_3=4x_1^2+3\left(x_2+\frac{1}{3}x_3\right)^2+\frac{8}{3}x_3^2$，令 $\begin{cases}y_1=x_1,\\y_2=x_2+\frac{1}{3}x_3,\\y_3=x_3,\end{cases}$ 则 $f(x_1,x_2,x_3)=4y_1^2+3y_2^2+\frac{8}{3}y_3^2$.

5. 解：$f(x_1,x_2,x_3)=x_1^2-3x_2^2-2x_1x_2-6x_2x_3+2x_1x_3=x_1^2-2x_1(x_2-x_3)-3x_2^2-6x_2x_3=(x_1-x_2+x_3)^2-(2x_2+x_3)^2$，于是 f 可化为标准形 $f(x_1,x_2,x_3)=y_1^2-y_2^2$，其中 $\begin{cases}y_1=x_1-x_2+x_3,\\y_2=2x_2+x_3,\\y_3=x_3,\end{cases}$ 即 $\begin{cases}x_1=y_1+\frac{1}{2}y_2-\frac{3}{2}y_3,\\x_2=\frac{1}{2}y_2-\frac{1}{2}y_3,\\x_3=y_3,\end{cases}$ 则所求线性变换为 $\begin{pmatrix}x_1\\x_2\\x_3\end{pmatrix}=\begin{pmatrix}1 & \frac{1}{2} & -\frac{3}{2}\\0 & \frac{1}{2} & -\frac{1}{2}\\0 & 0 & 1\end{pmatrix}\begin{pmatrix}y_1\\y_2\\y_3\end{pmatrix}$.

6. 解：令 $\begin{cases}x_1=y_1+y_2,\\x_2=y_1-y_2,\\x_3=y_3,\end{cases}$ 则 $f(x_1,x_2,x_3)=2x_1x_2+2x_1x_3-6x_2x_3=2y_1^2-2y_2^2-4y_1y_3+8y_2y_3=2(y_1-y_3)^2-2(y_2-2y_3)^2+6y_3^2$，于是 f 可化为标准形 $f(x_1,x_2,x_3)=2z_1^2-2z_2^2+6z_3^2$，其中 $\begin{cases}z_1=y_1-y_3,\\z_2=y_2-2y_3,\\z_3=y_3,\end{cases}$ 即 $\begin{cases}y_1=z_1+z_3,\\y_2=z_2+2z_3,\\y_3=z_3,\end{cases}$ 则线性变换为 $\begin{pmatrix}x_1\\x_2\\x_3\end{pmatrix}=\begin{pmatrix}1 & 1 & 0\\1 & -1 & 0\\0 & 0 & 1\end{pmatrix}\begin{pmatrix}1 & 0 & 1\\0 & 1 & 2\\0 & 0 & 1\end{pmatrix}\begin{pmatrix}z_1\\z_2\\z_3\end{pmatrix}$，所以可逆线性变换的系数矩阵是 $\begin{pmatrix}1 & 1 & 3\\1 & -1 & -1\\0 & 0 & 1\end{pmatrix}$.

7. 解：$f(x_1,x_2,x_3)=x_1^2+2x_1x_2+2x_1x_3-4x_3^2=(x_1+x_2+x_3)^2-(x_2+x_3)^2-4x_3^2$，令 $\begin{cases}y_1=x_1+x_2+x_3,\\y_2=x_2+x_3,\\y_3=x_3,\end{cases}$ 则 $f(x_1,x_2,x_3)=y_1^2-y_2^2-4y_3^2$.

8. 解：$f(x_1,x_2,x_3)=x_1^2+2x_2^2-5x_3^2+2x_1x_2-2x_1x_3+2x_2x_3=(x_1+x_2-x_3)^2+(x_2+2x_3)^2-10x_3^2$，令

$\begin{cases} y_1 = x_1 + x_2 - x_3, \\ y_2 - x_2 + 2x_3, \\ y_3 = x_3, \end{cases}$ 则 $f(x_1, x_2, x_3) = y_1^2 + y_2^2 - 10y_3^2$，所以该二次型的规范形为 $f(x_1, x_2, x_3) = y_1^2 + y_2^2 - y_3^2$.

第七节　正定二次型

一、单项选择题

1. A【解析】矩阵 $A = \begin{pmatrix} 1 & 2 & 3 & 4 \\ 2 & 4 & 6 & 8 \\ 3 & 6 & 9 & 12 \\ 4 & 8 & 12 & 16 \end{pmatrix} \xrightarrow[\substack{c_2 - 2c_1 \\ c_3 - 3c_1 \\ c_4 - 4c_1}]{\substack{r_2 - 2r_1 \\ r_3 - 3r_1 \\ r_4 - 4r_1}} \begin{pmatrix} 1 & 0 & 0 & 0 \\ 0 & 0 & 0 & 0 \\ 0 & 0 & 0 & 0 \\ 0 & 0 & 0 & 0 \end{pmatrix}$，则矩阵 A 的特征值为 0（三重）和 1，所以矩阵 A 的正惯性指数为 1．故选 A.

2. B【解析】A 选项中，二次型 $f(x_1, x_2, x_3) = x_1^2 + x_2^2$ 的正惯性指数为 2，$2 < 3$，所以该二次型不是正定的．B 选项中，二次型 $f(x_1, x_2, x_3) = x_1^2 + x_2^2 + 2x_3^2 - 2x_1x_3 = (x_1 - x_3)^2 + x_2^2 + x_3^2$，其正惯性指数为 3，所以该二次型是正定的．C 选项中，令 $\begin{cases} x_1 = y_1 + y_2, \\ x_2 = y_1 - y_2, \\ x_3 = y_3, \end{cases}$ 则二次型 $f(x_1, x_2, x_3) = 2x_1x_2 + 2x_1x_3 + 4x_2x_3 = 2\left(y_1 + \frac{3}{2}y_3\right)^2 - 2\left(y_2 + \frac{y_3}{2}\right)^2 - 4y_3^2$，其正惯性指数为 1，$1 < 3$，所以该二次型不是正定的．D 选项中，二次型 $f(x_1, x_2, x_3) = x_1^2 + x_2^2 - 2x_3^2 + 2x_2x_3 = x_1^2 + (x_2 + x_3)^2 - 3x_3^2$，其正惯性指数为 2，$2 < 3$，所以该二次型不是正定的．综上，故选 B.

3. D【解析】如矩阵 $A = \begin{pmatrix} 1 & 0 \\ 0 & 0 \end{pmatrix}$，$B = \begin{pmatrix} 2 & 0 \\ 0 & 0 \end{pmatrix}$，矩阵 A 与 B 合同，但矩阵 A 与 B 的特征值不同，因此合同矩阵不一定有相同的特征值．故选 D.

4. C【解析】由题可知，二次型的矩阵为 $A = \begin{pmatrix} a & 1 & 1 \\ 1 & a & 1 \\ 1 & 1 & a \end{pmatrix}$，矩阵 A 的特征多项式 $|A - \lambda E| = \begin{vmatrix} a-\lambda & 1 & 1 \\ 1 & a-\lambda & 1 \\ 1 & 1 & a-\lambda \end{vmatrix} \xlongequal{r_1 + r_2 + r_3} (a - \lambda + 2)\begin{vmatrix} 1 & 1 & 1 \\ 1 & a-\lambda & 1 \\ 1 & 1 & a-\lambda \end{vmatrix} = (a - \lambda + 2)(a - \lambda - 1)^2$，则 A 的特征值为 $\lambda_1 = a + 2$，$\lambda_2 = \lambda_3 = a - 1$，又 $f(x_1, x_2, x_3)$ 的正、负惯性指数分别为 1，2，得 $\begin{cases} a + 2 > 0, \\ a - 1 < 0, \end{cases}$ 解得 $-2 < a < 1$．故选 C.

5. D【解析】因为矩阵 A 的特征值为 1，0，-2，所以矩阵 A 的正惯性指数为 1，负惯性指数也为 1，而 D 选项中二次型的正惯性指数为 2，是不合理的．故选 D.

6. A【解析】因为所给二次型中没有平方项，所以先作可逆线性变换产生平方项，再化为标准形．令 $\begin{cases} x_1 = y_1 + y_2, \\ x_2 = y_1 - y_2, \\ x_3 = y_3, \end{cases}$ 矩阵 $\begin{pmatrix} 1 & 1 & 0 \\ 1 & -1 & 0 \\ 0 & 0 & 1 \end{pmatrix}$ 可逆，则 $f(x_1, x_2, x_3) = x_1x_2 + x_2x_3 = y_1^2 - y_2^2 + y_1y_3 - y_2y_3 = \left(y_1 + \frac{1}{2}y_3\right)^2 - \left(y_2 + \frac{1}{2}y_3\right)^2$，令 $\begin{cases} z_1 = y_1 + \frac{1}{2}y_3, \\ z_2 = y_2 + \frac{1}{2}y_3, \\ z_3 = y_3, \end{cases}$ 矩阵 $\begin{pmatrix} 1 & 0 & \frac{1}{2} \\ 0 & 1 & \frac{1}{2} \\ 0 & 0 & 1 \end{pmatrix}$ 可逆，于是二次型的标准形为 $f = z_1^2 - z_2^2$，其正、负惯性指数分别为 $p = 1$，$q = 1$．故选 A.

二、填空题

1．2；1【解析】二次型对应的矩阵为$\begin{pmatrix} 1 & -1 & 1 \\ -1 & -3 & -3 \\ 1 & -3 & 0 \end{pmatrix} \xrightarrow[r_3-r_1]{r_2+r_1} \begin{pmatrix} 1 & -1 & 1 \\ 0 & -4 & -2 \\ 0 & -2 & -1 \end{pmatrix} \xrightarrow{-\frac{1}{2}r_2,\ r_3+r_2} \begin{pmatrix} 1 & -1 & 1 \\ 0 & 2 & 1 \\ 0 & 0 & 0 \end{pmatrix}$，矩阵的秩为 2，则二次型的秩为 2．二次型 $f(x_1,x_2,x_3)=x_1^2-3x_2^2-2x_1x_2+2x_1x_3-6x_2x_3=(x_1-x_2+x_3)^2-(2x_2+x_3)^2=y_1^2-y_2^2$，所以该二次型的正惯性指数为1．

2．n【解析】设变换 $(y_1,y_2,\cdots,y_n)=\boldsymbol{A}(x_1,x_2,\cdots,x_n)$，则 $f=\boldsymbol{x}^{\mathrm{T}}\boldsymbol{A}^{\mathrm{T}}\boldsymbol{A}\boldsymbol{x}=(\boldsymbol{A}\boldsymbol{x})^{\mathrm{T}}\boldsymbol{A}\boldsymbol{x}=y_1^2+y_2^2+\cdots+y_n^2$，所以 f 的正惯性指数为 n．

3．2；1【解析】令$\begin{cases} x_1=y_1+y_2, \\ x_2=y_1-y_2, \\ x_3=y_3, \end{cases}$则 $f(x_1,x_2,x_3)=2x_1x_2=2y_1^2-2y_2^2$，所以该二次型的秩为2，正惯性指数为1．

4．$y_1^2+y_2^2-y_3^2$【解析】因为二次型 $f(x_1,x_2,x_3,x_4)$ 的秩为3，负惯性指数为1，则正惯性指数为2，所以 $f(x_1,x_2,x_3,x_4)$ 的规范形为 $y_1^2+y_2^2-y_3^2$．

5．2【解析】因为二次型 $f(x_1,x_2,x_3)$ 经正交变换 $\boldsymbol{x}=\boldsymbol{Q}\boldsymbol{y}$ 可化为标准形 $f(x_1,x_2,x_3)=6y_1^2$，所以二次型矩阵的特征值为6，0，0．再由特征值的性质可知二次型矩阵的迹为6，即 $3a=6$，解得 $a=2$．

三、解答题

1．**解**：因为二次型的负惯性指数为f的标准形中系数为负数的项的个数，所以先用配方法将 f 化为标准形．$f(x_1,x_2,x_3)=x_1^2-x_2^2+2ax_1x_3+4x_2x_3=(x_1+ax_3)^2-x_2^2-a^2x_3^2+4x_2x_3=(x_1+ax_3)^2-(x_2-2x_3)^2+(4-a^2)x_3^2=y_1^2-y_2^2+(4-a^2)y_3^2$，其中$\begin{cases} y_1=x_1+ax_3, \\ y_2=x_2-2x_3, \\ y_3=x_3, \end{cases}$因为$f$的负惯性指数为1，所以 $4-a^2\geqslant 0$，解得 $-2\leqslant a\leqslant 2$．

2．**解**：矩阵 $\boldsymbol{A}$ 的秩为1，行列式为0，特征值为0，2，正、负惯性指数分别为1，0．
矩阵 $\boldsymbol{B}$ 的秩为1，行列式为0，特征值为0，3，正、负惯性指数分别为1，1．
矩阵 $\boldsymbol{C}$ 的秩为1，行列式为0，特征值为0，3，正、负惯性指数分别为1，0．
矩阵 $\boldsymbol{D}$ 的秩为1，行列式为0，特征值为0，2，正、负惯性指数分别为1，0．
所以，矩阵 $\boldsymbol{A}$，$\boldsymbol{B}$，$\boldsymbol{C}$，$\boldsymbol{D}$ 等价；矩阵 $\boldsymbol{A}$，$\boldsymbol{D}$ 相似，矩阵 $\boldsymbol{B}$，$\boldsymbol{C}$ 相似；矩阵 $\boldsymbol{A}$，$\boldsymbol{C}$，$\boldsymbol{D}$ 合同．

方法总结

若对称矩阵 $\boldsymbol{A}$ 与 $\boldsymbol{B}$ 合同，则 $R(\boldsymbol{A})=R(\boldsymbol{B})$，且 $\boldsymbol{A}$ 与 $\boldsymbol{B}$ 的正、负惯性指数相同．

3．**解**：（**方法一**）二次型 $f(x_1,x_2,x_3)$ 的矩阵 $\boldsymbol{A}=\begin{pmatrix} 2 & 0 & -2 \\ 0 & 4 & 0 \\ -2 & 0 & 5 \end{pmatrix}$，矩阵 $\boldsymbol{A}$ 的特征多项式 $|\boldsymbol{A}-\lambda\boldsymbol{E}|=\begin{vmatrix} 2-\lambda & 0 & -2 \\ 0 & 4-\lambda & 0 \\ -2 & 0 & 5-\lambda \end{vmatrix}=(4-\lambda)(\lambda-1)(\lambda-6)$，则 $\boldsymbol{A}$ 的特征值为1，4，6，因为特征值均大于零，所以该二次型是正定的．

（**方法二**）应用配方法化二次型为标准形，$f(x_1,x_2,x_3)=2x_1^2+4x_2^2+5x_3^2-4x_1x_3=(\sqrt{2}x_1-\sqrt{2}x_3)^2+4x_2^2+3x_3^2$，因为标准形中各项的系数全为正，所以该二次型是正定的．

4．**解**：二次型 $f(x_1,x_2,x_3)$ 的矩阵 $\boldsymbol{A}=\begin{pmatrix} 1 & a & -1 \\ a & 1 & 2 \\ -1 & 2 & 5 \end{pmatrix}$，若二次型是正定的，则矩阵 $\boldsymbol{A}$ 的各阶顺序主子式均

大于零，即$1>0$，$\begin{vmatrix} 1 & a \\ a & 1 \end{vmatrix}=1-a^2>0$，$\begin{vmatrix} 1 & a & -1 \\ a & 1 & 2 \\ -1 & 2 & 5 \end{vmatrix}=-5a^2-4a>0$，解得$-\frac{4}{5}<a<0$.

5．**证**：因为$\boldsymbol{A}$，$\boldsymbol{B}$为正定矩阵，所以$\boldsymbol{A}$，$\boldsymbol{B}$为对称矩阵，又$(\boldsymbol{A}+\boldsymbol{B})^{\mathrm{T}}=\boldsymbol{A}^{\mathrm{T}}+\boldsymbol{B}^{\mathrm{T}}=\boldsymbol{A}+\boldsymbol{B}$，于是$\boldsymbol{A}+\boldsymbol{B}$是对称矩阵．因为$\boldsymbol{A}$，$\boldsymbol{B}$是正定矩阵，根据定义，任取$\boldsymbol{x}\neq\boldsymbol{0}$，有$\boldsymbol{x}^{\mathrm{T}}\boldsymbol{A}\boldsymbol{x}>0$，$\boldsymbol{x}^{\mathrm{T}}\boldsymbol{B}\boldsymbol{x}>0$，于是$\boldsymbol{x}^{\mathrm{T}}(\boldsymbol{A}+\boldsymbol{B})\boldsymbol{x}=\boldsymbol{x}^{\mathrm{T}}\boldsymbol{A}^{\mathrm{T}}\boldsymbol{x}+\boldsymbol{x}^{\mathrm{T}}\boldsymbol{B}^{\mathrm{T}}\boldsymbol{x}>0$，所以$\boldsymbol{A}+\boldsymbol{B}$是正定矩阵，得证.

6．**证**：设λ为$\boldsymbol{A}$的特征值，则$\lambda^2-3\lambda+2$为$\boldsymbol{A}^2-3\boldsymbol{A}+2\boldsymbol{E}$的特征值．又因为$\boldsymbol{A}^2-3\boldsymbol{A}+2\boldsymbol{E}=\boldsymbol{O}$，则$\lambda^2-3\lambda+2=0$，解得$\lambda=1$或$\lambda=2$，于是矩阵$\boldsymbol{A}$的特征值均大于零，$\boldsymbol{A}$是正定矩阵，所以矩阵$\boldsymbol{A}$与$\boldsymbol{E}$合同，即存在可逆矩阵$\boldsymbol{P}$，使得$\boldsymbol{A}=\boldsymbol{P}^{\mathrm{T}}\boldsymbol{E}\boldsymbol{P}=\boldsymbol{P}^{\mathrm{T}}\boldsymbol{P}$，得证.

7．**证**：因为$\boldsymbol{A}$是正定矩阵，则$\boldsymbol{A}$的特征值全都大于零，所以存在正交矩阵$\boldsymbol{Q}$使得$\boldsymbol{Q}^{-1}\boldsymbol{A}\boldsymbol{Q}=\boldsymbol{\Lambda}=\begin{pmatrix} \lambda_1 & & & \\ & \lambda_2 & & \\ & & \ddots & \\ & & & \lambda_n \end{pmatrix}$，则$\boldsymbol{Q}^{-1}(\boldsymbol{A}+\boldsymbol{E})\boldsymbol{Q}=\boldsymbol{Q}^{-1}\boldsymbol{A}\boldsymbol{Q}+\boldsymbol{E}=\begin{pmatrix} \lambda_1+1 & & & \\ & \lambda_2+1 & & \\ & & \ddots & \\ & & & \lambda_n+1 \end{pmatrix}$，两边取行列式，得$|\boldsymbol{Q}^{-1}(\boldsymbol{A}+\boldsymbol{E})\boldsymbol{Q}|=\begin{vmatrix} \lambda_1+1 & & & \\ & \lambda_2+1 & & \\ & & \ddots & \\ & & & \lambda_n+1 \end{vmatrix}=(\lambda_1+1)(\lambda_2+1)\cdots(\lambda_n+1)$，又因为$|\boldsymbol{Q}^{-1}(\boldsymbol{A}+\boldsymbol{E})\boldsymbol{Q}|=|\boldsymbol{Q}^{-1}||\boldsymbol{A}+\boldsymbol{E}||\boldsymbol{Q}|=|\boldsymbol{Q}|^{-1}|\boldsymbol{A}+\boldsymbol{E}|\cdot|\boldsymbol{Q}|=|\boldsymbol{A}+\boldsymbol{E}|$，且矩阵$\boldsymbol{A}$的特征值全都大于零，$(\lambda_1+1)(\lambda_2+1)\cdots(\lambda_n+1)>1$，所以$|\boldsymbol{A}+\boldsymbol{E}|>1$，得证.

8．**证**：因为$\boldsymbol{B}$为n阶正定矩阵，则存在可逆矩阵$\boldsymbol{C}$使得$\boldsymbol{B}=\boldsymbol{C}^{\mathrm{T}}\boldsymbol{C}$，所以$\boldsymbol{A}\boldsymbol{B}=\boldsymbol{A}\boldsymbol{C}^{\mathrm{T}}\boldsymbol{C}=\boldsymbol{C}^{-1}\boldsymbol{C}\boldsymbol{A}\boldsymbol{C}^{\mathrm{T}}\boldsymbol{C}=\boldsymbol{C}^{-1}(\boldsymbol{C}\boldsymbol{A}\boldsymbol{C}^{\mathrm{T}})\boldsymbol{C}$．由$\boldsymbol{A}$是正定矩阵，得$\boldsymbol{C}\boldsymbol{A}\boldsymbol{C}^{\mathrm{T}}$也是正定矩阵，$\boldsymbol{C}\boldsymbol{A}\boldsymbol{C}^{\mathrm{T}}$的特征值均为正数，且$\boldsymbol{A}\boldsymbol{B}$与$\boldsymbol{C}\boldsymbol{A}\boldsymbol{C}^{\mathrm{T}}$相似，所以$\boldsymbol{A}\boldsymbol{B}=\boldsymbol{C}^{-1}(\boldsymbol{C}\boldsymbol{A}\boldsymbol{C}^{\mathrm{T}})\boldsymbol{C}$的特征值也均为正数，得证.

9．**证**：因为n阶对称矩阵$\boldsymbol{A}$是正定的，所以存在可逆矩阵$\boldsymbol{M}$使得$\boldsymbol{M}^{\mathrm{T}}\boldsymbol{A}\boldsymbol{M}=\boldsymbol{E}$，又因为$\boldsymbol{B}$是$n$阶对称矩阵，所以$\boldsymbol{M}^{\mathrm{T}}\boldsymbol{B}\boldsymbol{M}$也是$n$阶对称矩阵．因而存在正交矩阵$\boldsymbol{Q}$使得$\boldsymbol{Q}^{\mathrm{T}}(\boldsymbol{M}^{\mathrm{T}}\boldsymbol{B}\boldsymbol{M})\boldsymbol{Q}$为对角矩阵．令$\boldsymbol{C}=\boldsymbol{M}\boldsymbol{Q}$，则$\boldsymbol{C}$为可逆矩阵，于是$\boldsymbol{C}^{\mathrm{T}}\boldsymbol{A}\boldsymbol{C}=\boldsymbol{Q}^{\mathrm{T}}\boldsymbol{M}^{\mathrm{T}}\boldsymbol{A}\boldsymbol{M}\boldsymbol{Q}=\boldsymbol{Q}^{\mathrm{T}}\boldsymbol{E}\boldsymbol{Q}=\boldsymbol{E}$，$\boldsymbol{C}^{\mathrm{T}}\boldsymbol{B}\boldsymbol{C}=\boldsymbol{Q}^{\mathrm{T}}(\boldsymbol{M}^{\mathrm{T}}\boldsymbol{B}\boldsymbol{M})\boldsymbol{Q}$均为对角矩阵，得证.

10．**证**：因为$\boldsymbol{A}$为二阶对称矩阵，则存在可逆矩阵$\boldsymbol{C}$使得$\boldsymbol{C}^{\mathrm{T}}\boldsymbol{A}\boldsymbol{C}=\begin{pmatrix} d_1 & 0 \\ 0 & d_2 \end{pmatrix}$，于是$d_1d_2=|\boldsymbol{C}^{\mathrm{T}}\boldsymbol{A}\boldsymbol{C}|=|\boldsymbol{C}^{\mathrm{T}}||\boldsymbol{A}||\boldsymbol{C}|=|\boldsymbol{C}|^2|\boldsymbol{A}|$，其中$|\boldsymbol{C}|$是非零实数，$|\boldsymbol{A}|<0$，所以$d_1d_2<0$，可见矩阵$\boldsymbol{A}$的正、负惯性指数都是1；同理可证矩阵$\boldsymbol{B}$的正、负惯性指数也都是1，所以矩阵$\boldsymbol{A}$与$\boldsymbol{B}$合同，得证.

11．**解**：二次型$f(x_1,x_2,x_3)$的矩阵$\boldsymbol{A}=\begin{pmatrix} 1 & \lambda & -1 \\ \lambda & 4 & 2 \\ -1 & 2 & 4 \end{pmatrix}$，若二次型是正定的，则矩阵$\boldsymbol{A}$的各阶顺序主子式均大于零，即$1>0$，$\begin{vmatrix} 1 & \lambda \\ \lambda & 4 \end{vmatrix}=4-\lambda^2>0$，$\begin{vmatrix} 1 & \lambda & -1 \\ \lambda & 4 & 2 \\ -1 & 2 & 4 \end{vmatrix}=-4(\lambda+2)(\lambda-1)>0$，解得$-2<\lambda<1$.